室内分布系统工程

主　编　马晓强

副主编　吴远华　张琴琴　阳旭艳　贺　涛

参　编　李海涛　蔡盛勇　韦泽训

北京邮电大学出版社

www.buptpress.com

内容简介

本书编写体例采用项目式，以室内分布系统工程项目为教学载体，涵盖室内分布系统工程项目立项、勘察设计、建设施工、验收及优化整治五个方面的内容，分别设置了对应的项目任务。每个项目任务包括以下环节：任务描述→任务解析→教学建议→必备知识→任务实施→任务成果→拓展提高，旨在切实提高高等职业教育学生的室内分布系统工程相关专业能力。为了方便教师教学，教材后有附录案例、拓展知识部分，可提供相关工程建设要求、文件模板等相关资料。此外，结合任务实施教学的需求，本书还增加了配套数字化资源，内容包括课程基本信息、课程导学、任务学习及课程总结四个部分。

本书可作为通信工程、建筑智能化工程技术等专业高职学生室内分布系统工程课程的学习教材，实践性强，在教学中应注意循序渐进，由浅入深，理论讲解与案例讲解交叉进行。这样既可避免课堂理论讲解的枯燥，又能体现知识应用的灵活性，激发学生的学习兴趣和主观能动性。

图书在版编目(CIP)数据

室内分布系统工程 / 马晓强主编. -- 北京 ：北京邮电大学出版社，2019.1(2023.1重印)
ISBN 978-7-5635-5523-9

Ⅰ. ①室… Ⅱ. ①马… Ⅲ. ①码分多址移动通信-通信系统-高等职业教育-教材 Ⅳ. ①TN929.533

中国版本图书馆 CIP 数据核字(2018)第 163052 号

书　　名：室内分布系统工程
主　　编：马晓强
责任编辑：刘 佳
出版发行：北京邮电大学出版社
社　　址：北京市海淀区西土城路 10 号(邮编：100876)
发 行 部：电话：010-62282185　传真：010-62283578
E-mail：publish@bupt.edu.cn
经　　销：各地新华书店
印　　刷：保定市中画美凯印刷有限公司
开　　本：787 mm×1 092 mm　1/16
印　　张：20.25
字　　数：529 千字
版　　次：2019 年 1 月第 1 版　2023 年 1 月第 4 次印刷

ISBN 978-7-5635-5523-9　　　　定　价：49.00 元

“北邮智信”APP 使用说明

本书为“互联网＋”创新型教材，配有智能教学平台——“北邮智信”APP。

“北邮智信”APP是北京邮电大学出版社鼎力打造的助学助教智能教学平台。使用前，请按照以下步骤操作使用。

步骤一

先使用智能手机扫描本书封面图标中的二维码（见下图），下载安装免费的“北邮智信”APP。提示：下载界面会自动识别安卓或苹果手机。

步骤二

安装成功之后，点击“北邮智信”APP 进入使用界面。

步骤三

首次使用请先注册。如果您是教师用户请提交资料进行审核，审核通过后即可获得教师的相关功能。

步骤四

注册成功后，使用时，请按照软件提示或宣传视频操作即可。

1. 浏览资源请先刮开封底二维码，用“北邮智信”APP 扫描进行教材验证，获取资源；
2. 教材中带有 AR 标志的图片配有 AR 资源，可以通过 AR 扫描获取显示；
3. 教材中的二维码资源请使用“北邮智信”APP 中的扫一扫功能获取显示；
4. 教材验证之后，教材配有的资源也可以直接在“北邮智信”APP 里浏览使用。

在使用过程中，如有疑问，请随时与我们联系！

联系电话：010-82330186、13811568712

客服 QQ：2158198813

电子邮箱：kf@guangyiedu. com

前　言

我国通信行业发展迅速，综合通信能力显著提升，业务结构不断优化，行业创新与转型步伐加快。在通信行业跨越式发展的带动下，专业技能更新和岗位转换使得各岗位人才需求日益迫切，尤其是对技能应用型人才的需求，不但要求其具有扎实的专业理论基础，还要求具备相应的职业素质和职业技能，能够服务于行业生产实际操作的一线岗位。

本书作为中国职业教育学会教学委员会、教材委员会的科研课题成果之一，聚焦室内分布系统工程项目的建设实施，是通信工程、建筑智能化工程技术专业技能教学实践类教材。全书从通信工程师的职业岗位能力出发，以室内分布系统工程项目为载体，按照现代教育行动导向的指导思想，将专业能力培养渗透到教学活动中。在内容筛选方面，应用职业分析方法，将典型工作任务纳入教材，与企业实际工作岗位要求有机结合，提炼出教学活动中所需的教学材料和行动指南，切实提升学习者的实践技能，也保证了教学实施的可操作性。本书可以作为教学培训用书，也可作为室内分布系统工程从业者的参考用书。

本书依托四川邮电职业技术学院省级移动通信虚拟仿真实训中心编写，由马晓强主编、主审，张琴琴负责整本书的设计验证工作，肖虹、唐露、张贤丽、李春燕、严钰、何泽贤负责完成本书所有任务实施的验证、制图工作。项目1、项目6、附录1.1由马晓强编写，任务2.1由韦泽训、张琴琴共同编写，任务2.2、2.4、5.2由吴远华编写，任务2.3、4.3由贺涛编写，任务3.1由阳旭艳编写，任务3.2由张琴琴、马晓强共同编写，任务4.1、附录1.2由张琴琴编写，任务4.2、5.1、附录2.3由蔡盛勇编写，附录2.2由李海涛编写，附录2.1由李海涛、阳旭艳共同编写。

本书在编写过程中得到了四川邮电职业技术学院及相关通信企业的大力支持。本书的素材来自于大量参考文献、相关企业的产品资料及部分网络资料，无法一一具名，在此一并表示衷心感谢！

由于编者水平有限，书中难免存在疏漏与不足之处，恳请读者批评指正。

编　者

目　　录

项目1　启动室内分布系统工程

本项目内容主要聚焦于室内分布系统工程的启动阶段，首先从室内分布系统项目管理流程入手，结合启动立项阶段的主要工作，通过两个任务的操作与实践，来掌握室内分布系统工程的项目管理方法，了解项目立项阶段的工作内容等。

本项目的知识结构如图1.1所示，操作技能如图1.2所示。

1. 认识室内分布系统项目

专业技能包括：规划项目的管理流程技能等。

基础技能包括：Office软件使用技能等。

2. 认识室内分布项目立项过程

专业技能包括：编制室内分布项目立项请示文件的技能等。

基础技能包括：Office软件使用技能等。

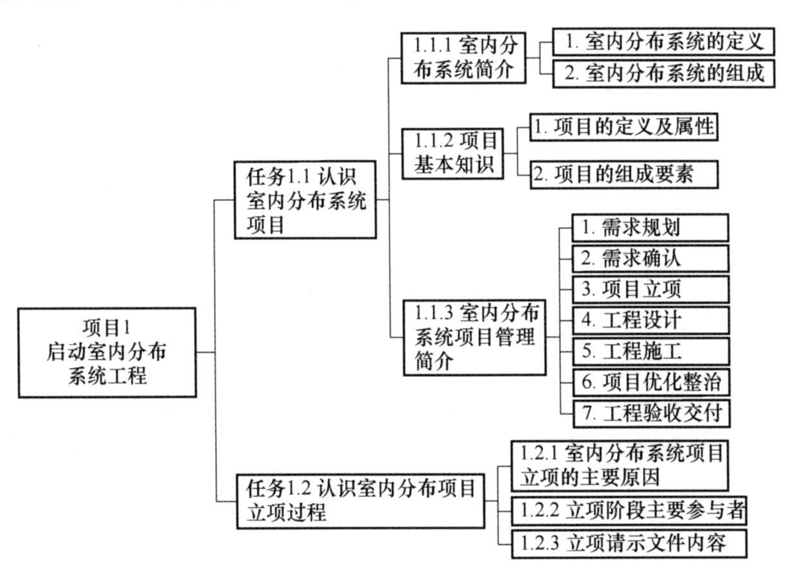

图1.1　项目知识结构

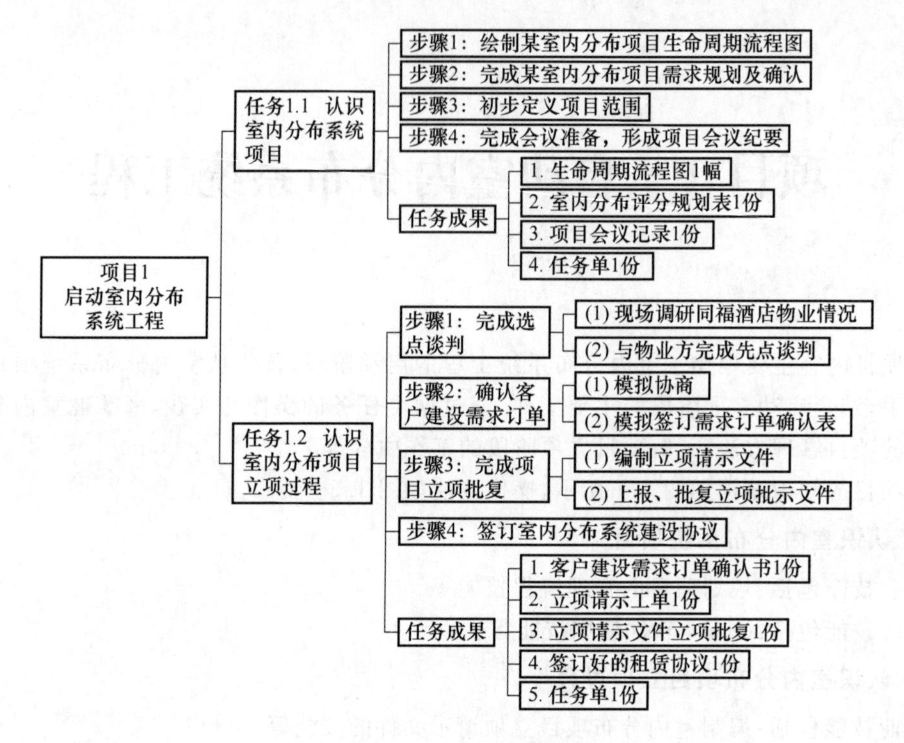

图 1.2　项目操作技能

任务 1.1　认识室内分布系统项目

任务 1.1

任务描述

某地分公司2019 年同福酒店室内分布系统建设项目已由分公司根据 2019 年年度建设规划着手启动，项目建设资金来源为自筹，出资比例为100%，招标方为运营商某地分公司。该建设项目于 2018 年 12 月已具备项目启动条件，现对该项目的流程进行内部梳理。你将以分公司某部门代表的身份参与项目建设讨论，了解项目立项阶段的主要工作内容。请你完成对项目文件的分析研读，定义该项目的范围，形成该室内分布系统建设项目的会议讨论记录。

任务解析

室内分布系统是用来改善室内移动通信网络的，一般由信号源与信号分布系统两部分组成。本任务首先让学生建立起项目的概念，然后根据步骤对室内分布系统项目流程控制点的项目级工作标准和交付要求来认识项目，认识项目在通信企业中的流转过程。

教学建议

1. 知识目标

（1）掌握项目的基本知识，如范围、计划等，掌握移动通信工程项目的基本知识；

(2) 掌握通信建设工程项目划分类别；
(3) 掌握室内分布系统工程项目的基本知识。

2. 能力目标

(1) 能够说明室内分布系统工程项目流程；
(2) 能够完成项目层次划分的识别。

3. 建议用时

4学时

4. 教学资源

(1) 某室内分布系统工程项目建议书1份；
(2) 多媒体资料、教材、教学课件及视频资料等；
(3) 建议配置带敏捷岛布局的计算机机房及模拟会议室等。

5. 任务用具

任务用具介绍如表1.1所示。

表1.1　任务用具介绍

序号	名称	用途	外形	备注
1	Word 2010	Microsoft Office Word是微软公司的一个文字处理器应用程序，可以用来创建该书中所有任务的文档，完成文字处理		必备
2	PowerPoint 2010	Microsoft Office PowerPoint是微软公司的演示文稿软件。本书中需要项目讨论、启动会、沟通会及工作汇报时使用，可以在投影仪或计算机上进行演示，也可以将演示文稿打印出来，制作成胶片，以便平时查看		必备
3	XMind	XMind可以在完成本书任务时绘制思维导图，还能绘制鱼骨图、二维图、树形图、逻辑图及组织结构图(Org、Tree、Logic Chart、Fishbone)，并且可以方便地从这些展示形式之间转换。可以导入MindManager、FreeMind数据文件，输出格式有HTML、图片等		必备
4	Visio 2010	Office Visio是一款便于IT和商务人员就复杂信息、系统和流程进行可视化处理、分析和交流的软件。本书中，项目2～5都可以使用项目的实施流程图、室内分布工程的网络结构图、系统拓扑图、机柜平面布置图等进行绘制，可以促进对系统和流程的了解，深入了解复杂信息并利用这些知识做出更好的业务决策		必备
5	Project 2010	Microsoft Project(MSP)是一个国际上享有盛誉的通用的项目管理工具软件，凝集了许多成熟的现代项目管理理论和方法，可以帮助人们在完成本书的室内分布项目时实现对时间、资源、成本的计划、控制		必备
6	笔记本式计算机	笔记本式计算机(Laptop)，是一种小型、可方便携带的个人计算机。本书中的任务操作建议都使用计算机，如果是笔记本式计算机，建议带有VGA接口、多个USB接口，方便使用		必备

必备知识

1.1.1　室内分布系统简介

随着我国移动用户的飞速增长及城市中高层建筑不断增加，在室内使用移动网络的用户数量也在不断增加，加之移动通信技术更新换代，用户对于移动通信的要求也不断提升。室内分布系统主要面向在室内使用移动通信网络的用户，它可以改善楼宇内部的移动通信环境，提升用户的感知。在实际使用过程中，室内天线将移动信号均匀地分布在各个角落，来获取室内优良信号的覆盖效果。运营商在竞争时，首先需要考虑自家移动通信网络的覆盖情况、容纳用户数及网络的质量，这三者从根本上体现了移动网络的服务水平，在运营商进行移动网络优化工作时，也是首先需要考虑的。

1. 室内分布系统的定义

室内分布系统是移动通信覆盖的一种形式，其覆盖场景位于室内，主要使用体积小、增益低的天线，将无线信号均匀地覆盖到室内信号较差地方的一种系统。室内分布系统的主要作用是“补盲补热”。盲指盲点，热指热点。

2. 室内分布系统的组成

室内分布系统，一般是由信号源与信号分布系统两部分组成。其中，信号源主要是基站与直放站等设备，信号分布系统由各种无源器件、有源器件及天线等组成。

室内分布系统的引入能够大大改善室内的通话质量，提升网络接通率，提高终端的下载速度等。同时也可以分担室外宏蜂窝的话务量，提升网络容量，改善网络服务水平，解决覆盖、容量、通话质量等问题。总的来说，室内分布系统的建设对于提高移动通信网络水平有着举足轻重的意义。

1.1.2　项目基本知识

1. 项目的定义及属性

项目是为完成某一独特的产品、服务或任务所做的一次性努力。

——美国项目管理协会(PMI)(2004)

可以为项目下这样一个定义：项目是在限定的资源下，为实现特定目标而执行的一次性任务。这个定义包含三层含义：

(1) 项目是一项有待完成的任务，有特定的环境与要求；

(2) 项目必须在一定的组织机构内，利用有限的资源(人力、物力、财力等)在规定的时间内完成任务，任何项目的实施都会受到资源的约束；

(3) 项目任务必须满足一定性能、质量、数量及技术指标的要求。

项目的属性可归纳为以下六个方面。

(1) 唯一性：又称独特性，这一属性是“项目”得以从人类有组织的活动中分化出来的根源所在,是项目一次性属性的基础。

(2) 创新性:由于项目的独特性,项目任务一旦完成,项目即告结束,不会有完全相同的任务重复出现,即项目不会重复,这就是项目的“创新性”。

(3) 多目标属性:项目的目标包括成果性目标和约束性目标。在项目过程中成果性目标是由一系列技术指标来定义的,同时受到多种条件的约束,其约束性目标往往是多重的。因而,项目具有多目标属性。项目的多目标属性如图1.3所示,项目的总目标是多维空间的一个点。

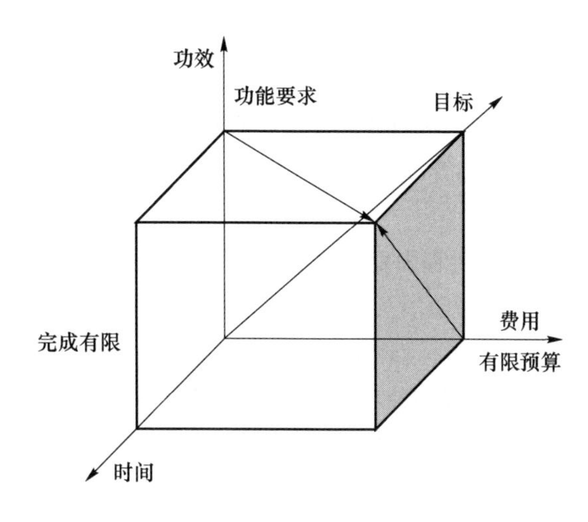

图1.3　项目的多目标属性

(4) 生命周期属性:项目有起点也有终点。

(5) 相互依赖性:项目常与组织中同时进展的其他工作或项目相互作用,但项目总是与项目组织的标准及手头的工作相抵触。组织中各事业部门(行销、财务、制造等)间的相互作用是有规律的,而项目与事业部门之间的冲突则是可控的。

(6) 冲突属性:项目组成员在解决项目问题时,几乎一直处在资源和领导问题的冲突中。

2. 项目的组成要素

为了达到预期的目标,项目主要由以下五个要素构成。

(1) 项目范围

项目范围是指产生项目产品阶段的所有工作及产生这些产品经过的所有过程,包括项目产品范围和项目工作范围。

(2) 项目组织

项目组织大致有三个层次:项目所有者(项目的上层领导者);项目管理者,即项目组织层;具体项目任务的承担者,即项目操作层。

项目实施组织主要是由完成项目管理工作的人、单位和部门组织起来的群体。通常业主、承包商、设计单位及供应商都有自己的项目管理组织(项目经理部或项目管理小组)。

项目管理组织特指由业主委托或指定的负责整个工程管理的项目经理部(项目管理小组)。它一般按项目管理职能设置职位(部门),按项目管理流程进行工作,各自完成属于自己管理职能内的工作。项目管理工作作为项目工作的一部分,项目管理组织则是项目组织的一部分。

工程项目组织形式包括寄生式、独立式组织、直线式组织及矩阵式组织，其中矩阵式组织较为普遍。各种组织形式各有其优、缺点和适用条件，应选择最简单同时又高效率的组织形式。

(3) 项目质量

国际标准化组织的质量定义："质量是反映实体(产品、过程或活动等)满足明确的和隐含的需求的能力和特性的总和。"从项目作为一次性的活动来看，项目质量即项目的工作质量；从项目作为一项最终产品来看，项目质量体现在其性能或者使用价值上，即项目的产品(服务)质量。

质量管理是确定质量方针、目标和职责，并在质量体系中通过质量策划、质量控制和质量改进等使质量得以实现的全部管理活动。

(4) 项目成本

项目成本是在整个项目实现过程中发生的各种费用的总和。项目实现过程一般要经过项目决策阶段、项目设计阶段、项目实施阶段及项目完工交付阶段，每个阶段都有相应的资源耗费。

项目成本管理贯穿于工程项目管理全生命周期中，项目的各个阶段有不同的参与者，他们的成本管理过程、手段、方法有较大差别。项目成本控制是对工程项目从决策、设计、实施到完成交付使用过程中实际消耗的人力、物力和财力等各项费用，按照事先确定的计划成本，采取一系列管控措施，及时纠正偏差，以保证项目实际成本不超过计划成本的过程。一般采用偏差控制法，其操作步骤是：制订成本控制标准→衡量执行结果→分析成本偏差产生的原因→采取纠正措施。

(5) 项目时间管理

项目时间管理又称进度管理，是指采用科学的方法确定目标进度，编制进度计划和资源供应计划，进行进度控制，在与质量、费用目标协调的基础上，实现项目工期目标。项目时间管理包括分析确定为达到项目目标所必须进行的各种作业活动；项目活动内容的安排；估算工期，对工作顺序、活动工期和所需资源进行分析并制订项目进度计划；对项目进度的管理与控制等。这些项目时间管理的过程与活动既相互影响，又相互关联。

项目目标五要素中，项目范围和项目组织是最基本的，而质量、成本、时间可以有所变动，是依附于项目范围和组织的。

项目管理是指导项目从其开始、执行，直至其终止的过程。一般来说，它有五个具体过程：启动过程、计划过程、实施过程、控制过程及收尾过程。

1.1.3 室内分布系统项目管理简介

室内分布系统项目全生命周期管理流程如图 1.4 所示，该流程可以做到建设项目管理标准化，效率高、质量好、成本适中，同时可以锻炼对应的项目管理人员成为专业室内分布项目管理骨干。

图 1.4 中，生命周期管理流程分为需求规划、需求确认、项目立项、工程设计、工程施工、验收交付。在实际使用过程中，整个生命周期需要运营商、铁塔公司、设计院及集成商等多方通力配合完成。

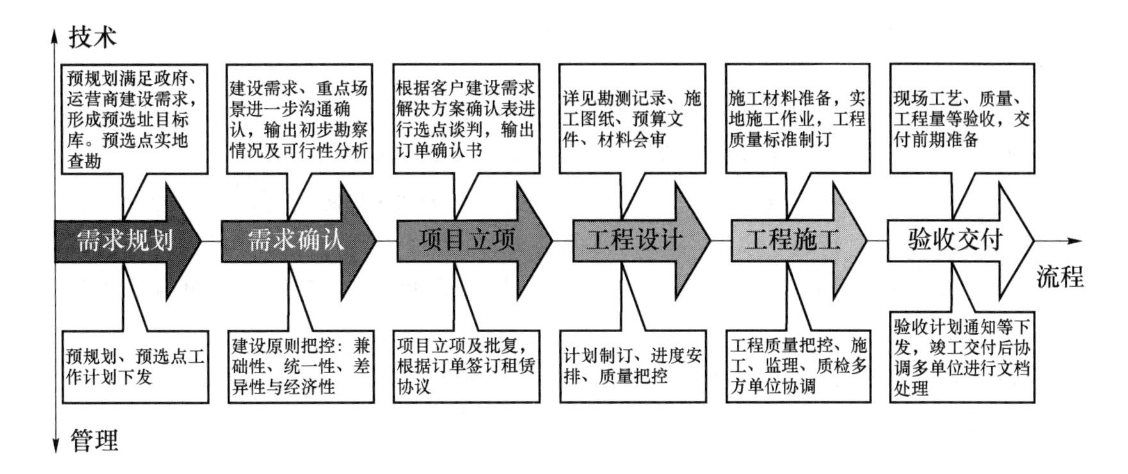

图 1.4　室内分布系统项目全生命周期管理流程

1. 需求规划

该阶段由运营商省公司审批的下发站点规划数量，然后各个分公司组织设计院、铁塔公司各级分公司开会讨论完成整个计划站点，确定站点的建设位置。

省公司统一将地市年度规划的室内分布新建规划站点、扩建和改造规划站点导入需求规划管理中的新建站点规划库、扩建和改造站点规划库，统一派发工单给地市网络优化中心。

对于地市由于投诉以及市场等原因需要新增需求的站点，可由地市人员直接导入新建站点库、扩建和整改站点库，地市人员有权限直接派发工单，执行室内分布全生命周期管理流程。

在进行规划定点时，会提前半年左右由设计院、铁塔公司、建设、优化及各县分公司网络部部门相关负责人开会，确认站点地址。

(1) 总体原则

室内分布规划的目标是：针对不同场点的实际情况，提出合理的室内分布建设需求，并对已提出的建设需求进行优先级排序，使工程建设中心充分利用有限的资源将站点建设合理。

(2) 室内分布规划站点来源

网络优化中心提出室内分布站点规划需求，应该基于增加覆盖、容量分流、解决投诉与直放站替换的考虑。

(3) 需求规划及预选点要求

① 需求规划要求

各级分公司积极组织建设需求分析，主动开展站址需求规划工作。站址需求规划采取“滚动开展”的方式，做到“主动需求预判，提前站址规划，先行站点选址，及早匹配完成”。在开展需求规划工作时，可提前获取政府主导的新规划重点区域信息，提前获取运营商规划建设需求，主动分析运营商网络现存问题引发的潜在需求，以提前获取规划目标区域。

② 需求规划的开展，应遵循以下原则。

详细分析并综合预判各个需求规划目标区域的需求情况，排定需求规划站址的优先级，优先级排序应综合运营商需求迫切程度、覆盖场景重要性、是否多家共同需求等多种因素进行统筹考量。

需求规划应按照预判需求的轻重缓急有序进行，先行开展预估下一年有建设需求的站址需求规划，并结合持续跟踪的运营商需求变化情况，按季度滚动修订。

对于政府新规划的重点区域，应主动牵头，联合各运营商、基础设施建设主管单位或业主单位，对通信站址进行统一规划，满足各方需求。

需求规划应遵循需求运营商网络结构要求和覆盖指标要求，满足客户网络服务质量需求。

需求规划应在满足运营商网络覆盖指标要求的基础上，对多家运营商需求进行整合，尽量推动实现多家合建共享（优先利旧现网存量站址，现网站址不满足条件的，应尽量推动多家合建），实现资产效益最大化。

需求规划可借助网络仿真工具（优先具备 LTE 网络仿真能力）进行覆盖效果验证和方案优化调整，以提升站址需求规划的准确度和说服力。

③ 需求规划结束后，规划经理应及时将需求规划的站址信息录入预选址目标库，并提交给选址人员进行选址勘察。

（4）预选点要求

① 选点经理依据客户的基础设施发展规划和公司项目需求规划，开展预选点工作，针对拟建站点位置（特别是大型建筑、地铁等重点场景）开展实地查勘。

② 可开始招募临时选点人员开展与选点有关的前期工作，临时招募选点人员可不设底薪，采用计件薪酬，具体额度由各省公司确定。

③ 选点经理负责定期回访、维系备选点业主关系，业主意向发生变化的及时更新站址储备库。

④ 站址储备库应向客户开放，协助客户参考储备站点提出建设需求，提高工作效率。

需求规划阶段工作如表 1.2 所示。

表 1.2　需求规划阶段工作

序号	工作说明		责任分工					
			项目规划人员	项目经理	客户经理	选点经理	时限	结果文件
1	站址规划	① 科学分析客户建设需求，完成规划站址； ② 形成预选址目标库	负责	参与	参与	参与	/	选址目标文件
2	预选址	① 按照优先顺序实地查勘，核实信息，达成意向； ② 形成及更新储备文件	参与	/	/	负责	/	站址储备文件

2. 需求确认

该阶段由铁塔公司及运营商共同完成；其中，运营商负责提出需求，完成需求规划后，由铁塔公司对需求结合物业情况进行确认；最终形成《建设需求确认书》。需求确认阶段工作说明如表 1.3 所示。

表 1.3　需求确认阶段工作说明

序号	工作说明		责任分工				
			客户经理	选点经理	运营商	时限	结果文件
1	需求收集与整合	① 收集与运营商沟通场景的进驻需求，对其提出建设需求，整合其他运营商的需求，确定进驻家数； ② 对于重点或在建场景可先与物业谈判，再与运营商进行需求确认； ③ 结合站址储备文件中室内分布信息，分析、整合站点需求，确认新建站点	负责	/	参与	1天	客户建设需求表
2	初步查勘	初步查勘确认的室内分布站点，进行可行性分析	/	参与	/	3天	初勘记录
3	形成解决方案	根据初步查勘和可行性分析编制解决方案	负责	协助	/	3天	可研报告
4	需求确认	与各电信运营商协商，对室内分布需求方案及各电信运营商选定系统进行商务和技术方面需求确认	负责	/	参与	1天	建设需求确认书

地市网络优化中心收到省公司派发的工单后，根据站点建设优先级，将工单提交给地市工程。

地市工程收到工单后，确定站点建设的施工单位后，将对应站点的工单提交给施工单位人员，施工单位人员收到工单后进行站点勘察。

施工单位人员收到选点勘察流程工单后，对站点进行实地勘察，填写相关信息，上传勘察报告，提交，选点勘察流程结束，系统自动派发方案审核流程工单。

站点勘察环节，可进行的操作有申请挂起，申请撤销，申请黑点，转派，申请黑点且审核通过的站点，系统自动录入黑点库管理报表中。

(1) 选点原则

解决室内覆盖问题应采用建设室内分布系统与网络优化相结合的方法。室内分布系统工程的建设应统筹安排，分轻重缓急，逐步分批建设。按照室内、室外一张网的思路进行整体、协调的规划。无线网络中室内和室外是一个相互影响、相互补充的有机整体，必须对二者的覆盖和容量进行统一协调的规划。

兼顾性原则：确保建设的室内分布系统能同时满足 3G、4G 的覆盖要求，同时根据 WLAN 的建设情况来考虑是否预留。

统一性原则：室内分布系统与室外基站应统一规划，协调发展。室内分布系统的选点应着眼于六类重点场景的新建室内分布系统。应提前充分考虑信源的建设，优选分布式基站作为信源。

差异性原则：室内分布系统的建设应根据各地市区域经济、业务发展的不均衡情况以及各地市通信市场竞争情况，以用户满意度为衡量标准；针对不同地区，确定不同的质量目标，选取差异化的建设及选点策略。

经济性原则：室内分布系统的建设应根据覆盖需求和投资效益，在成本和质量之间寻求最佳平衡点。

(2) 站点选点范围

室内分布系统工程的选点必须紧密结合市场，服务于客户。优先考虑高话务场所，室内分布系统工程建设覆盖范围为地铁、机场、车站等交通枢纽楼、大型场馆、大型楼宇〔写字楼，四星级(含)以上的酒店、宾馆〕；政府部门、机构及重点或业务需求较大的厂矿企业。

室内分布系统工程选点工作关系到话务量吸收和投资效率问题，选择楼宇建议在6层(含)以上，总面积应该在5 000平方米以上。室内分布系统的建设要求，以独立楼宇整体作为建设单元。

选点过程中还需要着重考虑以下因素：大楼室内分布施工可行性及业主意见，提前确定站点的可实施性，避免后期纠纷。

3. 项目立项

该阶段主要由运营商市公司网络建设部完成，主要输入订单、进行项目立项的流程审批等工作，最终产生项目立项批复文件。

4. 工程设计

该阶段主要由具有设计资质的设计院完成，该阶段是项目全生命周期管理过程中非常重要的一个环节，该阶段输出的成果为勘查文件及设计方案。

(1) 方案设计人员将方案相关文档上传至平台后，提交给工程中心、网络优化中心进行审核，审核通过的站点直接派发工程施工流程工单，任何一个审核环节不通过，工单将退回至方案设计环节，由方案设计人员对方案进行修改，重新上传，重新审核，直到所有审核环节全部通过。

(2) 方案设计环节目前的审核环节包括：监理审核、工程审核、覆盖终审、配套安装审核及会审5个审核环节。

(3) 方案审核流程工单结束的站点，自动派发工程施工流程工单。

5. 工程施工

该阶段由施工单位完成，监理单位、设计单位等共同配合完成。项目经理负责施工前资料审核、材料准备、施工及安全交底、施工作业及结束后的现场清理等工作。

工程施工过程中，如果方案需要变更，由施工单位人员将变更后的方案上传至平台，提交给地市网络优化中心进行审核，审核通过，施工单位根据变更后的方案进行施工；审核不通过，修改方案，再次提交网络优化中心审核，直到审核通过。

工程施工过程中，如果该站点由于物业等原因无法建站，施工单位人员需要说明无法建站的原因，上传无法建站确认证明至平台，提交给工程中心相关人员进行确认，确认完成后，工单结束；确认不通过，施工单位重新说明无法建站原因，重新上传无法建站确认证明至平台，再次提交给工程中心相关人员进行确认，直到确认通过。

工程施工过程中，如果不存在方案变更以及无法建站的情况，顺利建设完成的站点，施工单位人员直接选择建设完成，提交，工程施工流程工单结束，系统自动派发开网优化流程工单。

6. 项目优化整治

工程施工完成的站点，由施工单位将工单提交给地市网络优化中心，由地市网络优化中心确定该站点是否需要进行开网优化，如果需要，提交给主设备厂家人员进行开网优化。

开网优化完成后，主设备厂家人员需上传测试优化报告，将工单提交给地市网络优化中心进行审核，地市网络优化中心审核通过后，站点进入竣工验收流程；地市网络优化中心审核不通过的站点，打回至开网优化环节，由主设备厂家再次进行优化，直到地市网优审核通过。

不需要进行开网优化的站点，直接进入竣工验收流程。

目前只能确定部分 LTE 室内分布站点需要进行开网优化，GSM、TD 室内分布站点是否也需要进行开网优化还不确定。

7. 工程验收交付

开网优化结束，且网优网络优化中心审核通过的站点，进入竣工验收阶段，由施工单位发起竣工验收申请，地市网络优化中心进行审核。

审核验收通过的站点，工单结束；审核验收不通过的站点，退回至竣工验收申请环节，直到审核验收通过。

任务实施

步骤 1：绘制某室内分布项目生命周期流程图

本步骤要求使用 Visio 软件完成同福酒店室内分布项目实施流程图制作。

(1) 流程图简介

以特定的图形符号加上说明表示算法的图，被称为流程图或框图。流程图是流经一个系统的信息流、观点流或部件流的图形代表。在企业中，流程图主要用来说明某一过程，这种过程是完成一项任务必需的管理过程。

为便于识别，绘制流程图的习惯做法如下：

圆角矩形表示“开始”与“结束”，矩形表示行动方案，普通工作环节用菱形表示问题判断或判定（审核/审批/评审）环节，平行四边形表示输入输出，箭头代表工作流方向。流程图常见图形如图 1.5 所示。

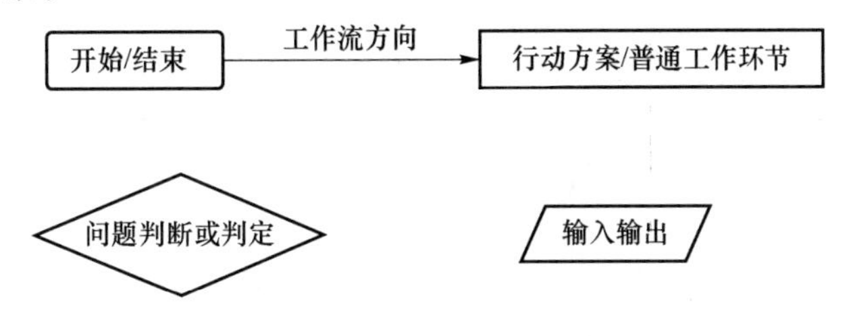

图 1.5　流程图常见图形

(2) 图纸绘制要求

按照参考图纸插入对应的图标，加入注释。背景图纸插入任意图片，置于底层，适应页面大小。流程说明文字均为宋体，12 pt，加粗。箭头改为 RGB 50，60，70 填充，线型为 01，粗细 3 pt,其余为默认设置。

(3) 参考图纸

注意:图 1.6 为某室内分布项目的生命周期流程图,但是图中有较多符号使用错误,请同学们按照习惯做法来改进该图纸,并将最终结果插入任务单中。

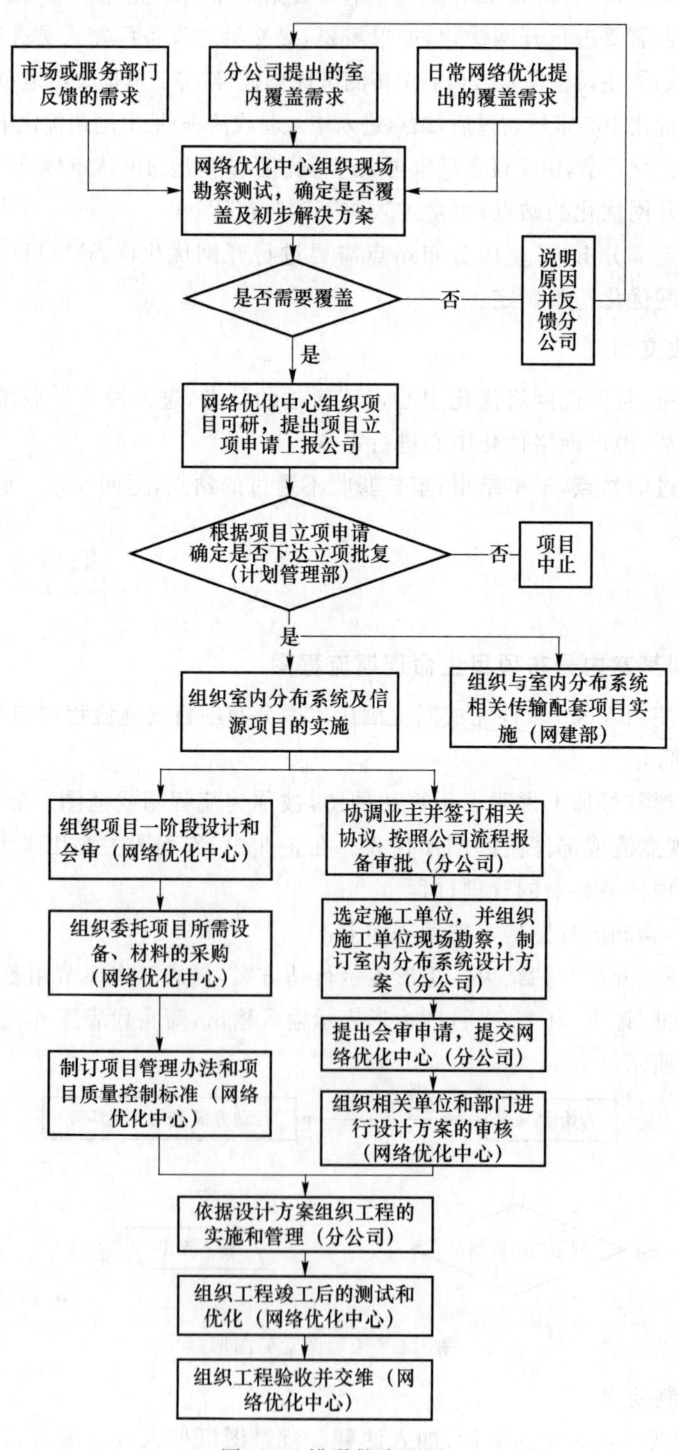

图 1.6 错误的流程图

步骤2:完成某室内分布项目需求规划及确认

请同学们根据附录1.1给定信息,找出该室分项目所属分类,完成步骤2。

1. 对给定项目完成需求规划

按照运营商的常见说明,室内分布覆盖场所分为16类。本书以此分类为准,不再出现“住宅小区”等其他类型的分类。

请根据该步骤开始所给的室内分布项目的信息,按照表1.4的内容完成需求规划,填入任务单。

表1.4　室内分布系统覆盖分类

序号	覆盖类型	说明
1	VIP办公和生活区域	指VIP客户办公和生活的场所
2	政府机关	特指五套班子(人大、政协、政府、党委、公检法)
3	星级酒店	指三星级以上酒店(不含三星级)、宾馆
4	写字楼	专指商业办公的楼宇
5	大型商场	指楼宇为大型批发市场、商场、购物、超市、商店等
6	餐饮娱乐场所	指楼宇主要功能为美容、酒吧、健康中心、麻将馆、茶庄、KTV、电影院等,以及三星级以下酒店(含三星级)、宾馆
7	旅游景点	包括寺庙、景点、景点线路、祠;如果有重叠,以其他分类为标准,例如景区内的酒店归为宾馆酒店
8	大型场馆	包括体育中心、运动场所、展览中心等
9	医院学校	包括所有医院和大学、中学、小学等
10	交通枢纽	指旅客候车、候机的集中地点
11	商住两用	指底层裙楼中有商业用途的住宅两用楼
12	居民小区	指具有一定规模的住宅小区
13	城中村	指密集村屋
14	工厂	指工厂园区、企业等
15	村通	
16	海域	

2. 完成室内分布规划需求评分

室内分布站点规划需求提出后,须进行需求评分,需求评分可分为投诉、站点类型和当前覆盖三个维度,其中站点类型又可进一步分为站点分类属性和人流量两个子维度。各维度的量化取值分数说明如表1.5所示。

表 1.5　室内分布系统项目评分

一类公司

一级评估指标	二级评估指标	可量化指标	量化取值	量化标准
投诉 （36.6%）		特急	9	A 类集团客户；经确认是新闻媒体客户或媒体单位收到当地客户集体投诉有曝光意向的用户强烈要求解决网络信号覆盖的；客户直接向省、市公司领导投诉，经实地检测情况属实，上级领导有指示要求紧急处理的；当涉及需其他部门配合决策（如党群）的或其他例外情况的事件时；国家机关/镇级以上领导/政府党政军领导/A/B/C 类集团网的决策人、钻卡
		紧急	5	1. 重要用户：金卡客户、A/B 类集团客户 2. 普通用户：每日客户投诉量均超过 20 宗达到 3 天时（全球通客户超过 2 天时） 3. 特殊重要情况：向新闻媒体、各级监管机构投诉等紧急情况，列明以下判断标准： （1）收到当地客户联名向省、市消委、市工商行政管理部门投诉，经实地检测情况属实，且影响面涉及当地一带居民，而并非单个客户； （2）收到客户律师函、政府机关投诉受理函、经实地检测情况属实； （3）已确认的国家机关重要公务人员、镇级以上领导投诉，经实地检测情况属实； （4）客户对于现场环境无法建设的原因不接受，有向上述升级投诉渠道升级意向的； （5）竞争对手覆盖情况占优； （6）反挖掘用户
		一般	1	除“特急”“紧急”网络投诉级别以外的其他投诉
站点类型 （40.9%）	站点分类属性 （—65%）	一类站点	9	交通枢纽（机场、车站、码头）； 五星级酒店（根据国家评定标准而定出的星级级别）； 甲级以上写字楼：以品牌、地段、客户层次、硬件设施及物业管理的标准评定； 1. 顶级：除软、硬件标准完全达到甲级外，与甲级写字楼最大的区别在于其商圈的代表性和标志性及对商圈的辐射力、影响力； 2. 甲级：硬件方面外观设计、内外公共装修标准相当于四星级酒店，达到 5A 级写字楼水平，设备设施基本与世界同步，如电梯等候时间小于 40 秒，中央空调为四管式；软件方面物业管理服务水准达到三星级酒店以上标准。 大型购物中心（楼层营业面积总和在 10 000 平方米以上）； 大型会展中心（展区面积总和在 5 万平方米以上）； 三甲、省级医院（根据政府设定的级别）； 党政军办公场所； 我公司外驻机构所在楼宇（如营业厅）； 干道（包括隧道等）
		二类站点	7	四星级酒店（根据国家评定标准而定出的星级级别）； 乙级写字楼：硬件方面外观设计、内外公共装修标准与甲级写字楼相比较差，部分达到 5A 级写字楼水平，设备设施以合资品牌为主，如电梯等候时间大于 40 秒，中央空调为两管式；软件方面物业管理服务未达到星级酒店的标准。 高档住宅小区，以开发商、楼龄（2000 年以后）、规模为主要参考依据，辅以地段和影响力； 高级饮食场所（以品牌分等级）； 二甲、市级医院（根据政府设定的级别）； 中型规模展馆（展区面积总和为 1 万～5 万平方米）； 顶级会所：高尔夫球馆、练习场； 旅游景点场所

续 表

一类公司				
三级		可量化指标	量化取值	量化标准
评估指标	评估指标			
站点类型（40.9%）	站点分类属性（−65%）	三类站点	5	三星级酒店(根据国家评定标准而定出的星级级别)； 中型购物中心(楼层营业面积总和为 5 000～10 000 平方米)； 中档住宅小区，以开发商、楼龄(2000 年以后)、规模为主要参考依据，辅以地段和影响力； 大型娱乐场所(楼层营业面积总和在 3 000 平方米以上)； 一甲、区、县级医院(根据政府设定的级别)； 小型展馆/场馆(展馆面积总和在 1 万平方米以下，含体育馆、博物馆、游乐场馆、批发集散地等)； 专科以上校园； 党政军住宅楼； 乡镇府所在地/行政村，村委办公室、学校、卫生站； 大型厂房：占地面积 2 万平方米以上
		四类站点	3	三星级以下的酒店/宾馆(国家未评出级别的酒店) 一般写字楼：乙级以下写字楼 商场(营业面积总和在 5 000 平方米以下) 中级饮食场所 中型娱乐场所(楼层营业面积 1 000～3 000 平方米，如 TOP) 中型厂房：占地面积 5 000～20 000 平方米 企事业单位办公场所
		五类站点	1	一般饮食场所；小型商场；小型娱乐场所(楼层营业面积 1 000 平方米以下)；一般住宅(含宿舍)；小型厂房：占地面积 5 000 以下；普通路段；中小学校园；村庄
	人流量（−35%）	高	9	忙时人口 5 000 人，如火车站等交通枢纽、大型购物中心、医院等
		中	5	忙时人口 500～5 000 人，如中级饮食场所、娱乐场所
		低	1	忙时人口 500 人以下
当前覆盖（−20.50%）	弱信号区域	楼层	9	
		停车场	5	
		电梯	4	
		其他	7	

在对上述三个维度进行量化打分后，可进一步计算室内分布规划站点需求标准化评估得分，计算说明如下。

室内分布规划站点需求标准化评估得分＝100/8×{0.366×投诉指标量化取值＋0.409×[0.65×分类属性指标量化取值＋0.35×人流量指标量化取值]＋0.225×弱信号区域指标量化取值}　　式(1.1)

由式(1.1)和表 1.5 可知，室内分布规划站点需求标准化评估得分最高分为 112.5，最低分为 20.94。需求标准化评估得分在 50 分以下的站点，建议取消需求。

请同学们根据同福酒店的概况，完成项目评分。

3. 明确几个原则

(1) 室内外统筹规划原则

网络优化中心提出室内覆盖需求时，需要考虑当前及未来两年内周边区域的覆盖需求，有必要的话同步提出室外宏站建设需求；同样，网络优化中心提出室外宏站建设需求时，对于同楼宇室内密闭场所(如卡拉OK包间、餐厅包间等)或高话务场所(写字楼、宿舍等)，应同步提出室内覆盖需求。处理有投诉的室内场所，如果同一楼宇有建设室外宏站需求，应在室外宏站开通后再解决室内投诉。

当覆盖目标楼宇周边存在局部弱信号时，比如一些小路、低层住宅等，可以利用室内分布外放天线来解决；但要处理好外放覆盖与信号外泄到道路的关系。

工程中心在物业谈判时，应整合室内外需求，一体化谈判，争取最大化实现建设需求表的覆盖要求。

工程中心在进场施工时，应统筹管理，同步完成室外宏站、室内分布系统的建设与开通，避免多次协调进场。

(2) 室内话务最大化原则

室内覆盖选址员应事先与业主协商妥当总体方案，创造良好的条件使最佳覆盖方案得以实施，再做具体设计方案。如果业主强烈反对主方案，应当推荐备用方案，回避业主强烈反对点，保证覆盖和话务吸收。设计方案完成后，应严格实施。

天线的布放和类型选择，必须尽量吸收室内的话务。合理选用天线类型，根据楼房特征选择室内分布系统和住宅区室外分布系统实现深入覆盖。除了单间小公寓外，室内分布系统的天线优选入户/入房间覆盖(从实际建设来看，只有极少用户同意入户，实现较难)，楼层天线首选外露。如果业主坚决不同意天线外露，可采用非金属材质的同样式挡板，替代原来的金属挡板。

(3) 多网同步设计原则

对于需要建设GSM/TD-SCDMA/WLAN/TD-LTE的室内场所，设计方案要统筹考虑，一步到位，避免后续改造对原有分布系统的影响。原则上，住宅小区不建设TD-LTE分布系统。

步骤3:初步定义项目范围

准确的范围定义在项目管理中是十分重要的，因为如果在项目实施前，项目所需完成的任务不明确、不具体，在项目实施中就不能实现对项目的有效控制。而项目范围的经常性变更也不可避免地会给项目的质量、进度、成本等带来影响。因此，明确项目范围对项目管理具有以下几方面的作用：

(1) 易于明确各方的职责，减少项目中的冲突和矛盾；

(2) 利于项目各方工作的相互衔接与配合；

(3) 确定项目进度、费用和资源供应的依据；

(4) 利于项目管理者做出详细具体的计划和实施方案；

(5) 利于项目管理者预测项目实施中可能出现的问题并制订相应的对策；

(6) 发生问题后利于方案的及时修正和调整，减少变更带来的不利影响。

确定项目范围的依据：

(1) 项目立项文件；

(2) 项目可行性研究报告；

(3) 设计文件,包括设计方案；

(4) 合同文件；

(5) 其他经济技术文件；

(6) 有关规定、标准和规范；

(7) 项目投资者和主管部门的预先要求；

(8) 项目特殊的约束条件；

(9) 该项目其他需要考虑的事项。

为了初步确定项目的具体范围,需要在确定项目范围依据的基础上,制订出项目所包含的具体范围。可以使用任务分解结构技术(Work Breakdown Structure,WBS),它可以指导项目管理者根据项目的目标确定出必须完成的各项任务,具体步骤如下。

(1) 将总目标作为顶层,保证目标的明确性。

(2) 以顶层作为项目整体,结合项目的约束条件,将之分解为若干个单项工程项目并作为第二层,每一个单项为总目标的一个分目标。

(3) 将每一个单项项目再分解,确定每个单项项目所包含的功能模块。每个模块可作为分目标的子目标,并组成项目分解结构的第三层。

(4) 将每个功能模块再分解为便于组织实施的工作包。每个工作包可以使项目实施者通过具体的工具、材料和设备在计划、质量、时间和费用等具体约束下完成。

(5) 分解从上至下、由粗到细逐层分解,并形成系统的梯级结构。对于不同类型的项目,分解项目时可以按不同的方法来划分,如可按项目的阶段、项目的实施顺序、管理程序、项目的组成要素来划分(水电暖)。

(6) 对各级各分解项进行编码,以便于管理。编码一般根据层次划分结果来确定,层次有几层,代码就有几级。代码可用数字、字母以及特定符号来表示。

分解中的注意事项如下。

(1) 最后得到的工作包应便于确定相应的实施者、管理者和责任人,并有一定的独立性。工期不太长,成本不太高,质量控制易于实现,不存在和其他工作包的重复和交叉。工作包可以用名称、编号、实施内容、完成时间、约定费用、质量标准、技术要求、操作工艺、预防问题、安全措施、前提条件、后续项目、实施者、管理者、责任者及相关者来具体地明确到位。

(2) 一般以4～6层为宜,太多则由于中间环节过多,失去弹性,不易管理;太少则每个工作包存在交叉重复,失去分解的意义。

(3) 分解时可以按项目组成分解,也可以按如何便于管理分解。

请同学们按照WBS分解的步骤,完成室内分布工程项目范围的初步定义,填入任务单中。

步骤4:完成会议准备,形成项目会议纪要

请教师组织同学在敏捷岛教室,分组模拟项目会议讨论室内分布项目的具体流程,并请同学做好会议记录。会议的组织流程如图1.7所示。

项目会议将制订项目初步计划,这在很大程度上决定了项目是否能够圆满完成。如果没有充分地准备项目会议,将会从一开始就给项目的顺利进行埋下隐患。项目会议一旦完成,应确保参会成员均达成共识,目标一致。

会前的准备工作决定了项目会议能否取得良好的效果。

(1) 明确项目目标和最终交付成果清单

明确这些问题将有助于确定项目的人员配置和项目计划,把它们写下来,然后和项目所有者进行确认。

(2) 明确室内分布项目参与各方及其责任

室内分布项目的规模、复杂性和具体类型决定了完成该项目所需要的资源。确保项目运行所必需的资源包括 4 个主要类别:运行、行政辅助、管理及技术。

请同学们制订一个同福酒店室内分布项目团队成员联络表,包括以下几项:姓名、职责、部门、位置、电话号码、传真号码及电子邮件地址。这个联络表随后将发给各成员。

(3) 制订同福酒店室内分布项目假设清单

项目团队成员必须清楚地知道项目的主要假设。例如,由项目经理选择的团队成员,一旦确定参与项目,就要确保项目的成功完成。这条假设意味着,团队成员的首要职责是完成项目分配的任务,他们必须严格履行职责以确保项目的成功完成。

(4) 制订初步项目计划

提前制订项目计划,确定要完成的任务、具体职责及时间进度安排,这样会节省许多时间。

(5) 确定取得成功的关键要素

项目团队中的每个成员都必须清楚地知道项目取得成功的要素。花些时间来确定项目取得成功的要素,并用特定的术语给出明确的定义,和项目所有者确认这些关键要素。

(6) 制订项目会议的时间安排

项目团队的所有成员都要参加项目启动会议,与每个成员沟通会议的首选及备选时间和日期。一旦确定会议的时间和日期,就立刻去预订会议场地。

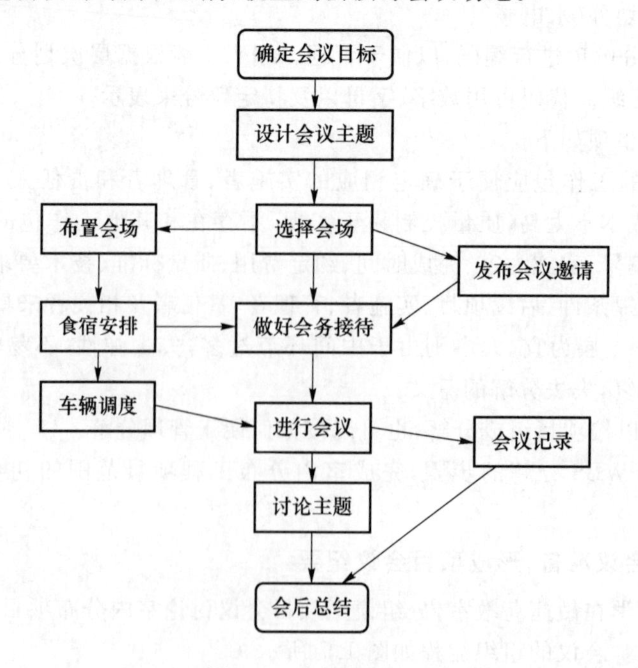

图 1.7 会议组织流程

(7) 给团队成员发放项目启动会议材料

在指定的日期,给团队中的每个成员发一份项目会议的材料,包括会议时间和日期、项目团队成员联络表、会议议程和会议电话号码及初步项目计划。

让每个人都仔细阅读项目计划，并指出项目会议上将做进一步讨论，每个人务必事先了解计划中与自己有关的部分。此外，说明会上将有专门的提问时间用于解答任何疑问。

(8) 明确关键问题及相关因素

在项目会议前再回顾一下项目计划，在那些需要在会上强调的地方做标记。相关的因素包括潜在的瓶颈、有重大影响的问题及风险区域等。

(9) 项目会议注意事项

① 会议过程中，记录会议内容要特别注意与会人的思路形成过程，对于提出的要求决策一定要明确记录。在汇报中可用词汇：会议认为，会议强调，会议指出，会议号召，会议决定。

② 会议纪要中的主要内容和关键字要用红字、黑体标识，方便审阅人审阅。

③ 会议中提到的需要跟进的事项(一般有时间限制)，需要注明并且设置时间提醒(红字提醒)，按专人分类，到时提醒。

④ 会议结束之后，要就任务事项进行总结，与专人核对确认。

⑤ 按照项目进行分类，制作 Excel，注明该项目的第几次会议，会议结束后工作的进度情况。

⑥ 会议开始之前需要汇报前次会议跟进的事项和完成情况，下一阶段的进度目标及落实措施。

⑦ 书写过程思路要清晰，分条罗列事项。

具体的项目会议记录模板如表 1.6 所示。

表 1.6　会议记录示例

会议记录	
会议时间	会议地点
会议名称	会议主持
会议纪要人	会议缺席人
会议参与人	
会议议题	
会议纪要	
会后跟进	

任务成果

1. 生命周期流程图 1 幅；
2. 室内分布评分规划表 1 份；
3. 项目会议记录 1 份；
4. 任务单 1 份。

拓展提高

自行模拟组织一次项目推进会议。

任务 1.2　认识室内分布项目立项过程

任务 1.2

任务描述

某集团某地分公司2019 年同福酒店室内分布系统建设项目于 2018 年 12 月已具备项目启动条件，该任务中，学生将以某地分公司选点经理、客户经理，以及运营商某地分公司网络建设部工作人员的身份，根据同福酒店室内分布系统建设项目立项原因，做出工程前期建设分析，提出建设需求，编制出《项目建议书》，模拟完成选点谈判、确认需求、上报立项请示文件、签订租赁协议等工作。

任务解析

室内分布系统项目立项的原因主要包括：热点盲区新建项目、已建热点改造优化项目、市场业务需求。

立项阶段的主要参与者有分公司、市场部、网络优化中心等。

立项请示文件主要包括以下基本内容：

1. 同福酒店室内分布系统建设项目的需求分析；

2. 同福酒店室内分布系统建设项目的建设必要性阐述；

3. 同福酒店室内分布系统建设项目计划采用的技术方案、预期工程规模、预期建成效果的初步设想；

4. 同福酒店室内分布系统建设项目的建设条件分析，分析是否具备建设条件及相关的进度计划安排要求；

5. 同福酒店室内分布系统建设项目的投资预算；

6. 同福酒店室内分布系统建设项目如果顺利立项，负责工程建设的接口人明确落实到个人，方便后期工作顺利开展。

立项批复工作主要由网络建设部完成，网络优化中心、工程建设中心等部门进行配合。网络建设部要按照项目立项请示文件，负责组织对项目立项申请进行审查，对同意建设的项目进行立项批复，下达批复文件。

教学建议

1. 知识目标

(1) 了解立项阶段各部门需要完成的具体工作；

(2) 掌握建设项目的立项请示文件编制知识。

2. 能力目标

能够编制室内分布系统项目的立项请示文件。

3. 建议用时

4 学时

4. 教学资源

(1) 同福酒店室内分布系统建设项目概况文件；

(2) 同福酒店室内分布系统建设项目网络优化测试文件。

5. 任务用具

同任务1.1。

必备知识

1.2.1　室内分布系统项目立项的主要原因

1. 热点盲区新建项目

规划室内分布站点解决信号覆盖不足问题是目前室内分布规划最迫切的需求，包括新建楼盘、长期弱覆盖楼盘及信号覆盖不到的城中村等。对于上述场所，可以考虑新增室内分布站点进行全覆盖。

2. 已建热点改造优化项目

对于人流量大、话务密度高、数据业务流量高的站点进行容量分流，也是室内分布规划的来源之一。

3. 市场业务需求

对于重要投诉(领导投诉、重要客户投诉等)和长期投诉点，无法通过现网资源和参数调整解决问题的，考虑规划室内分布站点进行解决。

4. 直放站替换

直放站往往在一个系统内包含较多有源设备，容易出现干扰，导致信号质量差等问题，现网已经不再新建直放站设备，并且省公司对每年直放站数量减少量进行考核。基于以上原因，建议对现网直放站进行改造，逐步减少现网直放站数量。

1.2.2　立项阶段主要参与者

1. 市公司网络建设部

(1) 对网络优化中心提交的项目请示进行审核，并对符合实施条件的项目进行批复；

(2) 对项目的设计进行审核及批复；

(3) 根据集团公司要求对项目进行报备；

(4) 根据项目中提出的信源配置需求，进行设备上联资源的扩容；

(5) 参与室内分布系统解决方案的设计；

(6) 根据项目立项批复，组织与室内分布系统相关的传输配套项目的实施工作。

2. 市公司网络优化中心

(1) 负责根据公司整体经营和网络发展战略，组织制订年度各期室内分布系统建设可行性研究报告，报公司审批；

(2) 负责根据公司统一要求编制项目的立项申请并报批；

(3) 负责根据项目批复，组织制订项目的一阶段设计，并组织相关部门进行一阶段设计的会审；

(4) 负责组织网络优化工程技术人员进行现场勘察测试，确定覆盖范围，提出覆盖的初步解决方案，根据项目的批复规模纳入建设项目；

(5) 负责按照公司相关管理规定，组织项目所需设备、主材料需求的制订，并提交公司相关部门组织实施；

(6) 负责组织施工方入围工作；

(7) 负责制订项目管理办法和项目质量控制标准，通过质量、成本、安全、进度、过程、环境等流程控制对建设项目实施统一管理；

(8) 负责组织公司相关部门、分公司、设计院、施工单位对室内分布系统的设计方案进行会审；

(9) 负责组织室内分布系统竣工后的测试和优化工作；

(10) 负责组织维护单位进行工程验收和资产交付。

3. 区/县公司

(1) 负责根据所辖区域业务发展需求提出室内分布系统建设需求，并将相关信息提交网络优化中心；

(2) 负责根据网络优化中心确认的室内分布建设项目范围进行谈址，并与业主签订供电协议和施工协议；

(3) 负责在入围的施工供方中选定施工单位，并与施工单位签订室内分布系统项目集成合同；

(4) 负责综合考虑管道、光缆、传输等配套资源，并组织施工单位现场勘查，制订室内覆盖设计方案，提交网络优化中心进行评审；

(5) 负责根据通过会审的室内覆盖设计方案组织施工，督促施工单位按照进度要求完成建设任务；

(6) 负责参与室内分布系统建设工程的项目验收和资产交付。

4. 市公司运行维护部

(1) 参与项目验收工作；

(2) 对已验收项目中的设备进行资产接收。

1.2.3 立项阶段工作介绍

立项阶段工作如表 1.7 所示。

表 1.7 立项阶段工作

序号	工作说明		责任分工				
			选点经理	客户经理	电信运营商	时限	结果文件
1	选点谈判	根据《客户建设需求解决方案确认表》进行站点选点谈判	负责	/	/	待定	《选点记录》《物业图纸》
2	客户建设需求订单确认	与电信运营商协商，确定需求，并签订《客户建设需求订单确认表》	协助	负责	参与	3天	《客户建设需求订单确认表》
3	项目立项	输入订单，进行项目立项及批复	/	负责	/	3天	立项批复文件
4	签订租赁协议	根据《客户建设需求订单确认表》，进行租赁协议签订	负责	/	/	5天	《站址租赁协议》

设计单位在进行室内分布站点勘测前，严格按照网络覆盖的要求进行综合考虑而选点。

站点选点应满足物业同意，且取得物业租赁合同，相关选点人员应进行充分的沟通。

站点选点应考虑传输接入资源的分析，确保传输接入。

站点选点过程中应充分考虑网络完全、设备安全的问题。

任务实施

任务主要模拟运营商、铁塔公司及设计院等相关单位，围绕室内分布项目的立项开展相关工作。

步骤1:完成选点谈判

请教师带领学生模拟铁塔公司选点经理、同福酒店市场部专员的身份，以同福酒店调研情况为参考，完成对校内办公楼的选点调研及谈判工作。

(1) 现场调研同福酒店物业情况

酒店调研概况、酒店建筑物调研细项、周边概况及网络概况详见附录1.1。

(2) 与物业方完成选点谈判

请教师带领学生，模拟选点经理、同福酒店市场部专员的身份，根据《客户建设需求订单确认表》进行站点选点谈判，达成初步协议，如图1.8所示。

注意以下几个谈判要点。

① 室内分布系统建设原则上不采用租赁业主机房的方式。

② 室内分布系统开通运行发生的电费按照与业主协商的标准确定，原则上不应超过省公司核准的电费额度。

③ 模拟选点经理的同学，在进行补偿费用谈判时，建议参考如下标准：

a. 建筑面积小于2万平方米，3 000元；

b. 建筑面积大于2万平方米小于5万平方米，5 000元；

c. 建筑面积大于5万平方米小于10万平方米，8 000元；

d. 建筑面积大于10万平方米，10 000元。

客户建设需求订单确认表

1	2	3	4	5	6	7	8	9	10	11	12	13	14	15	16
订单号	电信企业	省份	地市	区县	站点名称	站点编号	建筑物类型	站点位置情况					共享用户数/户	建设方/式	交付时间/月
								经度	纬度	详细地址	总层数/层	总面积/m²			
按照编号规则	填写：移动、联通、电信，可多选	填写省份名称	填写地市名称	填写区县名称	填写提供站点的具体名称	填写铁塔公司站点编号	分为：机场、大型场馆、交通枢纽(不含地铁和高铁)、商务楼宇、党政机关	数字型，精确到小数点后6位	数字型，精确到小数点后6位	站点的详细地址	建筑的楼层数	建筑的总面积	填写本次共享该站点的用户数	分为：新建、改造、扩容	指需求订单确认后的时间
							大型场馆	116.123456	39.123456					新建	6

第 1 页

注1　客户建设需求订单确认表作为项目启动的刚性依据和签订租用协议的关键凭证，原则上不得变动。如确需变动，提出变更方需承担产生的相关费用。

注2　室分类项目：铁塔公司应在约定的交付时间前完成工程建设，客户在收到铁塔公司《交付验收单》后的5个工作日内完成自身设备的安装、系统调测及验收核实，并在客户签字确认《交付验收单》后10个工作日内与铁塔公司签订《租赁协议》，业务起租日以签署租赁协议的日期为准。逾期未验收或未提出书面异议的，视为已完成业务开通，起租日视为《交付验收单》提送给客户后的第13个工作日。

xx电信企业负责人签字：　　　　　　　　　　xx铁塔公司负责人签字：

日期：　　　　　　　　　　日期：

17	18	19	20	21	22	23	24	25	26	27	28	29	30	31	32	33
通信设备安装调测时限/天	机位数/个	信源参数-BBU/微蜂窝/其他									RRU参数					
		系统数	信源数/个	信源频段	信源类型	信源尺寸/mm	信源重量/kg	信源供电方式	信源总功耗/W	信源输出功率/dBm	RRU数/个	RRU供电方式	RRU尺寸/mm	RRU重量/kg	RRU供电方式	RRU总功耗/W
从站点交付至电信企业完成全部通信设备安装调测的时间	提供的的标准19"机柜安装位置数量	新建的系统数量(2G/3G/4G)	提供安装信源的数量	分别说明所建各信源系统的频段	分为：BBU+RRU、RRU、微蜂窝、其他	提供安装信源的最大尺寸(宽×高×深)	提供安装信源重量的上限值	分为：交流、直流	提供安装信源总功耗的上限值	分别说明各信源的输出功率	提供安装的RRU数量	分散供电/集中供电	提供安装RRU的最大尺寸(宽×高×深)	提供安装RRU重量的上限值	分为：交流、直流	提供安装RRU总功耗的上限值
				2G：900 M 3G：F频段 4G：E频段			9	交流	2000	2G：40 dBm 3G：32 dBm 4G：40 dBm				20	交流	2000

第 2 页

34	35	36	37	38	39	40	41	42	43	44	45	46	47	48	49	50
开关电源参数		蓄电池参数														
满配容量/A	本期配置容量/A	电池容量/Ah	电池保障时间/h	传输设备尺寸/mm	传输设备重量/kg	传输设备总功耗/W	是否与BBU共机柜	密闭场所天线口功率/dBm	开放场所天线口功率/dBm	覆盖区域描述	覆盖指标	合路器类型	是否双路	建设馈缆数量	服务等级	电费结算方式
满配整流模块的容量	本期配置的整流模块容量	每组电池的容量	蓄电池保障通信设备的时长	提供安装传输设备的最大尺寸(宽×高×深)	提供安装传输设备总重量的上限	提供安装传输设备总重量的上限	填写：是或否	提供电梯等密闭环境的天线口最低功率	提供普通开放场所的天线口最低功率	电梯、地下室、全覆盖等	各系统的边缘场强	分为：高品质合路器、POI	填写：是或否	1路/2路/3路/4路	铁塔公司提供的服务等级	
															2	

第 3 页

图 1.8　客户建设需求解决方案确认表

步骤 2：确认客户建设需求订单

(1) 模拟协商

请教师带领学生模拟客户经理、运营商代表、设计院设计师，完成建设需求协商，确定运营商的建设需求。需要准备的资料如下：

① 同福酒店建设项目建设需求讨论会 PPT；

② 同福酒店建设项目需求订单确认表。

（2）模拟签订需求订单确认表

请教师带领同学，模拟客户经理、运营商代表、设计院设计师，签订《客户建设需求订单确认表》。

步骤 3：完成项目立项批复

请教师带领同学，分组编制同福酒店室内分布系统建设项目的立项请示文件，如表 1.8 所示。

表 1.8　立项请示文件示例

项目名称		项目编号		项目负责人	
需求分析					
项目概况					
建设必要性					
计划采用的技术方案					
预期工程规模					
预期建成效果					
建设条件分析					
投资预算					
工程建设接口人					

（1）编制立项请示文件

（2）上报、批复立项批示文件

请教师带领同学，由学生模拟运营商代表，教师模拟部门经理。由运营商代表向部门经理上报同福酒店室内分布系统建设项目的立项请示文件，同时部门经理在审核后完成批复。

建议全班分为 6 个小组，每组提交 1 份立项请示文件。

步骤 4：签订室内分布系统建设协议

请每组同学模拟选点经理与物业方法定授权人，根据《客户建设需求订单确认表》，进行室分系统建设协议签订。同时模拟运营商代表与铁塔公司代表，签署室内分布系统建设协议。两个协议的模板见附录 2.1。

任务成果

1. 客户建设需求订单确认书 1 份；
2. 立项请示文件 1 份；
3. 立项请示文件立项批复 1 份；
4. 签订好的租赁协议 1 份；
5. 任务单 1 份。

拓展提高

如何根据项目特点及建设要求实施项目分解？

项目 2　某室内分布工程项目勘测

本项目内容主要聚焦于室内分布系统工程的勘测，首先从无线传播环境入手，结合现场勘测阶段的主要工作，通过四个任务的操作与实践，来掌握室内分布系统工程的现场勘测方法等。

本项目的知识结构如图 2.1 所示，操作技能如图 2.2 所示。

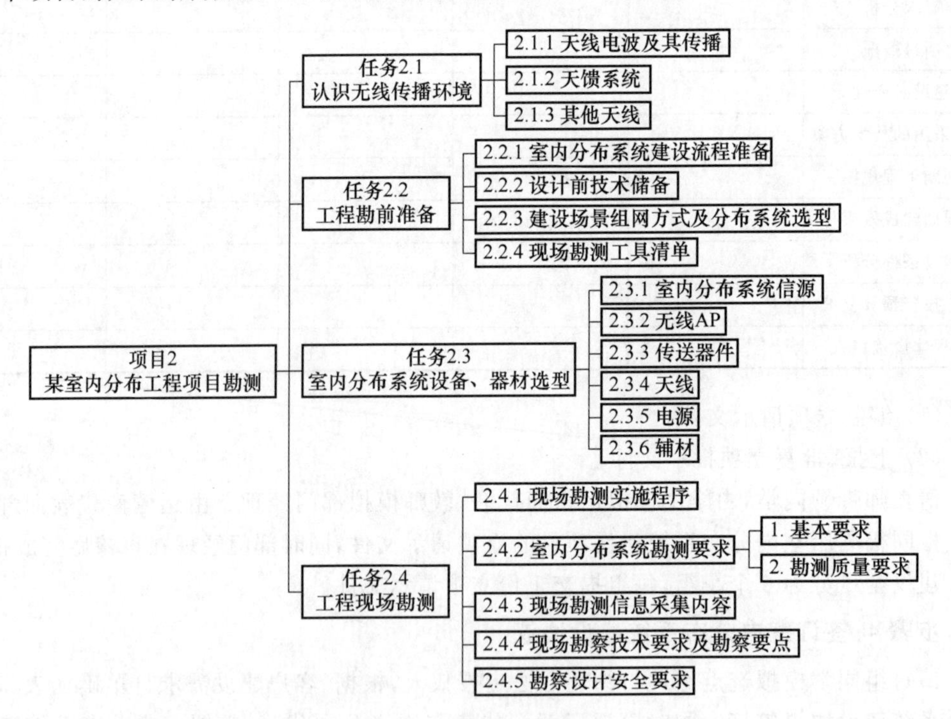

图 2.1　项目知识结构

1. 认识无线传播环境

专业技能包括：掌握无线传播环境的基础技能等。

基础技能包括：Office 软件使用技能等。

2. 工程勘前准备

专业技能包括：完成工程需求确认的技能、现场勘测准备技能等。

基础技能包括：勘察工具及仪器的使用技能、Office 软件使用技能等。

3. 室内分布系统设备、器材选型

专业技能包括：熟练的识别、使用相关设备器材的技能等。

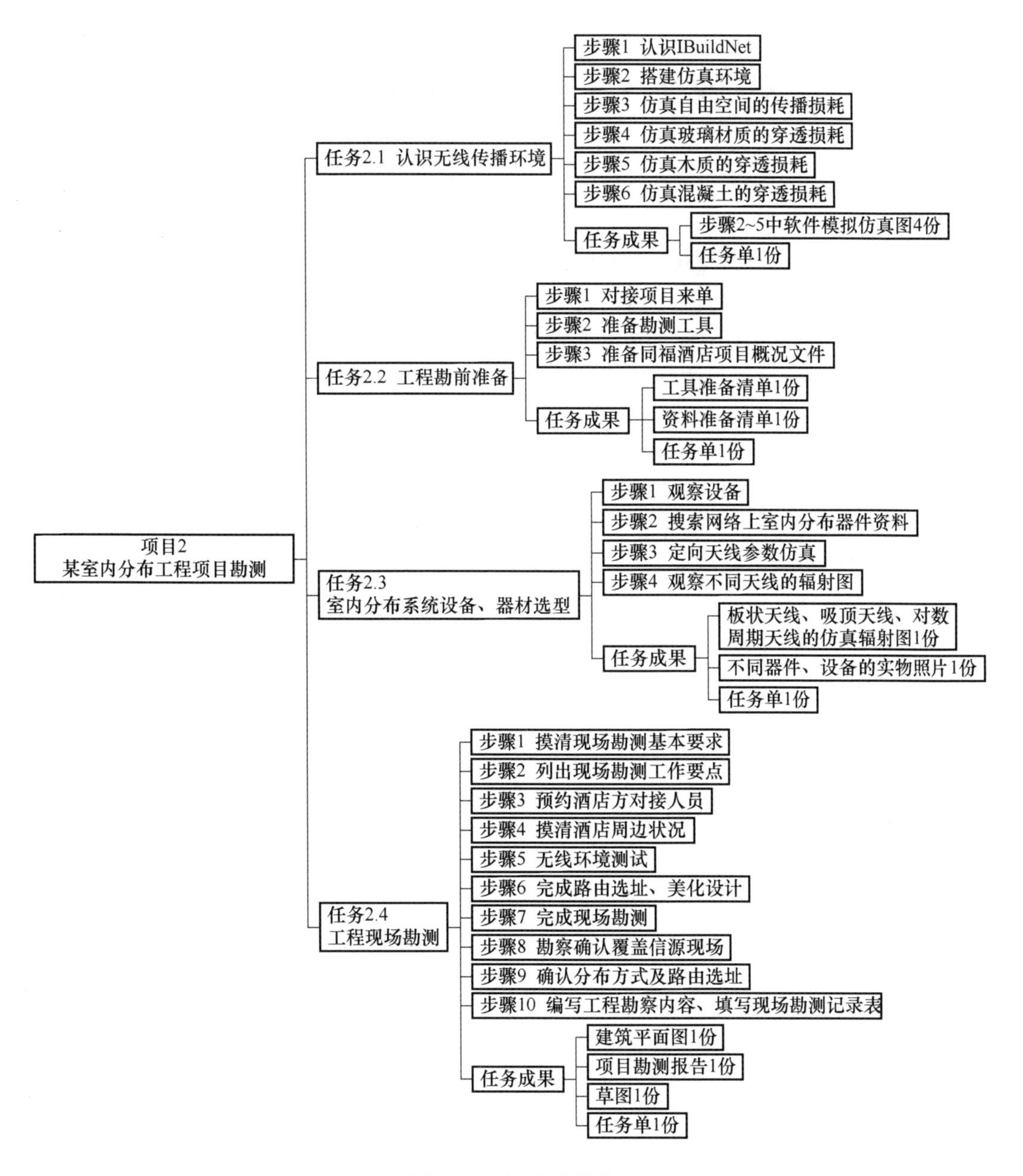

图 2.2　项目操作技能

基础技能包括：Office 软件使用技能等。

4. 工程现场勘测

专业技能包括：完成工程现场勘测技能、组网方案的预设计技能等。

基础技能包括：Office 软件使用技能、Autocad 软件使用技能、Visio 软件使用技能等。

任务 2.1 认识无线传播环境

任务 2.1

任务描述

某市同福酒店(涉外三星级)室内分布系统新建单项工程,应建设方要求在 1 周之内完成现场勘测。设计院接到项目设计委托后,迅速启动了本项目的现场勘测计划。在现场勘测前,须熟悉传播环境特性,利用仿真软件模拟现场场景的传播情况,为勘测任务的顺利进行和后期的设计预估奠定了坚实的基础。

任务解析

只有设计人员在取得扎实的理论基础后,才能为下一步开展有效的勘测任务提供必要的技术保障和实施条件。本次任务主要是了解天馈系统相关知识,通过软件模拟,掌握无线电波的传输特性,分六个步骤完成,分别为认识 iBuildNet、搭建仿真环境、仿真自由空间的传播损耗、仿真玻璃材质的穿透损耗、仿真木质的穿透损耗、仿真混凝土的穿透损耗。完成上述步骤后,即可对不同材质的穿透损耗有较为清晰的认识和把握。

教学建议

1. 知识目标

(1) 熟悉无线电波的传播特性;
(2) 熟悉天馈系统;
(3) 了解天线的类别。

2. 能力目标

(1) 能够操作 iBuildNet 软件;
(2) 能够运用 iBuildNet 软件仿真不同材质的穿透特性,模拟无线传播环境。

3. 建议用时

4 学时

4. 教学资源

多媒体资料、教材、教学课件、视频资料及移动虚拟仿真中心。

5. 任务用具

认识无线传播环境任务用具如表 2.1 所示

表 2.1 任务用具

序号	名称	用途及注意事项	外形	备注
1	Ranplan iBuildNet Professional	Ranplan iBuildNet 规划软件可以用来完成整个任务的仿真		必备
2	笔记本式计算机	用于安装规划软件		必备

必备知识

2.1.1　无线电波及其传播

1. 无线电波

根据麦克斯韦电磁场理论：变化的电场会在其周围空间产生变化的磁场，变化的磁场又在更远的区域产生变化的电场。1888 年，赫兹通过实验进行了证实，变化着的电磁场会在空间以一定的速度由近及远地传播出去，形成电磁波。电磁波形成原理如图 2.3 所示。

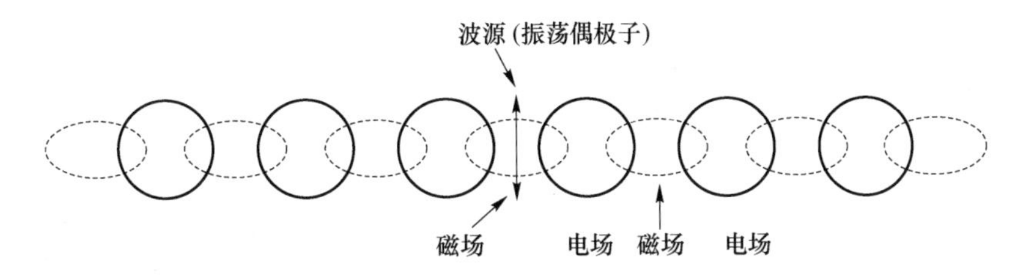

图 2.3　电磁波形成原理

电磁波按波长从大到小、频率从低到高排列，可分为无线电波、红外线、可见光、紫外线及各种射线等。其中 ITU 规定 3 000 GHz 以下可作为无线电波频谱，无线电波按频段或波长又可划分为多个频段或波段，如表 2.2 所示。

表 2.2　不同频段的波长

频段	波段	频率	波长
低频 LF	长波	300 kHz 以下	1 km 以上
中频 MF	中波	300 kHz～3 MHz	1 000～100 m
高频 HF	短波	3～30 MHz	100～10 m
甚高频 VHF	超短波	30～300 MHz	10～1 m
特高频 UHF	分米微波	3 00 MHz～3 GHz	1 m～1 dm
超高频 SHF	厘米微波	3～30 GHz	1 dm～1 cm
…	…	…	…

2. 无线电波传播方式

无线电波从发射到接收，中间传播方式主要有 4 种，分别是表面波传播、天波传播、空间传播和散射传播，如图 2.4 所示。

表面波传播又称地波传播，是指电磁波沿地球表面绕射到达接收点的传播形式，地面有吸收作用且有障碍物的阻挡，只有当波长和障碍物的尺寸相近时才能绕射传播，因此，地波传播适合于长波、中波和短波，微波则较难通过地波传播。天波传播是利用电波在地面和电离层之间来回反射实现传播的，电离层对高频波吸收少，因此适宜于短波等高频通信。空间传播又称视距传播，是从发射天线直接传播或经地面反射到达接收天线的传播方式，适宜于超短波和微波传播;但由于地球表面是弧形的,微波沿直线传播的距离受限,需要中继传输。散射传播是利用大气对流层中的不均匀性来散射电波,损耗极大,一般适宜功率高的远距离传输。

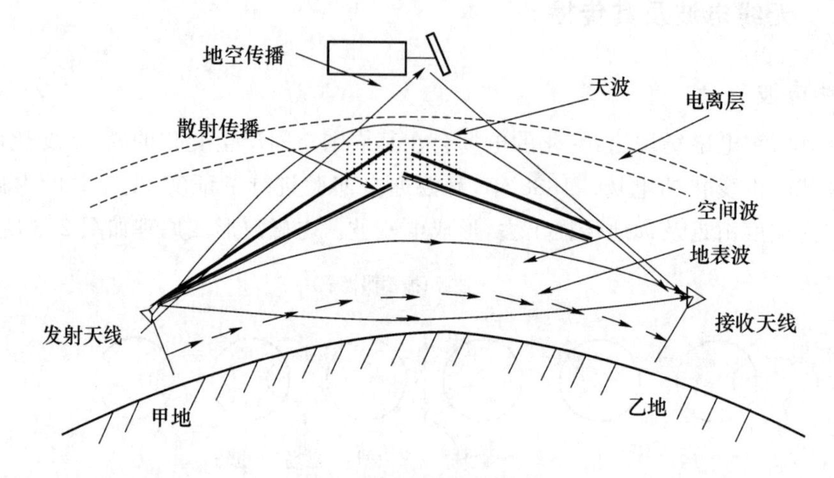

图 2.4 电波传播方式

移动通信使用的频段都属于 UHF(特高频)及其以上的频段,属于微波段。超短波和微波的频率很高,波长较短,它的地面波衰减很快,不能依靠地面波做较远距离的传播。因此,移动通信电波传播主要是由空间波来传播的。传播距离和发射天线接收天线的高度有关系,并受到地球曲率半径的影响。根据标准折射,等效地球半径为实际半径的 4/3 倍,即大约 8 500 km,计算视距传播距离约为 $4.12(\sqrt{h_T}+\sqrt{h_R})$ km,其中天线高度的单位为 m。

3. 电波传播条件

电磁波是以波动形式传播的电磁场,是由同相振荡且互相垂直的电场与磁场在空间中以波的形式传播,其传播方向与电场方向、磁场方向相互垂直,因此,电磁波是横波。电磁波的传播不需要媒质,可以在真空中传播。电磁波的传播伴随着电磁场能量的传播。

若要有效地将振源电路中的电磁能发射出去,需要具备两个基本条件。

(1) 频率必须足够高。只有电磁振荡电路源的固有频率足够高,才能有效地将能量发射出去。

(2) 电路必须开放。振源电路是 *LC* 元件,电场和电能集中在电容元件中,磁场和磁能集中在电感元件里,为了把电磁能有效地发射出去,须将电磁能分散发射到空间中,这就需要天线,电偶振极子是天线的基本单元。从 *LC* 振荡电路到偶振极子如图 2.5 所示。

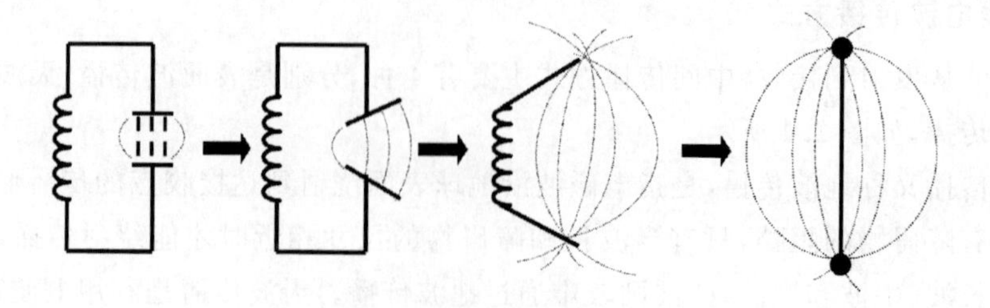

图 2.5 从 *LC* 振荡电路到偶振极子

2.1.2 天馈系统

1. 天馈系统概述

天馈系统主要包括天线、馈线、跳线、避雷器和塔放等。天馈子系统的主要功能是作为射频信号发射和接收的通道,移动通信基站天馈系统是将基站调制后的射频信号有效地发射出去,并接收移动台发射的信号。

过去的2G移动通信基站宏站天馈系统的常见组成结构如图2.6所示。天线通过室外软跳线连接到馈线,馈线通过隔离室内外的馈线窗进入室内,连接避雷器后通过软跳线接到机架连接集中式的基站设备BTS。

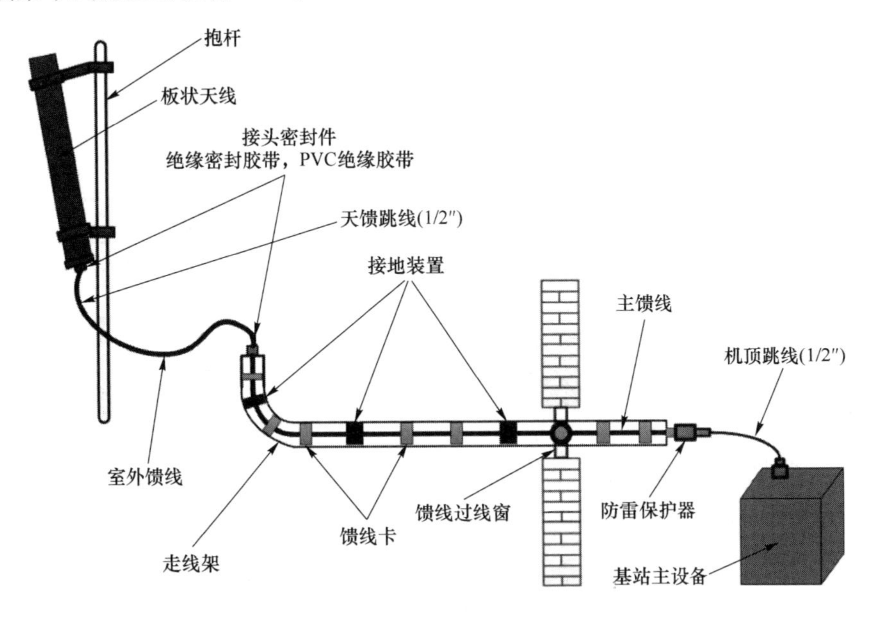

图2.6 2G移动通信基站宏站天馈系统的常见组成结构

新一代的移动通信天馈系统,如3G系统基站NodeB发展为分布式基站,由室内的基带处理单元BBU和室外的射频拉远单元RRU组成。常见的3G射频拉远移动通信基站天馈系统结构如图2.7所示,室内BBU和室外的RRU之间采用光纤连接;RRU和天线之间是短跳线连接,如果是智能天线还有一根校准线;GPS天线则通过软馈线连接室内GPS接口。

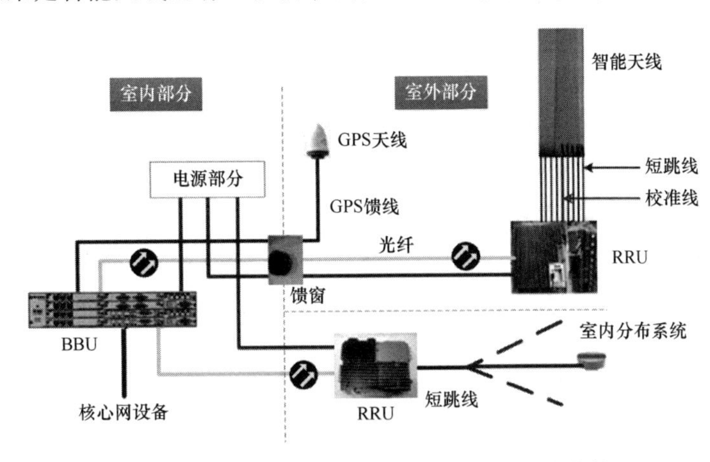

图2.7 3G射频拉远移动通信基站天馈系统结构

4G LTE 系统采用扁平化处理，其基站 eNodeB 仅有室外部分，一般室外天线通过短跳线直接连接 eNodeB，eNodeB 通过光纤连接室内核心网设备。

所以，无论哪种无线通信系统，天馈系统都是无线通信系统的重要组成部分。

2. 天线及其分类

天线是发射的最末端和接收的最前端，用于发送和接收无线信号。发射时把从馈线上的电信号转化为无线电波，发射到空间；接收时通过电磁感应产生电信号，送入馈线。

天线的基本单元是偶极振子。两臂长度相等的振子被称为对称振子，每臂长度为四分之一波长、全长为二分之一波长的振子被称为半波振子，采用多个半波对称振子就可组成天线阵。对称振子与天线内部结构如图 2.8 所示。

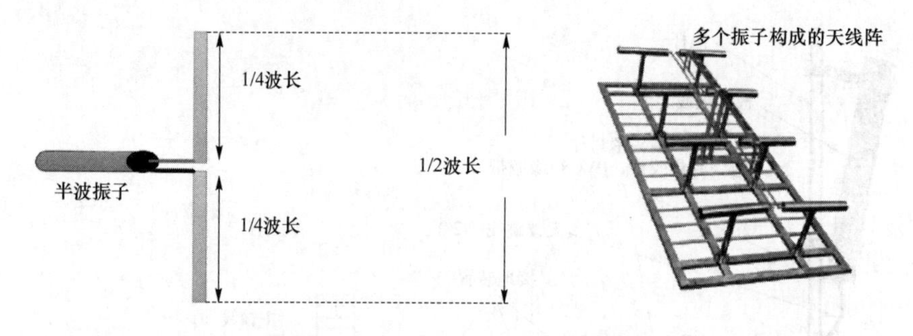

图 2.8 对称振子与天线内部结构

天线按频段可分为单频天线、多频天线、宽频天线等；按辐射方向可分为全向天线、定向天线；按极化方式可分为水平(单)极化天线、垂直(单)极化天线、双极化天线，通常双极化天线一路收，另一路收发共用，因此有两个接口；按下倾调节方式可分为电调天线、机械天线；按外观可分为板状天线、吸顶天线、八木天线、泄露电缆等。天线类型如图 2.9 所示。

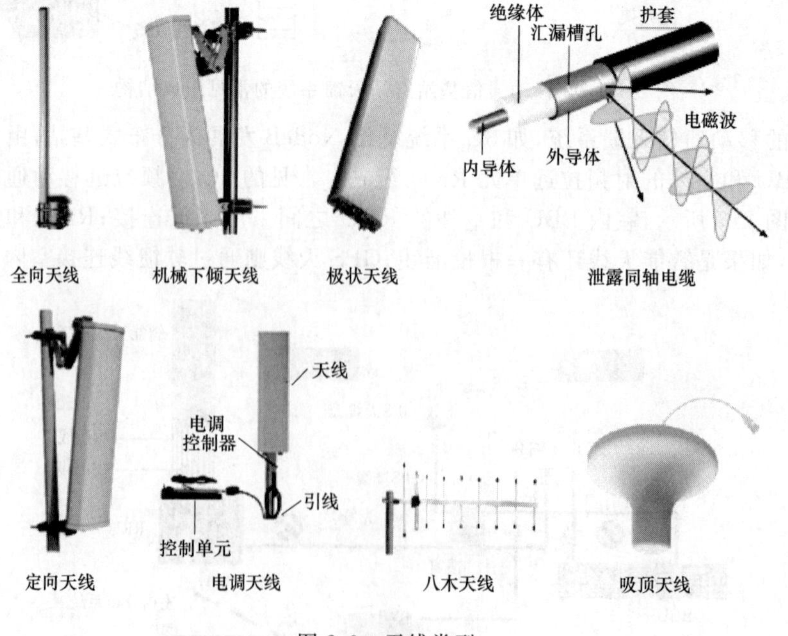

图 2.9 天线类型

板状天线的外观结构由天线罩、端盖和接口组成,通过天线罩和端盖形成密封结构,通过馈线接口连接馈线。板状天线的内部结构是由一块铝板加工而成的槽板,在槽板上由馈电网络和多个振子加工而成。其他天线的结构也基本相似。

3. 天线基本参数

(1)输入阻抗

天线可以看作是一个谐振回路,一个谐振回路必然有阻抗。天线的输入阻抗是天线馈电端输入电压与输入电流的比值,输入阻抗有电阻分量和电抗分量。电抗分量会减少从天线进入馈线的有效信号功率,因此,必须使天线的输入阻抗尽可能为纯电阻。

对阻抗的要求就是匹配,天线的阻抗和馈线阻抗相同,才能达到最佳馈电效果。天线的匹配工作就是消除天线输入阻抗中的电抗分量,使电阻分量尽可能地接近馈线的特性阻抗。天线与馈线连接的最佳情形是天线输入阻抗为纯电阻且等于馈线的特性阻抗,这时馈线终端没有功率反射,馈线上没有驻波,天线的输入阻抗随频率的变化比较平缓。天线、馈线之间匹配的优劣一般用四个参数来衡量,即反射系数、行波系数、驻波比和回波损耗,四个参数之间有固定的数值关系,使用哪一个来描述都可以。在日常维护中,使用较多的是驻波比和回波损耗。一般移动通信天线的输入阻抗为 50 Ω。

驻波比 VSWR 定义式为

$$\text{VSWR}=\frac{\sqrt{\text{发射功率}}+\sqrt{\text{反射功率}}}{\sqrt{\text{发射功率}}-\sqrt{\text{反射功率}}}$$

回波损耗为入射功率与反射功率的比值,以分贝值表示。回波损耗的值在 0 到无穷大之间,回波损耗越大表示匹配越好。0 表示全反射,无穷大表示完全匹配。在移动通信系统中,一般要求回波损耗大于 14 dB。

(2) 天线的方向性

天线的方向性是指天线向一定方向辐射电磁波的能力。对于接收天线而言,方向性表示天线对不同方向传来的电波所具有的接收能力。天线的方向特性通常用方向图来表示,方向图可用来说明天线在空间各个方向上所具有的发射或接收电磁波的能力。

全向天线是指一种在水平面方向上表现为 360°的均匀辐射,也就是通常所说的无方向性;在垂直面方向上表现为有一定宽度的波束,一般情况下波瓣宽度越小,表示这个方向的增益越大。但如果天线的垂直面波瓣宽度太窄,可能会引起“塔下黑”的现象。全向天线在移动通信系统中一般应用于郊县大区制的站型,覆盖范围涵盖周围不同距离的 360°范围。全向天线方向如图 2.10 所示。

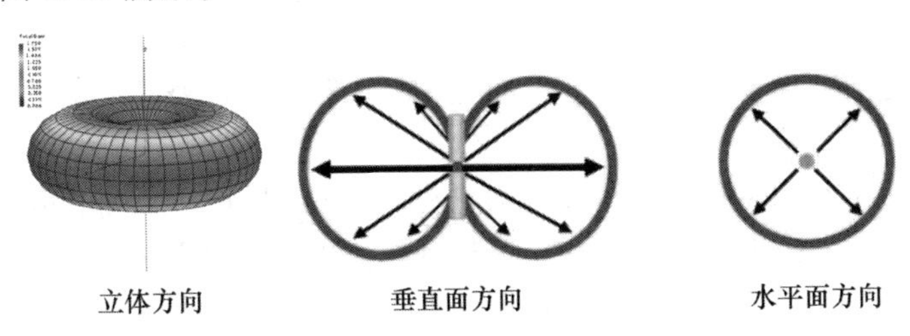

图 2.10 全向天线方向

定向天线是指在水平面方向上表现为一定角度范围为辐射,也就是平常所说的有方向性,在垂直面方向上表现为有一定宽度的波束,同全向天线一样,波瓣宽度越小,增益越大。定向天线方向如图 2.11 所示。定向天线在移动通信系统中一般应用于城区小区制的站型,覆盖范围小，用户密度大，频率利用率高。

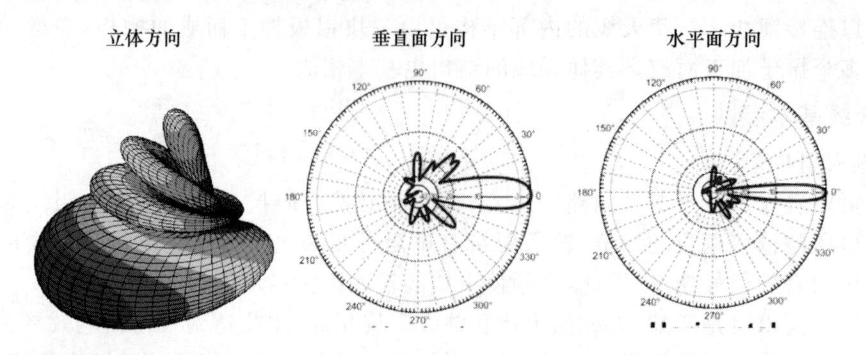

图 2.11　定向天线方向

(3) 前后比与半功率角

定向天线方向根据方向的分布，可分为前瓣、旁瓣和后瓣，前瓣又被称为主瓣。天线波瓣和半功率角如图 2.12 所示。前、后瓣之间的最大辐射电平比被称为前后比。前后比反映了天线对后瓣抑制的好坏，一般定向天线前后比越大，说明主瓣覆盖能力越好；选用前后比低的天线，天线后瓣有可能产生越区覆盖，导致切换关系混乱，产生掉话现象，但有时也利用后瓣的覆盖能力达到其他效果。一般前后比为 25～30 dB，应优先选用前后比为 30 dB 的天线。

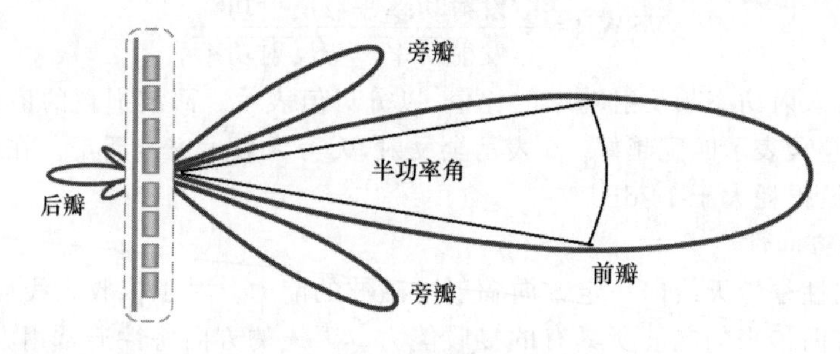

图 2.12　天线波瓣和半功率角

在天线主瓣最大辐射方向两侧，将辐射强度降低 3 dB(功率密度降低一半)的两点之间的夹角定义为半功率角(又被称为波束宽度、主瓣宽度或波瓣宽度)。波瓣宽度越窄，方向性越好，该方向的增益越大，作用距离越远，抗干扰能力越强。

垂直平面的半功率角是天线垂直平面的波束宽度。垂直平面的半功率角越小，偏离主波束方向时信号衰减越快，越容易通过调整天线倾角准确控制覆盖范围。

水平平面的半功率角是天线水平平面的波束宽度。角度越大，在扇区交界处的覆盖越好，但是当提高天线倾角时，也越容易发生波束畸变，形成越区覆盖；角度越小，在扇区交界处覆盖越差。

在市中心，基站由于站距小，天线倾角大，应当采用水平平面半功率角小的天线；郊区选用水平平面半功率角大的天线。一般在市区选择水平波束宽度为 65°的天线，在郊区可选择水平波束宽度为 65°、90°或 120°的天线(按照站型配置和当地地理环境而定)，而在乡村选择能够实现大范围覆盖的全向天线则是最为经济的。

(4) 天线增益

天线增益是用来衡量天线向某一个特定方向收发信号的能力，是指将天线发射功率向某一指定方向集中起来辐射的能力。一般来说，全向天线增益的提高主要依靠减小垂直面方向辐射的波瓣宽度，从而增大在水平面上保持全向的辐射性能来实现；而定向天线的增益主要是通过减小旁瓣和半功率角，从而实现增益提高。

天线增益对移动通信系统的运行质量极为重要，因为它决定了蜂窝边缘的信号电平。天线增益是选择基站天线最重要的参数之一，增加增益就可以在某一确定方向上增大网络的覆盖范围，或者在确定范围内增大增益余量。

天线增益是通过比较的方式来定义的。一种是和各向同性的理想点源天线进行比较，理想点源天线的增益在各方向上的辐射是均匀的，因此天线增益定义为天线最大辐射方向上的场强 E 与理想点源天线辐射场强 E 的功率密度比，单位为 dBi。另一种是和对称振子辐射场相比较的增益，单位为 dBd。dBi＝dBd＋2.15，即一面增益为 16 dBd 的天线，折算成 dBi 时为18.15 dBi。板状天线的高增益是通过多个基本振子排列成天线阵而合成的，并利用反射面放在阵列的一边，构成扇形覆盖天线。一般地，如某基站定向天线增益 18 dBi，全向天线增益11 dBi等。

(5) 天线的极化方式

一般来说天线的极化，是指天线辐射形成的电场强度方向。当电场强度方向垂直于地面时，此电波就被称为垂直极化波；当电场强度方向平行于地面时，此电波就被称为水平极化波。相应地就将对应的天线称为水平极化天线和垂直极化的天线。早期的天线一般使用单极化天线，特别是移动通信系统中多采用垂直极化天线。随着新技术的发展，出现了双极化天线，即具有两种正交的极化方式，一般分为垂直与水平极化和±45°极化两种方式，性能上一般后者优于前者，因此，目前大部分采用的是±45°极化方式。双极化天线组合了＋45°和－45°两副极化方向相互正交的天线，并同时工作在收发双工模式下，大大节省了每个小区的天线数量；同时由于±45°为正交极化，有效保证了分集接收的良好效果。双极化天线的两个天线为一个整体，传输两个方向独立的波，实现了 1T2R。天线极化方式的波形如图 2.13 所示。

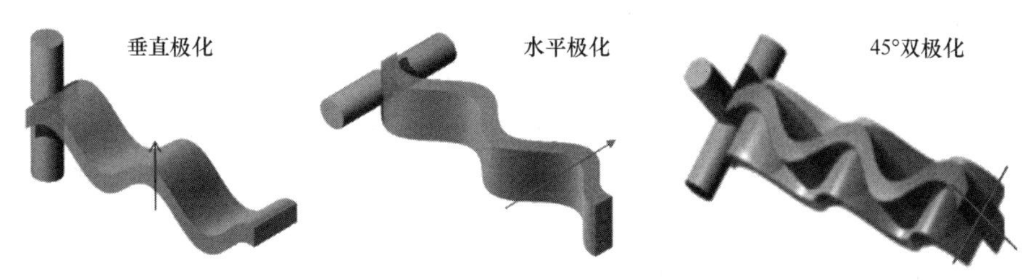

图 2.13　天线极化方式的波形

在移动通信系统中，单极化天线一般仅有一个端口，实现收发共用；双极化天线一般有两个端口，其中之一收发共用，另一个端口只接收，这样形成了两路收一路发的模式。单极化天线与双极化天线如图 2.14 所示。

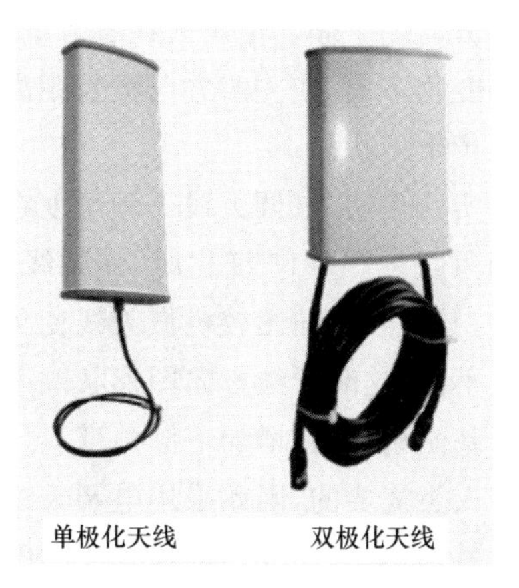

图 2.14　单极化天线与双极化天线

(6) 天线的下倾角

下倾角反映了天线接收哪个高度角来的电波最强。天线的下倾角是指电波的倾角，而并不是天线振子本身机械上的倾角。

天线按下倾可以分为机械下倾天线、近端手动电调下倾天线(近端用手持设备连接天线 AISG 口控制调节天线内部移相器实现)及远端电调下倾天线(通过网络管理系统远程控制电调下倾)。远程电调和近端电调的接线如图 2.15 所示。

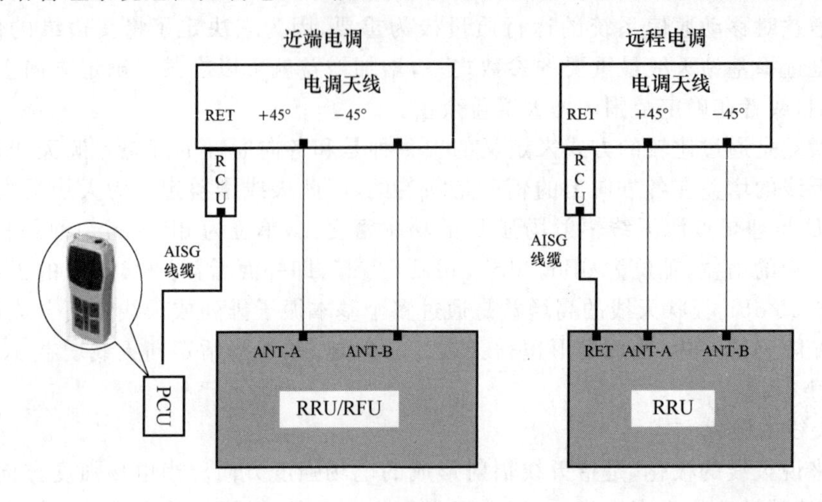

图 2.15 电调天线连接

对于定向天线可以通过机械方式调整倾角。机械天线,是指使用机械调整下倾角度的天线。机械天线与地面垂直安装好以后,因网络优化的要求,需要通过调整天线背面支架(调整夹具)的位置改变天线的倾角。在调整过程中,天线主瓣方向的覆盖距离会发生明显变化,天线垂直分量和水平分量对水平地面的方向图也会发生变化。

实践表明:机械天线的最佳下倾角度为 1°~5°;当下倾角度在 5°~10°变化时,其天线方向图稍有变形但变化不大;当下倾角度在 10°~15°变化时,其天线方向图变化较大;当机械天线下倾 15°后,天线方向图形状改变很大,从没有下倾时的鸭梨形变为纺锤形,这时虽然主瓣方向覆盖距离明显缩短,但是整个天线方向图不是都在本基站扇区内,在相邻基站扇区内也会收到该基站的信号,从而造成严重的系统内干扰。

另外,在日常维护中,如果调整机械天线下倾角度,整个系统必须关机,不能在调整天线倾角的同时进行监测;调整机械天线下倾角度比较麻烦,一般需要维护人员爬到天线安放处进行调整。

天线电子下倾的原理是通过改变共线阵天线振子的相位,即通过内置移相器调整方向图主瓣方向,改变垂直分量和水平分量的幅值大小,改变合成分量场强强度,从而使天线的垂直方向图下倾。由于天线各方向的场强强度同时增大和减小,保证在改变倾角后天线方向图变化不大,使主瓣方向覆盖距离缩短,同时又使整个方向图在服务区内减小覆盖面积但又不产生干扰。

实践表明,电调天线下倾角度在 1°~5°变化时,其天线方向图与机械天线大致相同;当下倾角度在 5°~10°变化时,其天线方向图较机械天线稍有改善;当下倾角度在 10°~15°变化时,其天线方向图较机械天线变化较大;当机械天线下倾 15°后,其天线方向图较机械天线明显不同,这时天线方向图形状改变不大,主瓣方向覆盖距离明显缩短,整个天线方向图都在本基站扇区内,增加下倾角度,可以使扇区覆盖面积缩小,但不产生干扰,这样的方向图是工作人员需要的,因此采用电调天线能够降低呼损,减小干扰。

另外,电调天线允许系统在不停机的情况下对垂直方向图下倾角进行调整,实时监测调整的效果,调整倾角的步进精度也较高(为 0.1°),因此可以对网络实现精细调整。

天线机械下倾和电调下倾的对比如图 2.16 所示。对高话务量区可以通过调整基站天线的俯仰角改善辐射区的范围,使基站的业务接入能力加大;而对低话务量区可以通过调整基站天线的俯仰角加大照射区范围,吸入更多的话务量,这样可以扩大整个网络的容量,提高通话质量。

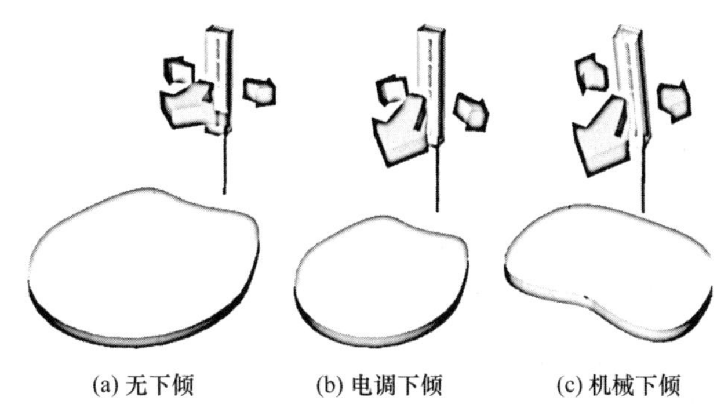

图 2.16 天线机械下倾和电调下倾的对比

4. 馈线基本参数

连接天线和发射(或接收)机输出(或输入)端的导线被称为传输线或馈线。传输线的主要任务是有效地传输信号能量,因此它应将天线接收的信号以最小的损耗传送到接收机输入端,或将发射机发出的信号以最小的损耗传送到发射天线的输入端,同时它本身不应拾取或产生杂散干扰信号。这样,就要求传输线必须屏蔽或平衡。

超短波段的传输线一般有两种:平行线传输线和同轴电缆传输线(微波传输线有波导和微带等)。

平行线传输线通常由两根平行的导线组成。它是对称式或平衡式的传输线,阻抗一般为 120 Ω。这种馈线损耗大,一般不能用于 UHF 频段。

同轴电缆传输线的两根导线为芯线和屏蔽铜网,因铜网接地,两根导体对地不对称,因此被叫作不对称式或不平衡式传输线。通常阻抗有 50 Ω 和 75 Ω 两种。

馈线的基本参数主要有以下几种。

(1) 传输线特性阻抗

无限长传输线上各点电压与电流的比值等于特性阻抗,用符号 Z_0 表示。同轴电缆的特性阻抗 $Z_0=(138/\varepsilon_r^{1/2})\times\lg(D/d)$ Ω。在公式中,D 为同轴电缆外导体铜网内径;d 为其芯线外径;ε_r为导体间绝缘介质的相对介电常数。通常 $Z_0=50$ Ω 或 75 Ω。

(2) 馈线衰减常数

信号在馈线里传输,除了导体的电阻损耗外,还有绝缘材料的介质损耗,这两种损耗随馈线长度的增加和工作频率的提高而增加。因此,应合理布局,尽量缩短馈线长度。损耗的大小用衰减常数表示,单位用分贝(dB)/米或分贝(dB)/百米表示。当输入功率为 P,输出功率为 P_0时,传输损耗可用 γ 表示。

$$\gamma=10\times\lg(P_0/P)$$

一般馈线的损耗参数如下。

450 M:7/8″馈线—2.7 dB/100 m;5/4″馈线—1.9 dB/100 m。

800 M:7/8″馈线—4.03 dB/100 m;5/4″馈线—2.98 dB/100 m。

1 900 M：7/8″馈线—6.46 dB/100 m；5/4″馈线—4.77 dB/100 m。

天线和基站设备之间通常采用损耗较小但相对较粗的 7/8″馈线，而跳线则采用相对较细的 1/2″软馈线（损耗较大）。

（3）馈线和天线的电压驻波比

当馈线终端所接负载（天线）的阻抗 Z 等于馈线特性阻抗 Z_0 时，称馈线终端是匹配连接的。

当馈线和天线匹配时，高频能量全部被负载吸收，馈线上只有入射波，没有反射波。馈线上传输的是行波，馈线上各处的电压幅度相等，馈线上任意一点的阻抗都等于它的特性阻抗。而当天线和馈线不匹配时，也就是天线阻抗不等于馈线特性阻抗时，负载不能全部将馈线上传输的高频能量吸收，只能吸收部分能量，入射波的一部分能量反射回来形成反射波。在不匹配的情况下，馈线上同时存在入射波和反射波。反射波和入射波幅度之比为反射系数，分为电压反射系数和电流反射系数，电压反射系数为反射电压与入射电压之比，电流反射系数为反射电流与入射电流之比。

$$\text{反射系数}\ \Gamma=\frac{\text{反射波幅度}}{\text{入射波幅度}}$$

天线驻波比是表示天馈线与基站匹配程度的指标。驻波波腹电压与波节电压幅度之比被称为驻波系数，也叫电压驻波比（Voltage Standing Wave Ratio，VSWR）。驻波比是行波系数的倒数，其值在 1 到无穷大之间。驻波比为 1，表示完全匹配；驻波比为无穷大，表示全反射，完全失配。

$$\text{驻波系数}=\frac{\text{驻波波腹电压幅度最大值}\ V_{\max}}{\text{驻波波节电压幅度最小值}\ V_{\min}}=\frac{|1+\Gamma|}{|1-\Gamma|}$$

设基站发射功率为 10 W，反射回 0.5 W，可算出回波损耗：RL＝10lg(10/0.5)＝13 dB，计算反射系数：RL＝$-20\lg\Gamma$，Γ＝0.223 8，VSWR＝$(1+\Gamma)/(1-\Gamma)$＝1.57。

在移动通信系统中，一般要求驻波比小于 1.5，但实际应用中 VSWR 应小于 1.2。过大的驻波比会减小基站的覆盖并造成系统内干扰加大，影响基站的服务性能。

2.1.3 其他天线

1. 智能天线

智能天线（Smart Antenna）是基于自适应天线阵列原理，利用天线阵波束成形技术，使天线阵的波束指向能跟踪期望信号的天线，或者说，产生空间定向波束，使天线主波束对准用户信号到达方向。天线通过一组带有可编程电子相位关系的固定天线单元获取方向性，并可以同时获取基站和移动台之间各个链路的方向特性。其原理是将无线电的信号导向具体的方向，产生空间定向波束，使天线主波束对准用户信号到达方向（Direction of Arrival，DOA），旁瓣或零陷对准干扰信号到达方向，达到充分高效利用移动用户信号并删除或抑制干扰信号的目的。

如果发射端和接收端都采用天线阵列，就可实现多入多出 MIMO，如 8 根的就会有 8 个射频馈线口和 1 个校准馈线口。智能天线端口与覆盖如图 2.17 所示，天线波束覆盖定向的 UE，且波束跟随 UE 移动。通过检测用户方向，并调整天线阵元信号使其波形指向用户。

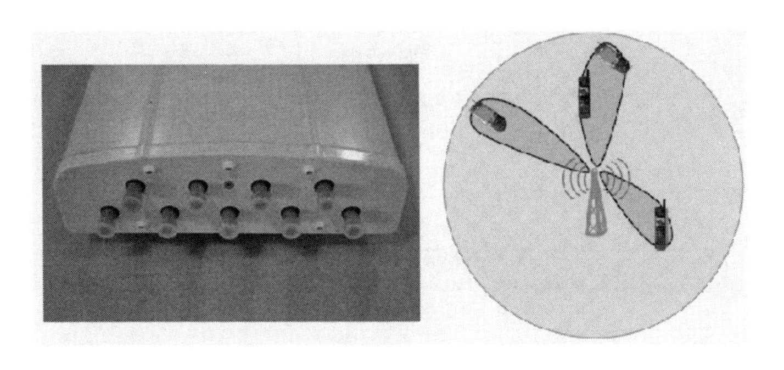

图 2.17　智能天线端口与覆盖

2. 有源天线

有源天线(AAU)是将基站的 RRU 射频部分集成到天线内部,采用多通道的射频和天线阵列配合,实现空间波束成型,完成射频信号的收发。有源天线的结构如图 2.18 所示,基站表面上看并无 RRU 模块设备,达到了节省空间、节省安装的目的。

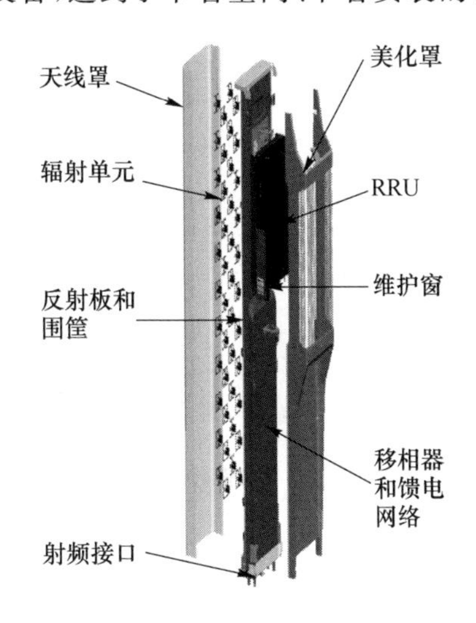

图 2.18　有源天线的结构

任务实施

步骤 1:认识 iBuildNet

Ranplan iBuildNet Professional 无线网络规划优化软件 V2.0(简称 iBuildNet)是一款针对室内及室内外联合场景的无线网络规划优化工具。利用本产品,无线网络规划优化工程师可以更快捷地获得更可靠的室内、室外及室内外联合场景的无线网络新网设计以及现网改造优化方案。

(1) 安装软件

在安装 iBuildNet 之前,需要先关闭杀毒软件,以免误删程序中的文件。打开安装包,双击 Setup.exe 文件,如图 2.19 所示,按照安装向导提示即可完成安装操作。

注意　如果安装包下有 Tools 文件夹,软件安装时会自动安装 Tools 文件夹下的插件,如果自动安装插件不成功的话,须手动安装相应插件。

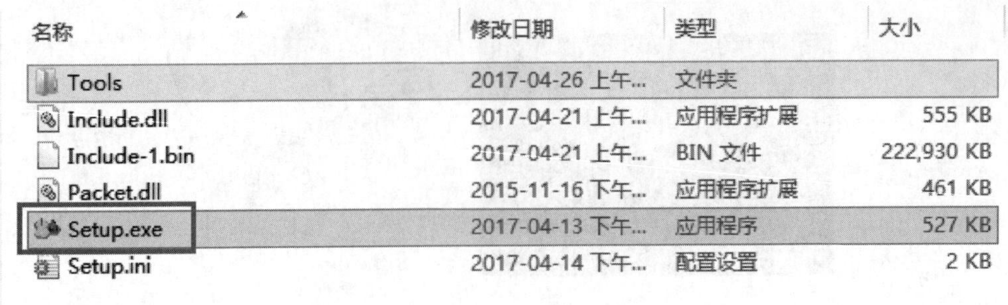

名称
修改日期
类型
大小
Tools
2017-04-26 上午...
文件夹
Include.dll
2017-04-21 上午...
应用程序扩展
555 KB
Include-1.bin
2017-04-21 上午...
BIN 文件
222,930 KB
Packet.dll
2015-11-16 下午...
应用程序扩展
461 KB
Setup.exe
2017-04-13 下午...
应用程序
527 KB
Setup.ini
2017-04-14 下午...
配置设置
2 KB

图 2.19　软件安装包目录下文件

完成安装运行 iBuildNet 前须确保客户端机器已经连接互联网，确保产品更新和正常注册，如有更新文件会提示用户进行更新。更新完成后会弹出注册窗口让用户进行注册，如图 2.20 所示。与管理员联系获取序列号，网上注册成功才能登录软件界面，如图 2.21 所示。

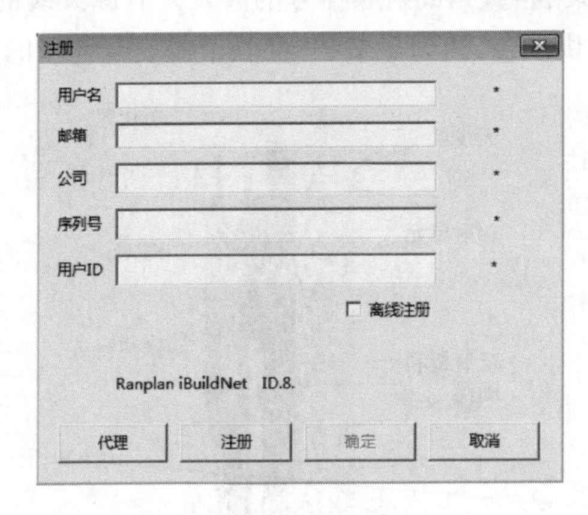

注册
用户名
邮箱
公司
序列号
用户ID
离线注册
Ranplan iBuildNet ID.8.
代理
注册
确定
取消

图 2.20　软件注册界面

Ranplan iBuildNet Professional V2.0.0.125
规划设计与仿真
工具
视图
管理
云平台
建筑建模
方案设计
图形文本
仿真验证
输出
手工建模
3D 视图
CAD窗口

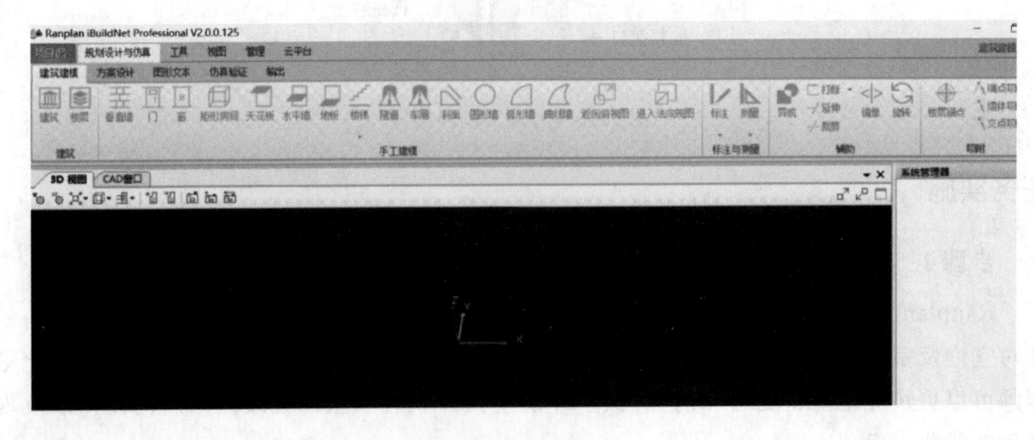

图 2.21　软件界面

(2) 熟悉软件界面

iBuildNet 在工作窗口中集成了一套工具和功能，允许用户创建和设计室内无线网络系统方案，如图 2.22 所示。

菜单栏在屏幕的上方，工具栏在菜单栏下面，工作区在工具栏下面，用户可以在工作区编辑内容，任务栏在工作区下面。

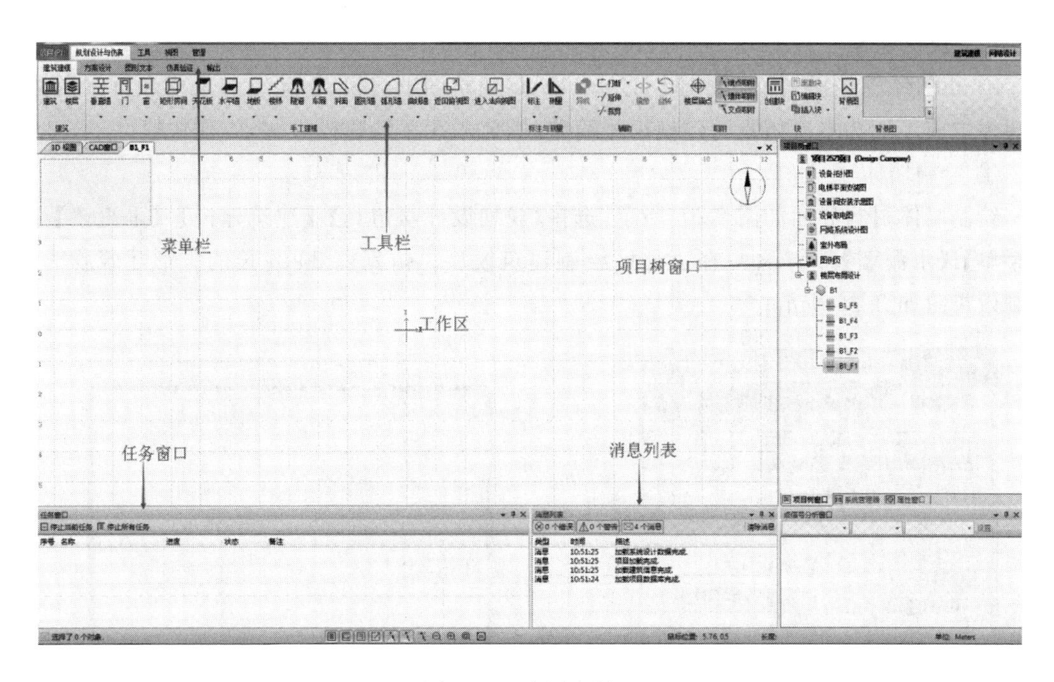

图 2.22　主用户界面

项目树窗口包括项目结构树、属性窗口、系统管理器窗口、路测数据导入窗口和无线传播预测窗口，这些窗口可以打开、关闭或停靠。这五个窗口停靠在工作区的周围，用户可以自定义每个窗口的位置。

步骤 2:搭建仿真环境

(1) 创建项目

选择【项目】|【新建】命令，双击默认空白模板，如图 2.23 所示。按照新建项目导航默认配置选择【下一步】按钮完成新建项目，如图 2.24 所示。

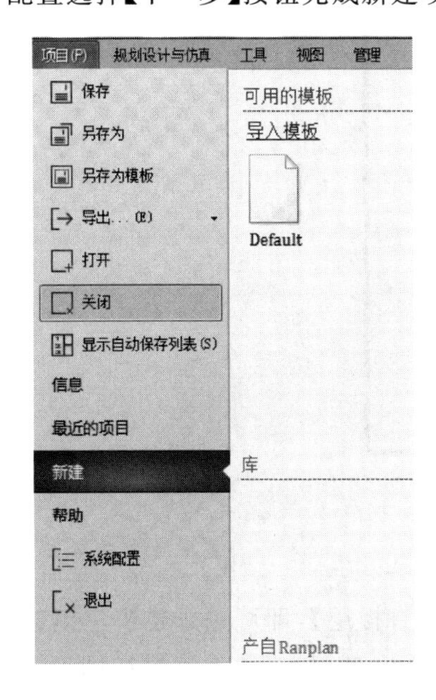

图 2.23　工程菜单

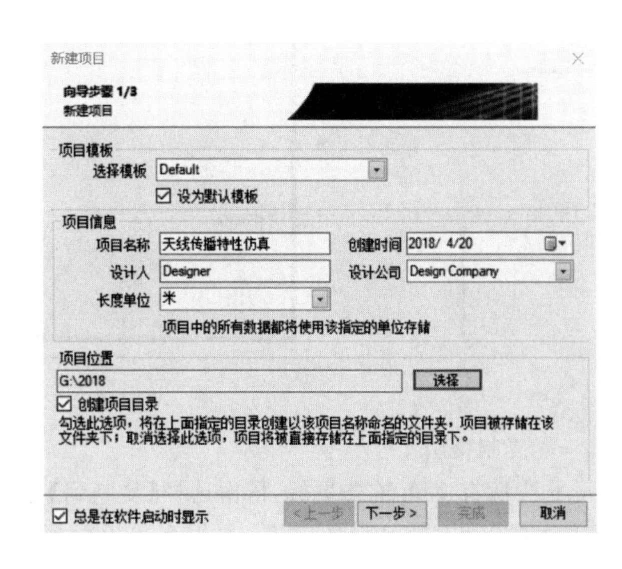

图 2.24　新建项目向导

(2) 快速建模

iBuildNet 软件提供了三种建模方式：CAD 建筑图纸建模、手动绘制建模和背景图描绘的建模方式。因为本次仿真的建模模型简单，因此采用手绘建模方式，方便快捷。

① 绘制墙体

绘制墙体材料界面如图 2.25 所示，选择【规划设计与仿真】|【建筑建模】|【垂直墙】|【下拉菜单】|【水泥墙】命令，即可在工作区绘制建筑模型。仿真以 20 m 长的方形建筑物为例，绘制效果图如 2.26 所示。

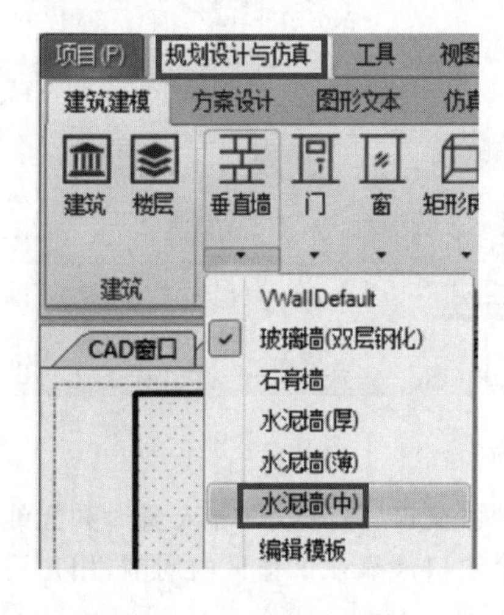

图 2.25　绘制墙体材料界面

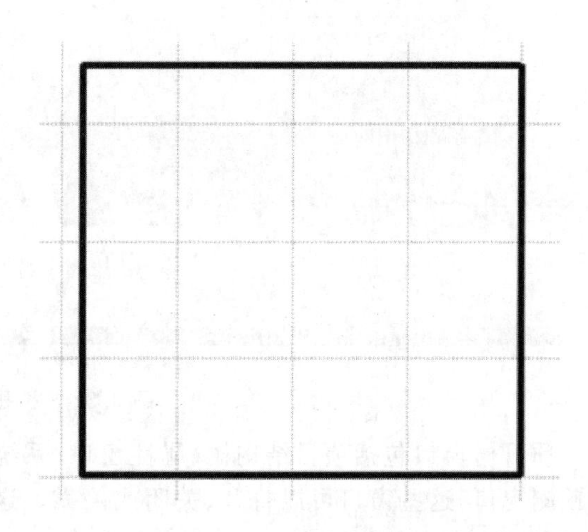

图 2.26　绘制墙体效果

② 添加地板

选中所有建筑区，选择【地板】|【自动生成】命令，天花板即自动生成，如图 2.27 所示。

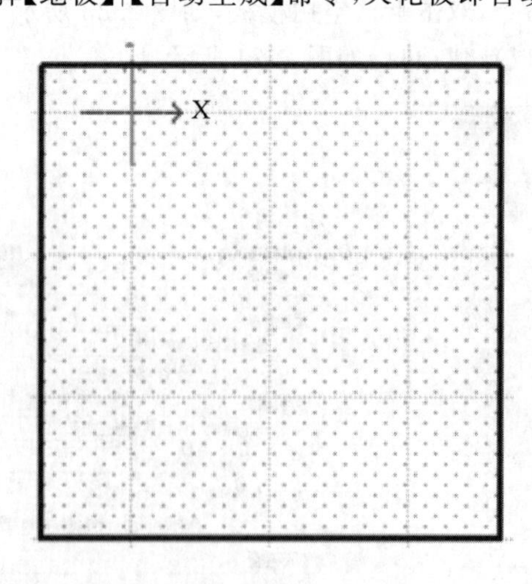

图 2.27　地板生成效果

③ 复制楼层

选中所有建筑，右击鼠标，依次选择【复制到】|【其他所有楼层】，即可完成建筑建模(每层楼建筑模型都采用该方法)。本仿真采用两层楼的建筑模型，模型 3D 效果如图 2.28 所示。

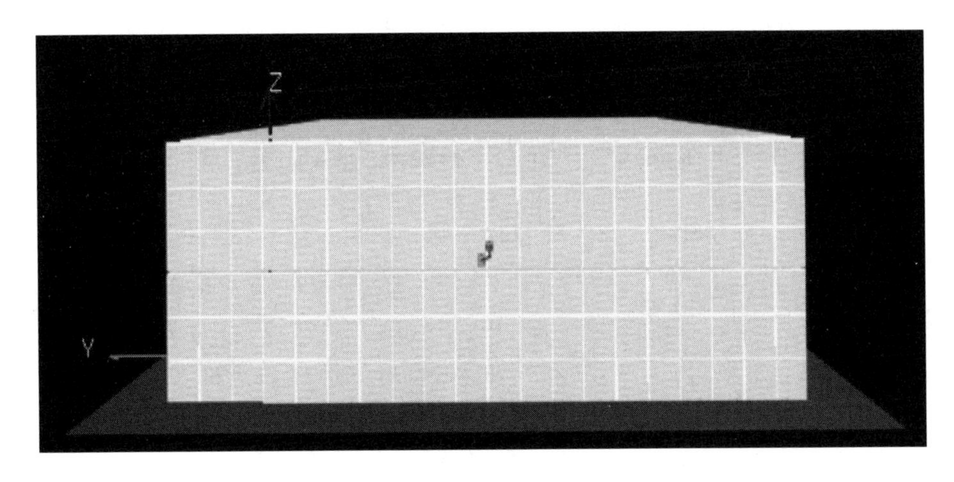

图 2.28　建筑模型 3D 效果

(3) 设备布放

① 添加设备

选择【规划设计与仿真】|【方案设计】命令，可以看到设备添加工具及布局工具，在目标位置添加信源及天线，设备布放效果如图 2.29 所示。

② 设备连线

将天线与信号源用二分之一馈线相连接，设备线缆连接效果如图 2.30 所示。

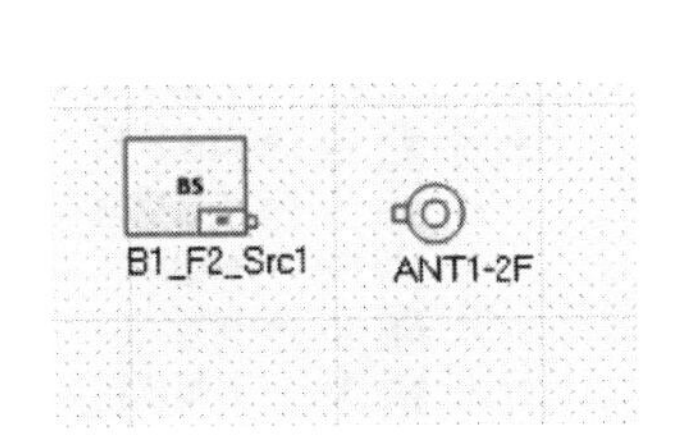

图 2.29　设备布放效果

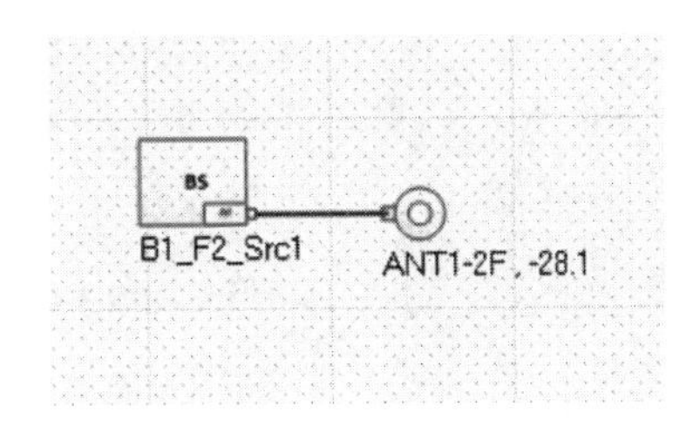

图 2.30　设备线缆连接效果

至此，仿真前的环境搭建工作完成。

步骤 3:仿真自由空间的传播损耗

步骤 2 已完成自由空间的传播模型建模，在此基础上的效能仿真步骤如下。

右击系统管理器中的效能分析节点，选择【新建】命令，打开【选择仿真类型】选择面板。

选择按天线中的【传播损耗】菜单，单击【确定】按钮。

仿真模型预测配置可根据需求进行配置，如图 2.31 所示。

右击系统管理器下的效能分析子节点的【传播损耗】菜单，选择【计算】命令。

计算完成后，在系统树窗口中选中显示效能分析计算结果，根据图例查看信号覆盖情况，鼠标移动到仿真区的任意一点即可查看传播损耗值，如图 2.32 所示，即为全向天线自由空间某点的传播损耗。

步骤 4:仿真玻璃材质的穿透损耗

在步骤 2 的基础上，房间内加一扇玻璃墙，如图 2.33 所示，效能仿真步骤与步骤 3 一样，其天线传播损耗效果如图 2.34 所示。由图 2.34 可以看出，由于玻璃的穿透损耗，玻璃墙将加大天线传播损耗。

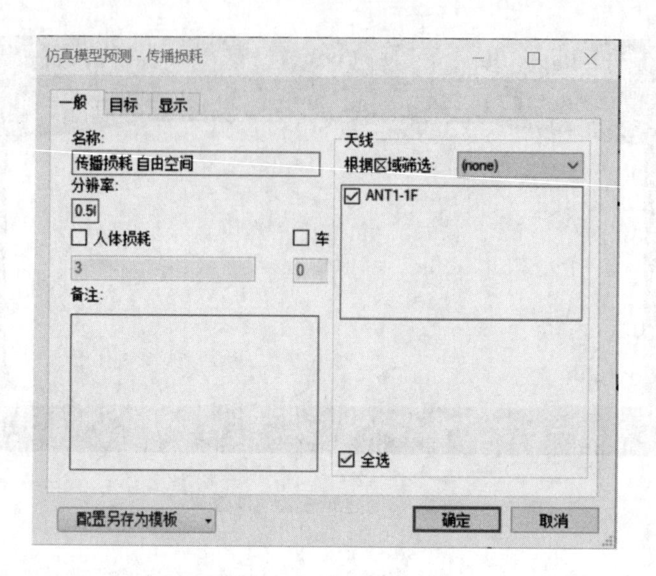

图 2.31　仿真模型预测

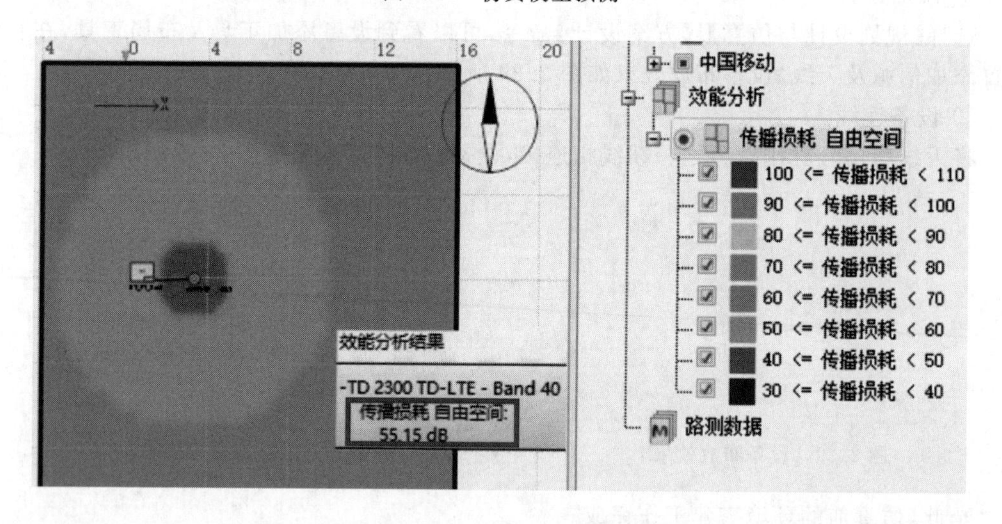

图 2.32　自由空间传播损耗效果

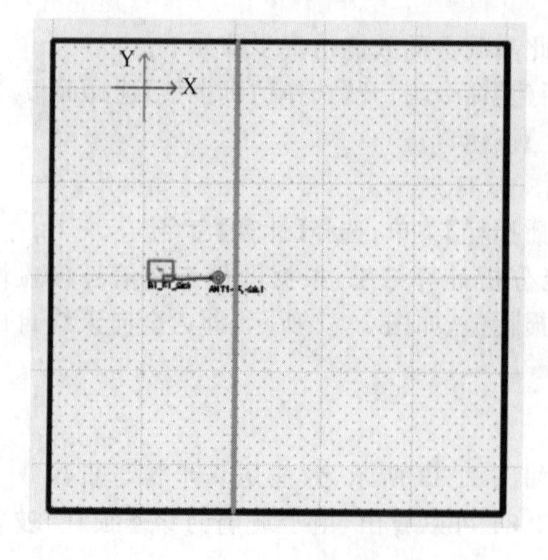

图 2.33　房间内增加玻璃墙效果

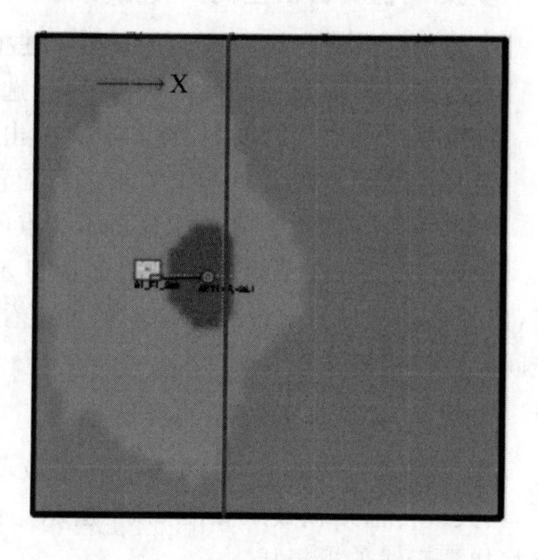

图 2.34　玻璃材质传播损耗效果

步骤 5:仿真木质的穿透损耗

在步骤 4 的基础上将玻璃墙材质更换为木质材质,效能仿真步骤与步骤 3 一样,其天线传播损耗效果如图 2.35 所示。由图 2.35 可以看出,木质材质的穿透损耗略微大于玻璃材质。

步骤 6:仿真混凝土的穿透损耗

与步骤 5 一样,将木质墙体更换为混凝土墙体,其天线传播损耗效果如图 2.36 所示。由图 2.36 可以看出,混凝土材质的穿透损耗远大于玻璃材质和木质材质。

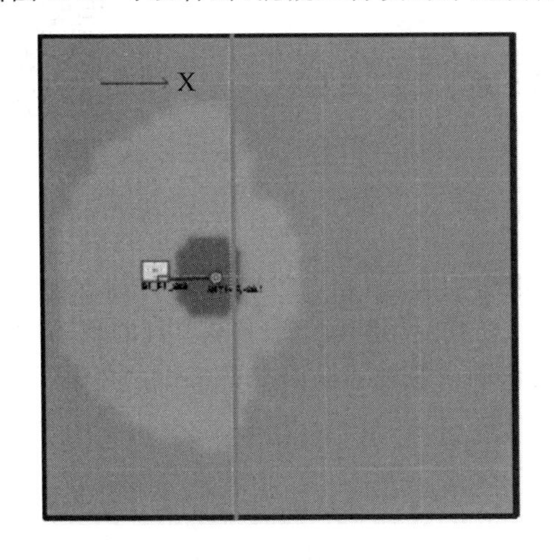

图 2.35　木质材质传播损耗效果

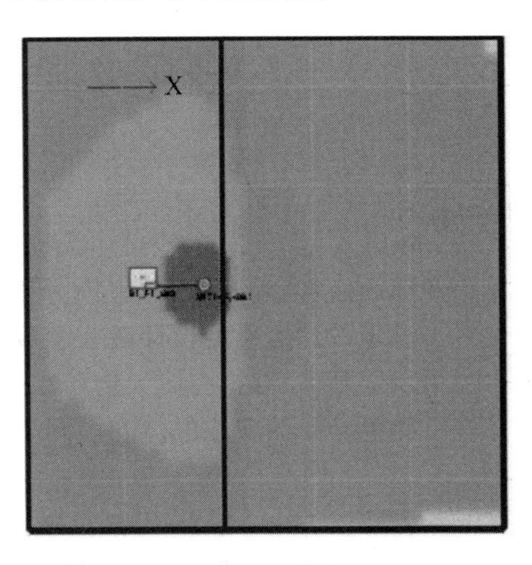

图 2.36　混凝土材质传播损耗效果

在仿真区墙体右侧任选一点 A 点,不同材质传播损耗对比效果如图 2.37 所示,从仿真结果可看出,自由空间传播损耗最小,三种材质墙体的穿透损耗大小依次为混凝土、木质、玻璃。

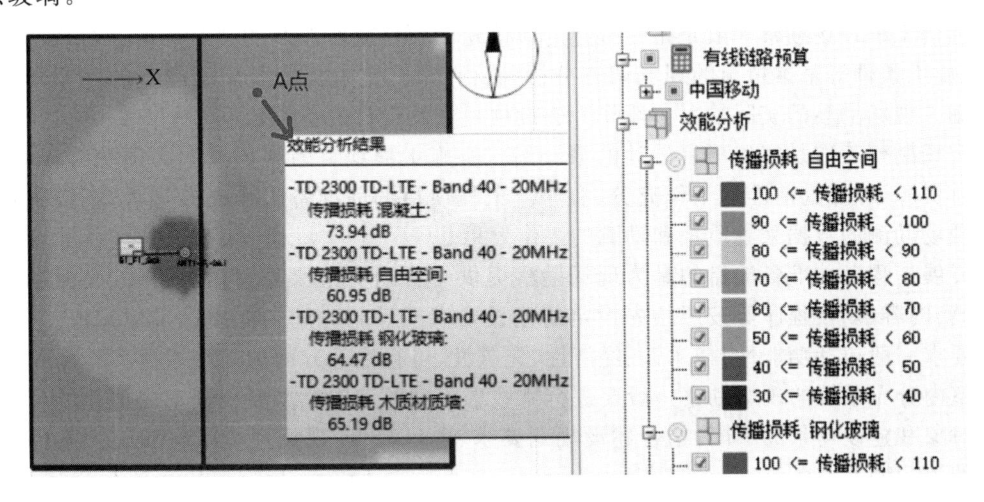

图 2.37　不同材质传播损耗对比效果

任务成果

1. 自由空间损耗、玻璃材质穿透损耗、木质穿透损耗及混凝土穿透损耗的软件模拟仿真图 4 份;

2. 任务单 1 份。

拓展提高

1. 无线电的传播方式有哪些?
2. 若要有效地将振源电路中的电磁能发射出去,需要具备哪两个基本条件?
3. 天线的基本参数有哪些?
4. 馈线的基本参数有哪些?

任务 2.2 工程勘前准备

任务 2.2

任务描述

某市同福酒店(涉外三星级)室内分布系统新建单项工程,建设方要求在 1 周之内完成项目设计。满足设计资质的设计院在接到项目设计委托后,迅速启动了本项目的现场勘测计划。经项目经理估算,拟在 2 天之内完成工程需求确认及现场勘测准备工作,为现场勘测的有序进行提供必要的实施保障和勘测条件。

任务解析

通信工程勘前准备一般是由工程技术准备和工具准备两部分构成。本任务首先让同学们建立起通信工程现场勘察的基本概念,然后根据现场勘测阶段的工作要求和项目级交付标准来组织实施室内工程项目的勘前准备工作,以此来学习工程勘前准备在通信企业中的组织实施过程。

什么是通信工程现场勘察?

通信工程现场勘察一般是指对拟建的通信建设项目就所涉及的建筑场所进行现场环境状况、施工条件等基本情况的现场调查分析、路由选址、定点标记及施工测量的一系列专业化活动。现场勘察的实际情况一般作为建设项目方案设计的首要依据。

现场勘察工作是实施项目设计的第一站。实施工程项目的现场勘察必须统筹规划,合理安排资源,确保勘前准备工作充分、有序。工程项目勘前准备工作充分与否,直接决定着后续现场勘测的数据采集质量和勘测的工作效果。

开展工程勘前准备的目的是为现场勘察提供必要的实施保障和勘测条件,确保勘察目标、勘察内容、勘察程序等按照预先设定的建设要求在计划时间内保质保量地完成。其中,建设要求一般包括功能性、技术性、经济性、先进性、可行性等方面的衡量指标。

室内分布系统的现场勘察一般要进行哪些事前准备工作?需要根据室内覆盖的目标客户群对象和建设场景的不同,结合建设规划要求、项目特点、现场环境状况和施工条件作针对性的工程勘前准备。

教学建议

1. 知识目标

(1) 掌握工程勘前准备的工作内容及工作要点;
(2) 掌握室内分布系统工程建设流程和项目设计流程;
(3) 掌握现场勘测作业计划的编制方法;

(4) 掌握室内分布系统工程建设场景的选型。

2. 能力目标

(1) 能够组织室内分布系统工程的勘前准备工作;

(2) 具有室内分布系统工程技术准备的组织能力。

3. 建议用时

2 学时,其中:技术准备 30 分钟,工具准备 5 分钟。

勘前准备任务实施:45 分钟。

4. 教学资源

(1) 项目勘察与设计流程图;

(2) 室内分布系统工程设计规范;

(3) 室内分布系统工程技术标准;

(4) 室内分布系统工程勘察与设计交付规范。

5. 任务用具

工程勘前准备任务用具如表 2.2 所示。

表 2.2　任务用具

序号	名称	用途及作用	外形	备注
1	项目建设需求单	固化需求,确保无遗漏事项	业技工作单	必备
2	工作要点清单	固化需求,确保重要事项全覆盖,无遗漏	Excel 表单	必备
3	搜狗地图	提供勘前目标单位现场三维环境的整体情况		必备
4	勘测工具清单	确保勘前准备到位,无必备工具遗漏	Excel 表单	必备
5	通讯录	提供有效联系人和联系方式,确保交流畅通	Excel 表单	必备

必备知识

2.2.1　室内分布系统建设流程准备

1. 室内分布系统建设流程

室内分布系统的建设总体上可以分为前期准备、勘前准备、现场勘测、项目设计、施工调试及开通测试等六个阶段。室内分布系统建设流程如图 2.38 所示。

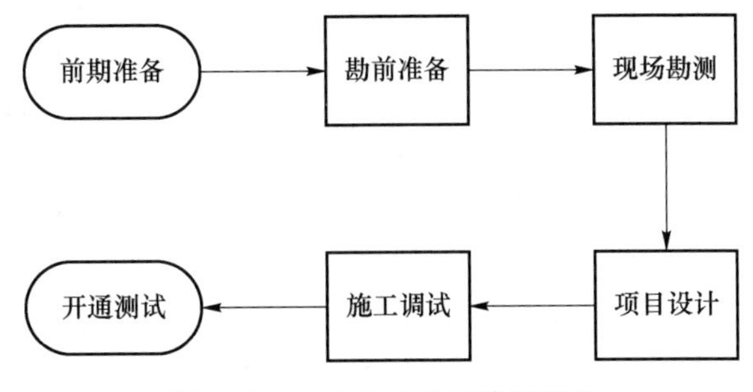

图 2.38　室内分布系统建设流程

（1）前期准备

前期准备一般是由建设方根据客户需求，结合运营商建设规范、技术标准的要求，对项目的技术性、经济性等各方面的要求进行需求分析和确认，由建设方专业管理人员完成项目立项、发起项目委托等相关工作准备。

（2）勘前准备

勘前准备一般是由设计方在项目现场勘察前开展的必要准备工作。勘前准备一般分为技术准备和工具准备两个部分。技术准备主要是在项目需求分析的基础上，结合项目特点及建设要求就项目的实施开展必要的技术知识储备。在实践中，主要通过"勘前自主学习、技术培训"等方式来完成技术准备工作。技术准备重点围绕室内分布系统建设流程准备、室内分布系统设计的一般要求准备、接入方式准备、分布系统组成准备、选址原则准备及建设场景分布形式选型准备等相关工作开展，是整个工程的发起阶段。

工具准备一般是指项目涉及的相关勘测记录表单准备、目标区域的地图准备、通讯录准备及勘察工具准备等必要的勘测条件准备。

（3）现场勘测

现场勘测是设计人员对建筑物内的无线信号针对目标区域环境状况和建设条件，确定信源位置选点、分布系统路由选址等内容而开展的目标区域环境勘察、无线环境测试（路测）及施工测量工作。一般根据建设场景的经验模型，结合现场环境状况、施工条件实施的现场勘察与施工测量活动，是项目设计获得第一手现场原始资料的关键性环节。

（4）项目设计

项目设计主要是依据网络建设的规划、建设要求，针对选定的建设场景，结合覆盖场景的特点，在满足项目技术性、经济性、功能性、可靠性等指标的基础上，通过初步方案的分析和指标论证，比较选择出室内分布建设的最佳实施方案。项目设计的步骤一般分为站址选取、确定业务需求、确定覆盖需求、确定干扰分析、确定隔离度要求、信号源设计、分布系统设计、配套设计、CAD制图及工程预算设计等典型工作环节。

（5）施工及调试

施工及调试主要是指室内覆盖分布系统工程根据施工合同约定的施工内容、数量和标准，严格按照建设方及施工图设计的要求，在完成室内覆盖分布系统站点勘定、路由定址、施工工艺制作及设备安装的基础上，完成建筑安装和相关的调试工作。

（6）开通测试

开通测试一般是在工程实体建筑安装完工后，施工单位项目技术负责人根据工程验收的技术指标要求，在对网络实体加电、加业务的情况下，对室内分布系统设备及网络质量达标情况逐项进行工程技术性能指标测试的一系列专业化活动。

2. 室内分布系统设计流程

无线覆盖室内分布系统设计流程如图2.39所示。

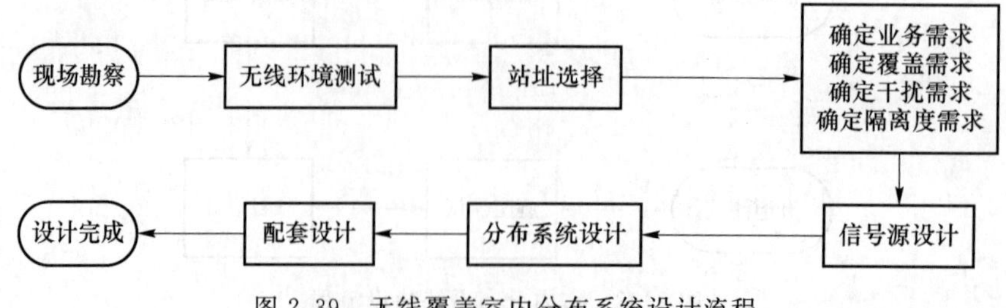

图2.39　无线覆盖室内分布系统设计流程

2.2.2　设计前技术储备

为满足商业客户、政府企业客户、教育科学文化卫生等客户群体对通信需求的迫切需要，一般在建筑物的室内盲区、高话务量的大型室内场所、覆盖质量要求高的场所等三种典型场景下建设室内覆盖分布系统。室内覆盖分布系统建设典型场景如图2.40所示。

(1) 室内盲区：新建大型建筑、地铁、隧道、停车场、办公楼、酒店、公寓等。

(2) 话务量高的大型室内场所：车站、机场、商场、体育馆、购物中心等。

(3) 覆盖质量要求高的场所：VIP区域、营业厅、频繁切换的高层建筑内部。

图2.40　室内分布系统建设典型场景

1. 室内分布系统的组成

室内分布系统主要由信号源和信号分布系统两部分组成。其中，信号源为不同网络的各种基站设备或接入点设备。其中，基站设备可分为集中式和分布式设备，接入点设备指无线局域网接入点设备。

分布系统由有源设备、无源器件、合路器、缆线和天线等组成，根据组合方式不同，可分为无源分布系统、有源电分布系统、有源光分布系统、有源光电混合分布系统和泄漏电缆分布系统等。室内分布系统如图2.41所示。

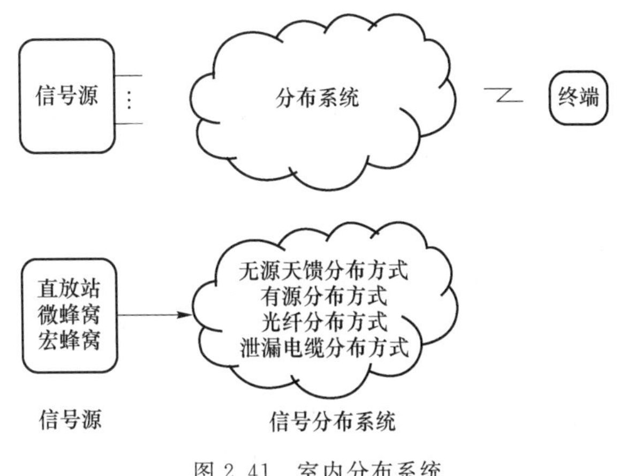

图2.41　室内分布系统

2. 室内分布系统的一般要求

(1) 室内分布系统设计应综合考虑电信业务经营者当前网络及未来发展的需求,并应充分考虑共建、共享的要求。

(2) 室内分布系统应综合考虑室内外无线覆盖,应满足引入的各通信网络的频段要求和指标要求,并保证各通信网络之间互不干扰,具体指标要求应符合不同通信网络相关的工程设计规范。

(3) 室内分布系统设计应根据不同目标覆盖区域的网络指标要求,合理分布信号和控制信号功率,并保证信号源及不同小区之间不发生频繁切换,互不干扰。

(4) 室内分布系统设计中选用的设备、器件、合路器和缆线应符合相关技术要求,各个组成部分接口标准化。

(5) 室内分布系统设计应结合建筑物的结构特点,不宜影响建筑物的原有结构和装饰。

(6) 室内分布系统设计应经过现场无线环境测试,确定合理的建设方案。

(7) 室内分布系统设计的主要指标包括天馈系统驻波比、天线发射功率、室内信号外泄场强、覆盖区边缘接收场强、信噪比、响应时延、信道呼损率、覆盖区内可接通率、基站接收端收到的上行噪声电平值及误码/块/帧率等。

(8) 电磁辐射值应满足 GB 8702—1988《电磁辐射防护规定》的限值。

3. 信号源设计

(1) 信号源的选择要求

在信号源设计环节时,信号源的选择一般应满足以下工作要求。

① 室内分布系统设计应选择适合的信号源和接入点设备,合理进行频率设计,满足业务需求、覆盖需求和干扰隔离度的要求。

② 对于潜在业务需求大的建筑,如机场、车站、大型购物场所、大型医院等,或有突发业务需求的建筑,如会展场所,宜结合分区,选用可扩展容量的基站设备。

③ 对于本身或附近设有室外基站的建筑,当基站设备容量上有余量时,可耦合室外基站信号作为本建筑室内分布系统的信号源。

④ 对于目标覆盖区不具备分布系统建设条件时,可灵活采用自带天线的基站设备进行覆盖。

⑤ 对于建筑内数据业务需求较大的功能区,如会议室、多功能厅等场所,宜补充选用接入点设备。

(2) 信号源设置

信号源的设置一般应满足以下工作要求。

① 信号源设备宜设置在信号源至大多数天线距离相近的位置,且传输资源可达,供电、接地有保障,工作环境应满足基站设备工作环境要求;接入点设备宜设置在覆盖目标区域附近的位置,并应满足接入点设备工作环境要求。

② 采用耦合基站信号方式时,应选用插入损耗小的器件,以减少对室外基站的影响。

(3) 信号源容量

① 室内分布系统设计,应根据业务预测结果对信号源进行配置,并预留扩充能力。

② 室内分布系统容量扩容可采用信号源扩容、分区等方式进行。

(4) 信号源分区

① 在单小区信号源容量无法满足业务需求的情况下,应考虑信号源分区设计。

② 在单小区信号源功率无法满足覆盖需求的情况下,可考虑信号源分区设计,也可采

用增加有源设备的方式扩大小区覆盖范围。

③ 分区设计时，应综合考虑建筑物结构、室内环境、信号源容量、设备性能、业务分布及功能分区等因素，合理设置小区边界，避免小区间干扰，保证小区间正常切换。

④ 分区设计时应考虑降低分区间干扰，减少分区间切换。

(5) 信源的比较选择分析

根据信源各自的特点，不同的信源适用于不同的建设场景，室内分布系统信源比较选择分析如表 2.3 所示。

表 2.3　室内分布系统信源比较选择分析

序号	信源选择	信源投入	建造成本	工程建设进度	应用场景
1	宏基站	前期投入大，后期扩容较容易	配套成本与机房成本高	慢，工期长	覆盖区有很大话务量，用于吸纳话务量。如超大型商场、写字楼、住宅群、展馆、地铁
2	微蜂窝	前期投入大，后期扩容工作量大	配套成本高	传输不确定性因素多	覆盖区有一定话务量，用于盲区覆盖或优化信号。如商场、写字楼、酒店、高层建筑
3	分布式基站	投入相对较少，后期扩容相对容易	配套成本高	传输不确定性因素多	覆盖区有一定话务量，用于盲区覆盖或优化信号。如商场、写字楼、酒店、高层建筑
4	直放站	投入少	成本低	快	覆盖区话务量低，用于盲区覆盖或改善弱信号质量。如电梯、地下室、公踏隧道、小型娱乐场所

4. 室内分布系统接入方式

实现室内覆盖的技术方案一般分为有线接入和无线接入两种方式。

(1) 有线接入方式

① 以微蜂窝作为信号分布系统的信号源。由于微蜂窝本身功率较小，只适用于较小面积的室内覆盖，若要实现较大区域的覆盖，必须增加微蜂窝功放。与宏蜂窝相比，微蜂窝成本较低，对环境要求不高，施工方便。

② 以宏蜂窝基站作为信号分布系统的信号源。宏蜂窝作信号源容量大，覆盖范围广，信号质量好，容易实现无源分布，网络优化简单，是室内分布系统最好的接入方式。但宏蜂窝成本较高，且需有传输通路，建设周期长。

(2) 无线接入方式

利用施主天线空间耦合或利用耦合器件直接耦合存在富余容量的基站信号(光纤/移频)，再利用直放站设备对接收到的信号进行放大，为信号分布系统提供信号源。

直放站以其灵活简易的特点，成为解决小容量室内分布系统的重要方式。安装简便灵活，设备型号丰富多样，在移动通信直放站中扮演着重要的角色。直放站作信源接入信号分布系统的几种应用方式有无线直放站、光纤直放站和移频直放站等三种。

5. 室内分布系统的分布方式

(1) 无源天馈分布方式

无源设备故障率低，可靠性高，几乎不需要维护，且容易扩展；但信号在馈线及各器件中传递时产生的损耗无法得到补偿，因此覆盖范围受信源输出功率影响较大。信源输出功率大时，无源分布系统广泛应用于大型室内覆盖工程，如大型写字楼、商场、会展中心等；信源功率较小时，无源分布系统仅应于小范围区域覆盖，如小的地下室、超市等。无源天馈分布方式如图 2.42 所示。

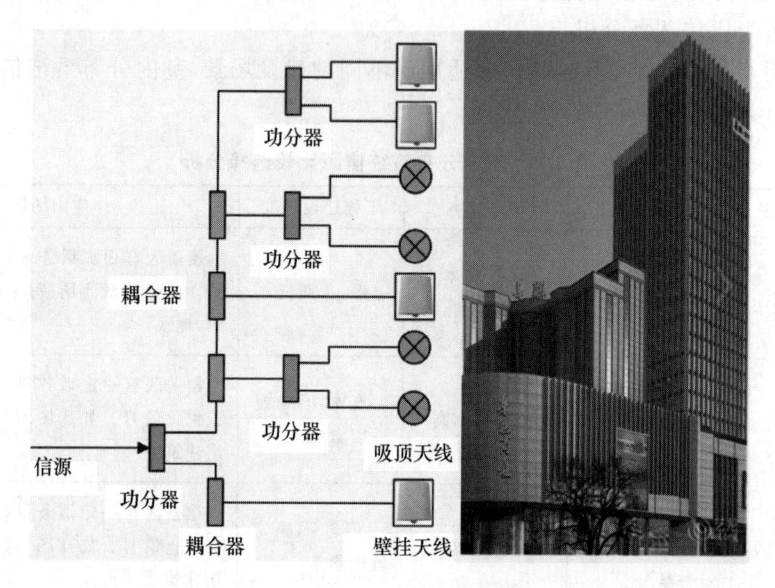

图 2.42 无源天馈分布方式

(2) 有源天馈分布方式

有源系统主要由干线放大器、功分器、耦合器、馈线及天线组成。有源系统中的有源设备可以有效补偿信号在传输中的损耗，从而延伸覆盖范围，受信号源输出功率影响较小。有源分布系统广泛应用于各种大中型室内分布系统工程。

(3) 光纤分布方式

光纤分布系统采用光纤作为传输介质，由覆盖端机(主单元、接口单元)、远端覆盖单元、天线及光分/合路器件组成。由于光纤损耗小，适合于长距离传输，该系统广泛应用于大型写字楼、酒店、地下隧道、居民楼等室内分布系统的建设，为首选应用形式。光纤分布方式如图 2.43所示。

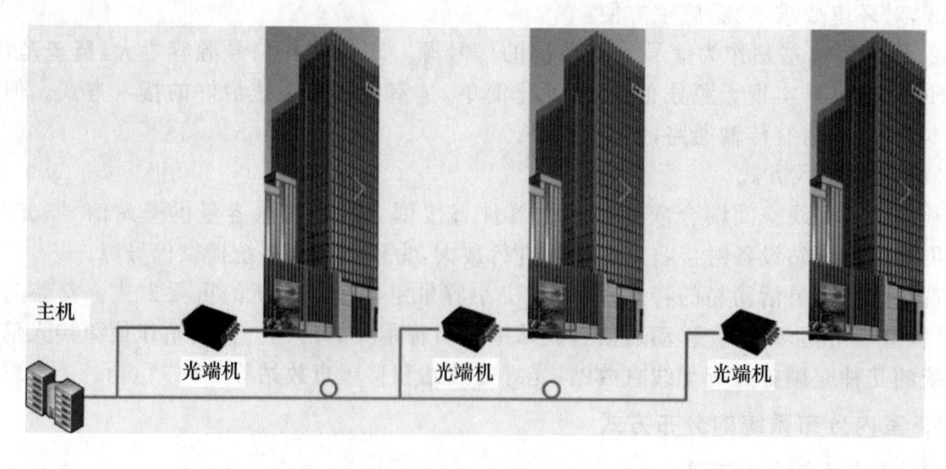

图 2.43 光纤分布方式

(4) 泄漏电缆分布方式

通过泄漏电缆传输信号，并通过电缆外导体的一系列开口在外导体上产生表面电流，从而在电缆开口处横截面上形成电磁场，这些开口相当于一系列的天线，起到信号的发射和接收作用。泄漏电缆分布方式适用于隧道、地铁、长廊等地形，泄漏电缆的结构如图2.44所示。

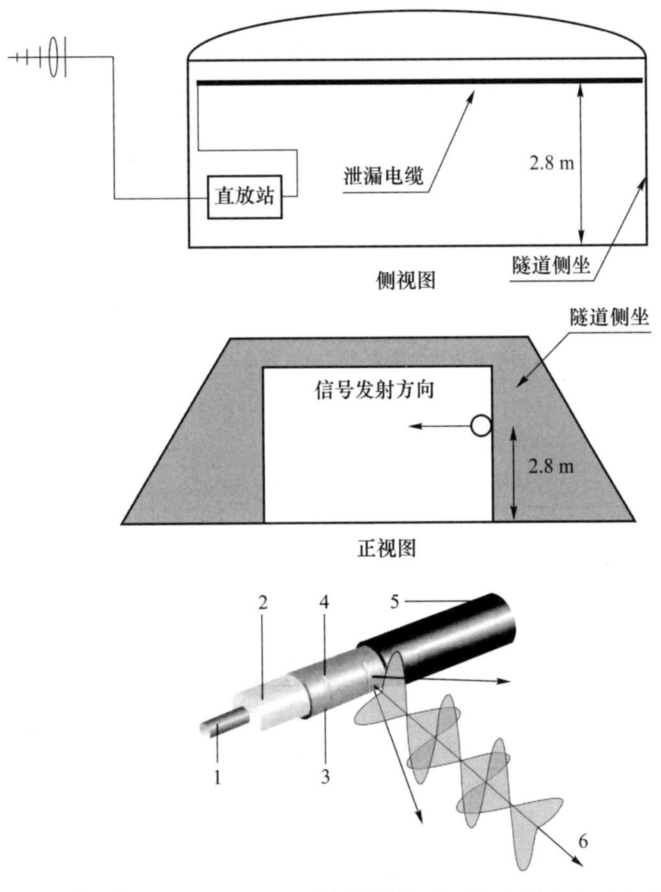

1—内导体Inner Conductor；2—绝缘体Dielectric；3—外导体Outer Conductor；
4—槽孔Slot；5—护套Jacket；6—电磁波Electromagnetic Wave

图2.44　泄漏电缆的结构

6. 选址原则

(1) 应选择室内无法满足网络覆盖要求或网络质量指标，且存在业务需求的场所。

(2) 宜优先考虑用户密度大、业务需求高的建筑和场所，以及地区内标志性建筑和场所。

(3) 室内分布系统不宜安装在强电、强磁、强腐蚀等环境。

2.2.3　建设场景组网方式及分布系统选型

不同的接入方式适用于不同的建设场景和目标覆盖客户群，无论哪一种接入方式，均应最大限度地满足建设项目的功能性、技术性、经济性和可行性要求。从已有的工程实践来看，建设场景的组网方式主要有以下几种。

1. 建设场景的组网方式

建设场景的组网方式如表2.4所示。

表 2.4　建设场景的组网方式

典型建设场景	(分布系统)组网方式
独立中小型建筑	信号源＋无源天馈分布系统
独立的中大型建筑	信号源＋干线放大器＋无源天馈分布系统
多个建筑组成的建筑群	主干采用光纤分布方式,支路采取无源天馈分布方式
空旷、密闭的地区（停车场、地下超市、酒吧）	宜采用少天线、大功率的方式（中心位置采用全向天线＋狭长区域采用定向天线）
空旷、易泄露的地区（商场、酒店大堂）	在中心区安装全向天线,输出功率要小或采用定向天线,从建筑物的边缘向里覆盖或使用泄露电缆覆盖
高层住宅、公寓	公共走廊:安装大功率输出全向(或定向)天线方式
结构复杂、隔间较多的建筑（写字楼、饭店）	采用多天线、小功率方式,在走廊里安装全向天线覆盖
电梯内信号覆盖	采用电梯内安装定向天线或电梯口安装全向吸顶天线方式
对于密集的矮层板楼（3层以下信号不好）	采用在每一个楼的外侧面安装定向天线覆盖对面建筑的方式解决,从室外解决室内覆盖问题,节省工程建设造价
对于小型盲点	采取小功率直放站＋多面室内天线解决

2. 分布系统的特点

根据已有的工程应用实践,室内分布系统的特点如表 2.5 所示。

表 2.5　室内分布系统的特点

序号	分布系统类型	(分布系统)应用特点
1	无源分布系统	适合任何场景,线损较大,目前使用广泛
2	有源分布系统	覆盖区域广,容量有限,底噪抬升,线损大
3	光纤分布系统	线损可忽略不计,易于施工,覆盖面积广
4	泄漏电缆分布系统	信号均匀分布,成本高,主要适用于地铁及隧道等狭长且有弯道的通信型室内区域

2.2.4　现场勘测工具清单

根据勘测工作需要及建设方要求,勘测必备工具清单如表 2.6 所示。

表 2.6　勘测必备工具清单

序号	勘测必备工具	数量	根据建设方要求	数量
1	勘察记录表	若干	便携式笔记本（安装测试软件）	1套
2	建筑平面图	2套		
3	城区三维地图	2份	测距望远镜	1台
4	测试手机	2台	模拟发射机	1台
5	GPS 设备	1台		
6	高清数码相机	1台	模拟测试吸顶天线	2台
7	钢卷尺及红外测距仪	2台		

任务实施

步骤 1:对接项目来单

项目来单详见附录 1.1 的政企类客户业技单、无线网络部设计委托书。教师可将项目来单打印,分发给学生。

步骤 2:准备勘测工具

请每个小组的学生结合同福酒店项目工程查勘的实际需要,完成工具清单的梳理填写。任务工单表如图 2.45 所示。

工程名称	同福酒店室内覆盖分布系统(常规) 新建单项工程			建设地点	同福酒店
客户类型	酒店联盟重点大客户	建设工期	60 天	设计委托编号	××××
设计深度	一阶段施工图设计	委托日期	2018 年 1 月 10 日	完成日期	2018 年 3 月 10 日
业务区域	成华区	社区经理	张××	联系电话	1819090××××

序号	勘测必备工具	数量	勘测必备工具	数量
1				
2				
3				
4				
5				
6				
7				

设计院负责人	×××	项目设计经理	×××	日期	201×年××月××日

图 2.45　勘测工具清单

步骤 3:准备同福酒店项目概况文件

请各小组在组长的带领下,依据附录 1.1 中同福酒店的情况,准备项目概况文件,为任务 2.3 做好准备。

任务成果

任务单 1 份(包括准备好的勘测工具照片、酒店项目概况内容)。

拓展提高

1. 实施成功的工程现场勘察其决定因素有哪些?
2. 如何根据项目特点及建设要求实施勘前准备?

任务 2.3　室内分布系统设备、器材选型

任务 2.3

任务描述

某市同福酒店(涉外三星级)室内分布系统新建单项工程,应建设方要求在 2 天之内完成室内分布系统设备和器材选型。在本任务中,请学生以设计院设计师的身份对本项目的信源、无线 AP、传送器件、天线、电源及辅材等进行选型。室内分布系统设备如图 2.46 所示。

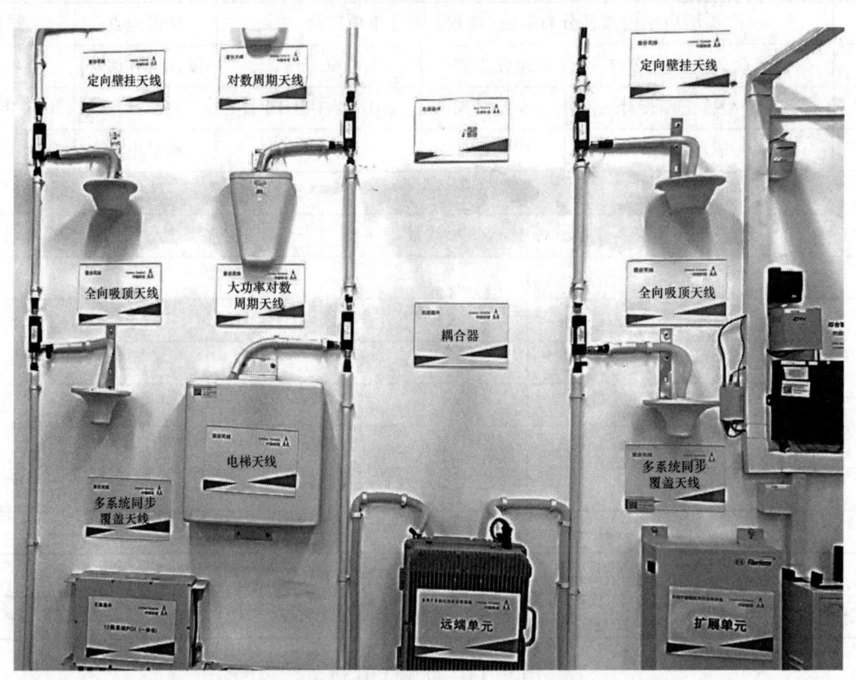

图 2.46　室内分布系统设备

子任务 1:请说明图 2.46 中所有室内分布设备的名字、作用、主要技术指标和应用场景?

子任务 2:请说明图 2.46 中采用哪一种信源最合适?

子任务 3:请说明图 2.46 中的设备是否需要电源,如果需要应该使用什么电源?

子任务 4:请说明图 2.46 中使用了哪些辅材?

任务解析

要完成以上任务,设计师需要熟悉室内分布系统、信源和设备的名字、工作原理、作用、主要技术指标和应用场景,熟悉室内分布系统有源设备的电源和常见的辅材,需要学习以下内容:

1. 室内分布系统的器材种类、技术指标、规格型号和应用场景;
2. 室内分布系统信源种类、信源特点和应用场景;
3. 室内分布系统中有哪些有源器件和无源器件,有源器件的电源类型;
4. 室内分布系统中常见的辅材。

教学建议

1. 知识目标

(1) 掌握信源设备的工作原理、主要技术指标和应用场景。

(2) 掌握室内分布系统中有源器件和无源器件的工作原理、主要技术指标和应用场景。

(3) 掌握无线 AP 的工作原理、主要技术指标和应用场景。

2. 能力目标

(1) 能够正确识别和选用信源设备和配套电源设备。

(2) 能够正确识别和选用室内分布系统中的有源器件和无源器件。

3. 建议用时

6 学时

4. 教学资源

(1) 多媒体资料、教材、教学课件和视频资料等。

(2) 吴为. 无线室内分布系统实战必读[M]. 北京:机械工业出版社,2012.

(3) 高泽华,高峰,林海涛,等. 室内分布系统规划与设计——GSM/TD-SCDMA/TD-LTE/WLAN[M]. 北京:人民邮电出版社,2013.

(4) 广州杰赛通信规划设计院. 室内分布系统规划设计手册[M]. 北京:人民邮电出版社,2016.

(5) 室内分布系统技术指导意见总体技术指导意见(V1.0).

5. 任务用具

室内分布系统任务用具如表 2.7 所示。

表 2.7　任务用具

序号	名称	用途及注意事项	外形	必备
1	远端单元	主要实现射频信号和数字信号转换以及宽带信号的接入处理		必备
2	扩展单元	主要实现接入单元和远端单元之间的信号转换和传输		必备
3	接入单元	实现射频信号接入和数字信号处理及光电转换功能		必备
4	合路器	来自收发系统的多个信号源,如 GSM、CDMA、LTE 等,经过合路器合路输出		必备
5	电桥	多信号合路,提高输出信号的利用率		必备
6	功分器	将输入端口功率进行平均分配		必备

续表

序号	名称	用途及注意事项	外形	必备
7	耦合器	从主干通道提取一部分功率		必备
8	负载	接收电功率,用于发射机的终端或者是放大器的测量、调试		必备
9	天线	辐射或接收电磁波	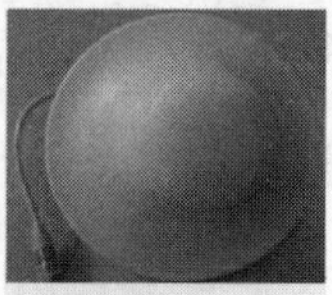 	必备
10	AP	把有线网络转换为无线网,是无线网和有线网之间沟通的桥梁		必备

必备知识

2.3.1 室内分布系统信源

信源为室内分布系统提供无线信号,室内分布系统信源主要包括:宏蜂窝、微蜂窝、射频拉远和直放站四种。室内分布系统信源需要综合考虑目标楼宇的覆盖和容量要求,按照不同类型目标楼宇的要求选择对应的信源。

1. 宏蜂窝

室内宏蜂窝作为室内分布系统的信源,可解决覆盖和容量问题,其组网图如图 2.47 和图 2.48所示。

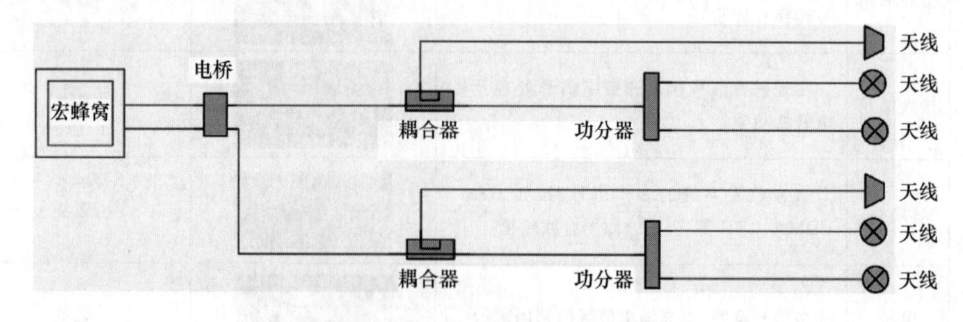

图 2.47 宏蜂窝组网

特点:容量大,是网络的核心,需要机房,可靠性好,维护比较方便。

覆盖能力:比较强,适用场合比较多。

容量:容量大,可支持的载扇数比其他产品多。

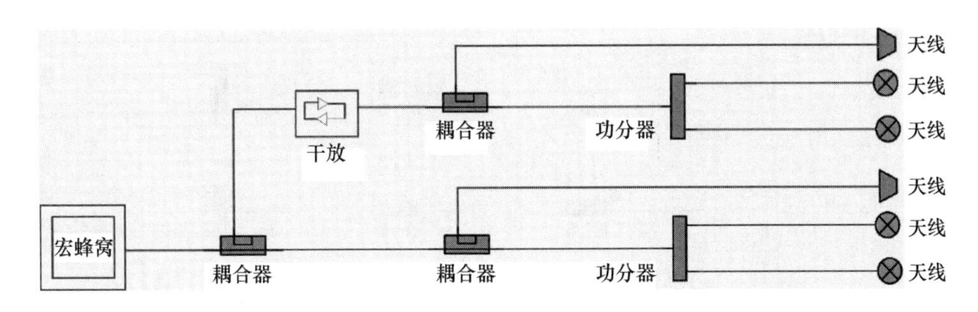

图 2.48　宏蜂窝＋干放组网

组网要求:2 M 传输(可用微波或光纤)。

缺点：设备价格昂贵,需要机房,安装施工较麻烦,不易搬迁,灵活性稍差。

适用地方:用于用户众多,业务量大且具备机房条件的大楼、城管等建筑。

2. 微蜂窝

室内微蜂窝作为室内分布系统的信号源,可解决覆盖和容量问题。

特点:体积小,不需要机房,安装方便,是一种灵活组网的产品。

覆盖能力:可就近安装天线,也可以将发射信号用馈线连接到天线端,覆盖范围大。

容量:硬件设计最大支持的信道数为 4×32 个,最大可控制三个载扇。

组网要求:2 M 传输(可用微波或光纤)。

缺点:可靠性不如宏蜂窝。

适用地方:用于业务量适中的中小型建筑的覆盖,或难以提供独立机房的大楼等建筑。

3. 射频拉远

射频拉远采用 BBU＋RRU 方案和光纤传输的分布方式。室内基带处理单元(Building Base band Unite,BBU),完成 Uu 接口的基带处理功能(编码、复用、调制和扩频等)、RNC 的 Iub 接口功能、信令处理、本地和远程操作维护功能,以及 NodeB 系统的工作状态监控和告警信息上报功能。射频拉远单元(RRU)分为四个大模块:中频模块、收发信机模块、功放和滤波模块。数字中频模块用于光传输的调制解调、数字上下变频、A/D 转换等;收发信机模块完成中频信号到射频信号的变换;再经过功放和滤波模块,将射频信号通过天线口发射出去。

射频拉远单元(RRU)和基带处理单元(BBU)之间需要用光纤连接。一个 BBU 可以支持多个 RRU。采用 BBU＋RRU 多通道方案,可以很好地解决大型场馆的室内覆盖问题。基带 BBU 集中放置在机房,RRU 可安装至楼层,BBU 与 RRU 之间采用光纤传输,RRU 再通过同轴电缆及功分器(耦合器)等连接至天线,即主干采用光纤,支路采用同轴电缆。射频拉远组网如图 2.49 所示,BBU 和 RRU 如图 2.50 所示。

特点:承载话务容量大,且组网灵活多变。

覆盖能力:覆盖范围较大。

容量:承载话务容量大。

组网要求:需要光纤连接基带处理单元(BBU)和远端射频单元(RRU)。

适用地方:适用于大型写字楼、商场、酒店等重要建筑物。

室内分布系统中还有以下常用分布设备。

(1) 远端单元

远端单元(RRU)主要实现射频信号/数字信号转换及宽带信号的接入处理,如图 2.51

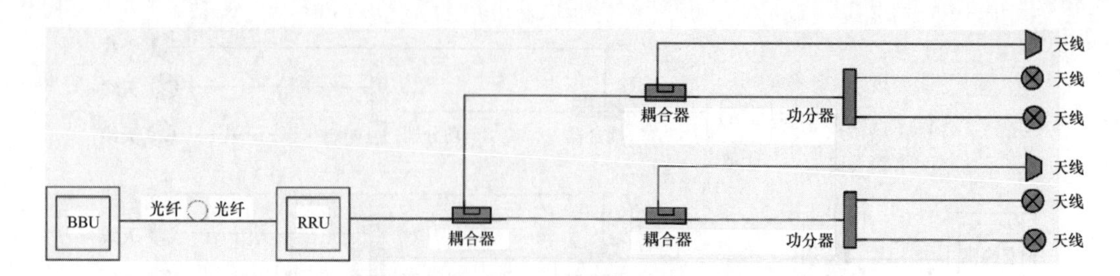

图 2.49　射频拉远组网

图 2.50　BBU(左)和 RRU(右)

及表 2.8 所示。

前向链路:接收通过光纤发送的下行数字信号,按照规定格式协议将各制式数据分解出来,恢复的并行数据再次进行数字信号处理,通过滤波、插值等中频算法处理,D/A 恢复成射频信号,最后通过天线对目标区域进行信号覆盖。同时,从下行数字信号分解出的 ONU 宽带信号,通过 WLAN 单元完成 AP 无线覆盖。

反向链路:通过天线接收的 2G/4G 上行射频信号通过混频单元变换为中频信号,此信号通过 ADC 及 FPGA 信号处理后,通过光纤传输给扩展单元。

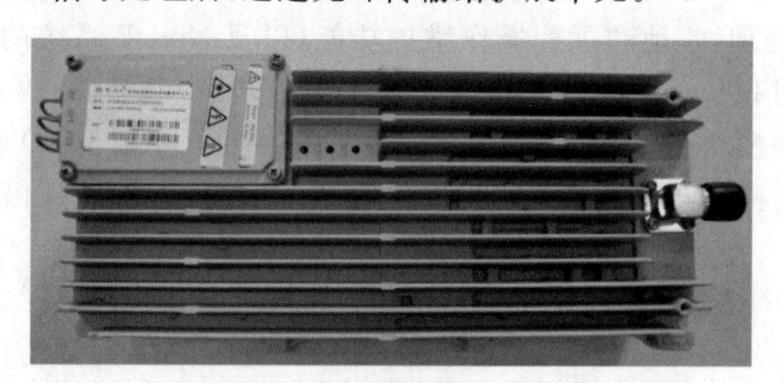

图 2.51　单用户多制式光纤分布系统远端单元

表 2.8　单用户多制式光纤分布系统远端单元

设备品牌和型号	烽火科技 RTXM3-RUA-DL
展品尺寸 高×宽×深 mm	310×140×90
应用场景	1. 写字楼,商场,酒店,厂房; 2 小区覆盖场景
产品特点	1. 节约运营商信源投资; 2. 建设便携,物业协调难度低; 3. 解决多系统干扰问题,覆盖质量高; 4. 全系统监控,维护便利

(2) 扩展单元

扩展单元可实现将接入单元传来的前向数字射频信号分路，并通过五类线传至多个远端单元，将多个远端传送来的数字射频信号合路后传送至接入单元。同时扩展单元支持将对其他扩展单元的级联数据转发。单用户多制式光纤分布系统扩展单元如图 2.52 及表 2.9 所示。

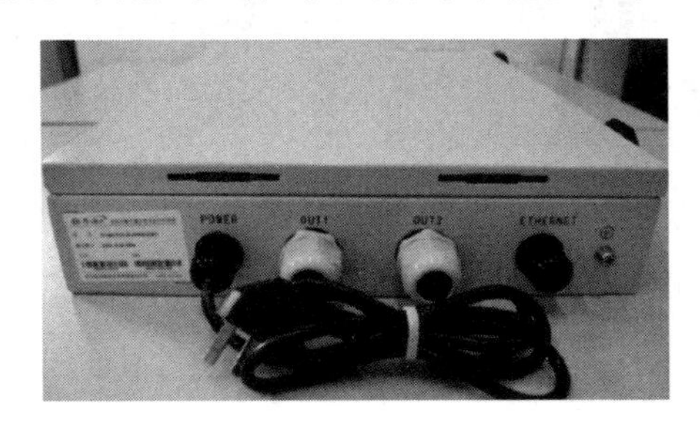

图 2.52　单用户多制式光纤分布系统扩展单元

表 2.9　扩展单元(多制式数字微功率全光分布系统)

设备品牌和型号	烽火科技 RTXM3-EUD-GL
尺寸 高×宽×深 mm	540×360×98
应用场景	1. 写字楼，商场，酒店，厂房； 2. 小区覆盖场景
产品特点	1. 节约运营商信源投资； 2. 建设便携，物业协调难度低； 3. 解决多系统干扰问题，覆盖质量高； 4. 全系统监控，维护便利

(3) 接入单元

接入单元从基站耦合无线系统前向射频信号，并转成数字射频信号，通过光纤传至扩展单元。将扩展单元传来的反向数字信号转成射频信号，发送至基站。单用户多制式光纤分布系统接入单元如图 2.53 及表 2.10 所示。多用户多制式光纤分布系统接入单元如图 2.54 及表 2.11 所示。

图 2.53　单用户多制式光纤分布系统接入单元

表 2.10　接入单元(单用户多制式光纤分布系统)

设备品牌	烽火科技
尺寸 高×宽×深 mm	480×260×44
应用场景	1. 写字楼，商场，酒店，厂房； 2. 小区覆盖场景
产品特点	1. 节约运营商信源投资； 2. 建设便携，物业协调难度低； 3. 解决多系统干扰问题，覆盖质量高； 4. 全系统监控，维护便利

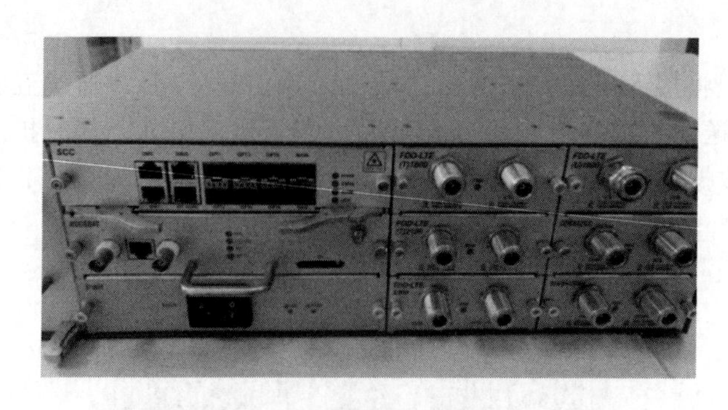

图 2.54 多用户多制式光纤分布系统接入单元

表 2.11 接入单元(多用户多制式光纤分布系统)

设备品牌	烽火科技
尺寸 高×宽×深 mm	482.6×133.5×300
应用场景	1. 写字楼、商场、酒店、厂房； 2. 公路、铁路及乡村的广覆盖； 3. 小区覆盖场景
产品特点	1. 解决运营商信源投资； 2. 节约配套机房、电力等资源建设； 3. 解决多系统干扰问题，覆盖质量高； 4. 全系统监控，维护便利

4. 直放站(中继器)

直放站(中继器)属于同频放大设备，是指在无线通信传输过程中起到信号增强的一种无线电发射中转设备。直放站的基本功能是一个射频信号功率增强器，主要有光纤直放站和无线直放站两种。

特点：配套要求低，建设周期短。

覆盖能力：覆盖范围较小。

容量：自身不提供容量，只解决覆盖问题。

组网要求：光纤直放站需要光纤与源基站连接，无线直放站不需要传输。

适用地方：适用于一些室内盲区的覆盖，如电梯和地下室等。

(1) 光纤直放站

光纤直放站是把周边基站的信号进行采集，再通过光纤传输到覆盖区域进行放大，从而用于覆盖信号盲区。在室内分布系统建设过程中，一台光纤近端机可以同时为好几台光纤远端机提供信号，但是为控制施主基站的上行底噪，远端机数目不宜超过 4 台。光纤直放站的功率由光纤远端机决定，常用的有 2 W、5 W、10 W、20 W 等。光纤直放站适合用于覆盖小规模的楼宇或楼宇中话务量低的区域，如小型的宾馆、娱乐场所，以及住宅小区的电梯和车库等；缺点是没有容量，需要通过施主基站来处理通话中的相关数据，容易导致施主基站负担过重，反向 RSSI 过高，导致施主基站出现告警。光纤直放站组网如图 2.55 所示。

(2) 无线直放站

无线直放站是通过施主天线，从施主基站获得信号，再通过放大器，把施主基站的信号覆盖到信号盲区。无线宽频直放站主要是在一些室外无线信号环境较好，室内场强弱，建筑

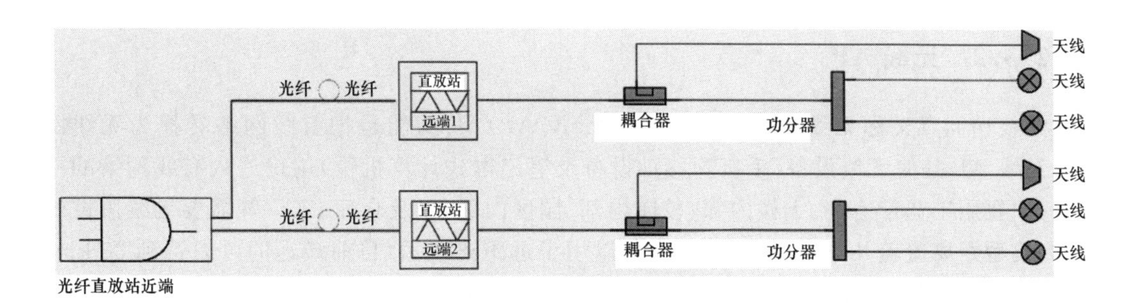

图 2.55　光纤直放站组网

物较小,或光纤无法到位的站点使用。无线移频直放站的站点主要是一些室外无线信号环境差,附近基站比较密集,且光纤无法到位的建筑物。

若站点需要布放室外天线进行覆盖,且不具备光纤传输条件,必须考虑施主天线与重发天线的隔离。如果天线过近隔离较小,为防止直放站自激,必须采用无线移频直放站作为信源。无线直放站组网如图 2.56 所示。

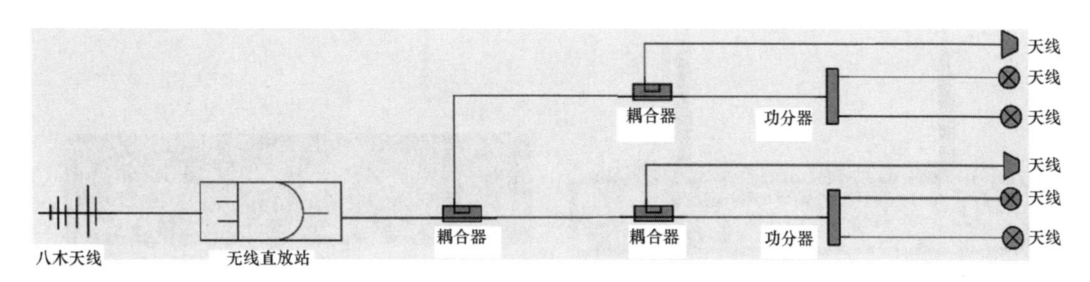

图 2.56　无线直放站组网

5. 干线放大器(干放)

在主干线上接放大器,把信号放大达到手机接收信号的标准;针对不同的覆盖范围,必须选择不同的干放及功率。干放是比直放站更简单的射频信号增强器,它内部除双工器、电源、监控等之外,主要是上行低噪声放大器和下行功率放大器,没有选频、选带、移频、光模块等,干放的增益比较小(40～50 dB),噪声积累明显,只能做直放站的补充,或特殊情况下直接接基站,不能用太多。通常 1 个 RRU 或直放机带的干放不超过 4 个,一般是用高耦合度的耦合器(常用 30 dB、35 dB、40 dB)在主干上耦合出一个弱信号接到干放。在室内分布系统信号强度达不到要求时使用干放,一般要求 0 dB 以下输入,不可串联使用。根据瓦数不同,放大功率也不同,在扩大了基站覆盖范围的同时,也对基站造成干扰。

干放要求信号输入到干放的功率为－10～0 dBm。输入功率过大,容易造成放大器饱和,影响设备的线性;输入功率过小,容易造成输出功率过低,影响信号的覆盖效果。通过调整直放站的增益衰减,达到预先设计的输出功率,满足整体链路平衡及覆盖效果。干线放大器如图 2.57 所示。

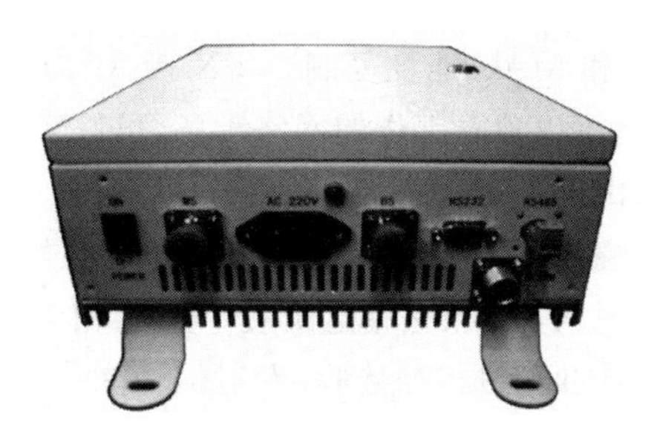

图 2.57　干线放大器

2.3.2 无线 AP

无线访问点又称无线接入点(Access Point,AP),其功能是把有线网络转换为无线网络。无线 AP 是使无线设备(手机等移动设备及笔记本式计算机等)用户进入有线网络的接入点,主要用于宽带家庭、大楼内部、校园内部、园区内部,以及仓库、工厂等需要无线监控的地方,典型距离覆盖几十米至上百米,也可以用于远距离传送,目前最远的可以达到 30 km,主要技术为 IEEE 802.11 系列。大多数无线 AP 还带有接入点客户端模式(AP Client),可以和其他 AP 进行无线连接,延展网络的覆盖范围。

无线 AP 也可用于小型无线局域网连接,从而达到拓展的目的。当无线网络用户足够多时,应当在有线网络中接入一个无线 AP,将无线网络连接至有线网络主干。AP 在无线工作站和有线主干之间起网桥的作用,实现了无线与有线的无缝集成。AP 既允许无线工作站访问网络资源,又为有线网络增加了可用资源。常见无线 AP 如图 2.58 所示。

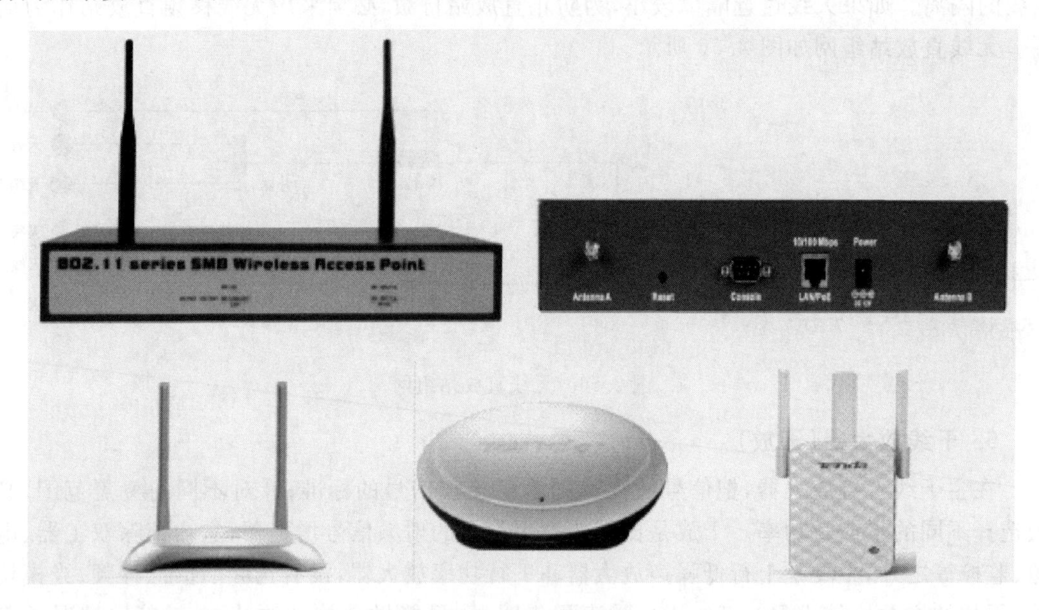

图 2.58　常见无线 AP

无线 AP 通常可以分为胖 AP(Fat AP)和瘦 AP(Fit AP)两类,不是以外观来分辨的,而是从其工作原理和功能上来区分。当然,部分胖、瘦 AP 在外观上确实能分辨,比如有 WAN 口的一定是胖 AP。

胖 AP 除了无线接入功能外,一般还同时具备 WAN、LAN 端口,支持 DHCP 服务器、DNS 和 MAC 地址复制、VPN 接入、防火墙等安全功能。胖 AP 通常有自带的完整操作系统,是可以独立工作的网络设备,可以实现拨号、路由等功能,一个典型的例子就是常见的无线路由器。

瘦 AP,去掉路由、DNS、DHCP 服务器等诸多加载的功能,仅保留无线接入的部分。人们常说的 AP 就是指这类瘦 AP,它相当于无线交换机或者集线器,仅提供一个有线/无线信号转换和无线信号接收/发射的功能。瘦 AP 作为无线局域网的一个部件,是不能独立工作的,必须配合 AC 的管理才能成为一个完整的系统。

胖、瘦 AP 组网的优、缺点如下。

1. 组网规模及应用场景

胖 AP 一般应用于小型的无线网络建设，可独立工作，不需要 AC 的配合，一般应用于仅需要较少数量即可完整覆盖的家庭、小型商户或小型办公类场景。

瘦 AP 一般应用于中大型的无线网络建设，以一定数量的 AP 配合 AC 产品来组建较大的无线网络覆盖，使用场景一般为商场、超市、景点、酒店、餐饮娱乐、企业办公等。

2. 无线漫游

胖 AP 组网无法实现无线漫游。用户从一个胖 AP 的覆盖区域走到另一个胖 AP 的覆盖区域，会重新连接一个信号强的胖 AP 进行认证，获取 IP 地址，存在断网现象。

而用户从一个瘦 AP 的覆盖区域走到另一个瘦 AP 的覆盖区域，信号会自动切换，且无须重新进行认证，无须重新获取 IP 地址，网络始终连接在线，使用方便。

3. 自动负载均衡

当很多用户连接在同一个胖 AP 上时，胖 AP 无法自动地进行负载均衡，不能将用户分配到其他负载较轻的胖 AP 上，因此胖 AP 会因为负荷较大，频繁出现网络故障。而在 AC+瘦 AP 的组网中，当很多用户连接在同一个瘦 AP 上时，AC 会根据负载均衡算法，自动将用户分配到负载较轻的其他 AP 上，减轻了 AP 的故障率，提高了整个网络的可用性。

4. 管理和维护

胖 AP 不可集中管理，需要一个一个地单独进行配置，配置工作烦琐。瘦 AP 可配合 AC 产品进行集中管理，无须单独配置，尤其是在 AP 数量较多的情况下，集中管理的优势明显。

无线 AP 有以下五种工作模式。

第一种模式：Access Point 模式（无线接入点模式）。这种模式提供无线工作站对有线局域网和从有线局域网对无线工作站的访问。而且，在访问接入点覆盖范围内的无线工作站可以通过无线接入点模式进行相互通信，从而扩散有线局域网的覆盖范围。

第二种模式：多 SSID 模式。启用该模式，AP 能虚拟多个 SSID 供用户接入；同时，对不同的 SSID 设备进行 VLAN 标记。

第三种模式：中继模式。中继模式有两种：一种是 Repeater 中继模式；另一种是 Universal Repeater 中继模式，启用该模式，AP 可用于扩展另外一台 AP 或无线路由器的无线信号覆盖范围。一般该模式用于其他 AP 或无线路由器支持 WDS 功能的情况下。

第四种模式：桥接模式。启用该模式，AP 可以将不超过 4 个局域网通过无线网络连接起来。

第五种模式是：客户端模式。启用该模式，AP 可以用来当作无线网卡使用，用它可以来连接无线路由器或 WISP。

2.3.3 传送器件

1. 合路器

在介绍合路器前，先介绍一下滤波器的概念。滤波器是一种双端口网络，它最基本的应用就是抑制不需要的频率信号，让需要的频率信号通过，起频率选择的作用。在实际应用中，把两个或两个以上的滤波器组合到一起，就成了双工器或合路器。

合路器是多个滤波器组成的单元，是多端口网络，所有端口均为输入/输出双功能端口。合路器的电性能指标和滤波器指标基本相同，它将来自收发系统的多个信号源，如 GSM、CDMA、LTE 等，经过合路器合路输出。合路器至少有两个输入口和一个输出口，输入口分别用于不同频段信号的输入，可将多路输入信号合成后由输出口输出。它还具有相反工作模式，特点是合分路损耗小，频段间抑制度高，功率容量大，温度稳定性好等。合路器分为同频合路器和异频段合路器两种，常见多频 POI 有 9 和 12 频。合路器原理、两路合路器及 9 频 POI 分别如图 2.59、图 2.60 和图 2.61 所示。9 频系统 POI 说明如表 2.12 所示。

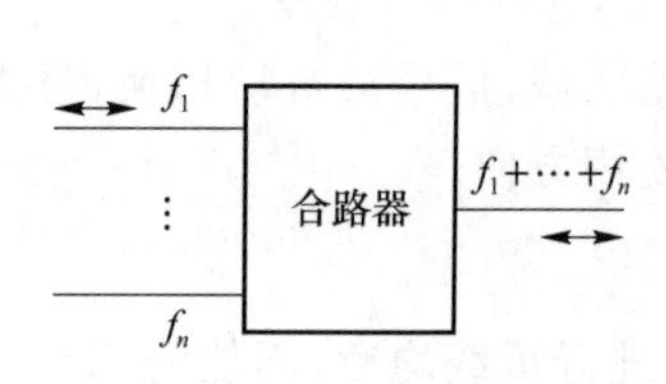

图 2.59 合路器原理

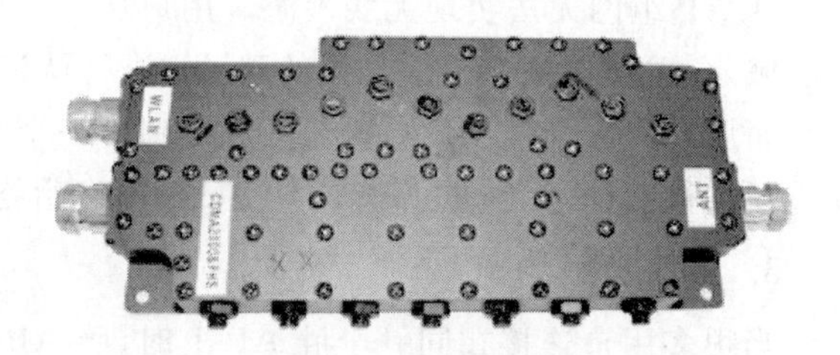

图 2.60 两路合路器

图 2.61 9 频 POI

表 2.12 9 频系统 POI(一体化)(9 进 2 出一体化 POI)说明

设备品牌	烽火科技
尺寸 高×宽×深 mm	390×325×118
应用场景	应用于地铁、高铁、大型场馆、商住楼宇等重要场所共建、共享
产品特点	防护等级：IP65，应用于更广泛环境 无源互调：−150 dBc@2×43 dBm 小型化：模块一体化设计，体积小，重量轻，便于安装 制式灵活：实现 2G、3G、4G 所有制式灵活选用

2. 电桥

电桥是同频合路器的一种，是一种四端口网络，它的特性是两口输入、两口输出，两输入口相互隔离，两输出端口各输出输入端口输入功率的 50%。它能够沿传输线路某一确定方向上对传输功率连续取样，将一个输入信号分为两个互为等幅且具有 90°相位差的信号。电桥主要用于多信号合路，能够提高输出信号的利用率，广泛应用于室内分布系统中对基站信号的合路，运用效果较好。在电桥同频段内不同载波间将两个无线载频合路后，馈入天线或分布系统(通常为 Rx 和 Tx)。当作为单端口输出使用时，另一输出端必须连接匹配功率负载，以吸收该端口的输出功率；否则将严重影响系统的传输特性。负载功率根据输入信号的功率来定，一般不能小于两个信号功率电平和的 1/2。对于耦合功率比为 1∶1 的情况，直通口与耦合口等幅平衡输出，相位相差 90°，此时被称为 3 dB 电桥，如图 2.62 及表 2.13 所示。

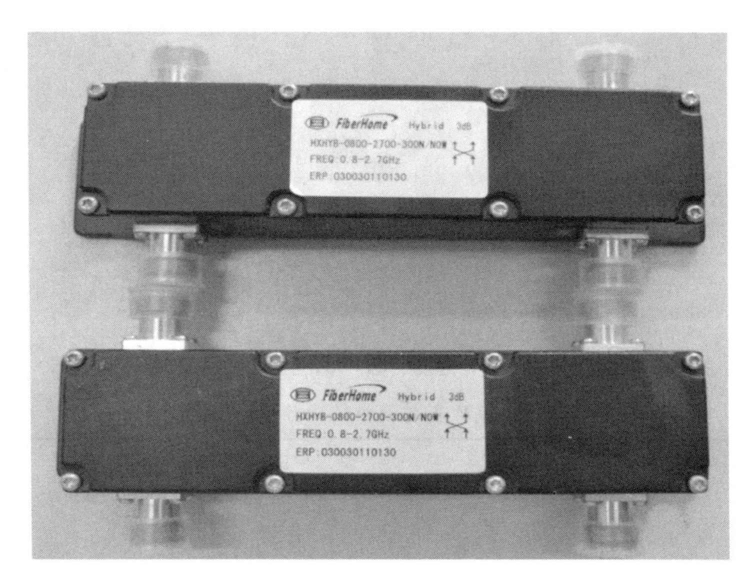

图 2.62　3 dB 电桥实物

表 2.13　3 dB 电桥(N 型防水)

设备品牌和型号	烽火科技 HXHYB-0800-2700-300N
尺寸 高×宽×深 mm	216×76×32.5
应用场景	作用：主要用于两路同频信号合路，提高输出信号的利用率 应用范围：广泛应用于室内分布系统中对基站信号的合路
产品特点	功率容量：大于 300 W，保证链路不被击穿 三阶互调：≤−400 dBc，避免产生互调干扰，保证通信质量 防护等级：具备 IP65 防护等级，使用场景更加宽泛 支持频段：800～2 700 MHz，支持全制式组网

3. 功分器

功分器是一种将一路输入信号能量分成两路或多路输出相等能量的器件，也可反过来将多路信号量合成一路输出，此时可称为合路器。一个功分器的输出端口之间应保证一定的隔离度。功分器通常为能量的等值分配，通过阻抗变换线的级联与隔离电阻进行搭配，具有很宽的频带特性。功分器基本分配路数为 2 路、3 路和 4 路，通过它们的级联可以形成多路功率分配。使用功分器时，若某一输出口不接输出信号，则必须接匹配负载，不应空载。

功分器从结构上一般可分为腔体和微带两种。腔体功分器内部是一条直径由粗到细成多个阶梯递减的铜杆，实现阻抗的变换。微带功分器由几条微带线和几个电阻组成，实现阻抗的变换。300 W 腔体高性能功分器如图 2.63 及表 2.14 所示。500 W 高性能功分器如图 2.64及表 2.15 所示。

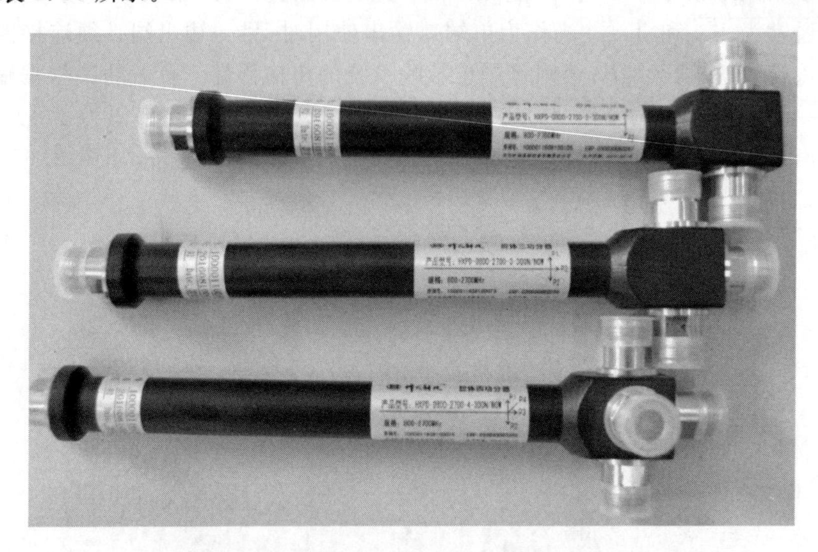

图 2.63　300 W 腔体高性能功分器(从上至下为二、三、四路功分器)

表 2.14　300 W 腔体高性能功分器(N 型防水)

设备品牌和型号	烽火科技 HXPD-0800-3-300N
尺寸 高×宽×深 mm	二功分:200×63×26 三功分:228×63×26 四功分:270.5×63×44
应用场景	作用:用于功率分配 应用范围:主要用于室外基站网络分布和室分建网信源后级分布系统
产品特点	功率容量:大于 300 W,保证链路不被击穿 三阶互调:≤－140 dBc,避免产生互调干扰,保证通话质量 防护等级:具备 IP65 防护等级,使用场景更加宽泛 支持频段:800～2 700 MHz,支持全制式组网

图 2.64　500 W 高性能功分器(从上至下为二、三、四路功分器)

表2.15　500 W高性能功分器(DIN型防水)

设备厂家和型号	烽火科技 HXPD-0800-X-500D
尺寸高×宽×深 mm	二功分:148.5×83×22 三功分:222×90×38.5 四功分:247×90×38.5
应用场景	作用:用于功率分配 应用范围:主要用于室外基站网络分布和室内分布建网信源后级分布系统
产品特点	功率容量:大于500 W,保证链路不被击穿 三阶互调:≤−150 dBc,避免产生互调干扰,保证通话质量 防护等级:具备IP65防护等级,使用场景更加宽泛 支持频段:800～2 700 MHz,支持全制式组网

主要指标:分配损耗、插入损耗、隔离度、输入输出驻波比、功率容限、频率范围、带内平坦度和输入阻抗。

(1) 分配损耗

分配损耗是指信号功率经过理想功率分配以后和原输入信号相比所减小的量。分配损耗是一个理论值,比如二功分为3 dB,三功分为4.8 dB,四功分为6 dB。

注:因功分器输出端阻抗不同,应使用端口阻抗匹配的网络分析仪才能够测得与理论值接近的分配损耗。

理论计算方法:$10\times\lg N$,N为分配的份数。

(2) 插入损耗

插入损耗是指信号功率通过实际功分器后输出的功率和原输入信号相比所减小的量再减去分配损耗的实际值(也有的地方是指信号功率通过实际功分器后输出的功率和原输入信号相比所减小的量)。

插入损耗的取值范围:一般腔体功分器是0.1 dB以下;微带功分器根据二、三、四功分器不同而不同,约为0.4～0.2 dB、0.5～0.3 dB、0.7～0.4 dB。

计算方法:通过网络分析仪可以测出输入端A到输出端B、C、D的损耗,假设三功分为5.3 dB,那么,插损=实际损耗−理论分配损耗=5.3−4.8=0.5 dB。

微带功分器的插损略大于腔体功分器,一般为0.5 dB左右,腔体功分器的插损一般为0.1 dB左右。由于插损不能使用网络分析仪直接测出,所以一般都以整个路径上的损耗来表示(即分配损耗+插损):3.5 dB/5.3 dB/6.5 dB表示二、三、四功分器的插损。

(3) 隔离度:本振或信号泄漏到其他端口的功率和原功率之比。如果从每个支路端口输入功率只能从主路端口输出,而不应该从其他支路输出,这就要求支路之间有足够的隔离度,一般大于20 dB。

(4) 驻波比:沿着信号传输方向的电压最大值和相邻电压最小值之间的比率。每个端口的电压驻波比越小越好。

(5) 功率容量:电路元件所能承受的最大功率。在分布系统中,功分器对下行信号来说是个功率分配器,对上行信号来讲又是个(小信号)合路器。功分器上标注的功率是指输入端口的最大输入功率,而对(小信号)合路器来讲,不能在输出端口按标注的功率输入信号。

功分器不宜作大功率合成使用,两个大功率的载波信号合成建议采用 3 dB 电桥。

(6) 频率范围:一般标称都是写 800～2 500 MHz,实际上要求的频段是 824 ～ 960 MHz 加上 1 710～2 500 MHz,中间频段不可用。

合路器、电桥及功分器对比如表 2.16 所示。

表 2.16　合路器、电桥及功分器对比

合路器 (频段合路器)	为选频合路器,以滤波多工方式工作,可实现两路以上信号合成,能实现高隔离合成,主要用于不同频段的合路,可提供不同系统间最小的干扰
3 dB 电桥(同频合路器)	为同频合路,只能实现两路信号合成,隔离度较低,可实现两路等幅输出
功分器(功率合成器)	为同频合路,可实现多路合成,隔离度较低,只能提供一路输出。受功率容量限制

4. 耦合器

耦合器常用于对规定流向微波信号进行取样,在无内负载时,定向耦合器往往是一四端口网络。作用是将信号不均匀地分成 2 份(端口 3 为主干端,端口 2 为耦合端,也称直通端和耦合端),根据平行耦合线相互靠近的程度,端口 2 可获不同的耦合电平,也称比例耦合。耦合器如图 2.65 所示,300 W 高性能耦合器如图 2.66 及表 2.17 所示,500 W 高性能耦合器如图 2.67 及表 2.18 所示。

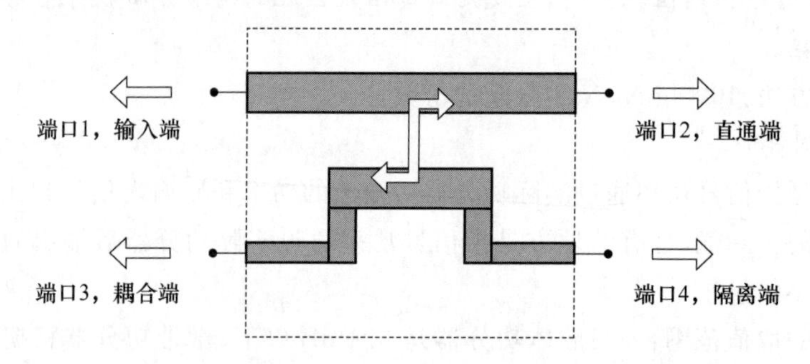

图 2.65　耦合器

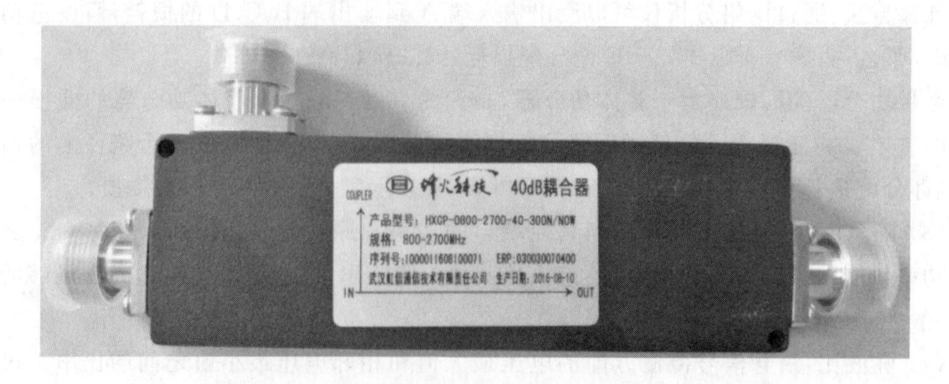

图 2.66　300 W 高性能耦合器(40 dB)

表 2.17　300 W 耦合器(N 型防水)

设备品牌和型号	烽火科技 HXCP-0800-2700-X-300N
尺寸 高×宽×深 mm	162×60×19.5
应用场景	作用:用于信号功率的定向分配 应用范围:主要为室外基站网络分布和室内分布建网信源后级分布系统
产品特点	种类:5、10、20、40 dB 几种 功率容量:大于 300 W,保证链路不被击穿 三阶互调:≤－140 dBc,避免产生互调干扰,保证通话质量 防护等级:具备 IP65 防护等级,使用场景更加宽泛 支持频段:800～2 700 MHz,支持全制式组网

图 2.67　500 W 高性能耦合器

表 2.18　500 W 耦合器(DIN 型防水)

设备名称和型号	烽火科技 HXCP-0800-2700-X-500D
尺寸 高×宽×深 mm	282.5×90×64
应用场景	作用:用于信号功率的定向分配 应用范围:主要为室外基站网络分布和室内分布建网信源后级分布系统
产品特点	种类:－5、－10、－20、－40 dB 几种 功率容量:大于 500 W,保证链路不被击穿 三阶互调:≤－150 dBc,避免产生互调干扰,保证通话质量 防护等级:具备 IP65 MHz,使用场景更加宽泛 支持频段:800～2 700 MHz,支持全制式组网

种类:耦合器型号较多,如 5 dB(1∶2)、6 dB(1∶3)、7 dB(1∶4)、10 dB (1∶9) 、15 dB、20 dB、25 dB、30 dB、40 dB 等。

耦合器从结构上一般可分为腔体和微带两种。腔体耦合器内部是两条金属杆,组成一级耦合;微带耦合器内部是两条微带线,组成一个类似于多级耦合的网络。

主要指标:耦合度、隔离度、方向性、插入损耗、输入输出驻波比、功率容限、频段范围、带内平坦度、输入阻抗。

(1) 耦合度

信号功率经过耦合器,从耦合端口输出的功率和输入信号功率直接的差值(一般都是理论值,如 6 dB、10 dB、30 dB 等)。

耦合度的计算方法:例如输入信号 A 为 30 dBm,而耦合端输出信号 C 为 24 dBm,则耦合度=A−C=30−24=6 dB,所以此耦合器为 6 dB 耦合器。实际上耦合度没有这么理想,一般有个波动范围,例如,标称为 6 dB 的耦合器,实际耦合度可能为 5.5~6.5 dB。

理想的耦合器输入信号为 A,耦合一部分到 C,则输出端口 B 必定有所减少。耦合器和功分器均为无源器件,在工作中不使用电源(即不消耗能源),没有功率补充,因为能量是守恒的,输入信号与多个输出信号之和相等(不计插入损耗)。

耦合损耗计算方法:首先,将所有端口的"dBm"功率转换成"mW"为单位表示,例如,A 输入端的功率原来是 30 dBm,转换成"mW"是 1 000 mW,而耦合端的输出是 24 dBm(先假设用的是 6 dB 耦合器,并且 6 dB 耦合器实际耦合度是 6 dB),将 24 dBm 转换成 mW 是 250 mW。然后,假设此耦合器没有其他损耗,那么剩下的功率应该是 1 000−250=750 mW,全部由输出端输出。将 750 mW 转换成 dBm 是 28.75 dBm,那么此耦合器的耦合损耗就等于输入端的功率(dBm)−输出端的功率(dBm)=30−28.75=1.25 dB,这个值指的是耦合器没有额外损耗(器件损耗)情况下的耦合损耗。

(2) 隔离度

隔离度是指输出端口和耦合端口之间的隔离。一般此指标仅用于衡量微带耦合器,如 5~10 dB 为 18~23 dB,15 dB 为 20~25 dB,20 dB(含以上)为 25~30 dB;腔体耦合器的隔离度非常好,所以没有此指标要求。

计算方法:当输入端接匹配负载时,将信号由输出端输入,测耦合端减小的量即为隔离度。

(3) 方向性

方向性是指输出端口和耦合端口之间隔离度的值再减去耦合度的值所得的值。由于微带的方向性随着耦合度的增加逐渐减小,最后 30 dB 以上基本没有方向性,所以微带耦合器没有此指标要求;腔体耦合器的方向性一般为:1 700~2 200 MHz 时,为 17~19 dB;824~960 MHz 时,为 18~22 dB。

计算方法:方向性=隔离度−耦合度。例如,6 dB 的隔离度是 38 dB,耦合度实测 6.5 dB。

(4) 插入损耗

插入损耗是指信号功率经过耦合器至输出端出来的信号功率减小的值再减去分配损耗的值所得的数值。一般插入损耗对于微带耦合器根据耦合度的不同而不同,一般为:耦合度 10 dB 以下的插入损耗为 0.35~0.5 dB,耦合度 10 dB 以上的插入损耗为 0.2~0.5 dB。

计算方法:由于实际上耦合器的内导体是有损耗的,以 6 dB 耦合器为例,在实际测试中假设输入 A 是 30 dBm,耦合度实测是 6 dB,输出端的理想值是 28.75 dBm(根据实测的输入信号和耦合度可以计算得出),再实测输出端的信号,假设是 28.346 dBm,那么插损=理论输出功率−实测输出功率=28.75−28.346=0.4 dB。

(5) 驻波比

驻波比是指输入/输出端口的匹配情况,各端口要求则一般为 1.2~1.4。

(6) 功率容限

功率容限是指可以在此耦合器上长期(不损坏的)通过的最大工作功率容限,一般微带耦合器为 30～70 W 平均功率,腔体的则为 100～200 W 平均功率。在耦合器上标注的功率同样是指输入端口的最大输入功率,输出口和耦合端口不能用标注的最大功率输入。

(7) 频率范围

一般标称都是写 800～2 200 MHz,实际上要求的频段是 824～960 MHz 加上 1 710～2 200 MHz,中间频段不可用。有些功分器还有 800～2 000 MHz 和 800～2 500 MHz 频段。

(8) 带内平坦度

带内平坦度是指在整个可用频段耦合度的最大值和最小值之间的差值。

5. 衰减器

衰减器是指在相当宽的频段范围内一种相移为零,其衰减和特性阻抗均与频率无关的常数,由电阻元件组成的四端网络。其主要用途是调整电路中信号大小,改善阻抗匹配。衰减器如图 2.68 所示。

衰减器可以分为两种类型:固定的和可变的。工程中通常使用的是同轴型衰减器,由"π"形或"T"形衰减网络组成,较多采用固定衰减器。目前多采用的有 5 dB、10 dB、15 dB、20 dB、30 dB、40 dB 等。人们最关注的衰减器指标是衰减大小、功率容量大小等,负载是一种特殊的衰减器,衰减度为无限大。

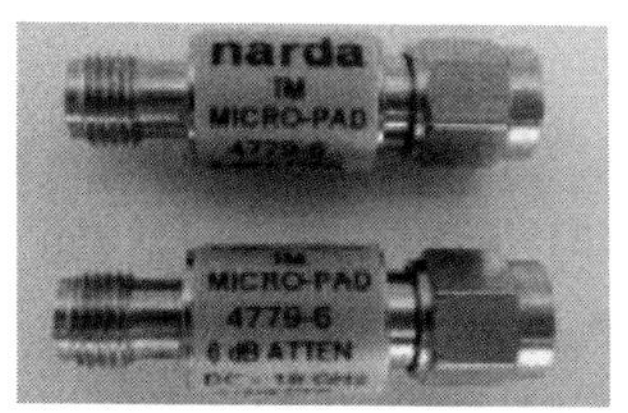

图 2.68　衰减器

6. 负载

终端在某一电路(如放大器)或电器输出端口,接收电功率的元器件、部件或装置统称为负载,主要用于发射机的终端或者是放大器的测量、调试。对负载的最基本要求是阻抗匹配和所能承受的功率。负载用在室内吸收能量时,需要考虑功率匹配,功率较高时,考虑散热。负载如图 2.69 及表 2.19 所示。

图 2.69　负载

表 2.19　工程负载

设备品牌和型号	烽火科技 HXFZ-003-G-050N
尺寸 高×宽×深 mm	5 W:φ22.5×32.5 50 W:φ50×107.5 100 W:150×100×60 200 W:226.5×142.5×120
应用场景	应用范围:主要应用于输入信号或输出信号进行信号匹配
产品特点	功率容量≤100 W 负载:性能稳定,匹配性良好 功率容量 200 W 负载:保证链路不被击穿 200 W 负载三阶互调:≤－150 dBc,避免产生互调干扰,保证通话质量

7. 馈线

馈线是指信号传输用线。分布系统设计时,原则上主干馈线应使用 7/8″馈线,平层馈线中长度超过 15 m 的应使用 7/8″馈线,末端或平层距离较短可使用 1/2″馈线。应根据缆线用途,考虑传输损耗、频率适用范围、机械和物理性能等性能指标,合理选择缆线类型。耦合型漏泄电缆工作频带较宽,耦合损耗较大,方向性较差,开口槽辐射输出的信号较弱,覆盖范围较小,仅适用于电梯井等窄小环境的多系统覆盖区域。辐射型漏泄电缆方向性较强,辐射信号较强,相比耦合型漏泄电缆覆盖传播距离更远,通常在地铁隧道等较宽范围的环境中使用。

馈线结构如下。

(1) 内导体:包括单根铜丝、铜包铝、空心铜管。

(2) 外导体:包括编织层、铜管、波纹铜管。

(3) 绝缘层:射频同轴电缆的内外导体间的支撑介质,决定着射频同轴电缆的许多电特性和机械特性。

不同馈线在不同频段的损耗如表 2.20 所示,不同型号馈线如图 2.70 所示。

表 2.20　不同馈线在不同频段的损耗

(不同厂家馈线损耗不同,以下为安德鲁馈线 20 ℃下衰减损耗:dB/100 m)

频段	890 MHz	960 MHz	1 800 MHz	2 000 MHz	2 200 MHz	2 400 MHz	2 600 MHz
网络	CDMA	GSM	DCS	TD-F、A	WCDMA	WLAN、TD-E	TD-D
CL-SF1/2	10.5	11.03	15.6	16.51	18.31	20.11	21.93
CL-1/2	6.8	7.12	10.1	10.7	11.82	12.94	13.5
CL-7/8	3.8	4.02	5.75	6.11	6.79	7.47	8.15

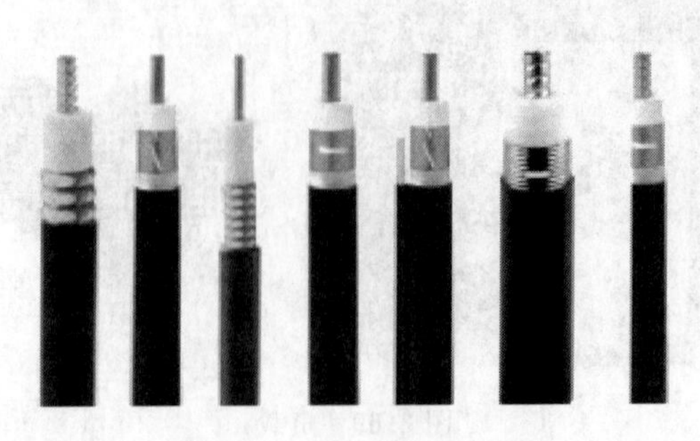

图 2.70　不同型号馈线

8. 接头

馈线与器件、设备及不同类型线缆之间一般采用可拆卸的射频连接器进行连接，连接器通常被称为接头。常见的馈线接头根据尺寸大小可以分为：SMA、N、DIN 和 BNC 头。其中 SMA 接头尺寸最小，N 头次之，DIN 头最大。每种接头又分为阳头（J 头、M 接头）及阴头（K 头、FM 接头），阳头内置插针，阴头内置插槽。SMA 接头多用于高频微波器件，N 型接头较为常见，而 DIN 接头主要用于基站接入部分。各种设备及器件上的接头多为 N 型阴头。接头实物如图 2.71 所示。

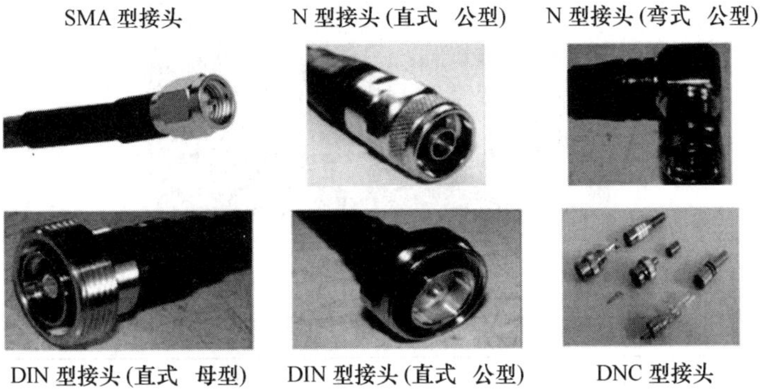

SMA 型接头　N 型接头（直式　公型）　N 型接头（弯式　公型）

DIN 型接头（直式　母型）　DIN 型接头（直式　公型）　DNC 型接头

图 2.71　接头实物

2.3.4　天线

天线是用来辐射或接收电磁波的装置，处于系统最末端，负责射频信号的发送和接收。室内分布系统中天线主要可以分为施主天线和重发天线。

施主天线是指为室内分布系统提供信号的天线，主要有八木天线及抛物面天线；重发天线是指室分系统中自信源取得信号后进行覆盖的天线，常见的重发天线包括全向吸顶天线、定向壁挂天线、对数周期天线和室外板状天线。

天线的技术指标主要有：特征阻抗、方向图、增益、频率带宽、驻波比、极化方式及波瓣宽度等。

特征阻抗：一条传输线上电阻、电导、电感和电容的综合影响，一般移动通信系统中射频传输器件的特征阻抗为 50 Ω。

方向图：用来表示天线的辐射或接收强度随空间方向的对应关系，天线的增益、半功率角、前后比等参数都可以通过方向图来导出。

增益：用来衡量天线朝某个特定方向收发信号的指标，全向吸顶天线增益约为 3 dBi，定向壁挂天线增益约为 7 dBi，对数周期天线增益约为 7 dBi，室外定向天线增益约为 12 dBi，八木天线增益约为 10 dBi，抛物面天线增益约为 20 dBi。

频率带宽：天线正常工作的频率范围。

驻波比：一般要求小于 1.5，但实际应用中应小于 1.2。

极化方式：天线辐射时形成的电场强度方向，场强方向垂直于地面的被称为垂直极化天线，场强方向平行于地面的被称为水平极化天线，目前使用的天线多为双极化天线或垂直极化天线。

波瓣宽度：天线的辐射图中低于峰值功率一般(3 dB)处所形成的夹角宽度，一般情况下波瓣宽度越小，增益越大。

电梯天线如图 2.72 及表 2.21 所示，定向壁挂(大功率)天线如图 2.73 及表 2.22 所示，定向壁挂天线(室内定向单极化壁挂天线)如图 2.74 及表 2.23 所示，多系统同步覆盖全向吸顶天线如图 2.75 及表 2.24 所示，多全向单极化吸顶天线如图 2.76 及表 2.25 所示。单极化室内定向对数周期天线如图 2.77 及表 2.26 所示。

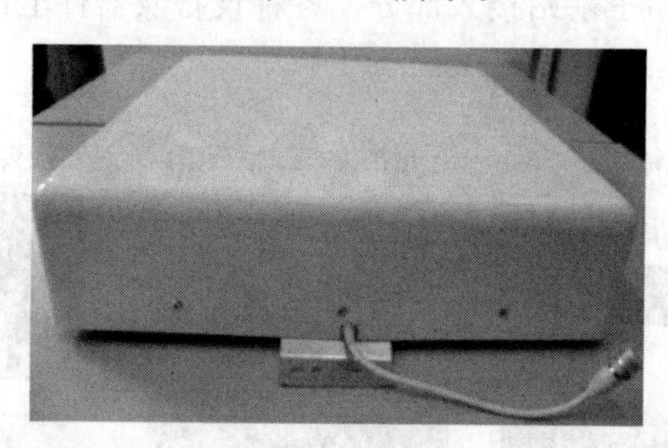

图 2.72　电梯天线

表 2.21　电梯天线(单极化电梯井天线)

设备品牌	烽火科技
尺寸 高×宽×深 mm	450×450×115
应用场景	用于电梯井道或者隧道等类似狭长环境的覆盖
产品特点	1. 安装方式：抱杆安装于电梯井道中部 2. 支持频段：800～2 700 MHz，支持全制式组网 3. 三阶互调：≤－140 dBc，避免产生互调干扰，保证通话质量 4. 覆盖特性：增益高，波宽窄，主要用于电梯井道或隧道等类似狭长环境的覆盖

图 2.73　定向壁挂(大功率)天线

表 2.22　定向壁挂(大功率)天线

设备品牌	烽火科技
尺寸 高×宽×深 mm	280×175×62
应用场景	主要用于需要室内分布系统的室内大部分场所，如写字楼、商场、酒店等
产品特点	1. 安装方式：壁挂安装于侧墙 2. 支持频段：800～2 700 MHz，支持全制式组网 3. 三阶互调：≤－140 dBc，避免产生互调干扰，保证通话质量 4. 覆盖特性：增益较高，可以用于室内边缘向室内覆盖，覆盖区域多为狭长的通道和大面积的、规则的室内空旷场所

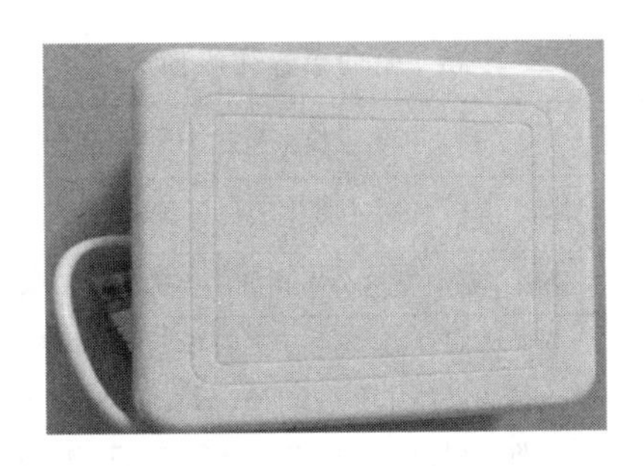

图 2.74　定向壁挂天线(室内定向单极化壁挂天线)

表 2.23　定向壁挂天线(室内定向单极化壁挂天线)

产品品牌和型号	烽火科技 HXBG1V5W0708090TON
展品尺寸 高×宽×深 mm	160×150×50
应用场景	主要用于需要室内分布系统的室内大部分场所,如写字楼、商场、酒店等
产品特点	1. 安装方式:壁挂安装于侧墙 2. 支持频段:800～2 700 MHz,支持全制式组网 3. 三阶互调:≤－140 dBc,避免产生互调干扰,保证通话质量 4. 覆盖特性:增益较高,可以用于室内边缘向室内覆盖,覆盖区域多为狭长的通道和大面积的、规则的室内空旷场所

图 2.75　多系统同步覆盖全向吸顶天线

图 2.76　多全向单极化吸顶天线

表 2.24　多系统同步覆盖全向吸顶天线

设备品牌和型号	烽火科技 HXXD1V5W020436OTOTH
尺寸 高×宽×深 mm	204×204×135
应用场景	主要用于需要室内分布系统的室内大部分场所,如写字楼、商场、酒店等
产品特点	1. 安装方式:吸顶安装于天花板上或者内部 2. 支持频段:800～2 700 MHz,支持全制式组网 3. 三阶互调:≤－140 dBc,避免产生互调干扰,保证通话质量 4. 覆盖特性:高频信号覆盖由原来的下部集中向边缘扩展,使高、低频信号单天线覆盖范围基本一致,解决了室内分布系统中两代网络无法同步的技术难题,有利于多网协同覆盖和多运营商共建、共享

表 2.25　全向单极化吸顶天线

设备品牌和型号	烽火科技 HXXD1V5W020536OTON
尺寸 高×宽×深 mm	187×187×87
应用场景	主要用于需要室内分布系统的室内大部分场所，如写字楼、商场、酒店等
产品特点	1. 安装方式：吸顶安装于天花板上或者内部 2. 支持频段：800～2 700 MHz，支持全制式组网 3. 三阶互调：≤－140 dBc，避免产生互调干扰，保证通话质量 4. 覆盖特性：覆盖区基本为圆形，全向性好，常用于小面积的集中区域覆盖

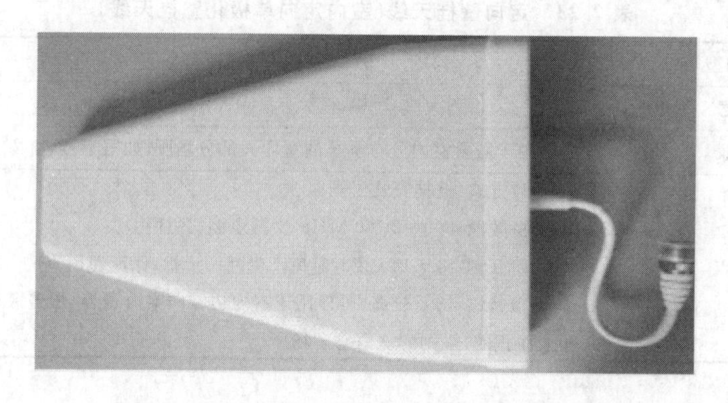

图 2.77　单极化室内定向对数周期天线(8，9 dBi)

表 2.26　单极化室内定向对数周期天线(8，9 dBi)(10，11 dBi)

设备品牌和型号	烽火科技 HXLG1V5WO809090TON(含 8，9 dBi 和 10，11 dBi)
尺寸 高×宽×深 mm	290×210×65
应用场景	用于电梯井道或者隧道等类似狭长环境的覆盖
产品特点	1. 安装方式：抱杆安装于电梯井道中部 2. 支持频段：800～2 700 MHz，支持全制式组网 3. 三阶互调：≤－140 dBc，避免产生互调干扰，保证通话质量 4. 覆盖特性：增益高，波宽窄，主要用于电梯井道或者隧道等类似狭长环境的覆盖

2.3.5　电源

以 TD-LTE 室内分布信源站为例，通信设备负荷参考值如下。

TD-LTE 室内分布信源站无线设备功耗(含 1 个 BBU、5 个 RRU)按 2 100 W 计算，传输和监控设备功耗按 200 W 计算；各厂家设备耗电不同，其中单个 BBU 功耗最大值约为 1 000 W，单个 RRU 功耗最大值约为 270 W。

1. BBU 供电

对于独立新建站点，BBU 配套电源单独新建，满足 TD-LTE 设站需求；对于共址新建站点，优先考虑扩容改造已有电源系统的方式，满足 TD-LTE 设站需求。

(1) 独立新建 TD-LTE 室内分布信源站

① 各站均配置 1 套交直流供电系统，分别由 1 台交流配电箱（屏）、1 套－48 V 高频开关组合电源（含交流配电单元、高频开关整流模块、监控模块、直流配电单元，以及 1 组 100 Ah/48 V 蓄电池）组成 。

② 各站要求引入一路不小于三类的市电电源，站内交流负荷应根据各基站的实际情况按 15 kW 考虑。

③ 交流配电箱的容量按远期负荷考虑，输入开关要求不小于 63 A，站内的电力计量表根据当地供电部门的要求安装。

④ 各站蓄电池组的后备时间按如下原则配置：蓄电池后备时间≥1h（**注意**：应结合基站重要性、市电可靠性、运维能力及机房条件等因素确定）。

⑤ 各站高频开关组合电源机架容量均按 300 A 配置，整流模块容量按本期负荷配置，整流模块数按 $N+1$ 冗余方式配置。

⑥ 电源电缆均应采用非延燃聚氯乙烯绝缘及护套软电缆。

⑦ 对于无专用机房或机房条件受限的小型基站，条件许可的情况下尽量采用直流－48 V 电源供电。

⑧ TD-LTE 基站防雷系统、接地系统的设置应符合中国移动通信企业标准《基站防雷与接地技术规范》（QB-W-011-2007）和《通信局（站）防雷与接地工程设计规范》（YD 5098—2005）的要求。

⑨ 无线设备厂家应在 RRU 电源线两端配置浪涌保护器，屏蔽电缆的金属层在进入机房前应进行防雷接地，具体方案应满足工信部工信厅科函〔2008〕86 号《通信局（站）在用防雷系统——TD-SCDMA 基站防雷接地检测指导书》的规定。

⑩ 独立新建 TD-LTE 室内分布信源站地线系统应采用联合接地方式，即工作接地、保护接地、防雷接地共设一组接地体的接地方式。在机房内应至少设置 1 块接地排。

（2）共址新建 TD-LTE 室内分布信源站

① 共址新建站市电容量及市电引入电缆应能满足本次新增 TD-LTE 设备需求，对于原市电容量及市电引入电缆不能满足要求的基站，应进行市电接入改造，并应向相关单位申请增容。

② 对于需要进行市电接入改造的基站，应改造更换为不小于 $4\times25\ mm^2$ 截面的铜芯或 $4\times35\ mm^2$ 截面的铝芯电力电缆，进线开关容量应更换为不小于 63 A 的进线开关。

③ 现有设备负荷按照实测值的 1.2 倍计算。

④ 当原有室内地线排不能满足新增 TD-LTE 设备的接地需求时，可在机房内的适当位置增加 1 个地线排，并用截面积不小于 $95\ mm^2$ 的铜芯电力电缆与原有的室内地线排并接。

⑤ 现有无线设备采用－48 V 电源的基站电源设备配置改造原则。

TD-LTE 设备应与现有无线设备采用同一套直流系统供电。如现有电源机架容量能满足新增 TD-LTE 设备需求，只需增加整流模块对原开关电源进行扩容；如现有电源机架容量不能满足需求，则采用更换开关电源的办法解决；对于现有开关电源机架总容量小于 300 A（不含 300 A）的基站，应更换为机架总容量为 300 A 的开关电源。

TD-LTE 设备供电要求按照 2 路 32～63 A 的直流分路（开关电源为 3 个 RRU 提供 1 路直流分路，由 RRU 厂家负责进行分配和防雷）。基站开关电源的直流配电端子根据各基站的现有情况和需要进行改造。如现有直流配电端子不能满足新增 TD-LTE 设备的需求，或更换配电开关，或增加直流配电箱，直流配电箱的电源应从开关电源架母线排引接。

2. RRU 供电

(1) RRU 供电方案可分为－48 V 集中供电，－48 V 本地直流供电，～220 V 逆变器交流供电。工程实施中，应根据现场条件，结合 RRU 功耗、RRU 数量、RRU 与 BBU 安装距离、电源设备装机位置、线缆敷设难易程度等情况，确定 RRU 供电方案。

(2)当 RRU 距 BBU 的线缆长度≤100 m 时，用标配的供电电缆从信号源处的－48 V 直流电源为其供电。

(3)当 RRU 距 BBU 的线缆长度＞100 m 且≤300 m 时，可根据现场条件考虑以下三种供电方式：

① 使用信号源处的－48 V 直流电源为 RRU 供电，标配的供电电缆不能满足电压降的要求时，可加粗供电电缆线径；

② 线缆数量较多或敷设路由困难时，就近为 RRU 单独配置小型－48 V 直流电源系统设备；

③ 若电源设备安装位置受限或 RRU 为级联方式时，可采用信源处－48 V/～220 V 逆变器的交流电源为 RRU 供电，逆变器要求为 N＋1 工作方式。

推荐采用第三种方式，其中逆变器至 RRU 交流配电箱的电缆应采用 RVVZ 3×6 mm^2 规格，交流配电箱至 RRU 电缆应采用 RVVZ 3×4 mm^2 规格，前级交流配电箱至后级交流配电箱的电缆应采用 RVVZ 3×6 mm^2 规格。

(4) 当 RRU 距 BBU 的线缆长度＞300 m 时，可根据现场条件考虑以下两种供电方式：

① 单独采用－48 V 直流电源为其供电，为 RRU 配置小型开关电源及蓄电池组；

② 若电源设备安装位置受限或 RRU 为级联方式时，可采用信源处－48 V/～220 V 逆变器的交流电源为 RRU 供电，逆变器要求为 N＋1 工作方式。

推荐采用第二种方式，其中逆变器至 RRU 交流配电箱的电缆应采用 RVVZ 3×6 mm^2 规格，交流配电箱至 RRU 电缆应采用 RVVZ 3×4 mm^2 规格，前级交流配电箱至后级交流配电箱的电缆应采用 RVVZ 3×6 mm^2 规格。

2.3.6 辅材

1. PVC 管材

规格及标准：必须为颜色纯白、质地较硬的阻燃型 PVC 管(管材标示清晰可见)。

使用要求：套管布线过程中，应横平竖直，管卡固定间距每 50 cm 固定一次。水平或垂直布线超过 40 cm 时，必须使用 PVC 管，馈线拐弯处使用波纹管连接，其余线缆套管布放应使用相应配件，如三通、直通。

PVC 管材如图 2.78 所示。

注意 泄露电缆无须套管。

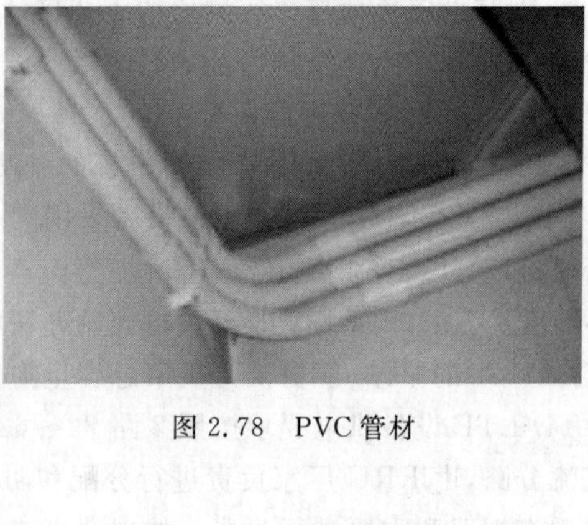

图 2.78 PVC 管材

2. 波纹管

规格及标准：颜色纯白，质地较硬。

使用要求：施工过程中禁止划开使用，与 PVC 管对接使用时，应使用配件直通。

波纹管及其使用如图 2.79 所示。

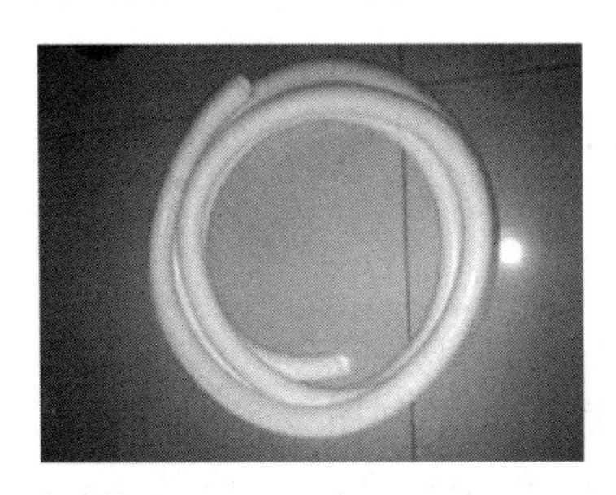

图 2.79　波纹管及其使用

3. 配套三通、直通、弯头

规格及标准:颜色纯白、材质较硬,与所使用的 PVC 管匹配。

使用要求:走线衔接处必须使用相应配件,设备处管卡固定间距,每 50 cm 固定 1 次。

各种配件及其使用如图 2.80 所示。

图 2.80　各种配件及其使用

4. 线槽

规格及标准:选用阻燃型的材质,颜色为白色,硬度不易损坏。

使用要求:新建站点,独立空间内有源设备大于 5 台(包含 5 台)根据现场实际环境采用线槽,使用前应做好合理布局,同一位置采用统一标准线槽(颜色、宽度等规格一致)。

线槽及其使用如图 2.81 所示。

图 2.81　线槽及其使用

任务实施

步骤 1:观察设备

请教师带领学生在室内分布实训室观察图 2.46 中所有器件和辅材,标注出对应的设备名称、型号，填入任务单。

步骤 2：搜索网络上室内分布器件资料

根据知识点上网查找图 2.46 中的器件和辅材的资料及室内分布其他器件资料，并回答子任务 1～4。

步骤 3：定向天线参数仿真

(1) 下倾角为 0°，方位角为 90°的板状天线辐射仿真

与任务 2.1 的步骤 2 相同，将天线更换为板状天线，如图 2.82 所示，默认情况下天线的下倾角为 0°，方位角为 90°。设置信号源功率为 30 dBm，如图 2.83 所示。增加性能仿真项目“参考信号接收功率”，仿真结果如图 2.84 所示。

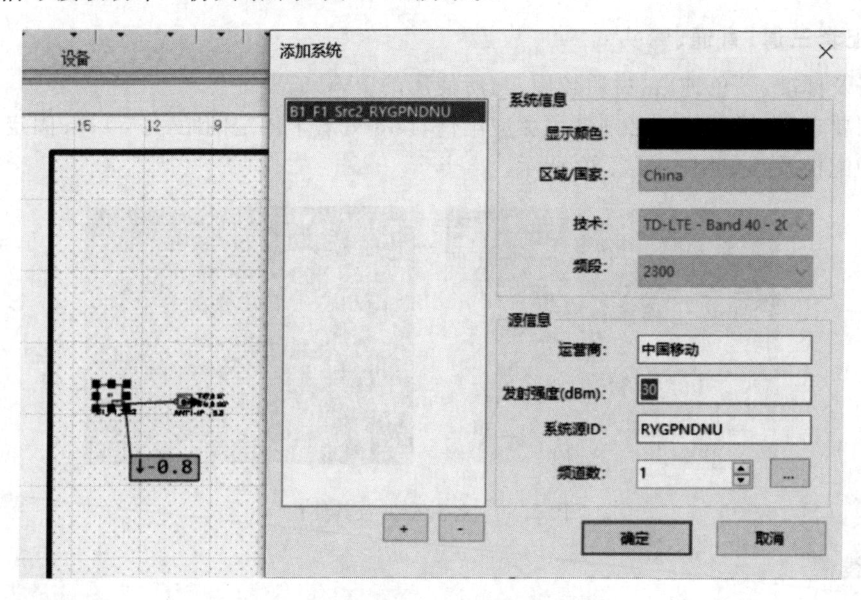

图 2.82　更换天线为板状天线

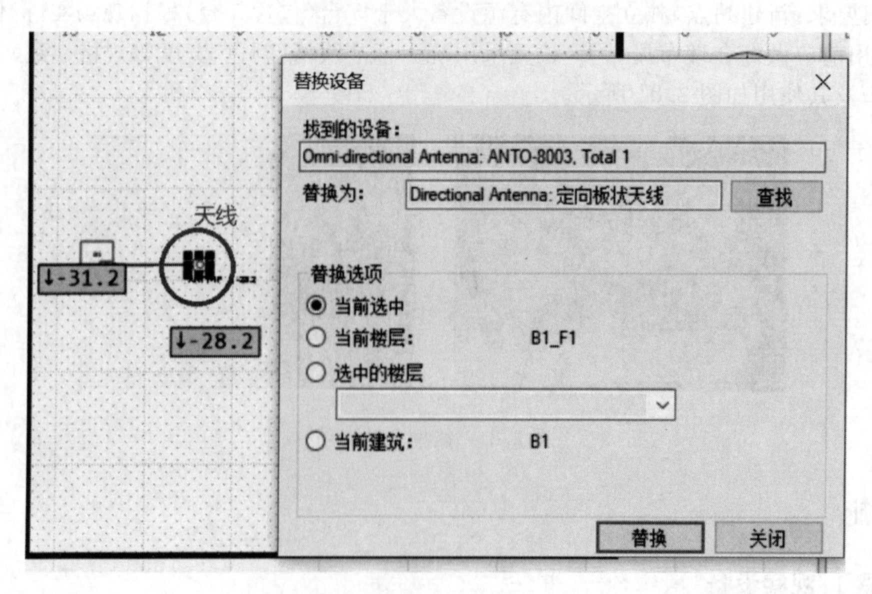

图 2.83　设置信号源功率

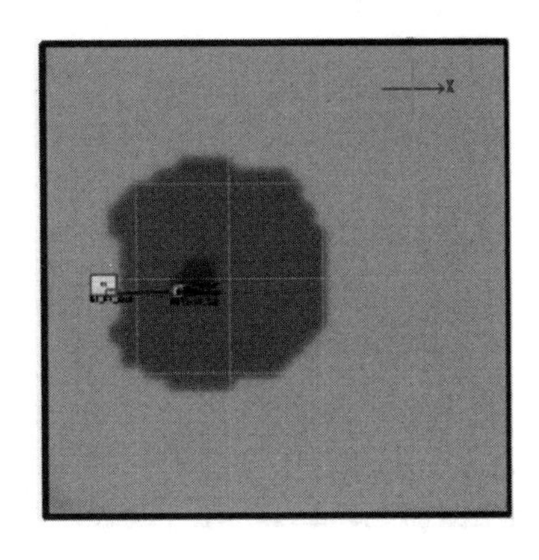

图 2.84　板状天线(下倾角为 0°,方位角为 90°)RSRP

(2) 下倾角为 40°的板状天线辐射仿真

方位角为 90°,更改天线下倾角为 40°,如图 2.85 所示,仿真结果如图 2.86 所示。

天线
下倾角(°)
40
方位角(°)
90
计算分辨率(m)
0.5
最大覆盖半径(m)
50

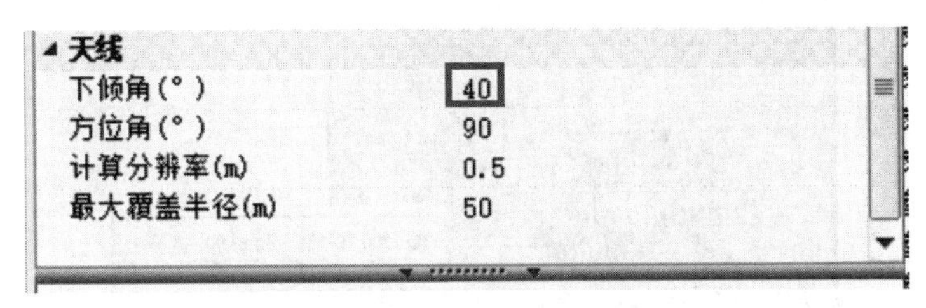

图 2.85　更改天线下倾角

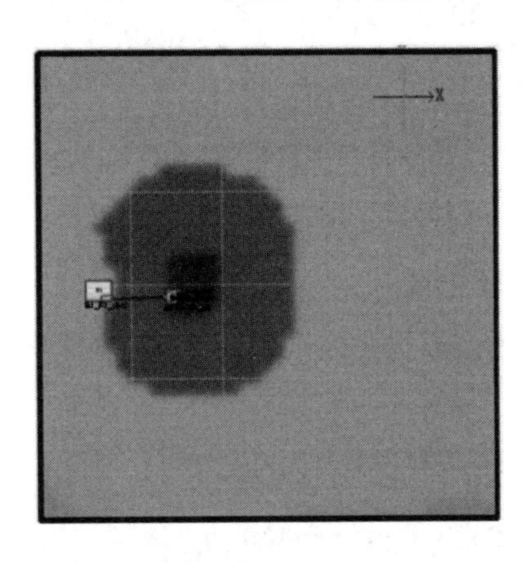

图 2.86　板状天线(下倾角为 40°,方位角为 90°)RSRP

(3) 方位角为 10°的板状天线辐射仿真

天线下倾角为 0°,更改天线方位角为 180°,如图 2.87 所示,仿真结果如图 2.88 所示。

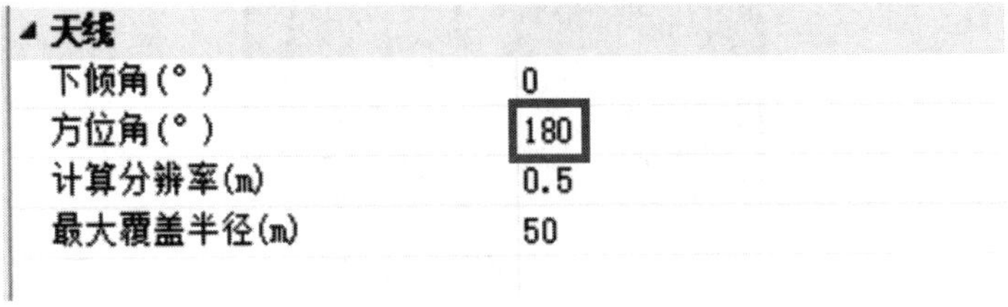

天线
下倾角(°)
0
方位角(°)
180
计算分辨率(m)
0.5
最大覆盖半径(m)
50

图 2.87　更改天线方位角

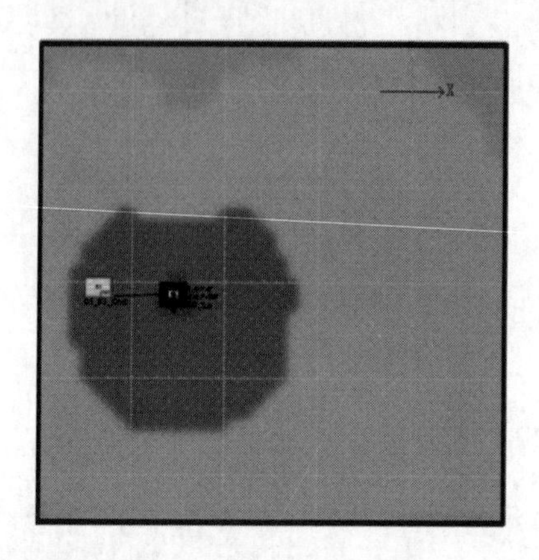

图 2.88　板状天线(下倾角为 0°,方位角为 180°)RSRP

仿真区内任选一点,各参数对应 RSRP 辐射对比如图 2.89 所示。

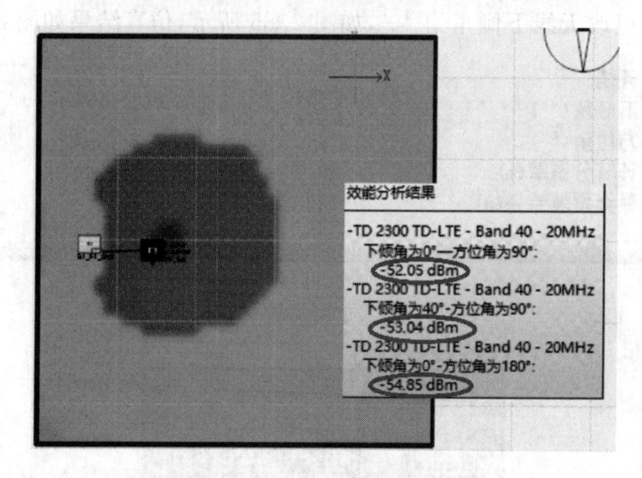

图 2.89　各参数 RSRP 辐射对比

步骤 4:观察不同天线的辐射图

(1) 在步骤 4 的基础上,更换天线为定向吸顶天线,按默认下倾角为 0°,方位角为 90°进行仿真,仿真结果如图 2.90 所示。

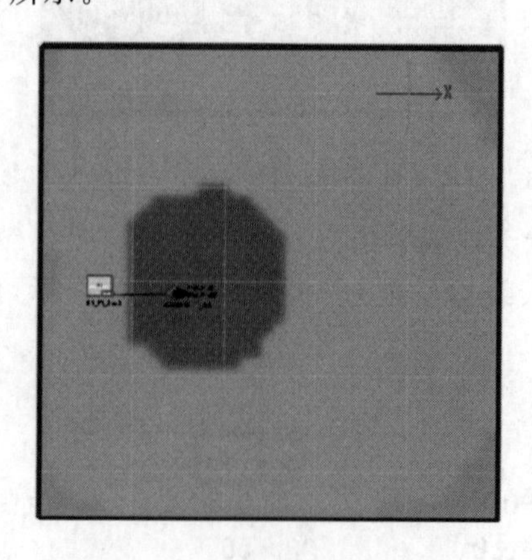

图 2.90　定向吸顶天线 RSRP

(2) 在步骤 4 的基础上,更换天线为对数周期天线,按默认下倾角为 0°,方位角为 90°进行仿真，仿真结果如图 2.91 所示。

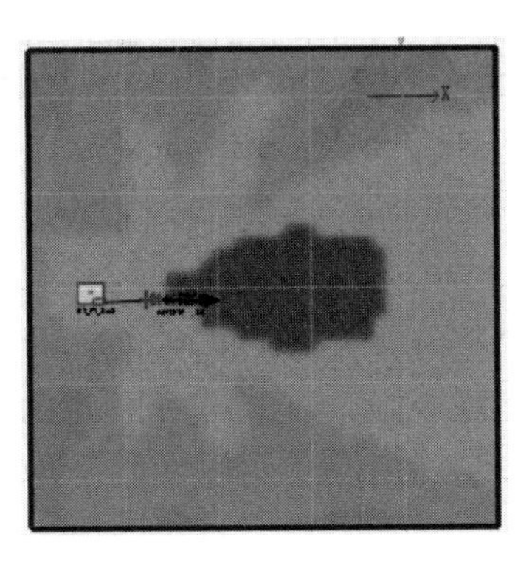

图 2.91　对数周期天线 RSRP

各天线辐射对比图如图 2.92 所示。

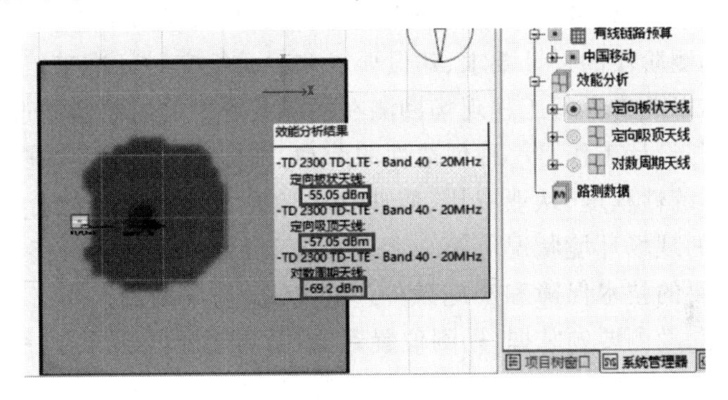

图 2.92　几种天线 RSRP 对比

任务成果

1. 板状天线、吸顶天线及对数周期天线的仿真辐射图 1 份；
2. 任务单 1 份(实训室中不同器件、设备的实物照片)。

思考与提高

请参考本书附录 1.1 中同福酒店相关文字和图片信息完成以下内容。

1. 假如让你负责对同福酒店 1～2 F 室分系统工程设计，请结合同福酒店具体情况，画出信源组网拓扑图。

2. 请参照表 2.27 列出你设计本室内分布系统工程(1～2 F)的设备器件清单，并填入表中。

表 2.27　设备器件清单

类别	型号	数量	单位	参数描述	花费	总花费	总建设花费
光纤直放站	RRU_3GPP	0	台	Radio Remote Unit-3GPP-10 W	0	0	0
信号源	BBU_3GPP(6Ports)	0	台	Baseband Unit-3GPP	0	0	0
功分器	PS-02-NF	0	个	2-Way Splitter-600-6 000 MHz-N Female	0	0	0

任务 2.4

任务 2.4 工程现场勘测

任务描述

某市同福酒店(涉外三星级)室内分布系统单项工程,建设方要求在 1 周之内完成项目设计。设计方在接到项目设计委托后,迅速启动了本项目的现场勘测作业计划。经项目经理估算,拟在 2 天之内完成工程现场勘测及组网方案的预设计工作。

任务解析

工程现场勘测一般是由搭建勘察小组、物业沟通、现场踏勘、路由选址、施工测量和查勘盘点等六个部分构成。本任务首先要让同学们建立起"什么是通信工程项目设计"的基本概念,然后根据现场勘测阶段的设计要求、建设要求和项目级交付标准来组织实施室内工程项目的现场勘测工作,以此来学习工程现场勘测在通信企业中的组织实施过程。

通信工程勘察与设计工作是一种创造性的劳动。设计质量的好坏往往取决于设计人员的知识结构、技能熟练性程度、从业资历、职业化经验及设计风格等综合因素。现场勘察工作只有在取得翔实的现场环境状况等第一手基础资料后,才能为下一步开展有效的室内分布系统设计提供必要的技术保障和实施条件。鉴于此,现场勘测工作必须要做到勘测目标明确,勘测内容清楚,勘测要领掌握,勘测位置到位,勘测选址科学,勘测组织合理,既满足功能性和技术性的要求,也满足经济性和可行性的要求。

教学建议

1. 知识目标

(1) 掌握现场勘测的工作要求及项目级交付标准;
(2) 掌握勘测目标信息搜集内容、技术要求及勘察要点;
(3) 掌握室内分布系统现场勘测记录表的填写方法。

2. 能力目标

(1) 具备现场勘测的组织和作业能力;
(2) 具备项目勘测过程沟通与协调能力。

3. 建议用时

6 学时

4. 教学资源

现场勘测要点列表、现场勘测记录表单、草图设计空白纸、标记笔等。

5. 任务用具

勘察工具和仪器如表 2.28 所示。

表 2.28　勘察工具和仪器

序号	名称	用途及注意事项	外形	备注
1	GPS 定位仪	确定经纬度和海拔高度。使用时尽量放在开阔处，才能保证尽快获得当时位置的经纬度数据，一般来说要测到四颗卫星的信号才能计算出经纬度		必备
2	指北针	确定方位。测量时必须水平放置罗盘，注意避免电磁干扰对其结果的影响。如机房内干扰严重，室内与室外的数据不一致，一般取室外数据为准		必备
3	便携式计算机	记录、保存和输出数据。同时，可以与项目 6 中的测试软件一起使用，进行无线环境测试		必备
4	卷尺	测量长度信息，建议带 30 米以上皮尺		必备
5	数码相机	拍摄建筑物周围无线传播环境、天面信息等。购买相机时，应买带有广角镜头的相机，室内拍摄主要使用广角或微距拍摄，拍照时注意对焦。目前一般使用手机		必备
6	笔和纸	记录数据和绘制草图		必备
7	激光测距仪	测量建筑物高度以及周围建筑物距离，勘察站点的距离等		必备
8	望远镜	观察周围环境，有测距功能更好		推荐
9	地图	当地行政区域纸面地图或者电子地图，显示勘察地区的地理信息		推荐
10	测试软件	用于无线数据业务测试和优化设计，同时兼顾传统语音测试的所有功能		必备
11	测试手机	搭配测试软件使用，须配有数据线		必备

必备知识

2.4.1 现场勘察实施程序

现场勘察实施程序分为以下六步。

1. 搭建勘察小组：为确保现场勘察工作顺利有序进行，一般应根据工作需要搭建勘察工作小组。小组成员应由勘察设计人员、政企服务专属项目经理、酒店方主管负责人及酒店物业管理负责人等专业人员构成，搭建工作组的目的是完成现场勘察工作的配合和工作协同，以确保勘察目标实现。

2. 物业管理沟通：有效的物业管理沟通是进入工程实施现场的前提条件。对于新建室内分布项目，一般由运营商专业管理、客户需求方（即酒店方）负责向物业管理人员进行有效沟通，以确保设计人员顺利进场实施现场查勘。对于网络优化项目，设计人员可以直接找到物业管理人员进行沟通及工作接洽，但沟通前务必带上相关证件及证明资料，以备对方查验。

3. 现场踏勘：在现场确认业务需求的前提下，在开展无线环境路测的基础上，完成对现场覆盖范围的物理边界的踏勘确认，以确保设备设施满足项目覆盖要求。

4. 路由选址：根据室内分布路由选址的设计规范要求及美化走线要求，科学合理地进行站点位置的选择、设备位置的确定、路由走线方式及缆线保护方式的选择，合理利用建筑内外部管线资源完成室内分布系统路由选址设计。

5. 施工测量：主要由设计人员在设备位置确定及路由定点标记作业的基础上，逐段完成建筑物内外室内分布系统路由长度的施工测量，绘制路由平面草图，注意标记数据与现场实际保持施工一致性。

6. 查勘盘点：工程现场勘测结束的标志性事件，目的是确保勘察目标、内容按照预期设定的要求全面完成，确保现场查勘成果无重要部位、关键环节的遗漏。

2.4.2 室内分布系统勘察要求

1. 基本要求

（1）勘测设计前设计单位必须拿到建设单位签发的业主联系函和设计委托函。

（2）设计单位项目设计人员应准确理解项目设计要求及建设要求，设计单位必须制订详细的勘察设计计划，经项目技术负责人审核后实施。

（3）在具备条件的情况下，工程勘测过程必须由监理公司相关监理工程师负责监督。

（4）现场勘测工作完工后，负责设计的人员应及时形成勘测纪要，必要时设计单位应将勘察情况形成勘察报告向建设方汇报。

2. 勘测质量要求

（1）以工作质量确保设计质量。设计人员应提前与勘测目标单位及相关人员做好沟通衔接，确保勘测现场工作配合顺利，以勘察过程中的工作质量来确保项目设计质量。

（2）现场勘测在详细登记采集现场信息、绘制草图的基础上，设计人员应及时对重点区域、重要部位勤拍现场照片，为方案比选分析提供翔实依据。

（3）根据现场环境状况和施工条件，合理规划站点及选址路线。

(4) 精心组织,争取现场勘测不复勘,或少勘测,尽量一次性完成方案的预设计。

2.4.3 现场勘测信息采集内容

1. 建筑物外部信息采集

现场勘察信息采集的内容一般是以方案设计的需要和能够形成一阶段施工图设计交付品的要素设计内容为导向,实施分类信息采集,而采集的具体技术要求一般是严格遵照《电信运营商本地网网络资源管理系统》的项目验收采集规范为实施指引,完成相应的内容采集工作。

现场建筑物的基本信息采集包含但不限于以下几个方面。

(1) 站点详细地址、经纬度、周围标志性参照物(建筑环境)描述,楼宇用途属性描述。

(2) 楼宇外观照片(全视图)及功能分层绘图。按建筑物功能结构分割(标准层、裙楼层、地下层)进行勘察绘图,并分别对单层平面图、单层面积和功能等进行必要的描述。

(3) 勘测人员应对覆盖区域面积进行描述,如建筑总面积,楼宇层高、层数等。

2. 建筑内部信息采集

建筑内部的详细勘测信息采集包含但不限于以下几个方面:

(1) 楼宇通道、楼梯间、电梯间位置和数量;

(2) 电梯间共井情况、停靠区间、通达楼层高度及用途等;

(3) 电梯间缆线进出口位置;

(4) 施主天线安装位置、主机和干放安装位置,缆线布放路由(走线方式);

(5) 电气竖井位置及数量、走线位置的空余空间;

(6) 房屋内部装修情况,天花板上部结构,能否穿线缆,确定馈线布放路由;

(7) 覆盖系统用电情况调查,微蜂窝机房用电,有源系统用电等;

(8) 大楼防雷接地情况,接地网电阻值,接地网位置图,接地点位置图,设备安装位置及引电、接地、防雷等必要信息。

3. 现场的电磁环境测试

测试人员将测试手机置于距离地面 1.5 米左右的高度,分别对建筑物周边,建筑物内部低、中、高层走廊及房间内部,地下室,电梯等覆盖区域和空间位置认真、全面地开展现场电磁环境测试,测试参数包括接收电平值、信噪比、接通率、掉话率、切换情况及盲区等必要测试项目和指标。

4. 组织要求

(1) 现场勘察实施性要求。勘察信息应严格按照勘察表格中的要求完整填写,切忌遗漏关键区域、重要部位的信息而增加二次勘察的时间和成本。

(2) 现场勘察报告。阶段性查勘完毕后,应及时对勘察数据进行核对、整理、归档,并将基站相关信息填入表格,以便汇总统计并及时与建设单位进行沟通。

(3) 多方案比选形成初步设计方案稿。在绘制现场草图时,应尽可能考虑机房设备摆放的多个方案,在方案比选的基础上初步形成机房设计设备布置方案、室内走线架安装方案等。

2.4.4 现场勘察技术要求及勘察要点

1. 物业信息

物业负责人（与实施工程有关的负责人）、有效联系电话、办公室位置等。

2. 站点信息

（1）站点确切地理位置（精确到街道门牌号，无门牌号的标出距离最近的路口位置）。

（2）GPS定位（以“度”为单位记录）。方案设计时应截取电子地图的站点位置图。

（3）大楼正面外观照片（全视图照片）及局部特写照片。

（4）确定大楼的方位（如东北、西南、西北）。

（5）大楼外部每隔45°拍摄大楼外观照片，大楼顶部每隔45°拍摄周围楼宇街道照片。

（6）大楼有源设备安装处的电井内部照片或位置照片。

（7）建筑大楼的楼层功能划分（包括地下部分和地上部分），楼层高度。

（8）每部电梯功能及运行区间，电梯是否共井。

（9）大楼外墙的材料使用，房间之间隔墙材料的使用。

（10）小区要有每栋楼的名称。

3. 站点平面结构图信息

（1）平面图获取：手绘后蓝图（复印）、电子版本，最好是弱电平面图，带有弱电桥架位置，注意CAD软件版本与专业软件（如天正软件）版本的一致性。

（2）平面图必须与大楼内部结构、尺寸一致，现成的图纸须与实际现场结构对比以确保图纸与现场结构一致，并注意建筑物之间的绘制位置相对性、图纸与现场的一致性。

（3）注意电梯、楼梯、电井（最好是弱电井）的位置。

（4）确定大楼的建筑面积，记录每一层或每个房间的功能区域。

（5）如果是小区，要有小区的整体建筑布局图，并精确每栋楼宇的楼间距和方位。

4. 室内电磁环境测试

（1）测试区域包括：地下信号盲区区域、低层区域、中层区域、高层区域、电梯，地上部分走廊及室内均应测试。

（2）测试时应注意：

① WLAN系统其他运营商覆盖的情况，不同区域或楼层使用的信道号；

② 当前电磁信号所对应周围基站的分布情况，如能看到基站须拍照片；

③ 其他运营商是否做过覆盖，必要时进行路测。

（3）测试方法：

① 使用测试手机进行点测，并作记录；

② 必须使用路测系统按照测试楼层数要求进行详细测试。

5. 室外电磁环境测试

（1）测试区域：大楼周围。

（2）测试方法：使用路测系统进行测试。

（3）测试注意：大楼周围信号的基站分布。

6. 小区电磁环境测试(详细无线环境测试部分)

(1) 小区内室外电磁信号测试,与大楼室外信号测试类似。

(2) 小区住宅楼内电磁信号测试,与大楼内信号测试类似。

(3) 其他与大楼电磁环境测试相同。

7. 勘测时须确定的几个设计要素

(1) 根据电磁环境测试确定各系统的覆盖范围。

(2) 根据覆盖范围确定覆盖面积,计算话务容量,确定信源设备的使用。

(3) 确定覆盖目的:盲区覆盖、弱区覆盖、切换抑制覆盖等,进而确定覆盖区域的边缘场强。

(4) 不同的覆盖区域确定使用不同的覆盖天线,并确定天线输出口功率(特别是特定覆盖区域的天线口输出功率)。

(5) 确定单位区域 WLAN 覆盖容量、AP 使用数量、覆盖方式、信道设置及天线口输出功率。

(6) 注意大楼低层信号的泄露,确定进出大楼的切换区域(带)。

(7) 电梯内与平层使用不同频点或扰码时,注意进出电梯的切换带。

(8) 大型建筑分区域覆盖,注意不同区域间的切换带控制,及不同频点或扰码的使用。

(9) 确定主信源设备安装位置,确定其他有源设备安装位置,注意引电及接地点位置。

(10) 若是无线直放站作信源,须确定施主天线安装位置,并对施主信源作详细勘测,注意隔离度;当使用宏基站作信源时(包含无线直放站),注意信号的引入是否有同邻频干扰,以及时延过大的问题。

(11) 确定垂直和水平馈线路由走线的可行性,确定小区楼宇之间走线的可行性。

(12) 确定天线安装位置(包括小区)的可行性,是否使用美化天线。

8. 勘测资料编制

(1) 勘测报告

① 设备厂家提供的勘测报告(含网络测试表格)。

② 运营商提供的勘测报告(含网络测试表格)。

(2) 路测分析报告(即网络优化报告)

即对室内外路测结果(勘测结果)进行详细分析,确定方案设计思路。

① 通过话务量分析确定主信源的选取。

② 确定覆盖分区的思路。

③ 确定底层信号外泄的控制(包括小区信号的外泄问题)。

④ 确定切换的控制。

⑤ 确定干扰的控制。

⑥ 确定容量、功率的预留(后期的扩容)。

⑦ 经济性价比分析。

2.4.5　勘察设计安全要求

设计是保证工程质量的前提,设计质量关系到后续的施工能否正常进行,关系到后期的网络能否正常安全运行,为防止因设计不合理导致生产安全和设备安全事故的发生,实现

“安全第一、预防为主”的教学目标，参与教学的教师与学生都必须知晓勘察设计工作的安全要求。

所有勘察设计项目，设计人员必须到现场进行勘察。现场勘察应加强注意三个方面的安全问题，即人身安全、现有通信设施安全和勘察方案安全。

1. 人身安全

(1) 勘察出发之前应检查勘察车辆的安全状况，如胎压、刹车、油量等；严禁司机酒后驾驶、疲劳驾驶、超速驾驶等不安全驾驶行为，尽量避免夜间驾驶，以确保勘察设计人员的人身安全。

(2) 野外勘察遇到雷雨天气，严禁在树下躲雨；严禁触碰铁塔、机房内的铁件等金属构件，以避免造成雷击事故。

(3) 在树林、灌木丛、草丛等野外勘察时，应携带木棍，以避免蛇虫的叮咬；经过陡坡、沟壑、水渠、河流等情况时，应在确保安全的情况下通过，以避免造成人身伤害事故。

(4) 严禁用手(含手持物品)或身体其他部位触碰带电的电源接头或端子，以避免发生人身伤害事故。

2. 现有通信设施安全

(1) 勘察设计人员应在维护人员的陪同下进行相关勘察工作，在确保安全的情况下对电源等相关设备进行勘察测量工作。

(2) 进入运行中的机房勘察时，须严格遵守建设单位的机房安全管理规定，严格执行操作规程，确保交直流电源设备、无线通信设备等设施的正常安全运行。

(3) 勘察设计人员严禁碰触电源接线端子、铜鼻子和无线射频接头，严禁拽拉线缆、闭合或拉开电源开关；严禁将勘察物品放置在蓄电池上面，以避免短路造成通信中断事故。

(4) 勘察设计人员在现场若发现机房现有状况存在安全隐患或有不符合国家和行业安全规定的情况，应及时向建设单位反应并在勘察纪要或设计方案中提出整改建议。

3. 勘察方案安全

在通信局(站)选址时，应充分考虑环境安全要求、人防、消防要求、电磁波辐射影响要求、干扰要求及防火要求及安全间距要求，严格执行国家颁布的相关法律法规；工业和信息化部、原信息产业部、原邮电部发布的相关规范和规定，以及其他行业对通信局(站)的安全规范要求，特别是相关的强制性条文。

任务实施

1. 实施建议

本次实训由于内容较为综合，建议学生在教师的指导下分为多个组，每组6～8人，组长1人。各组内组员分别模拟勘察人员、设计人员、客户等角色，角色之间协作完成室内分布系统勘察工作。同福酒店的具体情况详见附录1.1，学生可以参考该酒店的情况，对校内需要建设室内分布系统的某教学楼做出勘测实施。

2. 课前学习建议

在编制设计文件之前，学生应该在教师的指导下学会各种勘察仪器的使用，学会Auto CAD、Visio等制图软件的使用，能够识读通信工程设计文件，熟悉通信工程设计标准及要求。

3. 准备文档

工程勘察用到的文档主要有:《工程勘察任务书》《工程勘察计划》《网络规划站点勘察现场采集表》《网络站点勘察报告》《工程勘察报告》《合同问题反馈表》《工程勘察报告评审表》等。

本项目勘察设计涉及的主要设计规范及技术标准包含但不限于以下几种:

(1) 中华人民共和国国家标准 GB 8702—1988《电磁辐射防护规定》;

(2) 行业标准 YD/T 5120—2005《无线通信系统室内覆盖工程设计规范》;

(3) 企业标准 中国电信 WLAN 系统工程设计规范(暂行)[DXJS 1026—2008];

(4)《工程建设标准强制性条文(信息工程部分)宣贯辅导教材(2010 年版)》。

步骤 1:摸清现场勘测基本要求

设计人员在实施现场勘察前,务必准备充分。根据现场环境状况,现场勘测工作务必确保重点部位的关键环节查勘到位、测量到位、拍照到位,整个勘察工作按照事前预定计划有序组织实施,尽量一次性完成,争取不重复勘察,设计人员在勘察完工时要对勘察内容、勘察要求是否达成进行现场盘点梳理确认,现场勘察数据采集应保持完整,应勘察的部位务必到位,重点部位必要时应复查确认,确保现场勘察的工作质量和效果。

步骤 2:列出现场勘测工作要点

根据项目建设需要,现场勘察工作要点包含但不限于以下几个方面:

(1) 了解确认目标区域网络环境状况;

(2) 了解确认用户群体的类型、社会地位、消费行为及特殊要求;

(3) 当前覆盖现状和客户要求,确认覆盖区域及覆盖解决的问题;

(4) 与酒店方初步确定机房的位置、信号源的选择及其可能安装的位置;

(5) 与业主物业协调,索取建筑物平面、立面图以及相关地形结构资料。如无法提供时,设计人员应根据设计要求单独绘制详图(酒店内部户型平面示意图、重点区域或部位的剖面示意图等)。

步骤 3:预约酒店方对接人员

(1) 提前与客户单位对接人员进行事前预约,确保在现场勘察过程中配合有序;

(2) 准确理解项目建设要求,准确把握现场环境状况,确定项目传输方式。在完成无线环境测试的基础上,完成酒店网络覆盖的现场勘测工作。

步骤 4:摸清酒店周边状况

(1) 查清楚酒店周边传输资源分布状况,完成无线环境测试;

(2) 查清楚酒店内部建筑结构(地下、地上低层,地上中间层,地上高层),确定信源选点和分布系统方式。

步骤 5:无线环境测试

本步骤的实施与项目 6 的内容有重合,故此处省略对应操作步骤,详细操作可见任务 6.1、6.2。

无线环境测试的主要目的:根据室外宏基站覆盖情况确定室内分布系统范围(根据覆盖范围才能确定容量和功率,进一步确定天线位置、数量);为室内分布系统覆盖信号电平提供设计依据;为室内覆盖与室外宏基站的切换设计提供参考数据;为干扰控制提供参考数据。

无线环境测试的内容主要包括室内无线环境测试和室外无线环境测试。

(1) 确定信号功率

根据运营商对覆盖指标的要求、信号外泄限制要求及室内收到室外小区信号的电平,由室内传播模型估算出需要的天线口功率,然后根据链路预算推算出需要的发射机功率。天线口最大发射功率应满足《电磁环境控制限值 GB 8702—2014》。

(2) 覆盖指标

在进行室内分布系统的规划设计时,应根据各电信企业的要求考虑各系统的覆盖指标,如运营商未提出要求,各系统的覆盖指标如表 2.29 所示。

表 2.29 各系统覆盖指标要求

序号	网络制式	参考指标	覆盖电平/dBm	有效覆盖率
1	GSM	RxLev	−85	95%
2	CDMA	Rxpower	−85	95%
3	WCDMA	RSCP	−85	95%
4	TD-LTE	RSRP	−105	95%
5	LTE FDD	RSRP	−105	95%

注意:表中结果作为室内分布系统覆盖设计的参考,应根据建筑物内部不同的功能区、不同的用户需求等进行差异化的设计,如会议室、营业厅等区域覆盖电平可适当加强,电梯、地下停车场等区域覆盖电平可适当减弱

(3) 信号外泄

在进行室内分布系统设计时,应根据各电信企业的要求考虑各系统的室内信号外泄指标,如电信企业未提出要求,各系统的信号外泄指标如表 2.30 所示。

表 2.30 各系统信号外泄要求

序号	网络制式	参考指标	室外 10 米处信号电平/dBm
1	GSM	RxLev	−90
2	CDMA	Rxpower	−90
3	WCDMA	RSCP	−90
4	TD-LTE	RSRP	−110
5	LTE FDD	RSRP	−110

注意:表中结果作为室内分布系统覆盖设计的参考,一般在室外 10 米处室内小区外泄的信号电平应比室外主小区低 10 dB

(4) 天线口功率

应根据覆盖区域的大小和隔断的疏密程度设置合适的天线口输出功率,一般情况下,天线口功率不宜超过 15 dBm。

对于天线安装高度较高、距离人群较远的场景(如体育场馆、会展中心、机场航站楼等)或对覆盖有特殊要求的场景(如干扰严重的建筑物高层),天线口功率可适当提高,但应满足国家对于电磁辐射防护的规定。

(5) 室内分布系统和室外宏基站的切换

室内分布系统小区切换区域应综合考虑切换时间、地点的合理性及减少干扰等因素设

定，切换主要发生在窗边、大厅出入口、车库出入口、电梯厅及楼梯间等区域。

应严格控制室内小区信号的泄漏，在建筑物一定距离外应保证室外小区信号占主导地位。一般在室外 10 米处，室内小区外泄的信号电平应比室外主小区低 10 dB。

在建筑内，室内分布系统信号应明显高于室外覆盖信号，尽量保证室内小区信号占主导地位，一般建议高 3 dB 左右。这样才能确保在建筑物内主要使用室内分布系统的信号，避免室内分布系统覆盖信号电平与室外覆盖电平接近而导致用户在室内小区和室外小区间频繁切换。

(6) 路测和步测

测试包括语音业务和数据业务，一般用路测系统测试(条件限制时，也可以用手机进行 CQT 测试)，用路测软件记录测试轨迹、各主要指标。在无线环境测试中，通常人们最关心的指标有覆盖性能、业务性能等。LTE 的覆盖率主要指标有 RSRP、RSRQ、SINR。业务性能主要有接入成功率、掉话率，反映业务质量的 BLER、反映网速的数据业务上传/下载速率、时延等。在设计文件中要给出路测分析结果和测试的记录文件，提供各种参数的统计图表。

室外无线环境测试主要是了解周围基站分布、电磁环境，室外宏基站对建筑物附近的覆盖情况和网络质量。通常采用路测(DT)的方法。

室内无线环境测试主要是采集覆盖、数据速率等指标，判断通信质量，以便确定室内分布系统需要覆盖的范围，确定室内分布系统的信号需要多大才能明显超过室外信号，成为主导信号。在室内测试，通常收不到 GPS 信号，采用打点测试的方法，因为是步行测试，也叫步测。

① 室外无线环境测试过程跟网络优化中的路测(DT)相同，分为 7 步。

a. 打开电子地图，打开基站信息表；

b. 在软件上连接设备；

c. 设置测试参数及号码；

d. 记录数据，开始测试；

e. 在本次勘测的室内分布系统建筑周围路测，车速保持 30～40 km/h；

f. 在测试过程中，观察覆盖情况；

g. 保存数据，结束拨测，断开连接。

② 室内无线环境测试(步测)一般实现在测试软件导入建筑平面图上选定的路线进行打点测试，每层测试出轨迹图，从测试数据中取得测试指标。

a. 地下信号盲区区域(例如停车场、超市)、低层区域、中层区域及高层区域均应测试；

b. 高层建筑的一楼、顶楼必须测试，其他相同结构的楼层可每隔 5～8 层测试一次，不同结构的楼层必须测试；

c. 测试点应包括靠近外墙、窗户位置，建筑中心区域，建筑出入口大厅、楼梯、电梯、电梯厅、走廊、房间等可能的弱信号区等处；

d. 测试时，手机距地面 1.5 米左右。

步骤 6：完成路由选址、美化设计

根据酒店内部结构和业务要求，科学合理、因地制宜地完成路由选址及布线美化设计。

步骤 7：完成现场勘测

(1) 勤拍照、勤记录，确保现场查勘部位及区域无勘测死角，避免查勘遗漏。

(2) 现场勘测完工后,结合勘测工作计划和勘测要点逐点确认查勘数据。

(3) 查勘信息应根据形成一阶段施工图设计的交付品需要,分层归纳为平面要素设计信息和剖面要素设计信息等两大类,进行信息的盘点确认。设计人员在进行平面示意图绘制时,应注意建筑物之间的位置相对性、参照物与网络覆盖分布系统路由位置的相对性,并注意采集的数据和标注信息应保持逻辑匹配。

(4) 设计人员在现场勘测确认无误后,将整理形成的酒店网络覆盖方案,现场征求客户单位负责人意见后,最终形成项目建设初勘方案工作底稿,结束现场勘测。

步骤 8:勘察确认覆盖信源现场

覆盖信源一般包含以下几种方式:

(1) RRU 引入;

(2) 微蜂窝有线接入;

(3) 室外宏蜂窝接入方式;

(4) 室外站富裕容量情况下,通过直放站将室外信号引入室内覆盖盲区;

(5) 基站直接耦合方式。根据同福酒店的现场实际情况,本项目信源采用 RRU 引入方式解决网络覆盖问题。

步骤 9:确认分布方式及路由选址

(1) 分布方式确认及路由选址

根据项目建设要求,结合酒店实际情况,本工程主要采用新建 LTE(即 1/2″馈线电缆)的方式实现酒店室内信号覆盖,室内分布系统拓扑结构图如下。

① 同福酒店信源拟采用 BBU+RRU 的结构,分布系统为无源分布,主干路由采用光纤,将 RRU 拉至需要覆盖区域。

② 采用双通道 RRU 实现 MIMO,整体拓扑为星型。BBU 型号、RRU 型号请学生在老师的指引下自行确定。

③ 由于酒店为多隔断场景,建议天线覆盖半径取 6~10 m,2 个房间的距离有一副天线覆盖。对于高端客户的大房间,建议天线在房间内安装。

(2) 分布系统路由选址勘察情况描述要点

① 分布系统经现场会商后确定组网方式。

② 路由走向方式的描述(下走线或上走线方式、暗管走线、特殊地段走线及保护要求)。

③ 设备安装具体位置、走线工艺要求示意图及必要的技术标注说明。

步骤 10:编写工程勘察内容、填写现场勘测记录表

在整理勘后信息整理时,应遵循以下几点。

(1) 根据施工图设计交付物或交付品的形成要求,针对性整理项目设计需要的基础性信息和施工测量数据;区分主次,分类梳理和整理信息;如路由平面要素设计类信息、特殊部位剖面要素设计信息及网络配线图要素设计信息及无线环境测试类信息等形成施工图设计必备的工作成果内容,一般包括图纸部分、设计说明和预算表等三个部分的内容,确保勘后信息整理的针对性和阶段性工作交付品形成的有效性。

(2) 可以采取层次递进的方法开展信息整理和信息复核。整理现场草图和对应信息,形成项目实施方案初稿,根据设计要求比选设计方案,形成项目优化实施方案初稿,经向相关单位征求意见后,最后形成项目实施正式方案。

任务成果

1. 同福酒店项目勘测报告 1 份；
2. 任务单 1 份；
3. 同福酒店室内分布无线环境测试报告。

拓展提高

1. 测试的楼层比较多时，如何提高测试效率？
2. 如果已经确定要做室内分布系统，无线环境测试是否还有必要？
3. 根据本任务的实施步骤，完成某教学楼的现场勘测工作。

项目 3　某室内分布工程项目规划设计

本项目内容主要聚焦于室内分布系统工程的规划设计，首先从室内分布系统设备、器材选型入手，结合室内分布工程规划、设计阶段的主要工作，通过两个任务的操作与实践，来掌握室内分布系统工程的规划设计方法等。

本项目的知识结构如图 3.1 所示，操作技能如图 3.2 所示。

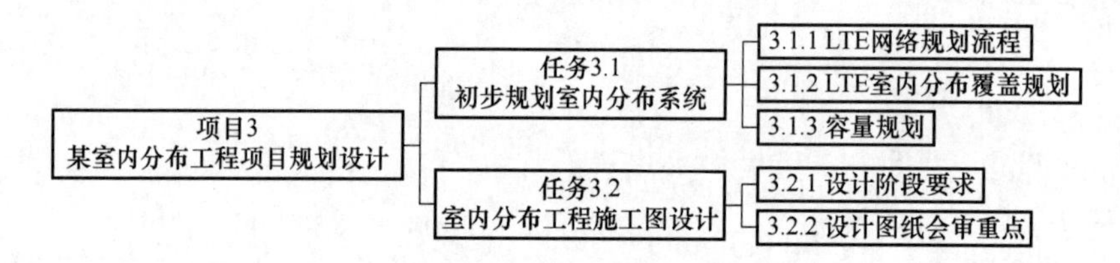

图 3.1　项目知识结构

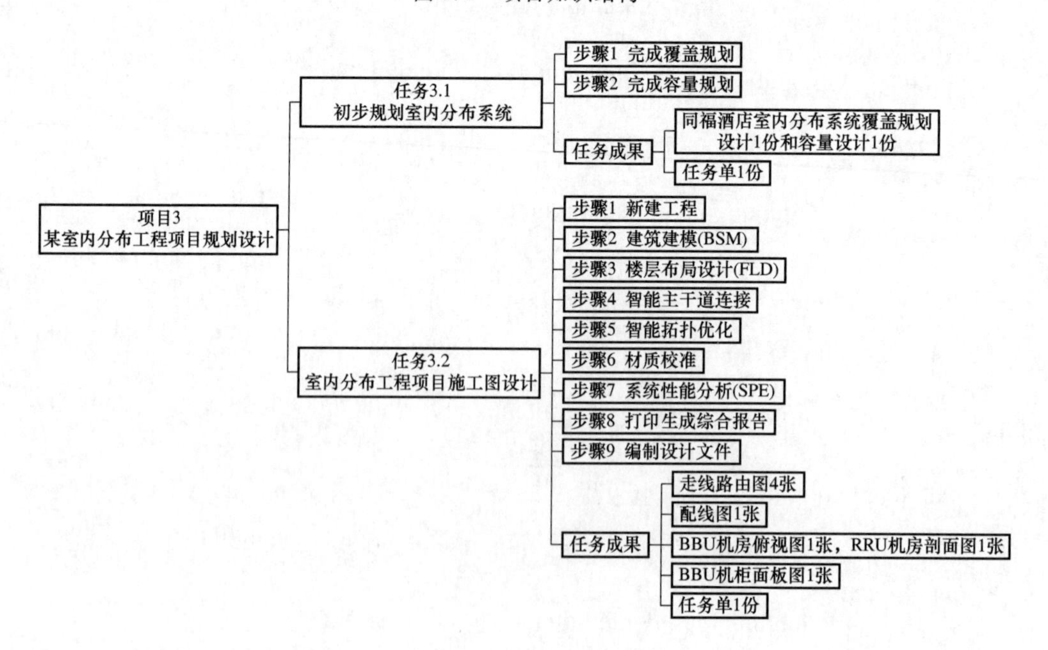

图 3.2　项目操作技能

1. 初步规划室内分布系统

专业技能包括：完成天线的覆盖范围规划、天线口功率估算及小区容量估算的技能等。

基础技能包括：iBuildNet 软件的使用技能、Office 软件使用技能等。

2. 室内分布工程施工图设计

专业技能包括：完成室内分布系统初步设计、完成室内分布工程施工图设计的技能等。

基础技能包括:iBuildNet 软件的使用技能、Office 软件使用技能等。

任务3.1　初步规划室内分布系统

任务3.1

任务描述

在本任务中,学生将以规划设计院某地分公司无线咨询设计师的身份,根据中国移动集团某地分公司2019年同福酒店室内分布系统建设项目为背景,在进行初步需求分析的基础上,完成天线的覆盖范围规划、天线口功率估算及该酒店小区容量估算工作。该任务的成果为站址规划、站点初步布局的确定提供理论依据。

任务解析

仔细阅读《同福酒店室内分布系统建设项目概况文件》,提取与室内分布系统初步规划和设计相关的技术参数,按照以下步骤完成本次任务。

第1步:室内覆盖指标确定。

第2步:天线口功率确定。

第3步:分析传播模型。

第4步:根据传播模型,结合实际测试,得到各种场景下天线覆盖半径,指导工程设计。

室内分布系统初步规划流程如图3.3所示。

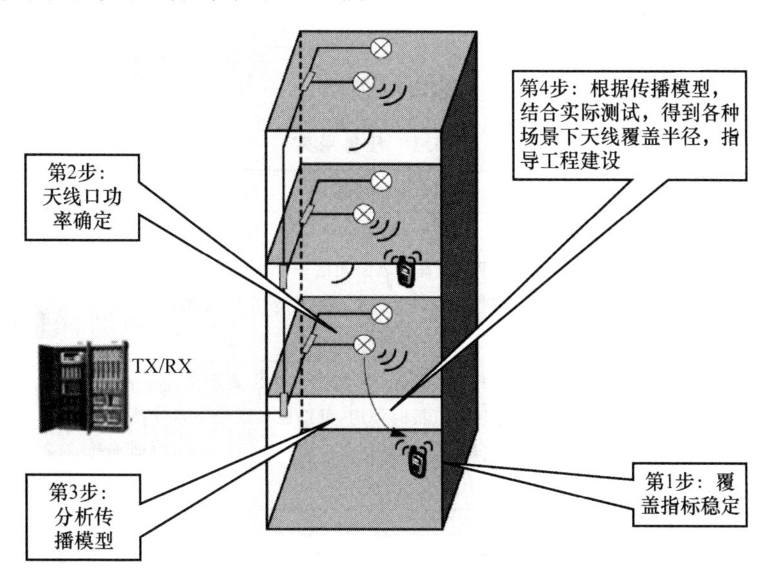

图3.3　室内分布系统初步规划流程

教学建议

1. 知识目标

(1) 了解LTE网络规划的流程,明确室内分布系统初步设计在网络规划中的地位;

(2) 熟悉我国的电磁辐射限值要求、覆盖指标要求及容量指标要求；
(3) 熟练掌握室内传播模型——Keenan-Motley 模型；
(4) 熟练掌握天线口功率计算公式；
(5) 熟悉室内话务模型的特点；
(6) 熟悉室内话务模型；
(7) 掌握覆盖规划的流程和方法；
(8) 掌握容量规划流程和方法。

2. 能力目标

根据网络需求，完成指定场景下的室内分布系统初步规划和设计工作，包括：
(1) 覆盖规划工作；
(2) 天线口功率的计算；
(3) 有线分布系统损耗的计算；
(4) 容量规划工作。

3. 建议用时

6 学时

4. 教学资源

(1) 室内分布系统技术指导意见总体技术指导意见(V1.0)
(2) 室内分布系统分场景建设指导手册 20141121V2
(3) 同福酒店室内分布系统建设项目概况文件

5. 任务用具

初步规划室内分布系统任务用具如表 3.1 所示。

表 3.1 任务用具

序号	名称	用途及注意事项	外形	备注
1	Word 2010	Microsoft Office Word 是微软公司的一个文字处理器应用程序，可以使用它来创建本次任务的文档，完成文字处理		必备
2	Powerpoint 2010	Microsoft Office PowerPoint 是微软公司的演示文稿软件。本次任务中在需要任务汇报时使用，可以在投影仪或者计算机上进行演示，也可以将演示文稿打印出来，制作成胶片，以便平时查看		必备
3	XMind	XMind 可以在完成本次任务时绘制思维导图，还能绘制鱼骨图、二维图、树形图、逻辑图及组织结构图(Org、Tree、Logic Chart、Fishbone)。输出格式有：HTML、图片		必备
4	笔记本式计算机	笔记本式计算机，可简称为 Laptop，是一种小型、可方便携带的个人计算机。本次任务最后的成果演示、汇报、总结都建议使用计算机，如果是笔记本式计算机，建议带有 VGA 接口、多个 USB 接口，方便使用		必备

必备知识

3.1.1　LTE 网络规划流程

LTE 网络规划流程如图 3.4 所示，具体步骤如下。

在需求分析阶段，应该首先明确建网策略，提出相应的建网指标，并搜集到准确而丰富的现网基站数据、地理信息数据、业务需求数据，这些数据都是 LTE 无线网络规划的重要输入。

网络规模估算主要是通过覆盖和容量估算来确定网络建设的基本规模。综合覆盖和容量估算的结果，就可以确定目标覆盖区域需要的网络规模。

在站址规划阶段，主要工作是依据链路预算的建议值，结合目前网络站址资源情况，进行站址布局工作，并在确定站点初步布局后，结合现有资料或现场勘测来进行站点可用性分析，确定目前覆盖区域可用的共址站点和需新建的站点。

得到初步的站址规划结果后，需要将站址规划方案输入 LTE 规划仿真软件中，进行覆盖及容量仿真分析。通过仿真分析输出结果，可以进一步评估目前规划方案是否满足覆盖及容量目标。如存在部分区域不能满足要求，则需要对规划方案进行调整修改，使得规划方案最终满足规划目标。

在利用规划软件进行详细规划评估之后，可以输出详细的无线参数，这些参数最终将作为规划方案输出参数提交给后续的工程设计及优化使用。

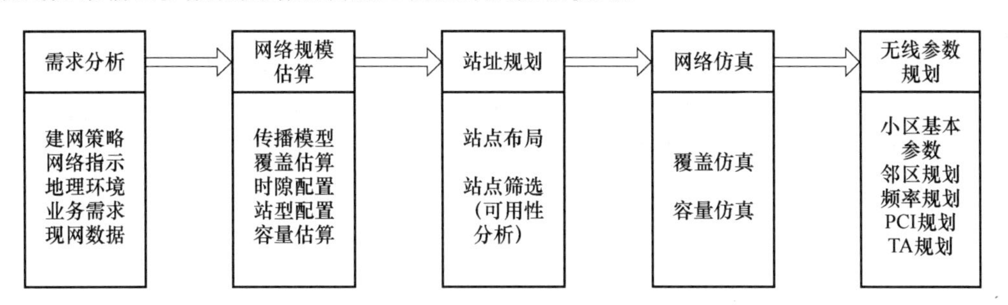

图 3.4　LTE 网络规划流程

3.1.2　LTE 室内分布覆盖规划

1. 规划基本方法

根据 GB 8702—1988《电磁辐射防护规定》，电磁辐射的限值如表 3.2 所示。

表 3.2　电磁辐射防护限值

波长	单位	允许场强	
		一级(安全)	二级(中间区)
长、中、短	V/m	<10	<25
超短波	V/m	<5	<12
微波	μW/cm²	<10	<40

GB 8702—1988《电磁辐射防护规定》和 GB 9175—1988《环境电磁波卫生标准》规定，按照一级安全允许场强，室内天线口发射总功率≤15 dBm，按 FDD 15M 带宽考虑，RS 功率≤－15 dBm。

室内覆盖链路预算分成无线传播部分和有线分布系统两部分，如图 3.5 所示。

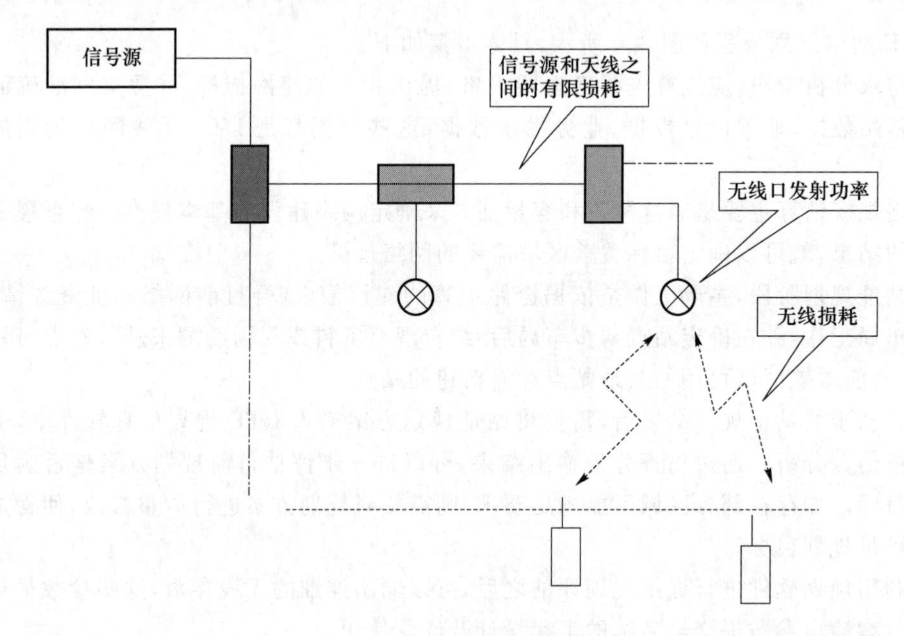

图 3.5　室内覆盖链路预算

无线传播部分中，天线口功率主要由单天线覆盖距离、边缘场强的设计取值及穿透损耗的估计来决定；在有线分布系统中，从信号源到天线输入端的损耗，包括馈缆传输损耗、功分器耦合器的分配损耗和介质损耗(插入损耗)三部分。

2. 覆盖规划

1) 覆盖规划的流程

室内覆盖规划的流程如图 3.6 所示。

2) 覆盖指标确定

(1) TD-LTE 网络性能要求

① 覆盖指标要求

要求在建设室内覆盖区域内满足参考信号接收功率 RSRP＞－105 dBm 的概率大于 90%；室内覆盖信号应尽可能少地泄漏到室外，在室外距离建筑物外墙 10 m 处，室内信号泄漏强度小于室外覆盖信号 10 dB 以上。

② 业务质量指标

无线接通率：基本目标＞95%，挑战目标＞97%；

掉线率：基本目标＜4%，挑战目标＜2%。

系统内切换成功率：基本目标＞95%，挑战目标＞97%。

③ 服务质量

覆盖区内无线可通率要求在 90%位置内，99%的时间移动台可接入网络；

数据业务的块差错率目标值(BLER Target)为 10%。

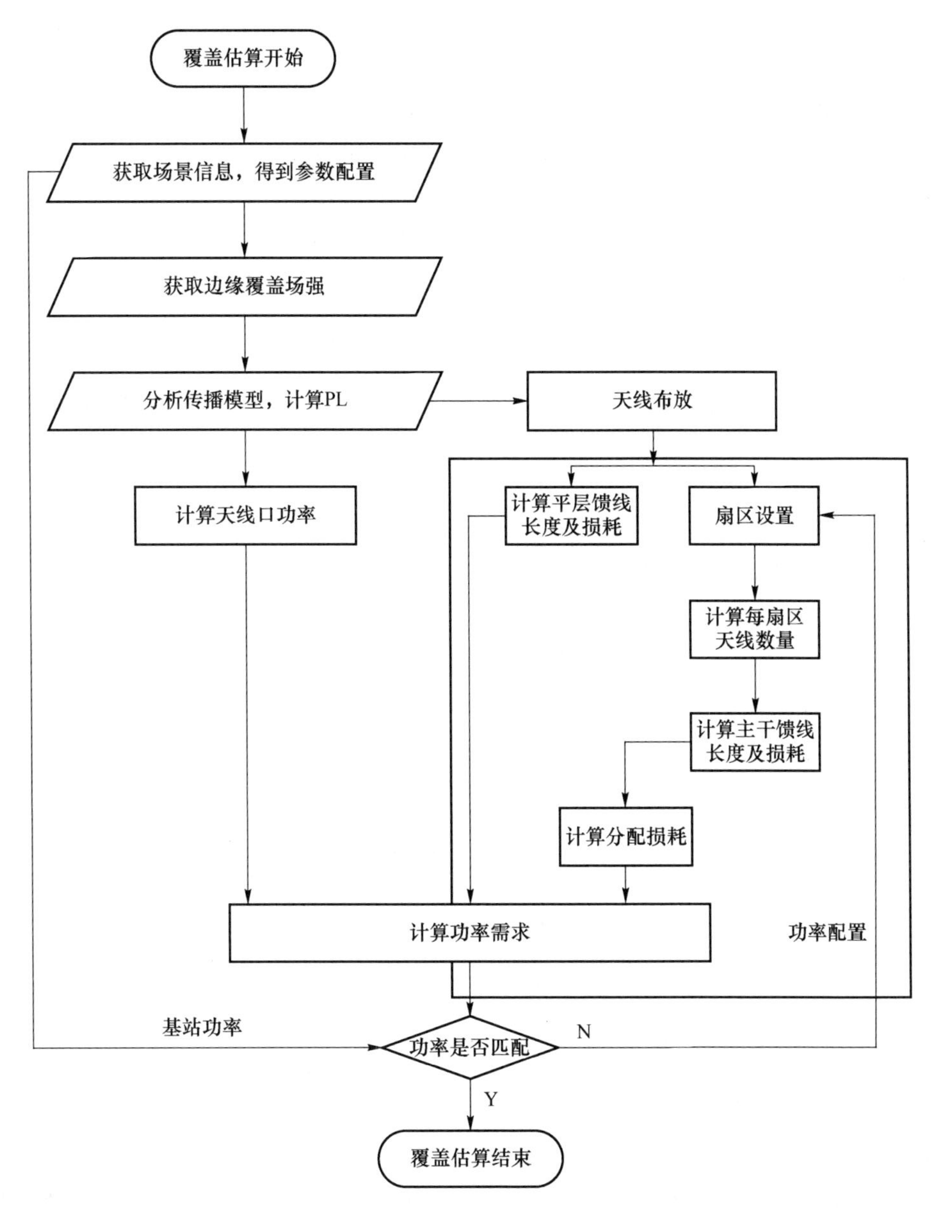

图 3.6　室内覆盖规划的流程

④ 承载速率目标

在室内分布支持 MIMO 的情况下，室内单小区采用 20 MHz 组网时，要求单小区平均吞吐量满足上行网速为 30 Mbit/s，下行网速为 830 Mbit/s；采用单小区 10 MHz、双频点异频组网时，要求单小区平均吞吐量满足上行网速 15 Mbit/s，下行网速为 4 Mbit/s。

(2) FDD-LTE 网络性能要求

① 工作频段

联通 FDD LTE1800 系统频段为 1 755～1 765 MHz(上行)，1 850～1 860 MHz(下行)。

FDD LTE 公共参考信号覆盖场强 RSRP 标准：

90％区域的 RSRP 功率≥－100 dBm，RS-SINR≥5 dB(单通道)/ RS-SINR≥6 dB(双通道)，适用于会议室、酒店客房等中高速数据密集区域；

90％区域的 RSRP 功率≥－105 dBm，RS-SINR≥3 dB(单通道)/ RS-SINR≥4 dB(双通道)，适用于办公室等数据速率要求不高(含可视电话)的区域；

90％区域的 RSRP 功率≥－110 dBm，RS-SINR≥1 dB(单通道)/ RS-SINR≥2 dB(双通道)，适用于电梯、地下停车场等与原系统合路兼顾覆盖的区域。

② 室内分布系统信号的外泄要求

室内覆盖信号应尽可能少地泄漏到室外，要求室外 10 m 处应满足 RSRP≤ －115 dBm 或室内小区外泄 RSRP 比室外主小区的 RSRP 低 10 dB(当建筑物距离道路不足 10 m 时，以道路靠建筑物一侧作为参考点)。

③ 天线口最大功率

LTE 系统要求每通道天线口最大功率不超过 15 dBm；对应到参考信号，其最大功率不超过－15 dBm。

④ 链路平衡度

对于 LTE 双通道建设方式，应保证 LTE 两条链路的功率平衡，链路不平衡度(功率差)不超过 3 dB，以保证 LTE 的 MIMO 性能。

3）覆盖距离的确定

相同的室内覆盖场景，典型场景覆盖密度如表 3.3 所示，实际会与现场具体情况有所差异，原则上单天线覆盖区信号不能连续被超过两堵以上的实墙隔挡。

表 3.3　典型场景覆盖密度

区域类型	区域描述	天线类型	LTE 天线间距密度	3G 天线间距密度	2G 天线间距密度
酒店宾馆、写字楼	砖墙结构，多墙面隔离	吸顶天线	7～10 米	10～15 米	10～15 米
商场超市/大厅	大部分空旷，隔墙较上，半开放空间	吸顶天线	15～25 米	20～30 米	20～30 米
电梯	普通电梯	井道壁挂天线	共覆盖 3 层	共覆盖 3 层	共覆盖 3 层

前提：① 1X 天线口 Ec 为－2～3 dBm，边缘场强 Ec≥－82 dBm；

② DO 天线口 Ec 为 0～5 dBm，边缘场强≥－80 dBm；

③ LTE 天线口范围分析详见下文，边缘场强≥－105 dBm

4）传播模型的确定

传播模型的确定是计算路径损耗的先决条件，不同的传播模型会产生不同的路径耗损。通过研究路径耗损的多种传播模型，并对常用的模型进行仿真，直观地表现各参数及各模型对于距离的不同损耗，确定最接近实际情况的模型。

室内传播模型是指无线电波通过介质在室内分布系统进行传播采用的一种模型。

如何了解室内无线传播信道的特征，进而保证无线通信系统能得到令人满意的性能是非常重要的。位置测量可以得到大量的一手数据，但其代价比较高，传播模型可以作为一种花费较少且比较合适的近似手段。目前常用的室内信号无线传播模型有两种：经验模型和确定性模型，进一步细化后可分为经验模型、半经验模型、半确定模型和确定性模型。

经验模型基于非常简单易懂的公式，它们的运算非常快，只需要简单的输入，并且公式也非常容易应用。经验模型包括数学模型和统计模型，统计模型依赖于测量数据，其他模型是除数学模型和统计模型之外的模型，比如说模拟信道冲激响应的随机信道模型，但是经验模型不能提供精确的定点信息。

确定性模型服从电磁波传播理论，其建模方法主要有两种：采用麦克斯韦方程的有限时域差分方法，以及著名的射线跟踪或射线发射技术。目前最普遍采用的是利用射线跟踪射线的光学模型。这些模型很精确，可以在固定位置使用。

（1）经验模型

20 世纪 60 年代，奥村（Okumura）等人首先在东京近郊采用很宽范围的频率，测量多种基站天线高度、多种移动台天线高度，以及在各种各样不规则地形和环境地物条件下测量信号强度。然后形成一系列曲线图表，这些曲线图表显示的是不同频率上的场强和距离的关系，基站天线的高度作为曲线的参量。最后产生出各种环境中的结果，包括在开阔地和市区中值场强对距离的依赖关系、市区中值场强对频率的依赖关系及市区和郊区的差别，给出郊区修正因子的曲线、信号强度随基站天线高度变化的曲线及移动台天线高度对信号强度相互关系的曲线等。另外，给出了各种地形的修正。

由于使用 Okumura 模型需要查找其给出的各种曲线，不利于计算机预测。Hata 模型是在 Okumura 大量测试数据的基础上用公式拟合得到的，被称为 Okumura-Hata 模型。

为了简化，Okumura-Hata 模型做了三点假设：

① 作为两个全向天线之间的传播损耗处理；

② 作为准平滑地形而不是不规则地形处理；

③ 以城市市区的传播损耗公式作为标准，其他地区采用校正公式进行修正。

模型的计算是经曲线拟合得出一组经验公式，然后再根据不同的场景进行相应的修正，其公式为

$$L_m = 69.55 + 26.16 f_c - 13.28 \lg h_{te} - a(h_{re}) + (44.9 - 6.55 \lg h_b) \lg d + k, \quad (3.1)$$

式中，L_m 为路径平均损耗（dB）；f_c 为载波频率（MHz）；h_{te} 为发射天线有效高度（m）；h_{re} 为接收天线有效高度（m）；d 为移动台与基站之间的距离；$a(h_{re})$ 为移动台天线修正因子（dB）；k 为使用场景环境修正因子。

在实际的室内场景应用时，考虑天线的不同安装位置，常见的修正值如表 3.4 所示。

表 3.4　天线不同位置损耗修正值

天线位置	修正值/dB
室内（非窗边）	−15
室内（窗边）	−3
室外	0

另外，对于传播环境的衰落，系统中通常还需要考虑一定的余量储备，如表 3.5 所示，该表为对瑞利衰落和正态衰落的余量储备值。

表 3.5　不同衰落类型的余量储备

衰落类型	余量储备/dB
瑞利衰落	0-8
正态衰落	6

（2）半经验模型

为了提升经验模型的精度以更好地适应实际工程的应用，通常在经验模型的基础上增

加各种环境因素的考虑形成半经验模型，使得预测结果得到一定程度上的修正，有时半经验模型同样也会被看作是经验模型的一种。

① Keenan-Motley 室内传播模型

影响室内环境传播损耗的主要因素是建筑物的布局、建筑材料和建筑类型等。和室外环境相比，室内无线环境相对封闭，空间有限，无线电波传播规律复杂。适用于室外的 Cost231-Hata 传播模型，不再适用于室内传播环境。

Keenan-Motley 是室内无线环境比较常用的传播模型，适用于较为空旷的室内环境，如大型场馆、体育场馆等场景，如式(3.2)所示。

$$l_p = 32.5 + 20\lg f + 20\lg d + pw_i \tag{3.2}$$

式中，l_p 为路径损耗；f 为频率(MHz)；d 为发射机与接收机间的距离(km)；p 为墙壁的数目；w_i 为室内墙壁损耗。

② ITU-R P.1238 室内传播模型

ITU-R P.1238 推荐的室内传播模型把传播场景分为 NLOS 和 LOS。

非视距模型的公式为

$$\mathrm{PL}(d) = 20\times\lg f + k_2\lg d - 28 + L_{f(n)} + X_\sigma, \tag{3.3}$$

式中，f 为频率(MHz)；k_2 为距离衰减系数；d 为移动台与天线之间的距离(m)；X_σ 为慢衰落余量，取值与覆盖概率要求和室内慢衰落标准差有关；$L_{f(n)} = \sum_{i=0}^{n} P_i$，$P_i$ 为第 i 面隔墙的穿透损耗，n 为隔墙数量。

典型隔墙穿透损耗参考值如表 3.6 所示。

表 3.6 典型隔墙穿透损耗参考值

频率/GHz	混凝土墙/dB	砖墙/dB	木板/dB	厚玻璃墙/dB	薄玻璃/dB	电梯门/dB
1.8～2	15～30	10	5	3～5	1～3	20～30

典型场景下距离衰减系数 k_2 的取值，如表 3.7 所示。

表 3.7 典型场景下距离衰减系数 k_2 的取值

频率	住宅	办公室	商场
900 MHz	30	33	22
1.8～2.0 GHz	28	30	20

对于视距，模型所用的公式为

$$\mathrm{PL}(d) = 20\times\lg f + 20\times\lg d - 28 + L_{f(n)} + X_\sigma, \tag{3.4}$$

其中，f 为频率(MHz)；d 为移动台与天线之间的距离；X_σ 慢衰落余量，取值与覆盖概率要求和室内慢衰落标准差有关。

(3) 确定模型

① 射线跟踪技术

射线跟踪是一种被广泛用于移动通信和个人通信环境中的预测无线电波传播特性的技术，可以用来辨认多径信道中收发之间所有可能的射线路径。一旦所有可能的射线被辨认出来，就可根据电波传播理论计算每条射线的幅度、相位、延迟和极化，然后结合天线方向图和系统带宽可以得到接收点所有射线的相干合成结果。

射线跟踪方法最早出现于20世纪80年代初，基于几何光学(GO)原理，通过模拟射线的传播路径来确定反射、折射和阴影等。对于障碍物的绕射，通过引入绕射射线来补充GO理论，即几何绕射理论(Geometric Theory of Diffraction，GTD)和一致性绕射理论(Uniform Theory of Diffraction，UTD)。

射线跟踪模型可以分为双射线模型和多射线模型。

a. 双射线传播模型

双射线传播模型只考虑直达射线和地面反射射线的贡献。该模式对于平坦地面的农村环境是适用的，而且它也适合于具有低基站天线的微蜂窝小区，在那里收发天线之间有LOS路径。

双射线模型给出的路径损耗是关于收发之间距离的函数，可用两个不同斜率的直线段近似。突变点(Breakpoint)把双射线模式的传播路径分成两个本质截然不同的区域。当离基站较近时，即在突变点之前的近区，由于地面反射波的影响，接收信号电平按较缓慢的斜率衰减，但变化剧烈，发生交替出现最小值和最大值的振荡。在突变点后的远区，无线电信号以陡得多的斜率衰减。

b. 多射线模型

多射线模型是在双射线模型的基础上产生的，如四射线模型的传播路径除了视距传播和地面反射路径外，还包括两条建筑物反射路径，六射线模型则包括四条建筑物反射路径。显然，模型包括的反射路径越多，该模型就越精细，但计算量也随之增加。

② 时域有限差分技术

射线跟踪模型是从信号的收发角度对传播损耗进行分析，FDTD模型则是将电磁波传播的麦克斯韦方程通过有限差分的方法进行求解，虽然FDTD的计算复杂度较高，通过现代计算机的多核处理器，以GPU的并行计算能力大幅度提升计算效率，使得FDTD作为确定性模型的一种重要计算手段得到了大力的推广。

(4) 半确定模型

半确定模型由于增加了更多确定性影响因素，因此预测结果比经验模型和半经验模型更为精确。另外，数量相对有限的影响因素的增加也使计算效率可控。精度和效率的折中使半确定模型较为适合工程类应用。

COST231 Walfish-Ikegami模型是典型的半确定模型，该模型主要适用于典型市区环境下的场强预测。模型的开发考虑了较多影响因素，如街道宽度、建筑物高度及间距、平面多重衍射等。但是，该模型由于对室内环境因素的考虑较为欠缺，因此更多用于室外小型覆盖半径内的视距传播和非视距传播，并且要求频率范围为800～2 000 MHz，基站天线有效高度为4～50 m，移动天线高度为1～3 m，通信距离为0.02～5 km。对于视距传播和非视距传播分别有如下公式。

$$L_{LOS}=42.6+26\lg d+20\lg f \tag{3.5}$$

$$L_{NLOS}=L_o+L_{rts}+L_{msd} \quad 若(L_{rts}+L_{msd}\geqslant 0) \tag{3.6}$$

$$L_{NLOS}=L_o \quad 若(L_{rts}+L_{msd}\leqslant 0) \tag{3.7}$$

(5) 天线口功率的计算

天线口功率是室内分布系统设计时考虑的关键因素。

不同制式、不同场景对天线口功率的要求是不同的，多制式共天馈的室内分布系统要做到天线口的功率匹配。同时，天线口功率不能太大，也不能太小。

一方面，天线口功率不能太大。如果太大，超过了GB 8702—1988《电磁辐射防护规定》，会对人体的健康造成损害；同时，太大的发射功率有可能阻塞其他系统的天线口，对整个室内分布系统造成干扰，导致有很多信号，但不能打电话或者通话质量差的现象出现。

另一方面，天线口功率不能太小。如果太小，天线的覆盖范围有限，若想保证室内的覆盖质量，整个室内环境需要更大的天线密度，这就意味着需要更多的天线。这样，室内分布系统的物料成本及施工成本就会上升。当然，小功率天线多点覆盖除了增加成本外，对室内信号均匀覆盖、提高信号质量还是有一定好处的。

天线口输出功率有两层含义：一是天线口的总功率，二是天线口某一信道的功率。有的系统，天线口的总功率与天线口某一信号的功率相同，如GSM系统，天线口的最大总功率和主BCCH信道的最大功率相同；而有的系统，尤其是码分多址系统，存在多个信道共享总功率的问题，所从天线口某个信道的功率仅是总功率的一部分。

GB 8702—1988《电磁辐射防护规定》中，室内天线口发射总功率不能大于15 dBm。这个要求是硬性规定，任何制式的室内分布系统设计都不能违背。于是在这个规定下，LTE系统要求每通道天线口最大功率不超过15 dBm；对应到参考信号，其最大功率不超过−15 dBm。

天线口功率计算公式如下：

天线口功率(dBm)＝路径损耗＋阴影衰落余量(dB)＋人体损耗(dB)－终端接收增益(dB)＋终端接收灵敏度(dBm)

① 路径损耗

根据室内传播模型进行计算。

② 阴影衰落余量

阴影衰落遵循对数正态分布，又称慢衰落。决定阴影衰落的主要参数有阴影衰落的标准方差和边缘通信概率，阴影衰落标准方差的典型值为5～12 dB，一般取8 dB，边缘通信概率与服务质量要求有关，服务质量越高，边缘概率越大。

阴影衰落余量＝NORMINV(边缘覆盖概率，0，标准方差)，其中0是正态分布函数的均值。

③ 人体损耗

人体损耗是指人体对电磁信号的影响，一般取3 dB。

④ 终端接收增益

终端机接收增益是指接收机的天线增益，一般取0 dB。

⑤ 终端接收灵敏度

终端接收灵敏度＝噪声功率＋噪声系数＋信噪比

噪声功率＝热噪声功率谱密度×带宽

热噪声功率谱密度＝$K \times T$，其中K为玻尔兹曼常数(J/K)，T为绝对温度(K)。

噪声系数＝输入端信噪比/输出端信噪比，通常取5 dBm。

例：若天线覆盖半径10 m，墙面损耗为15 dB，工作频段为2 300 MHz，发射天线增益为2 dBm，慢衰落余量为8.3 dB，人体损耗为3 dB，终端接收增益为0 dB，终端接收灵敏度为−113.4 dBm。

已知天线覆盖半径为10 m，墙面损耗为15 dB（只有一堵墙面阻挡），工作频段为

2 300 MHz，根据 Keenan-Motley 室内传播模型，计算得到空间传播损耗为 80 dB。

天线口功率(dBm)＝路径损耗＋阴影衰落余量(dB)＋人体损耗(dB)－终端接收增益(dB)＋终端接收灵敏度(dBm)＝80＋8.3＋3－0－113.4＝－22.1 dBm。

(6) 有线分布系统损耗

室内覆盖系统有线部分的分布损耗是指从信号源到天线输入端的损耗，包括馈缆传输损耗、功分器耦合器的分配损耗和介质损耗(插入损耗)三部分。

分布损耗＝馈线传输损耗＋功分器/耦合器分配损耗＋器件插入损耗＝分布损耗＝信号源发射功率－天线口发射总功率＝馈线长度×馈线百米损耗/100＋10×lg M＋单器件插入损耗×lg 2M，M 为天线数目。

分配损耗是指基站功率在多个天线间分配时，对于某一个天线来讲，分配到其他天线的功率就是损耗。

器件插入损耗包括功分器、耦合器等引入的器件热损耗和接头损耗两部分。不同类型馈线百米损耗如表 3.8 所示。

表 3.8　不同类型馈线百米损耗

EnbCabType	EnbCabLoss100 m/dB						
	700 MHz	900 MHz	1 700 MHz	1 800 MHz	2.1 GHz	2.3 GHz	2.5 GHz
LDF4 1/2″	6.009	6.855	9.744	10.058	10.961	11.535	12.090
FSJ4 1/2″	9.683	11.101	16.027	16.570	18.137	19.138	20.110
AVA5 7/8″	3.093	3.533	5.040	5.205	5.678	5.979	6.270
AL5 7/8″	3.421	3.903	5.551	5.730	6.246	6.573	6.890
LDP6 5/4″	2.285	2.627	3.825	3.958	4.342	4.588	4.828
AL7 13/8″	2.037	2.333	3.360	3.472	3.798	4.006	4.208

室内分布系统结构如图 3.7 所示。

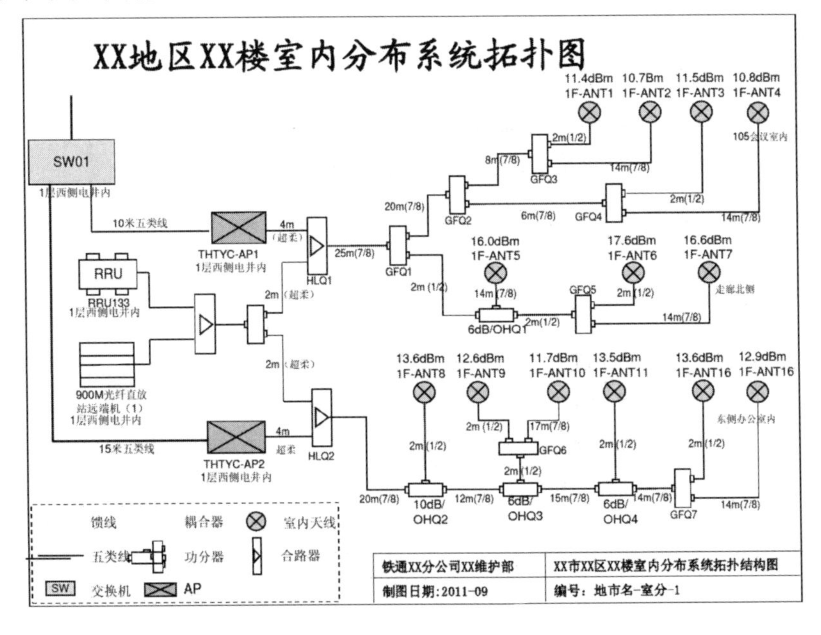

图 3.7　室内分布系统结构

图 3.7 中,从信源端口到一路天线口,用到一个三功分器(分配损耗 4.7 dB,介质损耗 0.3 dB)、两个二功分器(分配损耗 3 dB,介质损耗0.3 dB),一段 50 m 长的 7/8″馈线(馈线损耗:6.1 dB/100 m×20 m=3.05 m)、一段 20 m 长的1/2″馈线(馈线损耗:10.7 dB/100 m×20 m=2.14 m)、一段 5 m 长的 1/2″馈线(馈线损耗:10.7 dB/100 m×5 m=0.53 m)、天线(增益:2 dBi)。

信源口输出功率为 20 dBm,信源到三功分器的馈线很短,损耗忽略不计,经过三功分器的①处,功率为 20－0.3－4.7＝15 dBm;然后经过 50 m 的馈线和二功分器的②处,功率为 15－3.05－0.3－3＝8.65 dBm;再经过 20 m 的馈线和二功分器的③处,功率为 8.65－2.14－0.3－3＝3.21 dBm;最后经过 5 m 的馈线,到达天线口的④处,功率为 3.21－0.53＋2＝4.7 dBm。

3.1.3 容量规划

在无线通信系统看来,一个电话来了,就好比一个“要就餐的客户”,他要找到座位,无线通信系统中的“座位”就是信道资源。客户多了,座位少了,就会造成很多客户无法直接接受服务,需要等待;反之,客户少了,座位多了,就会有很多资源被浪费。无线通信系统也是如此。

信道数量要规划合理,既不能浪费资源,也不能让太多电话无法接入。信道数量要按照忙时的话务量大小来估算,这样就能够保证忙时的信道资源供给量。如果不允许出现等待的现象,由于客流大小有随机性,就需要准备无穷多的信道资源。所以在设计系统信道资源数目时,要允许有比较少量的用户由于系统忙而无法接入,这样可以节约信道资源的准备数量。这个比例被称为阻塞概率,一般取 2%。

用户在接受无线通信服务时,不可能始终使用同一种业务,可能在打语音电话,也可能在打视频电话,还可能在使用数据下载业务。在 4G 时代,这种情况相当多,不同业务占用的资源数量不同,接受服务的时间也不同。多业务资源数量估算时,需要使用专门的算法,这一点室内、室外没有区别。

1. 业务模型

业务模型是指在通信过程中,各种业务在数据传输角度所表现出来的特征,包括忙时业务的次数、业务的渗透率、业务的前反向吞吐量及业务的市场等。

业务模型表征业务的特点,主要考虑以下因素,具体如表 3.9 所示。

表 3.9 业务模型

业务模型										
业务参数	上行链路				下行链路				上行链路	下行链路
	典型承载速率/kbit/s	E-RAB 会话时长/s	E-RAB 会话激活因子	误块率	典型承载速率/kbit/s	E-RAB 会话时长/s	E-RAB 会话激活因子	误块率	每会话吞吐量/kbit	每会话吞吐量/kbit
网络电话	26.9	80	0.4	1%	26.9	80	0.4	1%	869.49	869.49
视频电话	62.528	70	1	1%	62.528	70	1	1%	4 421.17	4 421.17
视频会议	62.528	1 800	1	1%	62.528	1 800	1	1%	113 687.27	113 687.27

续 表

业务模型										
业务参数	上行链路				下行链路				上行链路	下行链路
	典型承载速率/kbit/s	E-RAB 会话时长/s	E-RAB 会话激活因子	误块率	典型承载速率/kbit/s	E-RAB 会话时长/s	E-RAB 会话激活因子	误块率	每会话吞吐量/kbit	每会话吞吐量/kbit
实时在线游戏	31.264	1 800	0.2	1%	125.058	1 800	0.4	1%	113 687.73	90 949.82
流媒体	31.264	1 200	0.05	1%	250.112	1 200	0.95	1%	1 894.79	288 007.76
IMS 信令	15.632	7	0.2	1%	15.632	7	0.2	1%	22.11	22.11
网页浏览	62.528	1 800	0.05	1%	250.112	1 800	0.05	1%	5 684.36	22 737.45
文件传输	140.688	600	1	1%	750.336	600	1	1%	85 265.45	454 749.09
电子邮件	140.688	50	0.5	1%	750.336	15	0.3	1%	3 552.73	3 410.62
P2P 文件共享	1 000	1 200	1	1%	100	1 200	1	1%	121 212.12	121 212.12

Typical Bear Rate(kbit/s)：该业务的典型承载速率。

E-RAB Session Time(s)：会话时长，一次会话持续的时间。

E-RAB Session Duty Ratio：会话激活因子，在一次会话中数据传输占的比例。

BLER：误块率，会话过程中，保障业务质量所需的误码率。

Throughput Per Session(kbit)＝ Typical Bear Rate(kbit/s)×E-RAB Session Time(s)×E-RAB Session Duty Ratio /(1-BLER)

2. 话务模型

话务模型是指网络中所有用户的呼叫行为所表现出来的平均统计特征，可以根据业务分布和业务模型归纳出用户的话务模型。

室内话务模型的主要特点如下：室内用户移动速度慢，室内用户数据业务使用较多，不同室内场景的话务特点不一样。

室内用户一般处于步行或静止状态，不会出现车速移动的情况。这就决定了在容量估算时，室内的信道类型一般取静态信道或步行；与此相应，低速条件下的信道类型所需的解调门限较低。

一般情况下，室内场景单位面积的用户数远大于网络平均值。从目前无线网络用户业务特征也可以看出，相当多的数据卡用户集中在室内场景。室内场景的高端用户比例较高，数据业务类型常见的有 Internet、E-mail 等。

用户行为主要由业务次数和业务渗透率构成。

业务次数为用户忙时(统计周期为小时)发起的业务次数。

业务渗透率为用户使用每种业务的比例。有时需要区分场景考虑业务的使用情况，比如密集城区/城区等场景或用户区分高中低端，但最后都可归结为业务渗透率。

不同网络的话务模型千差万别。LTE 的话务模型研究还处于起步阶段，可以通过 3G 现网数据业务的统计进行一定的推算。话务模型分析的主要目的是计算出每用户的吞吐量。

Busy Hour Throughput Per User (kbit/s)＝Throughput Per Session(kbit)×业务次数/3 600

Total 是将每用户忙时吞吐量按照业务渗透率进行加权平均。

话务模型如表 3.10 所示。

表 3.10 话务模型

用户行为	密集市区				市区			
	业务渗透率	业务次数	每用户忙时吞吐量/kbit/s		业务渗透率	业务次数	每用户忙时吞吐量/kbit/s	
			上行链路	下行链路			上行链路	下行链路
网络电话	100	1.4	0.34	0.34	100	1.3	0.31	0.31
视频电话	20	0.2	0.25	0.25	20	0.16	0.2	0.2
视频会议	20	0.2	6.32	6.32	15	0.15	4.74	4.74
实时在线游戏	30	0.2	0.63	5.05	20	0.2	0.63	5.05
流媒体	15	0.2	0.11	16	15	0.15	0.08	12
IMS 信令	40	5	0.03	0.03	30	4	0.02	0.02
网页浏览	100	0.6	0.95	3.79	100	0.4	0.63	2.53
文件传输	20	0.3	7.11	37.9	20	0.2	4.74	25.26
电子邮件	10	0.4	0.39	0.38	10	0.3	0.3	0.28
P2P 文件共享	20	0.2	6.73	6.73	20	0.15	5.05	5.05
总计			5.6	18.3			3.8	12.5

3. 根据爱尔兰表公式,设计所要求的呼损率,可以得到区域内所需的信道数

根据覆盖区的用户数及话务量,确定总的所需信道数。根据选用的基站类型,确定单基站信道数及每个区域的基站数:区域内基站数=区域内信道总数/单基站信道数确定使用的信号源类型、数量。确定基站类型和数量需要考虑局方的建议。

此外,小区的平均吞吐量还与系统带宽、频谱效率和 MIMO 场景有关。下、上行方向上系统带宽与小区平均吞吐量的关系如表 3.11 及表 3.12 所示。

表 3.11 下行方向上系统带宽与小区平均吞吐量的关系

系统带宽/MHz	MIMO 场景	频谱效率/bit·(s·Hz·Cell)$^{-1}$	小区平均吞吐量/Mbit·s^{-1}
20	E-UTRA 1×2	0.735	14.7
	E-UTRA 1×4	1.103	22.1
15	E-UTRA 1×2	0.735	11
	E-UTRA 1×4	1.103	16.5
10	E-UTRA 1×2	0.735	7.35
	E-UTRA 1×4	1.103	11.03

表 3.12 上行方向上系统带宽与小区平均吞吐量的关系

系统带宽/MHz	MIMO 场景	频谱效率/bit·(s·Hz·Cell)$^{-1}$	小区平均吞吐量/Mbit·s^{-1}
20	E-UTRA 1×2	0.735	14.7
	E-UTRA 1×4	1.103	22.1
15	E-UTRA 1×2	0.735	11
	E-UTRA 1×4	1.103	16.5
10	E-UTRA 1×2	0.735	7.35
	E-UTRA 1×4	1.103	11.03

例:站点配置 S1/1/1,使用 2×2MIMO,带宽为 10 MHz,每用户每月流量为 5 Gbit/s,忙时集中系数取 10%;为了保证用户体验,考虑忙时峰均比,取 2.5。

① 计算小区容量

$$小区容量=小区总带宽\times频谱效率$$

$$A=10\ \text{MHz}\times1.69\ \text{bit/(s}\cdot\text{Hz}\cdot\text{cell)}=16.9\ \text{Mbit/(s}\cdot\text{cell)}$$

② 计算每用户平均月流量

$$B=5\ \text{Gbit/s Package Per user}$$

③ 计算每用户每日流量

$$每用户每日流量=每用户平均月流量/30天$$

$$C=B/30\ (\text{days})$$

④ 计算每用户忙时平均吞吐量(Mbit/s)

$$每用户忙时平均吞吐量=每日流量\times忙时集中系数/3\,600$$

$$D=C\times8\times10\%\times1\,000/3\,600=5\times8\times103\times0.1/3,600/30\approx0.037\ \text{Mbit/s}$$

⑤ 计算每用户忙时峰值吞吐量(Mbit/s)

$$每用户忙时峰值吞吐量=每用户忙时平均吞吐量\times忙时峰均比$$

$$E=D\times2.5=0.037\times2.5\approx0.0925\ \text{Mbit/s}$$

⑥ 计算每小区支持用户数

$$小区支持用户数=小区容量/每用户忙时峰值吞吐量$$

$$F=A/E=16.9/0.0925\approx182$$

⑦ 计算每站点支持用户数

$$G=F\times3\approx548(用户)$$

任务实施

根据附录 1.1 中的室内分布设计委托书,完成室内分布系统初步规划和设计工作。

步骤 1:完成覆盖规划

(1) 确定覆盖指标

要求能从设计方的勘察报告、设计规范及专业滚动规划中,提取出覆盖指标的相关描述。

技术要求:

① 信号覆盖电平:对有业务需求的楼层和区域进行覆盖。目标覆盖区域内 95%以上位置内,RSRP≥−105 dBm 且 SINR≥6 dB,对于重点区域≥−95 dBm 且 SINR≥9 dB。

② 室内信号外泄:室内覆盖信号应尽可能少地泄漏到室外,要求室外 10 m 处应满足 RSRP≤−110 dBm 或室内小区外泄的 RSRP 比室外主小区 RSRP 低 10 dB(当建筑物距离道路不足 10 m 时,以道路靠建筑一侧作为参考点)。

③ 可接通率:要求 TD-LTE 网无线覆盖区 90%位置内,99%的时间移动台可接入网络。

④ 切换成功率:切换成功率≥98%。

⑤ 块误码率目标值(BLER):数据业务不大于 10%。

⑥ 设备输出功率要求为 35~40 dBm,天线馈入总功率要求为 12~15 dBm。

(2) 确定覆盖距离

根据技术委托书中的相关数据,计算覆盖距离。

技术委托书中,要求天线馈入总功率要求为 12~15 dBm。若总功率取 15 dBm,则对应到参考信号，其最大功率不超过－15 dBm，由于所处环境为酒店，则应为多墙面隔离场景，所以采用前述的 ITU-R P.1238 室内传播模型中的非视距覆盖模型，其公式如下。

$$PL(d)=20\times \lg f+k_2\times \lg d-28+L_{f(n)}+X_\sigma$$

假设天线增益为 2，边缘强度根据之前所述，在主要覆盖区域应大于等于－105 dBm，参考信号的最大功率不超过－15 dBm，则路径损耗最多应为 92 dB。若墙体的穿透损耗为 15 dB，慢衰落余量为 8.6 dB，根据酒店场景，k_2 为 30 dB；假设 f 为 2 110 MHz。求解得，d 为 9.92 m，基站间距为 19.84 m。

(3) 选择传播模型

对于 Okumura-Hata 模型，在室内环境应用时没有考虑各种障碍物的影响成为模型的主要缺点。因此，只有在较为空旷的室内环境中，才可能获得较为准确的结果。而在环境较为复杂的室内场景中，使用该模型则难以获得理想的结果。

因此建议选择半经验模型中的室内模型作为本次任务的参考模型，如 ITU-R P.1238 室内传播模型。

(4) 计算天线口功率

若天线覆盖半径为 10 m，墙面损耗为 15 dB，工作频段为 2 110 MHz，发射天线增益为 2 dBm。根据 Keenan-Motley 室内传播模型，若穿两面墙，空间传播损耗为 107 dB，天线口发射功率≥107.08－105－2 ＝0.08 dBm；根据电磁辐射标准要求，每 RS 子载波功率不得超过－15 dBm。此时天线口功率超过电磁辐射标准。

根据上述分析，单天线覆盖区信号不能连续被超过两堵墙。

(5) 计算有线分布系统损耗

室内覆盖所需馈线和器件的损耗：

1/2″馈线：900 M(－0.07 dB/m)，2 100 M(－0.11 dB/m)

7/8″馈线：900 M(－0.04 dB/m)，2 100 M(－0.06 dB/m)

耦合器：40 dB(－0.2)，30 dB(－0.2)，20 dB(－0.3)，

10 dB(－0.8)，7 dB(－1.3)，7 dB(－1.5)，5 dB(－2)

功分器：四功分器(－6.3)，三功分器(－5.3)，二功分器(－3.3)

合路器：合路器(－0.8)

分布损耗＝馈线传输损耗＋功分器/耦合器分配损耗＋器件插入损耗＝分布损耗＝信号源发射功率－天线口发射总功率＝馈线长度×馈线百米损耗/100＋10×lg M＋单器件插入损耗×lg 2M，M 为天线数目。

例如，室内分布系统的结构如图 3.8 所示，且使用 2 100 M 频段。

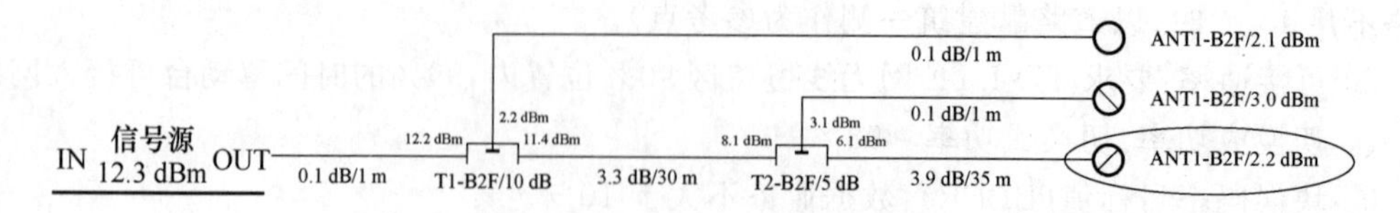

图 3.8　室内分布系统的结构

分布损耗＝1 × 0.11 ＋ 0.8＋30 × 0.11 ＋2 ＋ 35× 0.11＝3.41 dBm

步骤 2:完成容量规划

根据附录 1.1 中酒店概况中的用户概况,做出容量规划计算。

原则上单小区配置为 01,载波带宽为 20 MHz,假设每用户每月流量为 6 Gbit/s,考虑一定余量,忙时集中系数取 10%;为了保证用户体验,考虑忙时峰均比,取 2.5。请计算该酒店每小区支持的用户数。

(1) 计算小区容量

$$A = 20\ \text{MHz} \times 1.69\ \text{bit/(s·Hz·cell)} = 33.8\ \text{Mbit/(s·cell)}$$

(2) 计算每用户平均月流量

$$B = 6\ \text{Gbit/s Package Per user}$$

(3) 计算每日流量

$$C = B/30\ \text{(days)}$$

(4) 计算忙时平均吞吐量(Mbit/s)

$$D = C \times 8 \times 1\,000 \times 10\%/3\,600/30 \approx 0.044\ \text{Mbit/s}$$

(5) 计算忙时峰值吞吐量(Mbit/s)

$$E = D \times 2.5 = 0.044 \times 2.5 \approx 0.11\ \text{Mbit/s}$$

(6) 计算每小区支持用户数

$$F = A/E = 33.8/0.11 \approx 307$$

任务成果

1. 室内分布系统初步设计 1 份(包括覆盖规划设计和容量设计);
2. 任务单 1 份。

拓展提高

TD- LTE 系统中小区吞吐率变化与哪些因素相关?

任务 3.2　室内分布工程施工图设计

任务 3.2

任务描述

按照附录 1.1 的描述,同福酒店存在多种覆盖问题。经多次研究已对 SW4 基站进行站点故障维护,但同福酒店内仍存在以上问题。建议在两个月内完成同福酒店室内分布系统的建设和开通工作。

本任务要求学生模拟设计院工程师,按照工程设计工作的需要,使用任务 3.2 估算出的容量需求,结合酒店实际地理环境进行施工图纸设计,并用 Ranplan iBuildNet 规划软件完成酒店室内分布系统施工图纸设计,并用规划软件进行系统效能分析。

任务解析

在实际工程中，要对实际环境进行数据采集、数据分析，然后按照指标的要求，通过计算和分析，设计出同福酒店 TD-LTE 室内分布系统方案，明确设备安装位置及所用材料的多少。前期已完成室内分布系统初步设计，了解大致覆盖、容量之后，将进入室内分布工程施工图设计阶段。根据采集的数据进行分析，严格遵守指标要求，最终确定室内分布设计图纸。

通信设计工作属于通信产业链的服务支撑类工作，属第三方，其作用是为运营商提供设计、咨询类工作。一般来说，国内从事通信类设计工作的单位有设计院、设计公司等，他们存在的目的是为了避免投资浪费和保证施工质量，为甲方的投资负责。

设计院（公司）完成的工作主要分为项目咨询与设计两大类，工作内容是通信网络规划、方案及施工图的设计、投资预算编制，这些工作是科学技术与经验应用结合非常强的工作。设计院（公司）是运营商与厂家的重要桥梁，也是运营商的重要参谋；但是，随着行业的发展，设计院的工作已经不仅仅是简单的勘察设计与图纸绘制，也会涉及运营商汇报材料编制和文秘性服务。

一个合格的设计人员，需要掌握设计技能、设备知识及工程的建设流程。工作中常用到的软件有 Office、Auto CAD、Visio、Mapinfo 及预算软件等。建议学生在实训前，自行学习常用软件。学会这些软件，能够有效地完成通信工程设计工作，提高工作效率，对于自我提升非常重要。

任务所需重要信息详见附录 1.1。

教学建议

1. 知识目标

（1）熟悉室内工程设计原则及规范；

（2）熟悉 TD-LTE 基站结构；

（3）学习并掌握室内分布项目设计方法及器件选用方法。

2. 能力目标

（1）能够画出基站结构框图；

（2）能够为工程实施选取合适的设备及器件；

（3）能够使用 iBuildNet 规划软件设计施工图纸。

3. 建议用时

8 学时

4. 教学资源

（1）移动通信虚拟现实教学管理软件及其配套课程包；

（2）在线课程分享管理软件；

（3）在线同步视频系统。

该部分参考的设计标准见参考文献。

5. 任务用具

室内分布工程施工图设计用工具和仪器如表 3.13 所示。

表 3.13　设计用工具和仪器

序号	名称	用途及注意事项	外形	备注
1	Ranplan iBuildNet 规划软件	Ranplan iBuildNet 规划软件可以用来完成整个任务的工程设计、报告生成等		必备
2	Auto CAD	AutoCAD 软件是一款自动的计算机辅助设计软件，本任务中可以用于绘制施工图		必备
3	便携式计算机	完成设计，记录、保存和输出数据		必备
4	笔和纸	记录数据和绘制结构图		必备

必备知识

室内分布工程施工图设计阶段工作说明如表 3.14 所示。

表 3.14　设计阶段工作说明

序号	工作说明		责任分工					
			项目经理	选点经理	设计单位	地勘单位	时限	结果文件
1	制订勘察计划	根据选点成功的站点，分批次拟定勘察计划	负责	协助	/	/	1 天	
2	现场勘察	① 对建设物进行记录，包括但不限于经纬度、人口流量、建筑面积、单层面积、层高等； ② 形成勘察记录	组织	协助	参与	参与	5 天	《现场勘查记录》
3	设计编制	根据勘察记录、建设需求等编制施工图设计； 根据施工图设计编制设计预算； 提交设计文件	监督	/	负责	/	根据室内分布规模确定，7～10 天，最长 15 天	全套设计文件

3.2.1　设计阶段要求

1. 项目经理要求

① 项目经理应根据选点完成情况，及时制订勘察计划，勘察计划应具备周期性和及时性。勘察路线应根据站点位置的分布和交通情况具备合理性，尽量减少时间成本；

② 实时跟进设计出图情况。

2. 选点经理要求

① 根据勘察计划，及时联系业主，安排现场勘察工作；

② 如实将详尽的站点周边社会环境向设计单位进行交底。

3. 设计单位勘察设计要求

① 收到项目经理制订的勘察计划后，及时响应并准时参加；

② 勘察站点的覆盖目标位置和范围、人流量；

③ 拿到覆盖目标的平面图，掌握建筑的分布和结构，楼宇内部功能区，管道和线井分布走向，天花结构和材料、主设备安装位置、电源、走线及室内天线安装位置；

④ 根据当前覆盖情况和主用小区，选择合理的信源引入方式，如采用 RRU 拉远；

⑤ 对现场情况进行影像资料留存，资料须反映场地情况，照片数量不少于 5 张；

⑥ 填写勘察记录表并签字确认；

⑦ 根据勘察记录表进行施工图编制。

设计图纸会审阶段工作说明如表 3.15 所示。

表 3.15 设计图纸会审阶段工作说明

序号	工作说明		责任分工			
			项目经理	维护人员	设计单位	时限
1	施工图纸审核	① 根据设计文件编制要求对施工图纸进行审核； ② 可实施性、经济性、安全性、适应性等方面提出技术修改意见； ③ 对所有确定进行修改部分进行记录，并确定方案修订时限	组织	参与	参与	1～3 天
2	预算文件审核	① 根据勘察记录审核工作量； ② 根据施工图纸各项参数审核预算各子目的准确性	组织	/	参与	1 天
3	修正图纸出版	在时限内完成修正版图纸的出版	监督	/	负责	3 天

3.2.2 设计图纸会审重点

1. 施工图纸会审

① 重点检查施工图纸中各项设计参数的依据是否满足现行设计规范、工程强制性条文标准要求。

② 设计勘测数据：设计勘测数据和测试报告是否完整、真实可靠，设计方案阐述数据是否准确，信源选取分析是否合理。

③ 天线分布：天线位置布局、小区(cell)分区、天线选型和数量、天线出口功率等是否合理。

④ 系统结构：设计规模、使用产品、系统构成、布局、设计参数、设计标准、设备选型等方

案是否能够达到覆盖目标，是否符合规范要求，是否设计合理。

⑤ 图纸质量：设计图纸是否完整，是否达到预定的质量标准和要求。

⑥ 勘察数据：模拟测试数据是否完整、准确。

⑦ 设备、材料清单：主要设备、材料清单是否完整、真实可靠，工程预算的合理性、经济性。

⑧ 方案修改质量：方案审核完成后，修改后方案是否按照审核结果修改。

⑨ 施工图设计会审完成后可先进行修正方案的出版，出版完成后即可先进行施工，以保障施工进度计划的完成。

2. 设计预算审核

① 重点检查设计预算的工作量计算是否真实有效。

② 重点检查设计预算中的各子项是否存在虚列、多列现象，重点关注各项间接费用，如措施费等。

③ 重点检查设计预算总额是否满足投资控制要求。

任务实施

本任务使用 iBuildNet 软件完成施工图设计。iBuildNet 集成了一套工具和功能，允许用户创建和设计室内无线网络系统方案，任务实施前应了解使用 iBuildNet 进行室内分布工程施工图纸设计的流程，如图 3.9 所示。

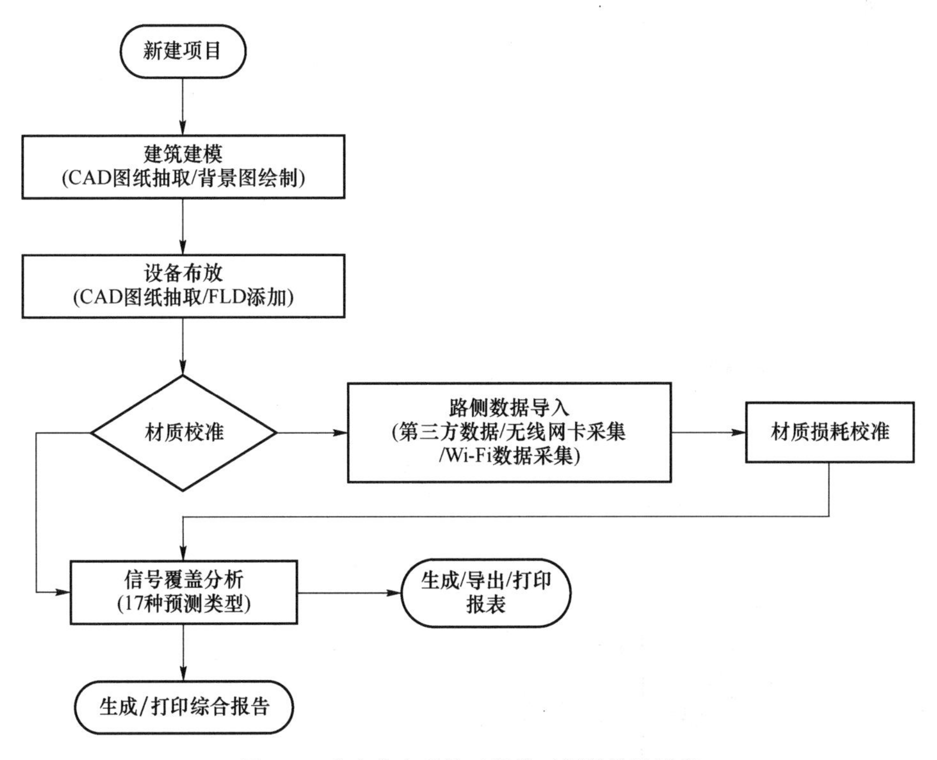

图 3.9　室内分布系统工程施工图纸设计流程

步骤 1:新建工程

(1) 选择【项目】|【新建】|【Default】命令,弹出新建项目窗口,如图 3.10 所示。

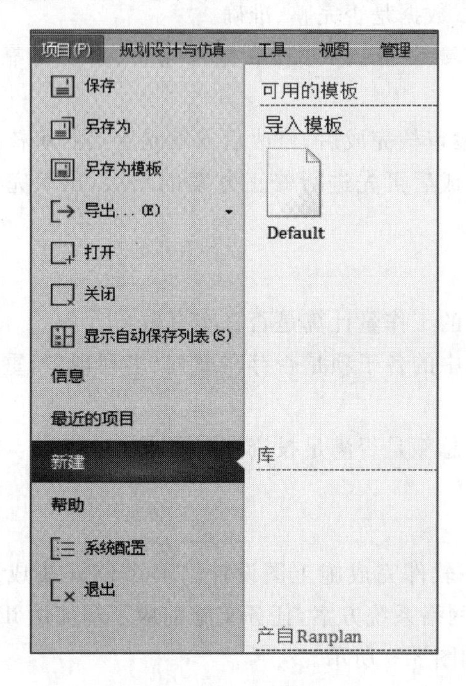

图 3.10　新建工程窗口

(2) 根据【新建项目】窗口向导填写项目相关信息。

项目模板选择默认,填写项目名称、创建时间、设计人及设计公司,选择常用计量单位(默认为米),项目保存位置,完成后单击【下一步】按钮,如图 3.11 所示。

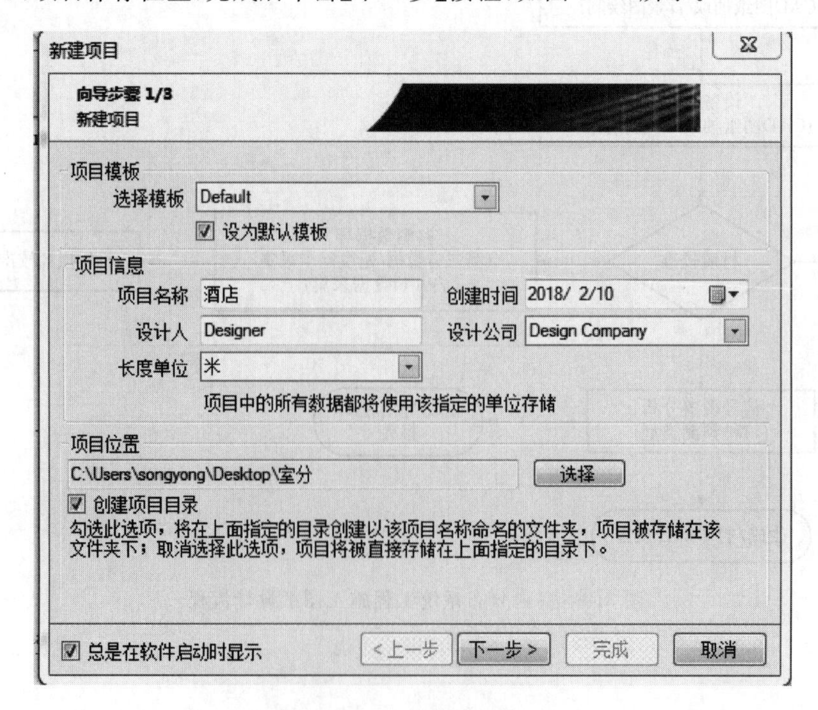

图 3.11　工程设置窗口一

(3) 填写建筑属性及建筑位置(若不清楚建筑位置,可不设置经纬度),地上楼层数设置为10,建筑代码只能输入英文字母/数字,如图3.12所示。

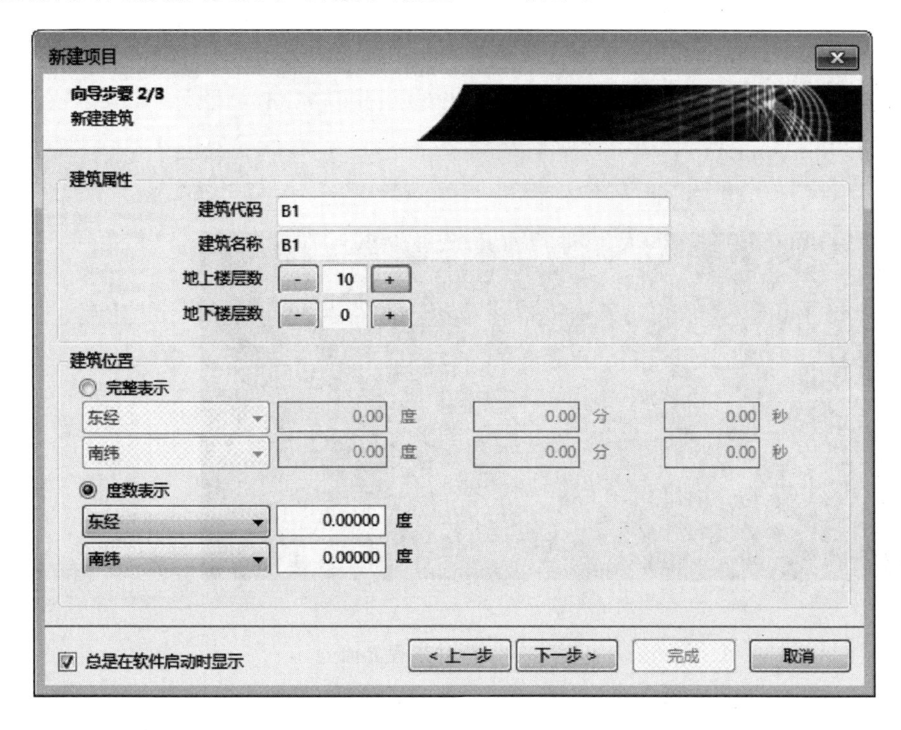

图3.12　工程设置窗口二

(4) 设置楼层高度,并对楼层名称进行修改,也可返回【上一步】重新修改楼层数。层高设置为3.5 m,单击【完成】按钮后,项目建立的过程结束,如图3.13所示。

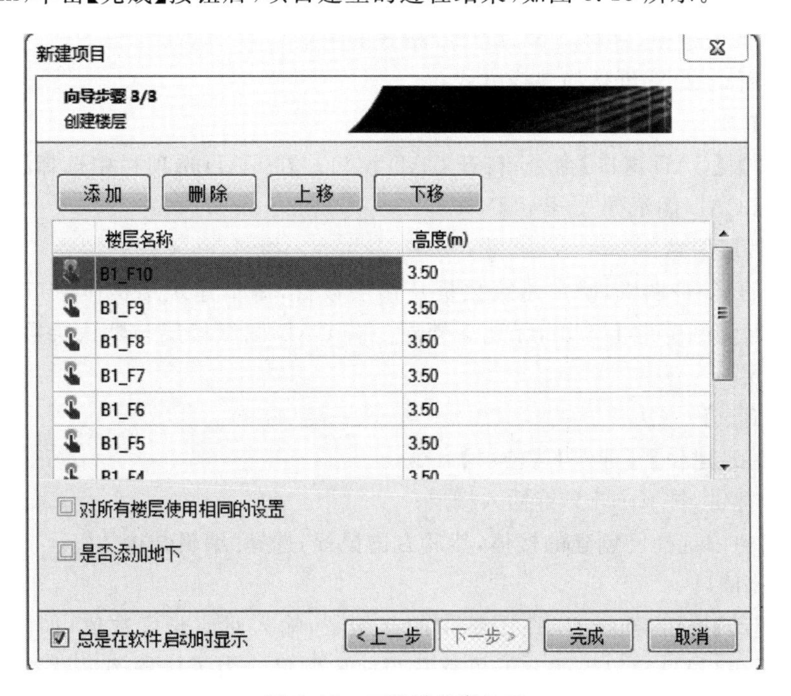

图3.13　工程设置窗口三

项目完成后显示的界面如图 3.14 所示。上侧选项菜单栏为软件操作涉及的所有选项，右侧为项目树窗口、系统管理器、属性窗口及 CAD 抽取窗口停靠位置，下侧从左到右依次为任务窗口、消息列表、点信号分析窗口，中间为 3D 视图窗口、CAD 窗口及工作区。

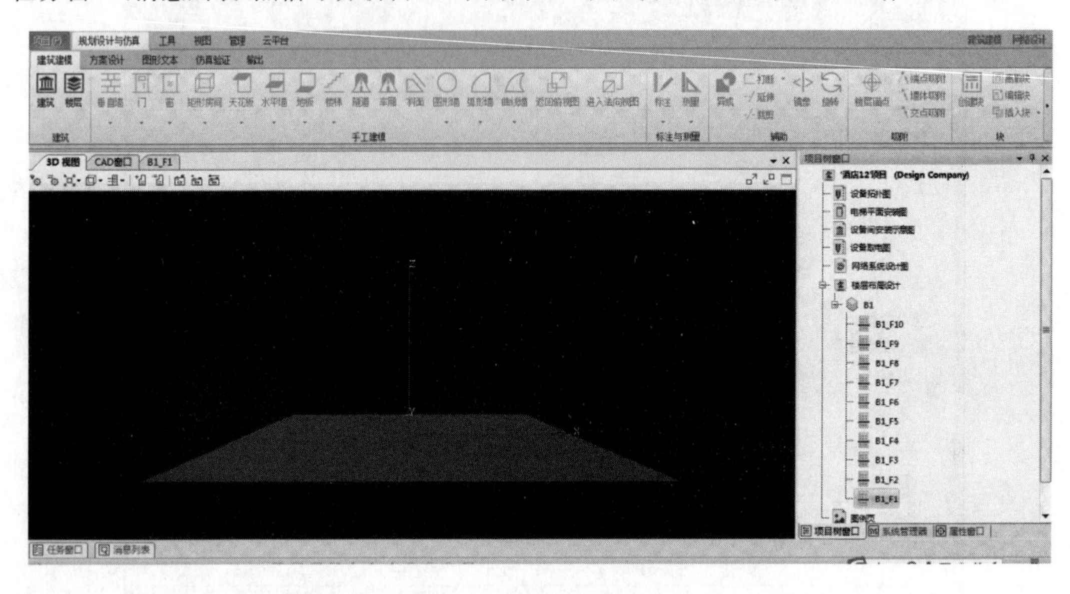

图 3.14　软件工程界面

步骤 2：建筑建模(BSM)

选择【项目树窗口】|【楼层布局设计】命令，进入建筑建模界面。

软件建筑建模有两种方式：

① CAD 图纸转换建模，针对有 CAD 图纸的建筑，方便快捷；

② 导入背景图建模，针对.PNG/.JPG 格式的图纸。

本项目采用 CAD 图纸转换建模方式。

(1) 导入图纸

选择【视图】|【CAD 窗口】命令，打开 CAD 窗口。在 CAD 选项栏中选择【打开图纸】命令，将本地目标 CAD 图纸导入 iBuildNet。

(2) 更改楼层信息

查看导入的 CAD 图纸，确定建筑数量及楼层数目，编辑建筑结构体窗口如图 3.15 所示。软件默认楼层数为地上 5 层，无地下楼层。若 CAD 图纸楼层与默认层数不符，则须重新修改项目楼层。

楼层修改有三种方法：

① 选择【建筑建模】|【建筑】|【楼层】命令；

② 使用快捷键，按 Ctrl+F 键插入楼层；

③ 在项目树中选择已创建的楼体，然后右击鼠标，选择"编辑结构体"。

(3) 设置比例尺

单击【比例尺】按钮，选择 CAD 图纸中的起始点，输入对应长度数值，如图 3.16 所示。设置完成后，可在 CAD 窗口界面左下角查看当前比例尺。为了使比例尺设置更加精准，可执行【CAD】|【一般】|【吸附】操作，如图 3.17 所示。

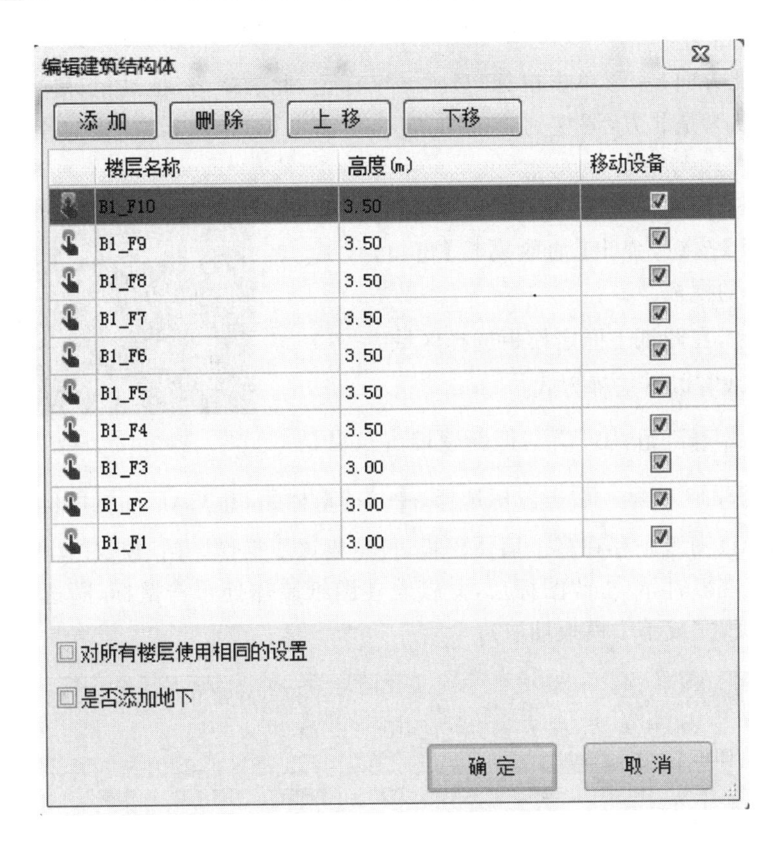

图 3.15　编辑建筑结构体窗口

图 3.16　设置窗口比例尺

图 3.17　设置吸附点

(4) 设置指北针

默认的指北方向是 0°，单击鼠标，显示十字标记，此为南方，拖动鼠标向期望的方向，该方向的位置被认为是北方，调整到合适的角度，单击鼠标，结束设置，设置指北针如图 3.18 所示。

(5) 设置 CAD 建筑模板

单击【模板】按钮，弹出【抽取模板】窗口，设置墙、门、窗、柱体的模板。

① 单击 ，在图纸上圈定模板选择区域。

② 模板抽取有以下三种方式。

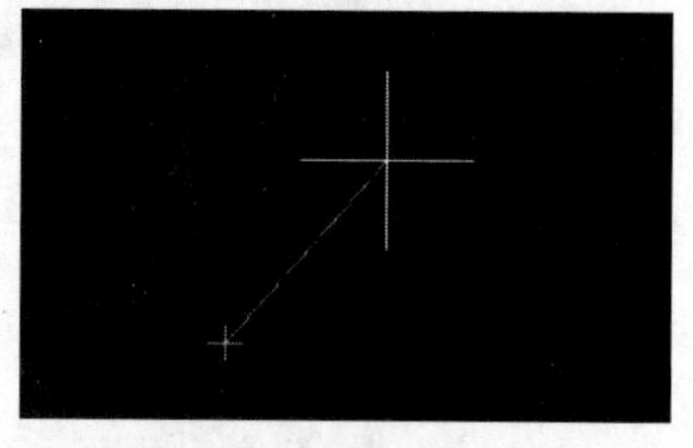

图 3.18　设置指北针

a. 分别单击 ，即新建墙、门、窗、柱体模板，如图 3.19 所示。右击鼠标选择 ＋，捡取样品，在 CAD 图纸墙位置单击，选择对应模板。若 CAD 图纸中存在多个墙体模板，可重复该步操作。门、窗、柱体模板同样进行类似操作(拾取墙模板时，单击墙图标后，紧接着在图纸墙体处单击鼠标，圈选墙体后，右击鼠标拾取墙体厚度，完成单个模板抽取)。

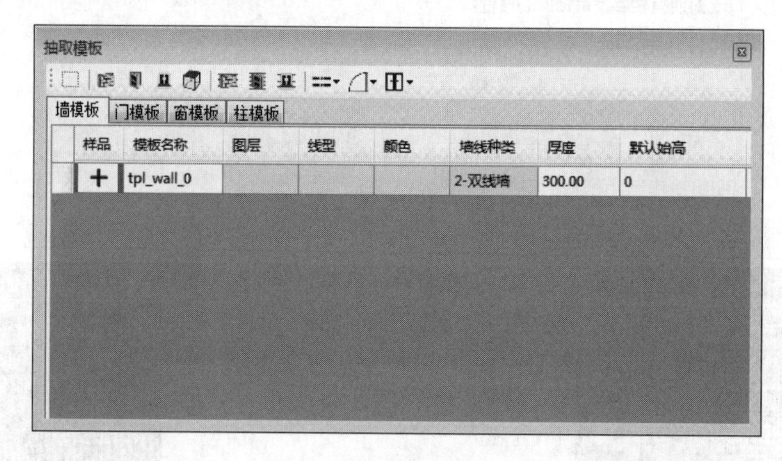

抽取模板

墙模板 | 门模板 | 窗模板 | 柱模板

样品	模板名称	图层	线型	颜色	墙线种类	厚度	默认始高
+	tpl_wall_0				2-双线墙	300.00	0

图 3.19　模板抽取窗口

b. 分别单击 ，即拾取墙、门、窗模板，如图 3.20 所示。单击后，在 CAD 模板墙位置单击，软件对所有墙模板进行一键抽取。门、窗模板同样进行类似操作。

拾取模板

墙模板 | 门模板 | 窗模板 | 柱模板

样品	模板名称	图层	线型	颜色	墙线种类	厚度	默认始高	默认墙高	默认材质
	tpl_wall_0	0	ByLayer	ByLayer	2-双线墙	257.97	0.00	3000.00	
	tpl_wall_1	0	ByLayer	ByLayer	2-双线墙	266.61	0.00	3000.00	
	tpl_wall_2	0	ByLayer	ByLayer	2-双线墙	278.89	0.00	3000.00	
	tpl_wall_3	0	ByLayer	ByLayer	2-双线墙	399.92	0.00	3000.00	

图 3.20　拾取模板窗口

c. 分别单击，即扫描墙、门、窗模板。单击图标下拉菜单的某一图层，即可完成该图层模板的扫描抽取。

(6) 抽取建筑

单击【抽取建筑】按钮，根据窗口下方提示设定抽取范围及原点，弹出【设置楼层】对话框，选择圈选区域所在建筑及楼层，如图 3.21 所示。抽取完成后，可在右侧“抽取管理”查看抽取情况。

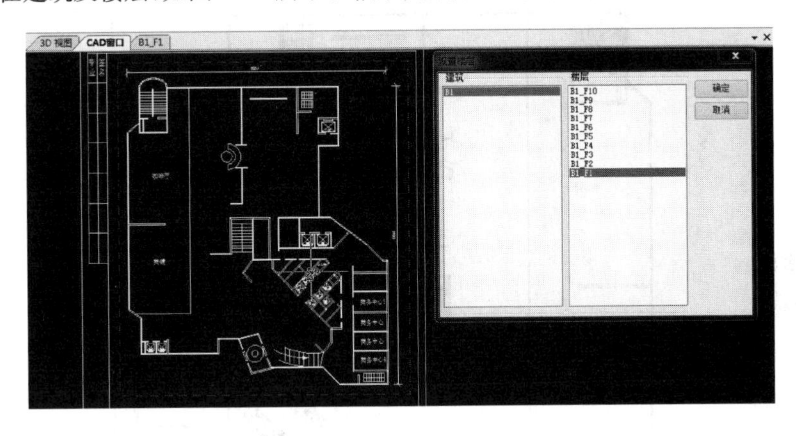

图 3.21　拾取建筑窗口

(7) 抽取背景图

建筑抽取中，可将图纸抽取为背景图，以便参考。抽取方式可参考步骤(6)抽取建筑的方式。背景图抽取完毕后，在【抽取管理】栏中查看背景图预览，如图 3.22 所示。

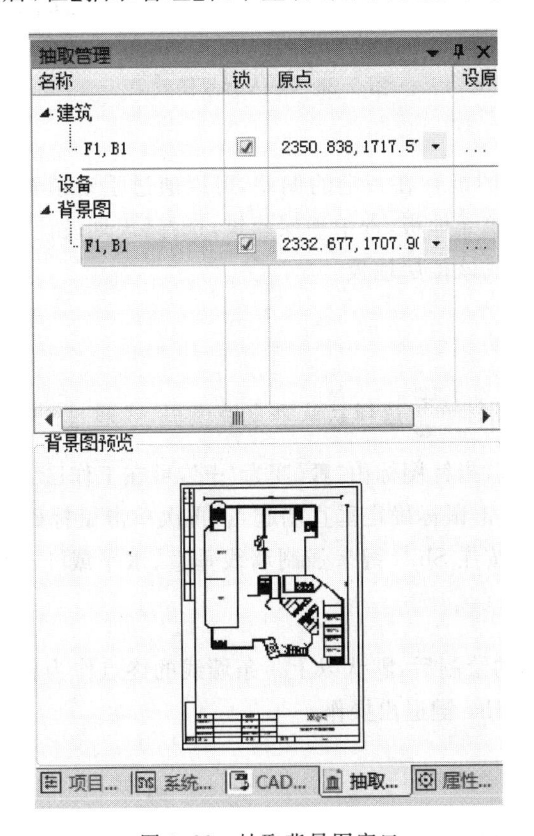

图 3.22　抽取背景图窗口

(8) 导出建筑

上述步骤完成后，单击【导出】按钮，平层查看建筑导出情况。建筑导出后，结合导入的背景图查看导出情况，如图 3.23 所示。

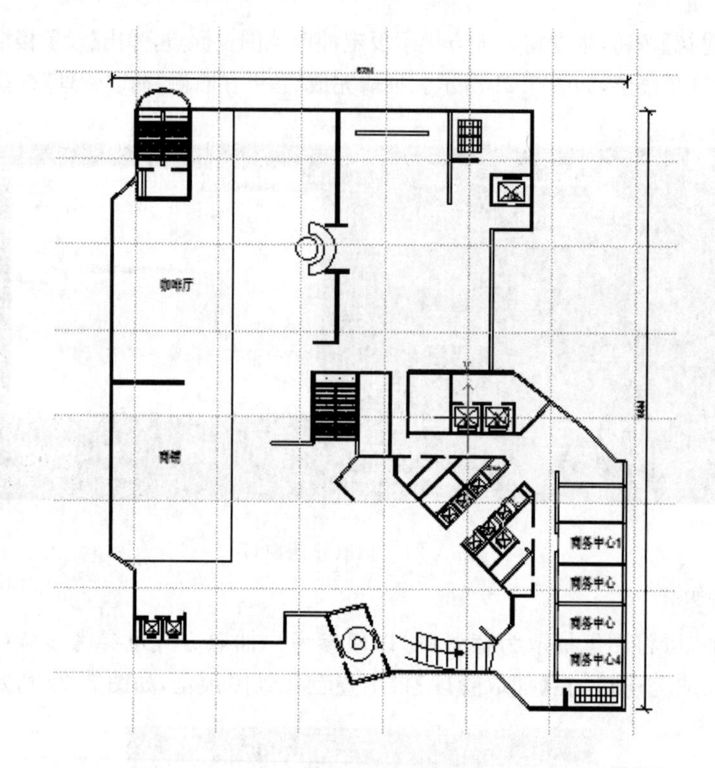

图 3.23　导入背景图效果

(9) 完善建筑

导出的图层与 CAD 图纸存在一定的偏差，可以通过手动填补完善整个图纸，如门、窗、楼梯、地板等。导出的建筑无地板，选中平层建筑，选择【规划设计与仿真】|【建筑建模】|【地板】|【自动生成】命令，生成该楼层地板。

① 绘制垂直墙

操作步骤如下：

a. 单击垂直墙工具图标 垂直墙 选择默认垂直墙模板，或通过图标下拉菜单选择其他垂直墙模板。鼠标移至工作区，指针图标由‘↖’变为‘+’，可在工作区绘制当前模板属性的墙体；

b. 在 BSM 绘图窗单击鼠标确定垂直墙起点，再次单击鼠标确定垂直墙的终点，完成一条墙的绘制(确定起点后按住 Shift 键来强制墙线垂直、水平或 45°倾斜，或者使用软件下方的快捷按钮)；

c. 完成一条垂直墙的绘制后，默认以上一条墙线的终点作为新垂直墙的起点，双击可重新选择起点绘制墙体，按 Esc 键退出操作。

② 绘制门窗

操作步骤如下：

a. 单击门窗图标选择默认门窗模板，或通过图标下拉菜单选择其他门窗模板；

b. 在BSM绘图窗绘制完毕的垂直墙线上单击鼠标确定门窗起点，再次单击鼠标确定门窗的终点，完成一条墙的绘制；

c. 完成一个门或窗的绘制，可继续在其他垂直墙上绘制，按Esc键退出操作。

③ 绘制楼梯

软件定义了四种常见的楼梯样式：直形楼梯、螺旋形楼梯、U形楼梯及L形楼梯。以直形楼梯为例，操作步骤如下：

a. 在楼梯工具下拉菜单选择要绘制的楼梯类型，进入【楼梯绘制】窗口；

b. 在【楼梯绘制】窗口配置楼梯的高度、起始点、宽度、台阶数量等；

c. 参数、位置等都确定好后单击【创建】按钮，完成楼梯绘制。

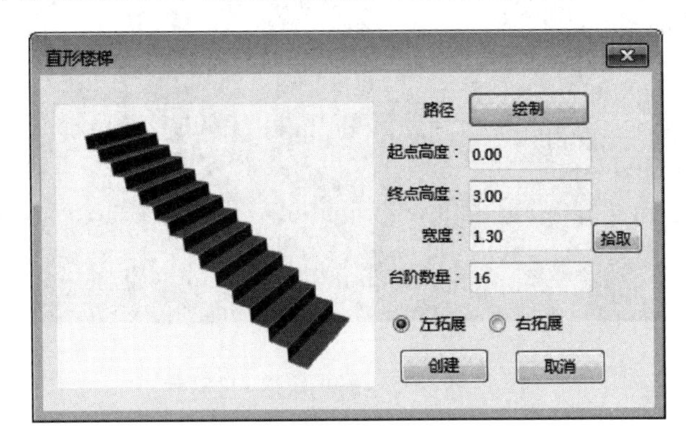

图3.24　绘制楼梯窗口

完善后的F1层建筑如图3.25所示。

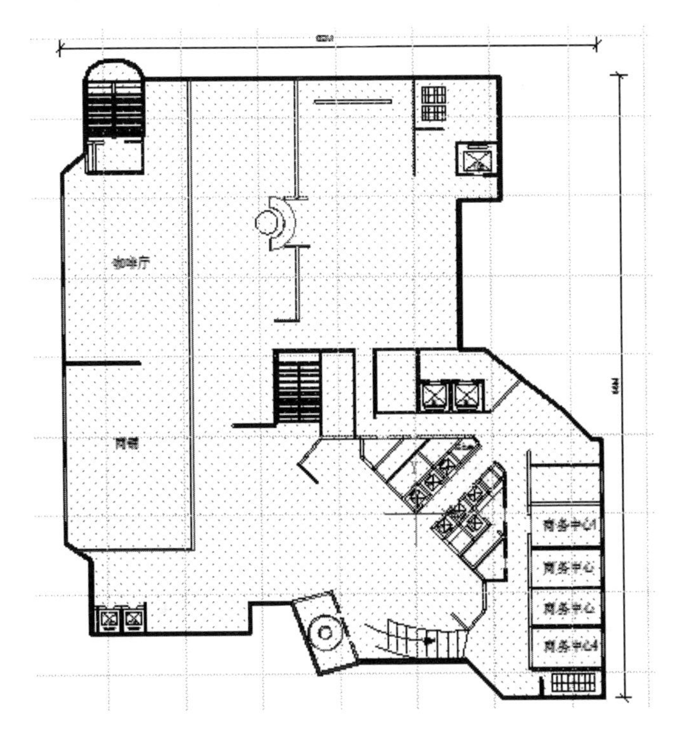

图3.25　完善后的F1层建筑

同理,根据步骤(1)～(9)可完成其他平层的建筑建模,相同结构的平层可通过发送方式直接复制到相应平层。

图纸转换结束后,可在3D视图查看转换效果,酒店建筑建模3D效果如图3.26所示。

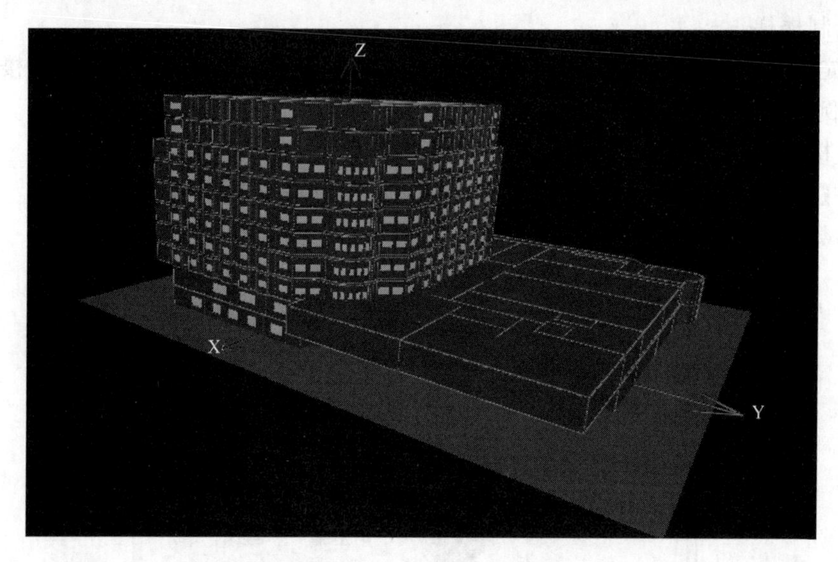

图3.26 酒店建筑建模3D效果

步骤3:楼层布局设计(FLD)

有两种方式进行设备布放:一种是CAD图纸抽取设备,这对图纸规范性要求较高;由于本工程所使用的图纸无设备,因此选择另一种设备布放方式。

布放设备时,软件各设备下拉菜单均提供了常用的设备模板,可直接选择使用;若下拉菜单中无该设备,可自定义模板添加设备。

若要选择的设备不在模板中,参考以下操作步骤(示例:添加TD-SCDMA2300系统的BS_3GPP信源)。

- 单击信源模板下拉菜单,选择"编辑系统模板",进入【系统设置】窗口,如图3.27所示。

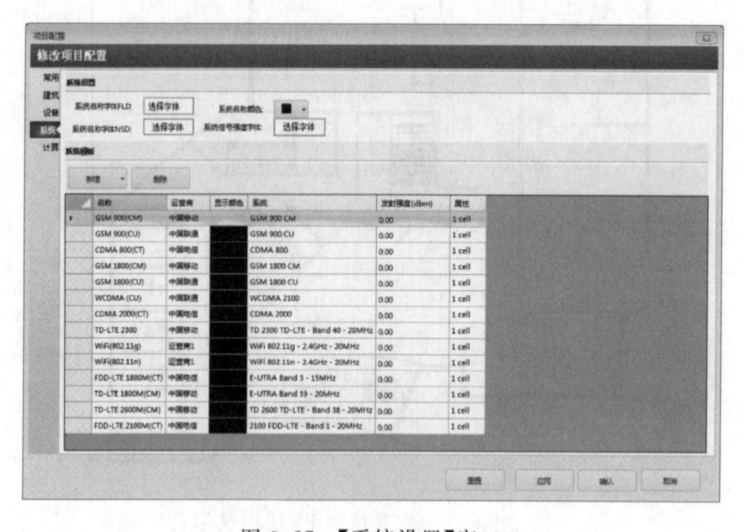

图3.27 【系统设置】窗口

- TD-SCDMA2300 系统不在现有的模板中，单击【新增】按钮，添加一栏新系统。选择“系统”一栏，进入【选择系统】窗口，如图 3.28 所示。

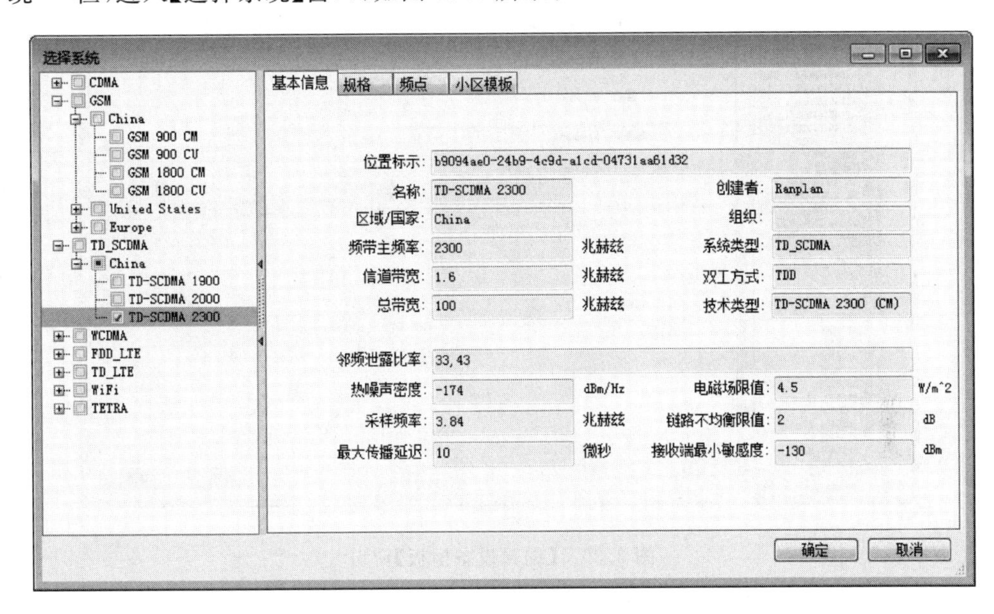

图 3.28　【选择系统】窗口

- 修改系统名称、运营商、显示颜色、发射强度及小区，【修改系统参数】窗口如图 3.29 所示。发射强度及小区可以在后期添加信源时，双击信源进行修改。修改完成后，单击【应用】按钮。

	名称	运营商	显示颜色	系统	发射强度(dbm)	属性
	GSM 900(CM)	中国移动		GSM 900 CM	0.00	1 cell
	GSM 900(CU)	中国联通		GSM 900 CU	0.00	1 cell
	CDMA 800(CT)	中国电信		CDMA 800	0.00	1 cell
	GSM 1800(CM)	中国移动		GSM 1800 CM	0.00	1 cell
	GSM 1800(CU)	中国联通		GSM 1800 CU	0.00	1 cell
	WCDMA (CU)	中国联通		WCDMA 2100	0.00	1 cell
	CDMA 2000(CT)	中国电信		CDMA 2000	0.00	1 cell
	TD-LTE 2300	中国移动		TD 2300 TD-LTE - Band 40 - 20MHz	0.00	1 cell
	WiFi(802.11g)	运营商1		WiFi 802.11g - 2.4GHz - 20MHz	0.00	1 cell
	WiFi(802.11n)	运营商1		WiFi 802.11n - 2.4GHz - 20MHz	0.00	1 cell
	FDD-LTE 1800M(CT)	中国电信		E-UTRA Band 3 - 15MHz	0.00	1 cell
	TD-LTE 1800M(CM)	中国移动		E-UTRA Band 39 - 20MHz	0.00	1 cell
	TD-LTE 2600M(CM)	中国移动		TD 2600 TD-LTE - Band 38 - 20MHz	0.00	1 cell
	FDD-LTE 2100M(CT)	中国电信		2100 FDD-LTE - Band 1 - 20MHz	0.00	1 cell
▶	TD-SCDMA 2300	中国移动		TD-SCDMA 2300	0.00	1 cell

图 3.29　【修改系统参数】窗口

- 单击信源下拉菜单的“编辑设备模板”，选择【新增】命令，在信号源最后一行新增一栏模板。编辑信源名称、最大覆盖半径等信息，单击“设备栏”，选择信源设备，如图 3.30 所示。

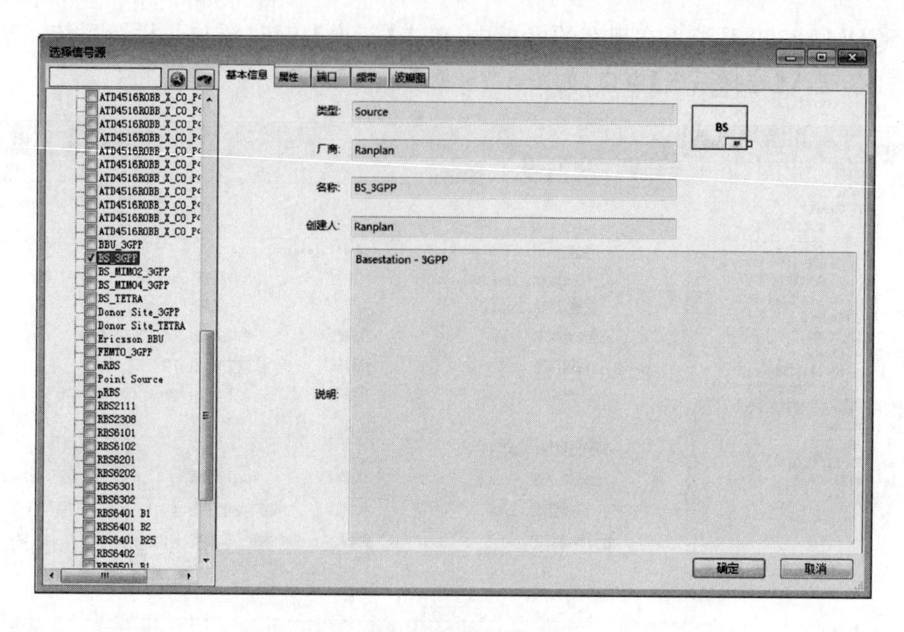

图 3.30 【编辑设备模板】窗口

- 单击系统栏,在弹出的窗口中选择新添加的系统 TD-SCDMA2300。完成后,单击【确定】按钮。这样,在信源下拉菜单中便可选择自定义的信源。

其他设备模板的编辑方式相比添加信源简单,只需要在下拉菜单中选择【编辑模板】命令进行编辑即可。

设备模板存在时,添加设备操作步骤如下,以添加信源为例。

单击【方案设计】的信源下拉菜单,选择 BS_TDLTE 2300M(CM)信源,光标下显示选择的设备灰色图标,在需要布放信源的位置单击即可,按 Esc 键退出设备布放。

在工作区添加信源设备后,双击信源图标进入编辑窗口如图 3.31 所示,编辑信号源的显示颜色、发射强度及信源属性等参数。

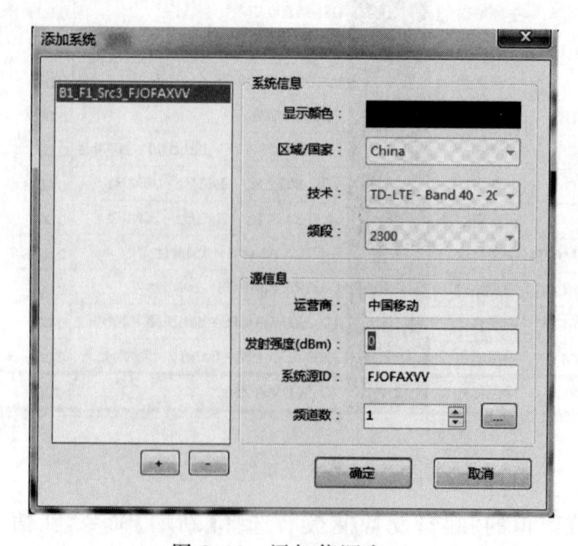

图 3.31 添加信源窗口

其他设备添加方式同添加信源一致，在对应模板中选择后在平面图添加即可。本工程楼层 1 添加完设备后，如图 3.32 所示。

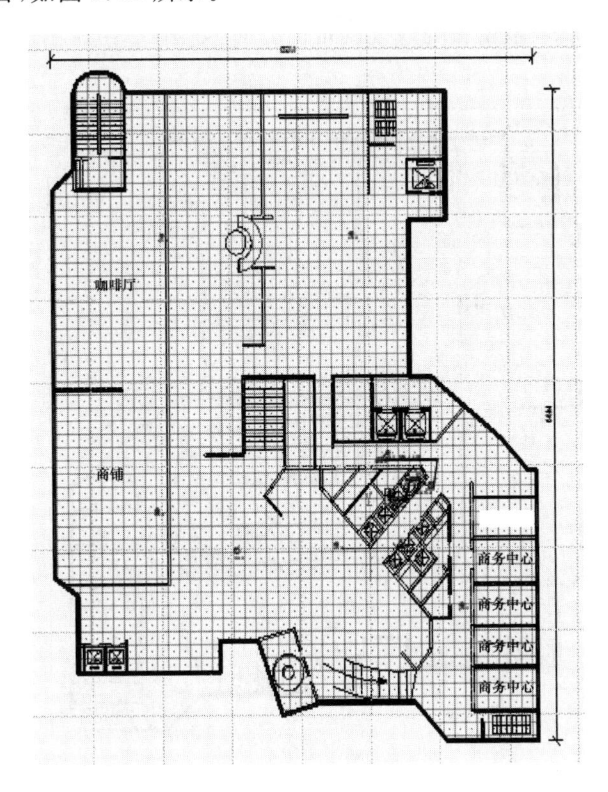

图 3.32　添加设备

（1）使用线缆工具沿拟走线路径连接设备和最末端天线，如图 3.33 所示。

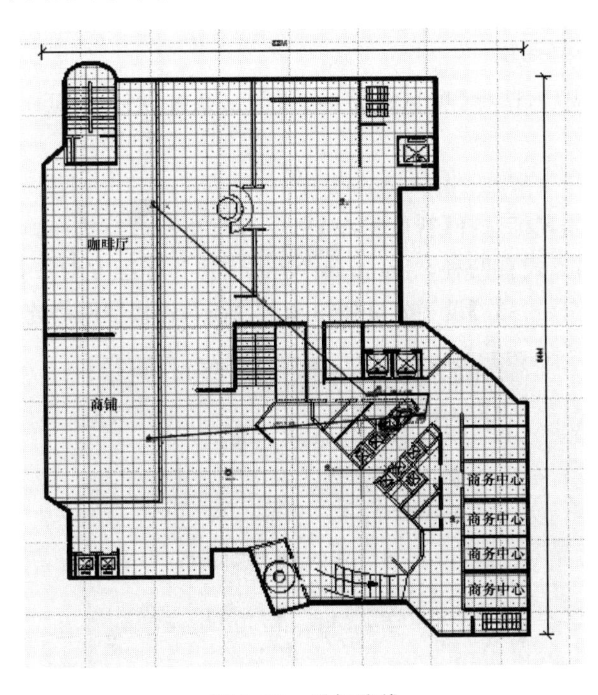

图 3.33　添加连线

(2) 圈选需要连接的所有设备,选择自动布线工具完成自动布线。

(3) 设备连接完成后,选择“线缆样式”的一种进行排布,这里选择“垂直线缆”,选中设备使用“自动旋转”,可以调整设备与线缆的走向方向,如图 3.34 所示。

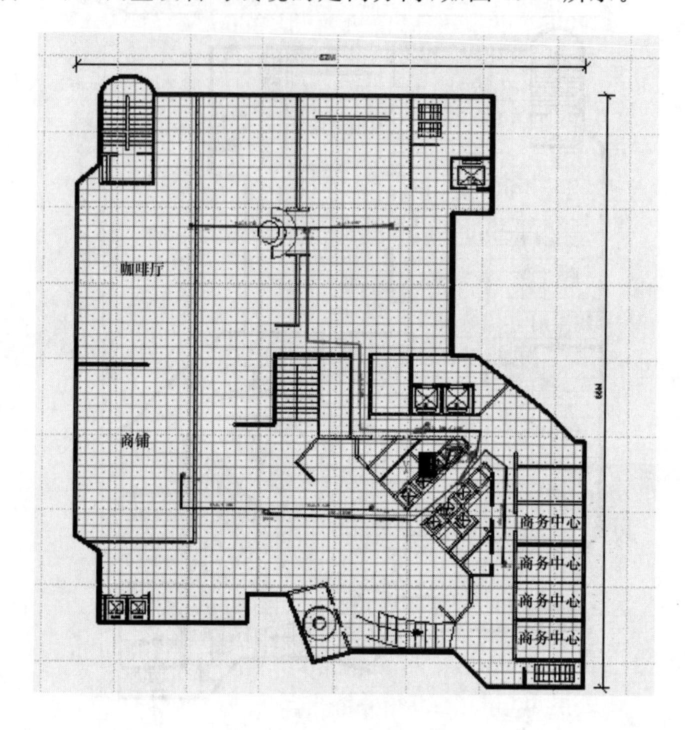

图 3.34　完成设备连接

(4) 设备复制到其他楼层。若其他楼层结构与该层相同,设备部署相同,可全选设备后,右键选择复制到其他某楼层或者其他所有楼层。

步骤 4:智能主干道连接

楼层系统添加完成后,选择【项目树窗口】|【网络系统设计(NSD)】命令,进入网络布局中查看网络系统拓扑图。

(1) 智能排布

选中全部设备,右击鼠标选择【智能排布】命令对拓扑图进行排布,设置设备的水平、垂直排布因子(间距)。排布方式有两种,“Lampsite”是以信源为标准左对齐排布,“DAS”是以天线为标准右对齐排布。【布局参数】设置窗口如图 3.35 所示,各楼层网络连接如图 3.36 所示。

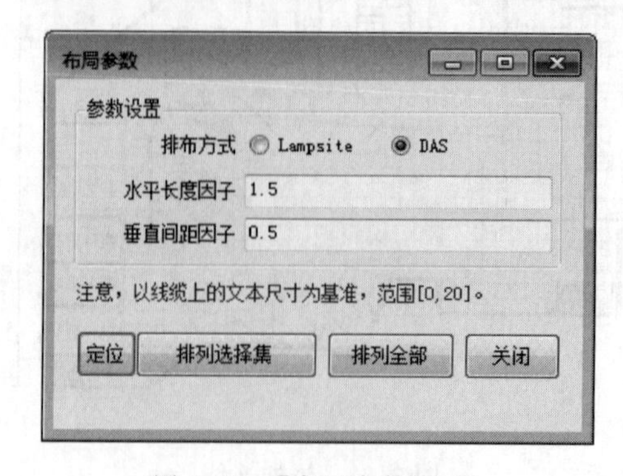

图 3.35　【布局参数】设置

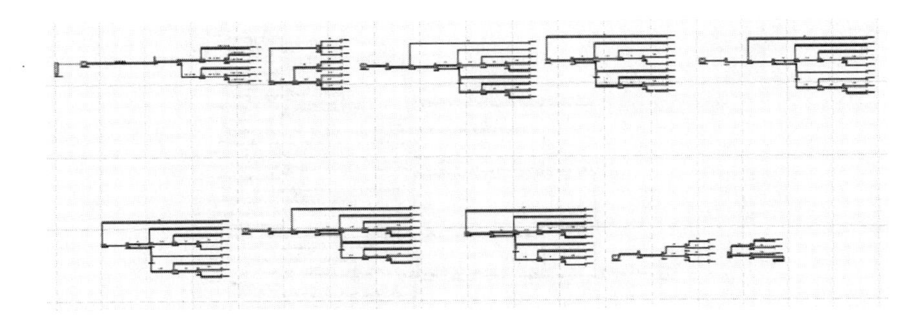

图 3.36　各楼层网络连接

(2) 智能主干连接

首先，确定平层中主干穿墙区域，创建并重命名。

然后，圈选需要主干连接的楼层设备，本工程全选设备，单击 进入智能主干连接设置界面，如图 3.37 所示。

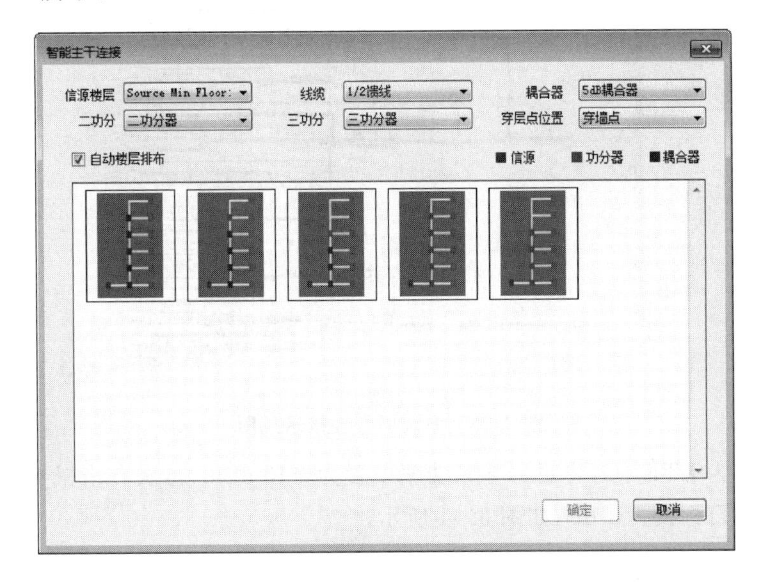

图 3.37　主干线连接设置

最后，设置信源放置楼层、连接线缆、连接耦合器、二功分及三功分器，穿层点位置选择上一步创建的区域。系统网络连接如图 3.38 所示。

步骤 5：智能拓扑优化

智能拓扑优化的目的是通过软件自动优化设备类型，使得天线口的输出功率满足目标需求。

(1) 智能主干连接后，在【系统管理器】窗口右击所连接的信号源所属的网络系统，选择【优化模块】|【智能拓扑优化】命令，进行参数配置，如图 3.39 所示。

(2) 在【常规】选项卡中选择要拓扑优化的信源，如图 3.40 所示。

(3) 在【目标】选项卡中需要配置两个目标参数：

- 天线口期望功率；
- 优化后功率和期望值的目标误差范围。

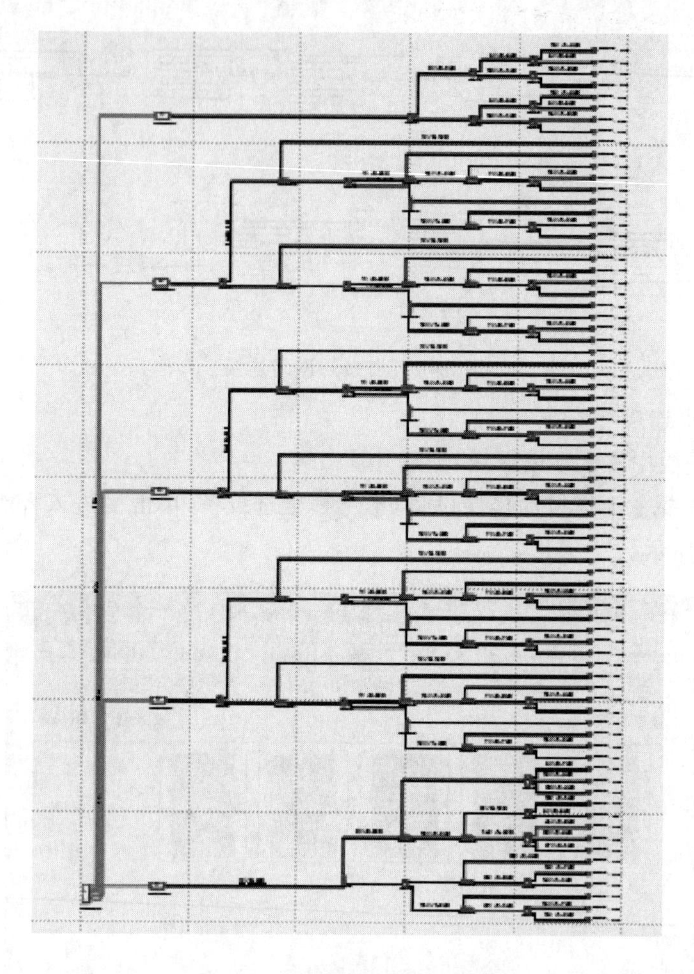

图 3.38　系统网络连接示意图

本项目系统为 LTE 4G，将目标导频功率设置为－15 dBm，再次右击鼠标，选择【应用到所有】命令，误差目标设为 1 dB，如图 3.41 所示。

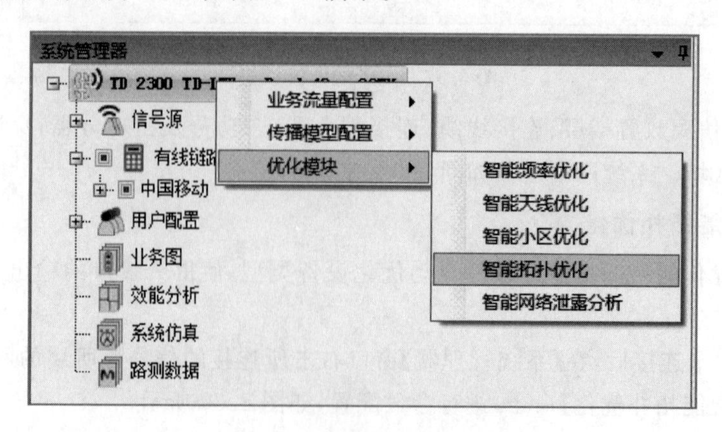

图 3.39　智能拓扑优化设置

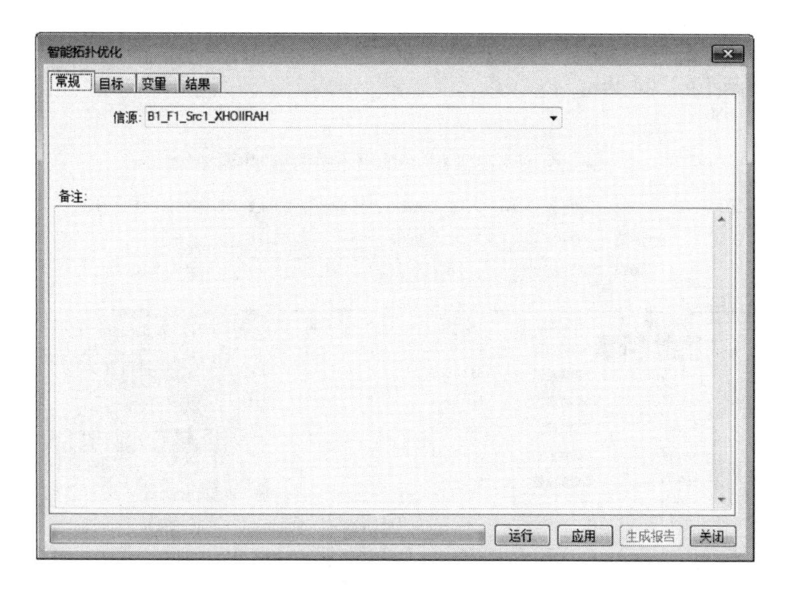

图 3.40　智能拓扑优化信源选择

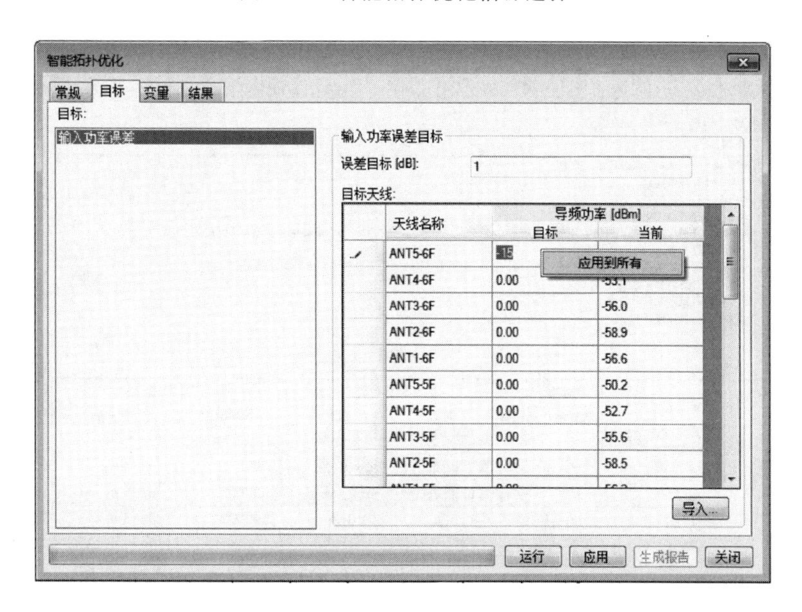

图 3.41　设置目标天线功率

（4）在【变量】选项卡中需要设置以下变量：

- 选中可用于自动选型的无源器件型号；
- 设置长度界限及界限以下的主用线缆和次用线缆类型。

设置变量如图 3.42 所示。

（5）上述设置完成后，单击【运行】按钮，【智能拓扑优化】对话框如图 3.43 所示。

（6）单击【生成报告】按钮可查看优化报告，如图 3.44 所示。报告可导出为 Word、Excel、PDF 等格式的文档。

（7）单击【应用】按钮，将此次优化应用到本项目系统。

基于上述操作，DAS 系统便创建完毕。

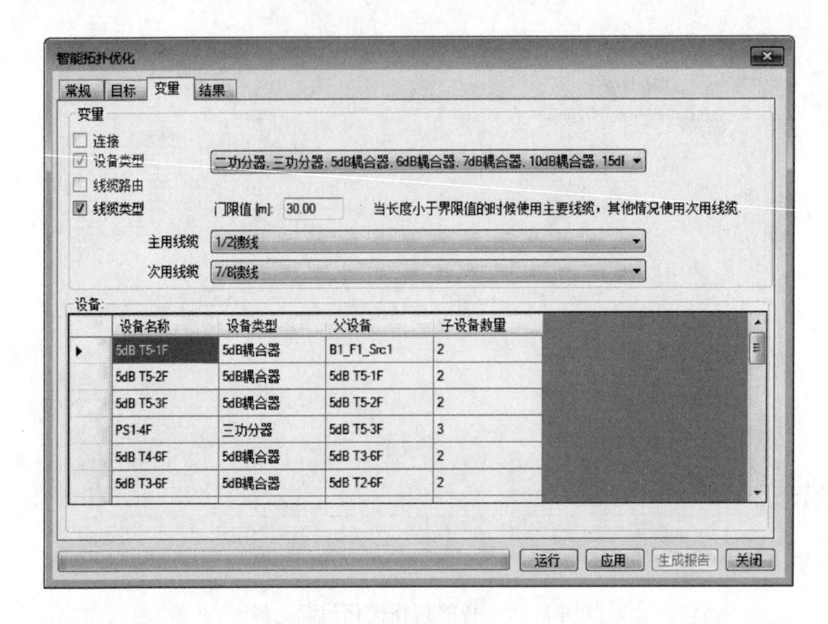

图 3.42　设置变量

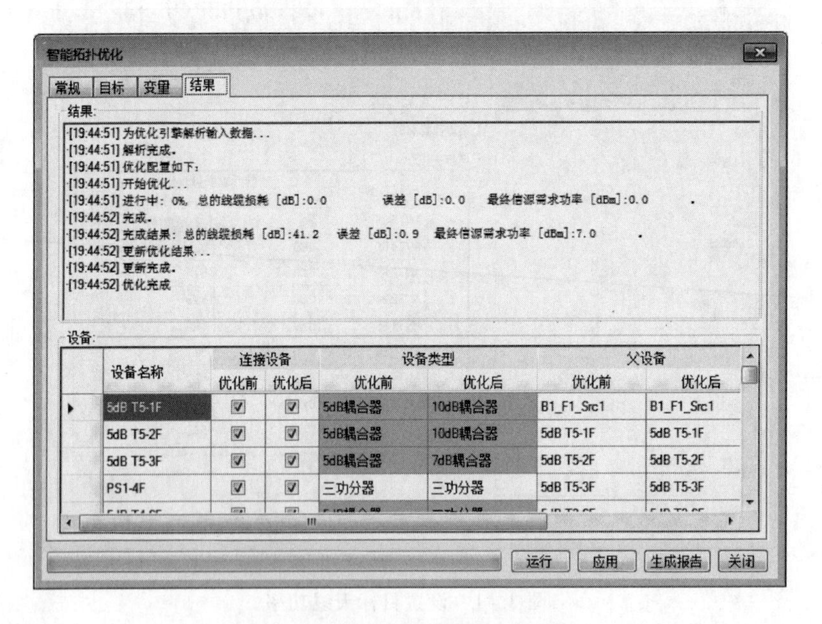

图 3.43　【智能拓扑优化】对话框

步骤 6:材质校准

材质校准主要是通过路测数据来对传播模型的材质损耗进行校准。

右击鼠标选择系统管理中路测项的属性,打开【路测数据配置】对话框,单击【编辑映射表】命令,如图 3.45 所示。

将 Cell ID 的默认值设置为“00”(自定义设置),单击【确定】按钮保存,如图 3.46 所示。

查看【路测数据配置】对话框【数据】选项卡中的 RSSI,确保 RSSI 数值不为空。

打开信源所在平层,双击信源,修改“系统源 ID”为 00,确保与映射表中的 Cell ID 一致,如图 3.47 所示。

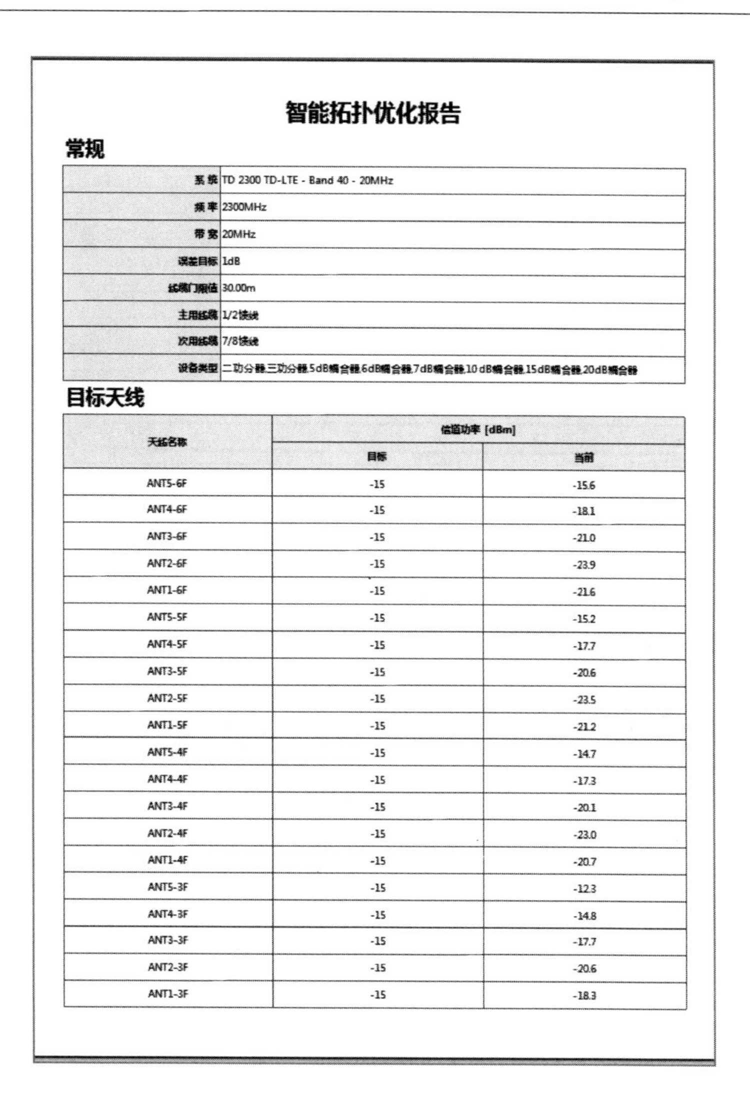

智能拓扑优化报告

常规

系统	TD 2300 TD-LTE - Band 40 - 20MHz
频率	2300MHz
带宽	20MHz
误差目标	1dB
线缆门限值	30.00m
主用线缆	1/2馈线
次用线缆	7/8馈线
设备类型	二功分器,三功分器,5dB耦合器,6dB耦合器,7dB耦合器,10 dB耦合器,15dB耦合器,20dB耦合器

目标天线

天线名称	信道功率 [dBm]	
	目标	当前
ANT5-6F	-15	-15.6
ANT4-6F	-15	-18.1
ANT3-6F	-15	-21.0
ANT2-6F	-15	-23.9
ANT1-6F	-15	-21.6
ANT5-5F	-15	-15.2
ANT4-5F	-15	-17.7
ANT3-5F	-15	-20.6
ANT2-5F	-15	-23.5
ANT1-5F	-15	-21.2
ANT5-4F	-15	-14.7
ANT4-4F	-15	-17.3
ANT3-4F	-15	-20.1
ANT2-4F	-15	-23.0
ANT1-4F	-15	-20.7
ANT5-3F	-15	-12.3
ANT4-3F	-15	-14.8
ANT3-3F	-15	-17.7
ANT2-3F	-15	-20.6
ANT1-3F	-15	-18.3

图 3.44　智能拓扑优化报告

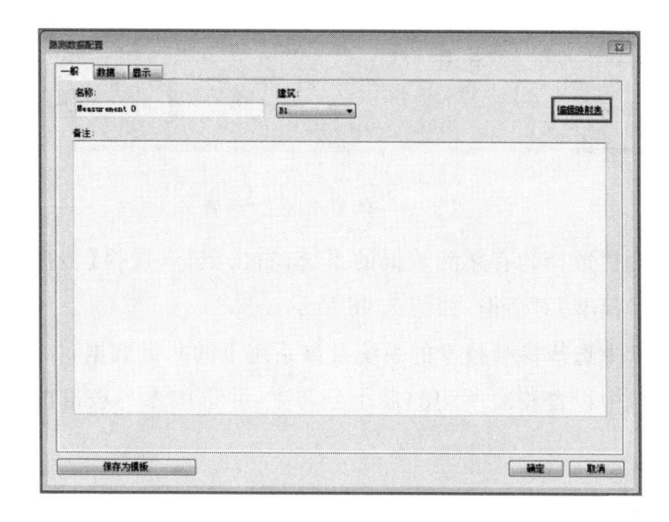

图 3.45　【路测数据配置】对话框

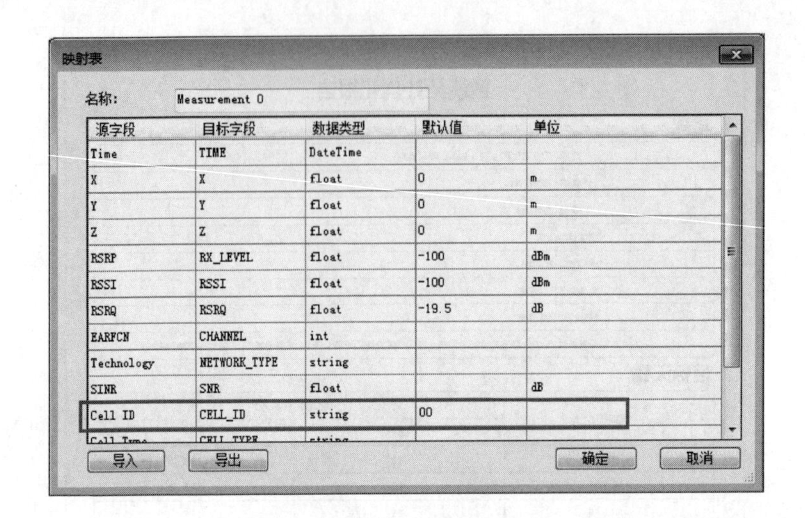

映射表

名称: Measurement 0

源字段	目标字段	数据类型	默认值	单位
Time	TIME	DateTime		
X	X	float	0	m
Y	Y	float	0	m
Z	Z	float	0	m
RSRP	RX_LEVEL	float	-100	dBm
RSSI	RSSI	float	-100	dBm
RSRQ	RSRQ	float	-19.5	dB
EARFCN	CHANNEL	int		
Technology	NETWORK_TYPE	string		
SINR	SNR	float		dB
Cell ID	CELL_ID	string	00	

导入 导出 确定 取消

图 3.46　小区 ID 设置

图 3.47　信源小区 ID 设置

在【系统管理器】栏选择具有路测数据的系统，右击鼠标，选择【传播模型配置】|【校准】命令，弹出【校准传播模型】对话框，如图 3.48 所示。

在【输入】选项卡中选择参与校准的系统及该系统下的测量数据，如图 3.49 所示。

在【配置】选项卡中设置校准所用的最小分辨率，并选中参与校准的材质，默认全选，如图 3.50 所示。

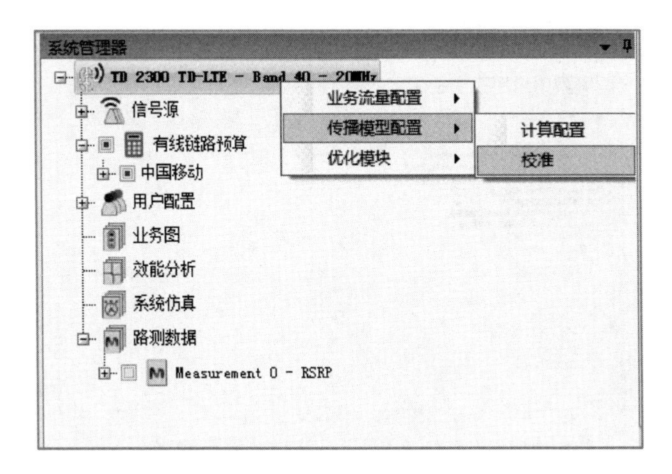

图 3.48　校准传输模型

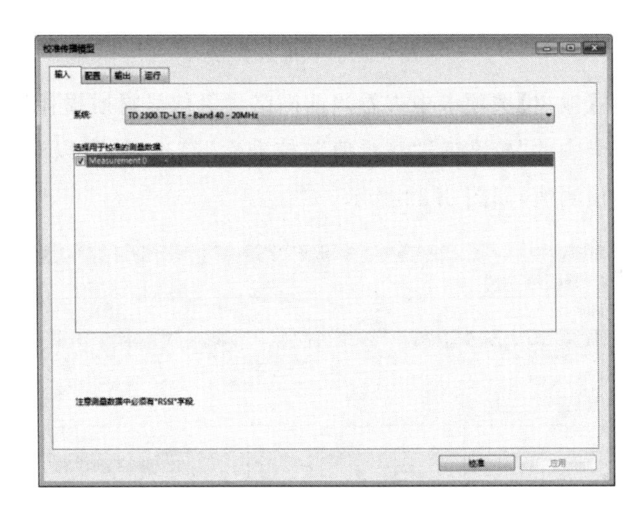

图 3.49　校准系统设置

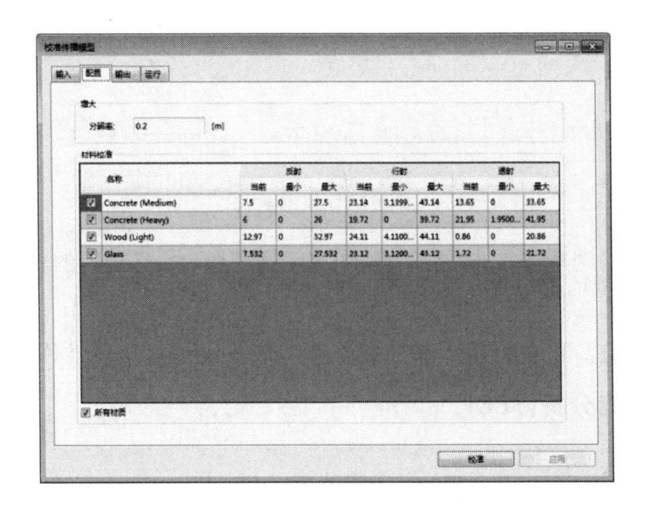

图 3.50　校准配置设置

单击图 3.50 右下角的【校准】按钮,开始校准,如图 3.51 所示。

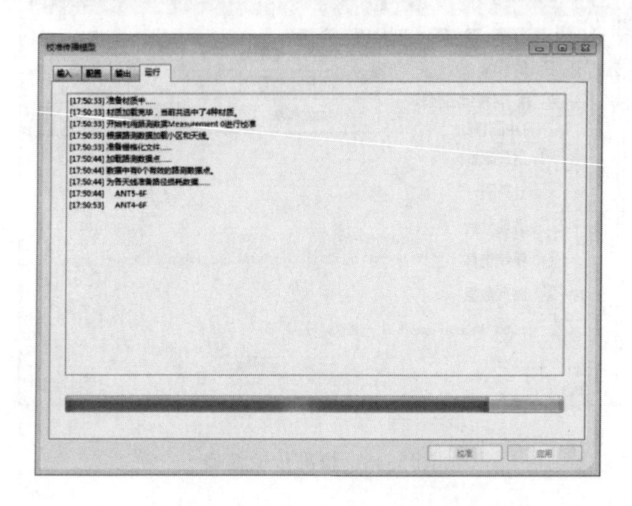

图 3.51 校准过程

校准完成后,可在【输出】选项卡中查看当前网络频段信号材质损耗的参数对比。

选中【输出】选项卡中的“校准前”“测量值”“校准后”等选项,可以对比材质校准前后所有测试点的路径损耗预测值,如图 3.52 所示。

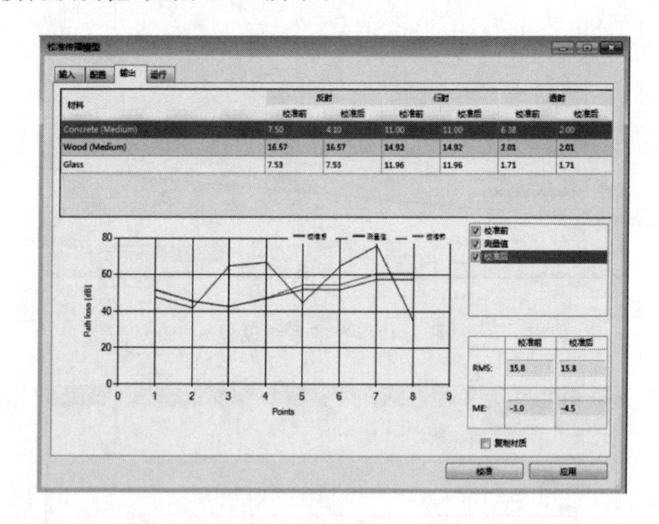

图 3.52 校准对比

完成校准对比,可选中图 3.52 右下角的【应用】按钮,将校准后的材质属性应用到材质库相应的材质属性中。

选择【复制材质】选项,在材质库新建材质并将该频段的材质属性修改为校准后的参数。

步骤 7:系统性能分析(SPE)

(1) 参考信号接收功率计算

右击 SPE 计算的系统,选择【传播模型配置】|【计算配置】命令,根据实际需要设置计算参数,如图 3.53 所示。

• “快速调整传播模型参数”有 5 种参数设置,可以根据实际需求选择速度优先/精度优先。

- “影响楼层数”为楼层信号对其他楼层的影响层数。
- “计算使用线程数”软件默认 8 线程。
- “场景设置模块”室内外联合时设置需要，在此无须设置。

本项目默认传播模型设置，不做修改。一般情况下，没有特殊需求，均可使用默认设置。

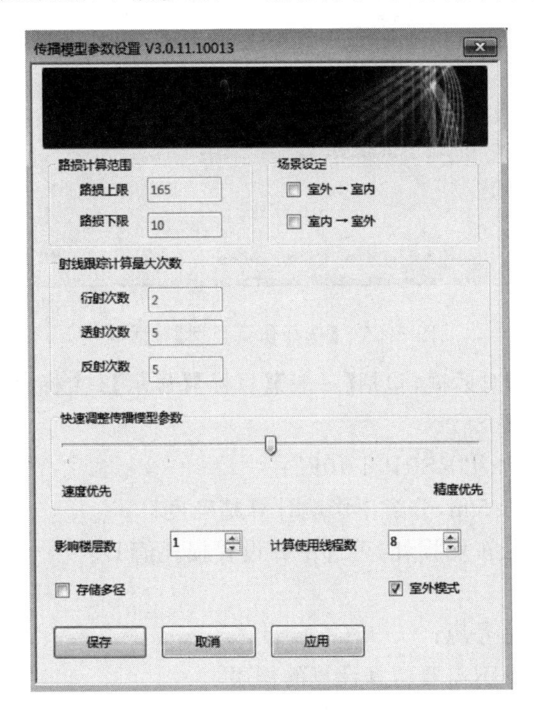

图 3.53　传输模型参数设置

打开【系统管理器】栏，选择【效能分析】|【新建】命令，如图 3.54 所示。

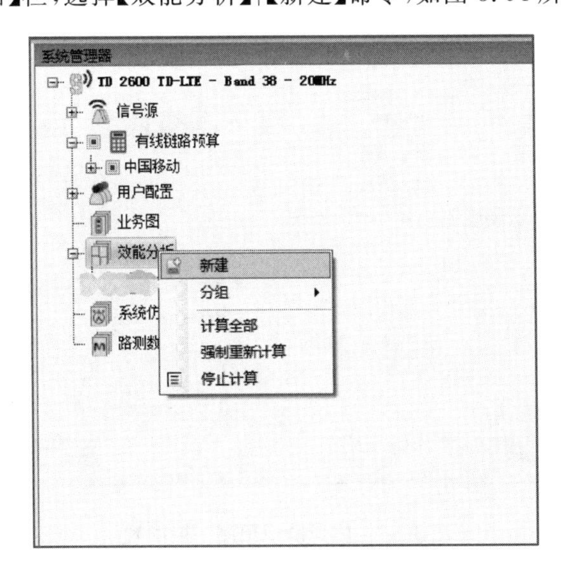

图 3.54　新建效能分析

弹出【选择仿真类型】对话框，在此预测计算可选择“按照天线/信号源”计算，选择按信号源的“参考信号接收功率”，单击【确定】按钮，如图 3.55 所示。

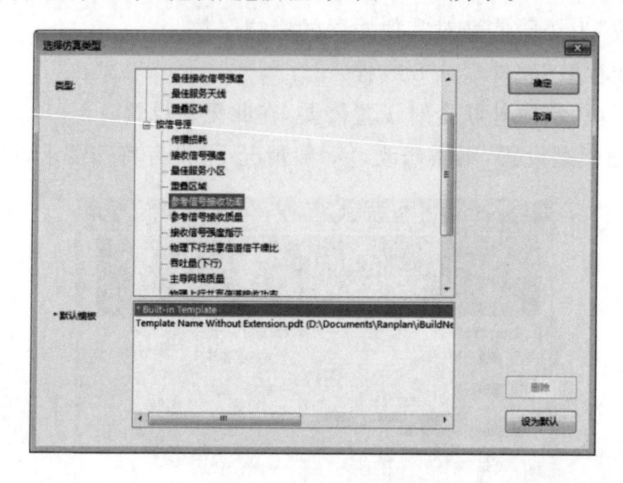

图 3.55 【选择仿真类型】对话框

弹出【仿真模型预测】对话框，包括【一般】【目标】【显示】3 个标签。

①【一般】选项卡设置

- 修改仿真预测名称为“RSRP_1-10F”；
- 计算分辨率默认 0.5 m，分辨率影响计算精确度；
- 若考虑人体损耗及车厢损耗，可选中并设置损耗值 D；
- 添加备注信息；
- 选择需要计算的信号源；
- 过滤楼层为过滤掉不需要仿真计算的楼层；
- 若项目存在路测数据，选中用户测量，引入现有部分信号参与联合仿真。

仿真模型预测一般配置如图 3.56 所示。

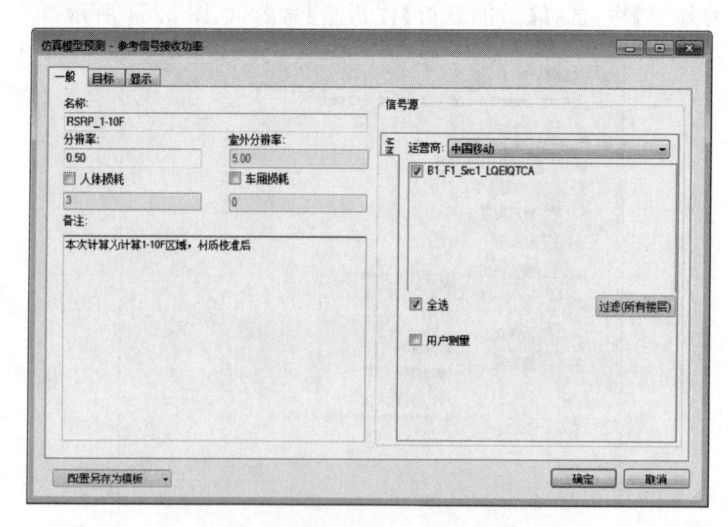

图 3.56 仿真模型预测一般配置

②【目标】选项卡设置

- 设置信号显示高度；
- 仿真计算区域(需提前创建区域)。

仿真模型预测目标配置如图 3.57 所示。

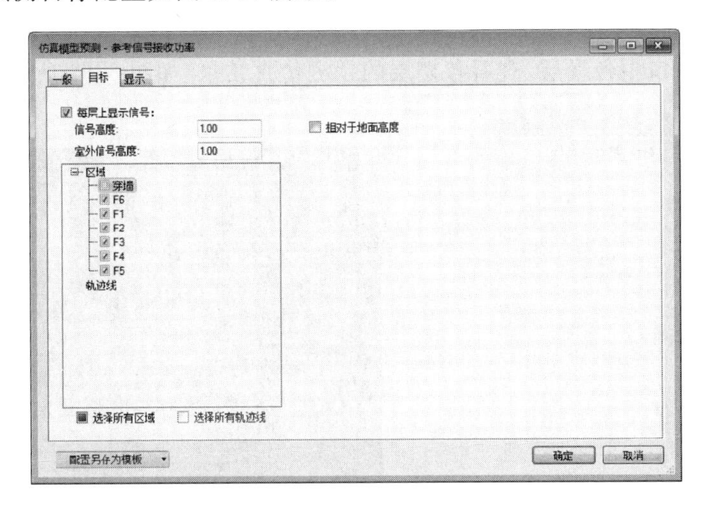

图 3.57　仿真模型预测目标配置

③【显示】选项卡设置

图例显示有两种类型:连续与离散。这里选择连续性(ContinuousInterval)类型,并对图例进行编辑,单击【导出】按钮,可将图例保存为.cfg 格式的文件,在之后的计算中使用。仿真模型预测显示配置如图 3.58 所示。

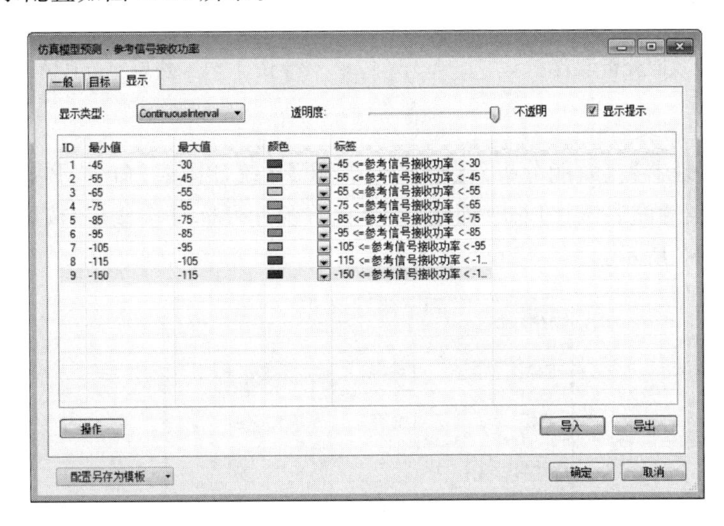

图 3.58　仿真模型预测显示设置

完成配置后,单击【确定】按钮,在任务窗口查看计算进度,如图 3.59 所示。

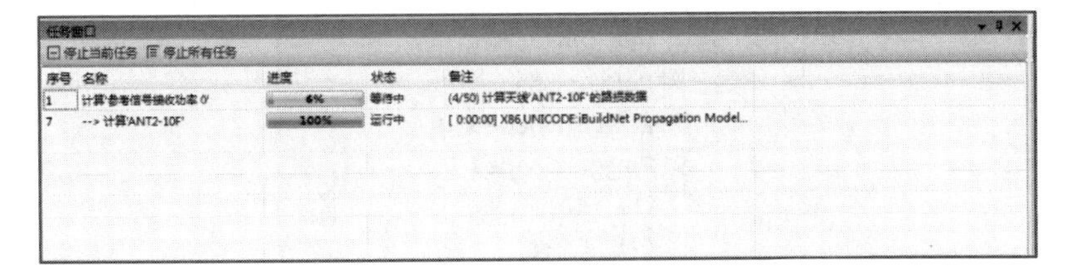

图 3.59　仿真进度

计算完成后，选择【系统管理器】|【效能分析】|【RSRP_1-10F】命令，进行效能分析，如图 3.60 所示。

双击项目树窗口中各平层，查看各楼层的预测仿真结果，如图 3.61 所示。

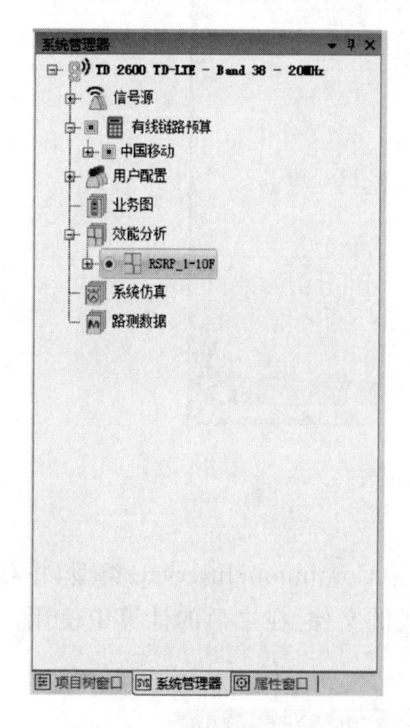

图 3.60　效能分析设置

图 3.61　楼层预仿真结果

(2) 生成统计图表

选择【系统管理器】|【效能分析】|【RSRP_1-10F】|【统计图表】命令，弹出统计图表界面。在左侧数据栏中设置图表统计形式(面积/百分比)，统计目标是按楼层/按区域，选中对应楼层/区域，如图 3.62 所示。

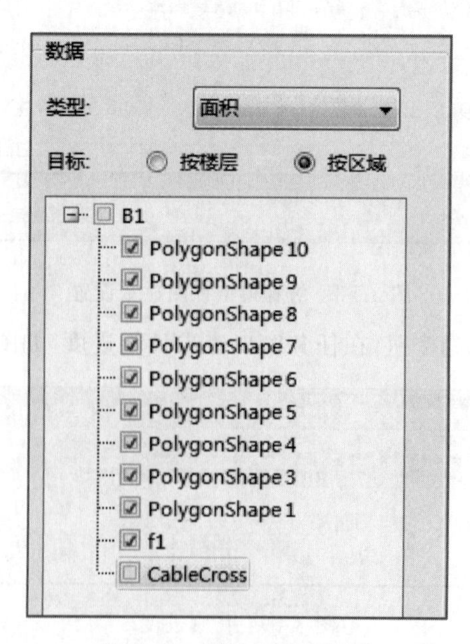

图 3.62　统计表数据设置

本项目选择百分比类型，按区域统计，选择所有楼层区域，统计结果如图 3.63 所示。

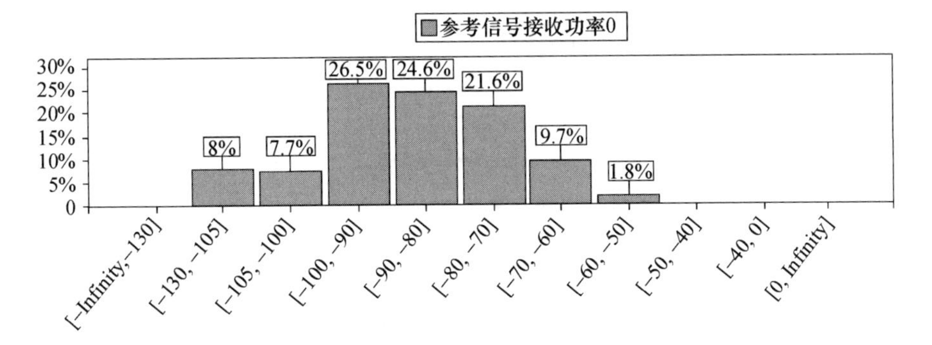

图 3.63　统计结果

统计图表显示样式目前支持 5 种图类型：柱状图-CDF、堆积面积图、柱状图、饼状图及堆积面积图-CDF，同样支持模板自定义，如图 3.64 所示。

步骤 8：打印生成综合报告

统计结果可以直接打印，也可将结果导为 PDF、Word、Excel、JPEG、HTML 等格式的文档。选择【规划设计与防治】|【输出】|【打印/综合报告】命令，弹出报告生成界面，如图 3.65 所示，可保存为输出文件，如图 3.66 所示。综合报告导出文件类型设置如图 3.67 所示。

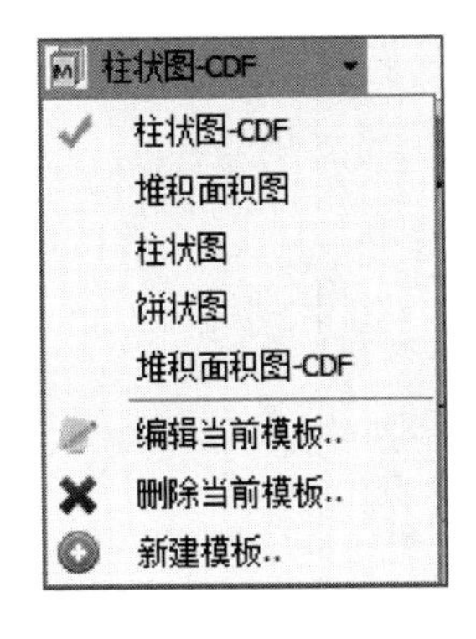

图 3.64　统计结果图类型设置

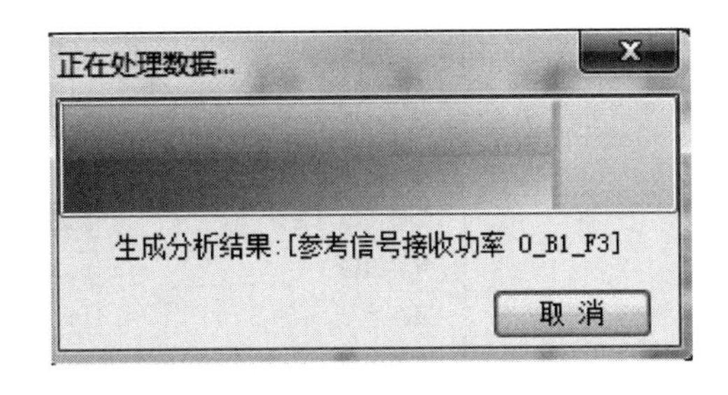

图 3.65　报告生成界面

图 3.66　综合报告

选择【导出】|【Adobe PDF 文件…】菜单，弹出导出设置框，设置导出页面范围（全部/当前页/页数），其他设置可使用默认选项，如图 3.68 所示。

图 3.67　综合报告导出文件类型设置

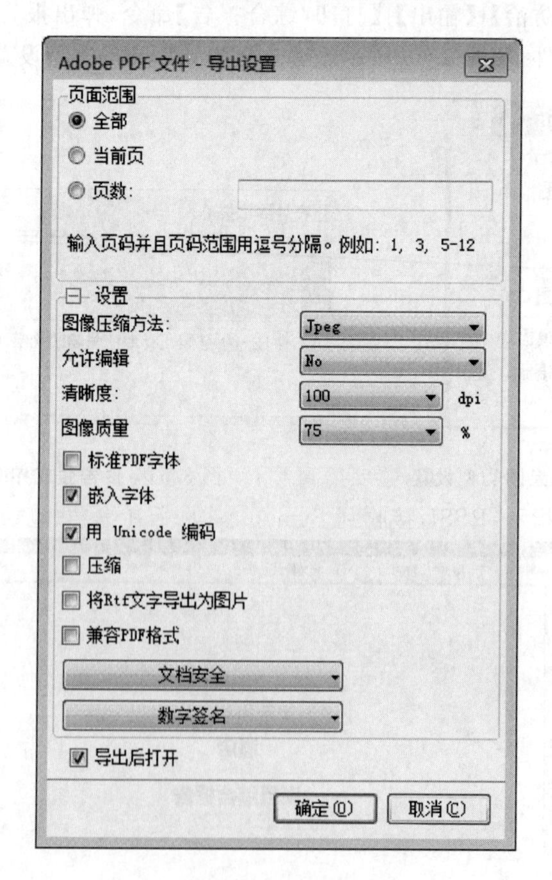

图 3.68　综合报告导出参数设置

iBuildNet 支持传播损耗、接收信号强度、最佳服务小区、重叠区域、参考信号接收功率、参考信号接收质量、接收信号强度指示及物理下行共享信道信干噪比(SINR)等指标的计算仿真，如图 3.69 所示。

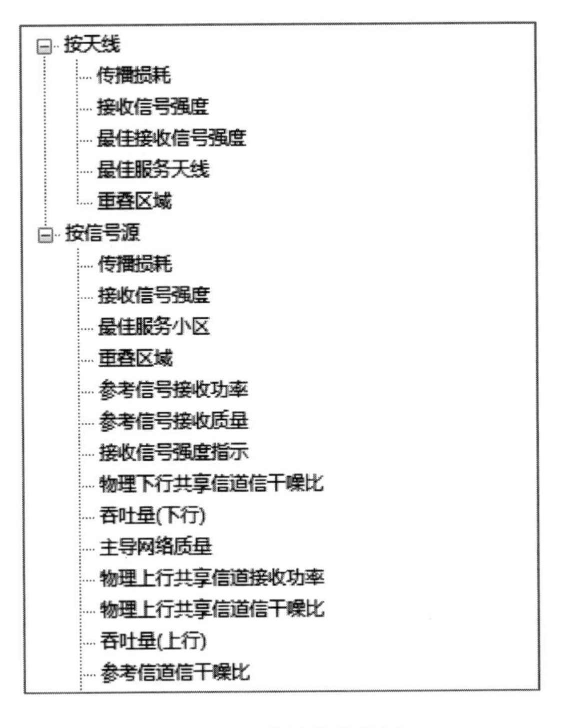

图 3.69　常用性能指标

- 传播损耗：信号经过室内建筑结构/室外地势地貌后的损耗值。
- 接收信号强度：按信源/小区为单位计算的信号强度值。
- 最佳服务天线：天线最佳服务覆盖范围。
- 最佳服务小区：信源/小区最佳服务覆盖范围。
- 重叠区域：同点位信号最强的天线与其他天线信号强度差值 4 dB 为一个重叠区域。按天线计算适用于室内，按信源计算适用于室外。
- 参考信号接收功率：RSRP，用来衡量下行参考信号的功率。
- 参考信号接收质量：RSRQ，主要衡量下行特定小区参考信号的接收质量。
- 接收信号强度指示：RSSI，接收到 Symbol 内的所有信号(包括导频信号、数据信号、邻区干扰信号、噪音信号等)功率的平均值。

RSRQ＝系统带宽 RB 总数×RSRP/RSSI

- 物理下行共享信道信干噪比：PDSCH SINR。
- 吞吐量(下行)：不加载业务的下行理论吞吐量值，仅供用户参考。
- 主导网络质量：在其他信源(室外小区、室内信源)的干扰下，本信源的主导网络质量。
- 物理上行共享信道接收功率：PUSCH RSRP。
- 物理上行共享信道信干噪比：PUSCH SINR。
- 吞吐量(上行)：不加载业务的上行理论吞吐量值，仅供用户参考。
- 参考信道信干噪比：RS-SINR，反映当前信道的链路质量。

步骤 9:编制设计文件

根据附录 1.2 给定的设计文件模板,完成设计文件的编制工作。

任务成果

1. 走线路由图 4 张:1F、2F、3～8F、9～10F。(iBuildNet 绘制)
2. 配线图 1 张。(iBuildNet 绘制)
3. BBU 机房俯视图 1 张,RRU 机房剖面图 1 张。(CAD 绘制)
4. BBU 机柜面板图 1 张。(Visio 绘制)
5. 任务单 1 份。(包括:①新建工程,导入 CAD 图纸的步骤截图;②建筑建模的步骤截图;③设备布放的步骤截图。)

拓展提高

请用 Ranplan iBuildNet 规划软件完成性能分析。

项目4　某室内分布系统工程建设施工

本项目内容主要聚焦于室内分布系统工程的建设施工，经过施工准备、安装施工、改造三个任务的操作与实践，使学生掌握室内分布系统工程的建设施工工作。

本项目的知识结构如图 4.1 所示，操作技能如图 4.2 所示。

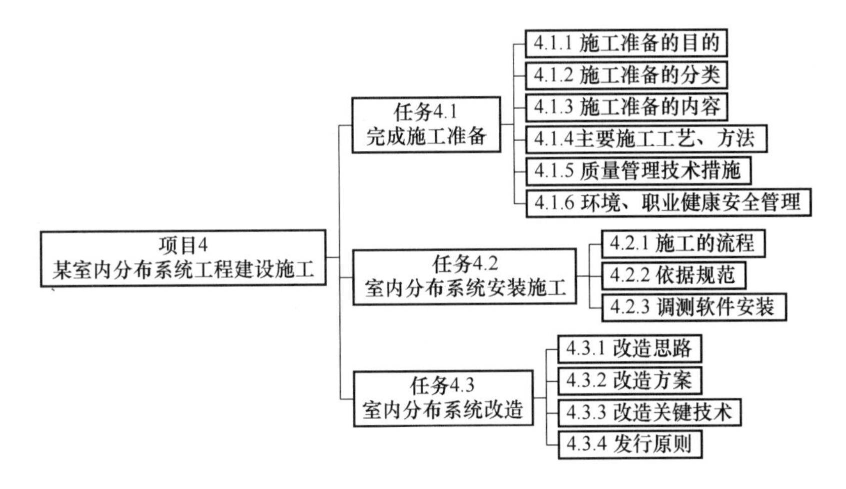

图 4.1　项目知识结构

1. 工程施工准备

专业技能包括：编制施工计划、准备施工所需资源的技能等。

基础技能包括：培训交流技能等。

2. 室内分布系统安装施工

专业技能包括：安装主设备、配件及线缆等技能。

基础技能包括：安装质量检验技能等。

3. 室内分布系统改造

专业技能包括：编制改造方案、完成施工改造的技能等。

基础技能包括：改进设计图的技能等。

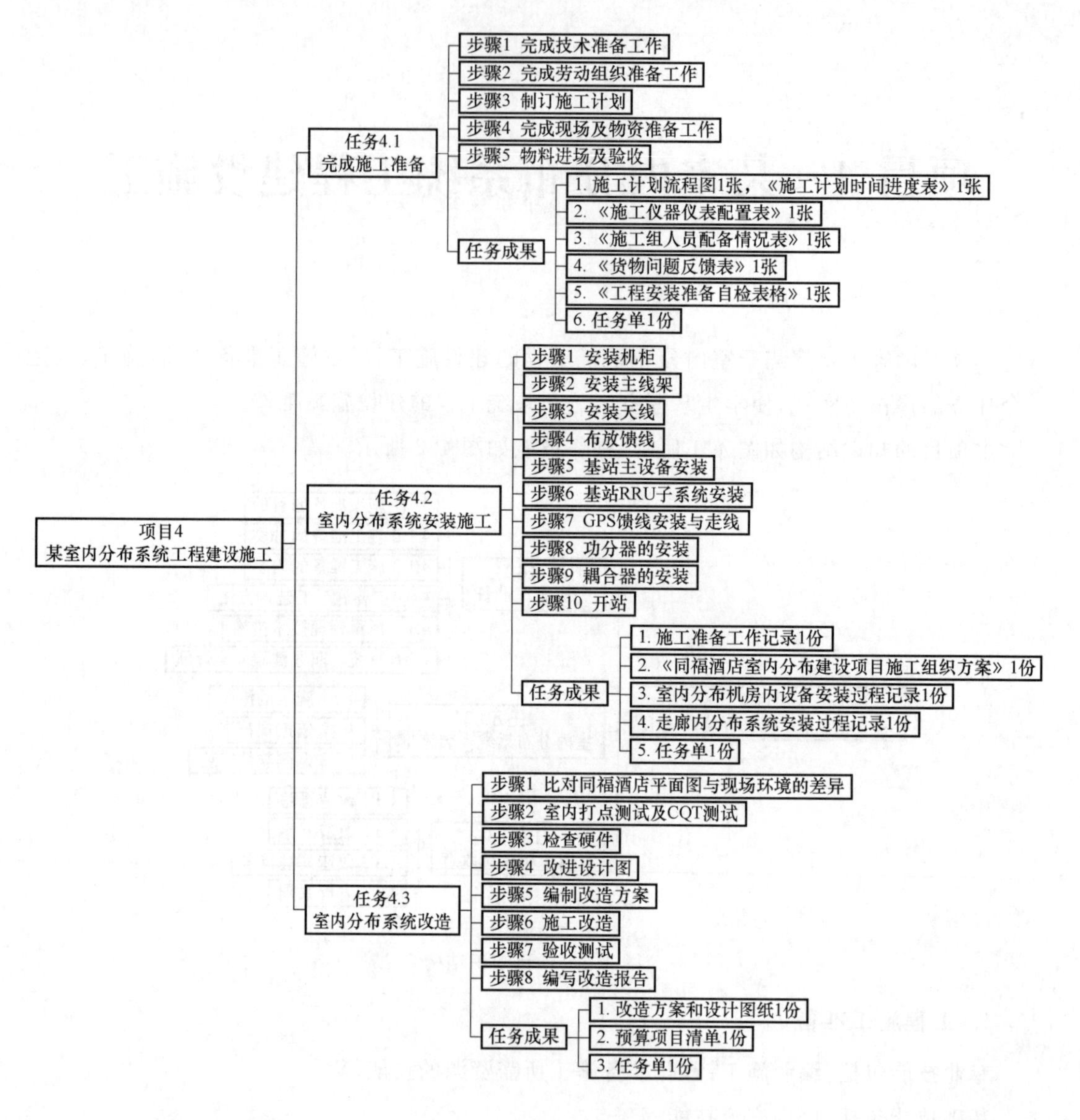

图 4.2　项目操作技能

任务 4.1　工程施工准备

任务 4.1

任务描述

同福酒店室内分布系统工程建设亟待实施，其中该室内分布系统设备安装工作主要包括 BBU＋RRU 信源设备、功分器、耦合器等的安装，馈线布放和站点开通等。作为基站建设项目中标施工单位的工作人员，在完成施工安装任务前，应完成工程施工前的准备工作。为了保证工程的进度、质量，提高工程管理水平，参与任务的同学须严格遵循施工准备工作的程序和内容要求，完成工程的前期准备。

任务解析

1. 施工准备阶段

施工建设流程如图 4.3 所示。

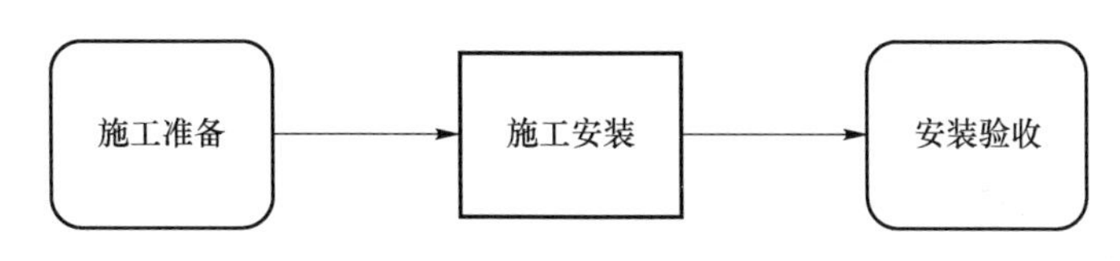

图 4.3　施工建设流程

施工准备在整个施工建设过程中处于建设初期阶段，是室内分布建设非常重要的阶段。该阶段主要包括施工前检查和施工准备两个重要环节。

2. 施工前检查

施工前检查是为了及时发现工程施工存在的风险，一旦发现风险，要评估风险对安装实施的影响。同时检查完成后要填写工前检查表，留以备案，将有效评估后的结果反馈给项目和客户；如无风险，则进入施工前的准备阶段。

3. 施工准备

(1) 技术准备

技术准备是施工准备的核心。由于任何技术差错或隐患都可能引起人身安全和质量事故，因此必须认真地做好技术准备工作。核心是施工组织设计编制。

(2) 完成施工组织工作计划

本次工程规模：同福酒店室内分布系统施工合同配套安装。

本次工程内容：各配套设备、安装进度协调、材料采购（部分主、辅材）、设备及材料保管和运送。

(3) 准备施工现场及物资

施工现场是全体施工人员为建设优质、高效、低消耗的工程，而有节奏、均衡连续工作生产的活动空间。施工现场的准备工作，主要是为了给拟建工程的施工创造有利的施工条件和物资保证。

(4) 准备劳动组织

根据工程施工需求及工程进度适时调遣人员以保证工程保质按时完成。

教学建议

1. 知识目标

(1) 掌握室内分布系统设备安装前准备阶段的工作流程、步骤、工程规范及注意事项等；

(2) 掌握 BBU＋RRU 信源设备、光纤直放站、室内天线、功分器及耦合器等无源器件的外观、型号、参数等知识，并能够选取设备及组装工具。

2. 能力目标

(1) 能够独立完成工程施工准备相关工作；

(2) 能够完成项目安排、实际操作。

3. 建议用时

4 学时

4. 教学资源

(1) 移动通信虚拟现实教学管理软件及其配套课程包;

(2) 在线课程分享管理软件;

(3) 在线同步视频系统。

5. 任务用具

(1) 设备:任务 3.3 中,物料清单表上所有设备。

(2) 工具:手柄、呆扳手、扭力扳手、热风枪、罗盘仪、铝制标牌。

(3) 规格要求:规格说明表、安全要求表。

必备知识

4.1.1 施工准备的目的

1. 遵循工程施工程序

施工准备是施工程序的一个重要阶段,只有做好施工准备相关工作,才能取得良好的建设效果。

2. 降低施工风险

室内分布工程项目施工的生产受自然因素的影响及外界干扰较大,因此可能遭遇的风险较多。只有做好充分的准备,加强应变能力,采取预防措施,才能有效地降低施工风险。

3. 创造工程开工和顺利施工条件

施工中不仅会耗用大量材料,使用许多机械设备,安排组织各工种人力,涉及各种复杂的技术问题,而且还要处理广泛的社会关系。因而,需要通过周密准备和统筹安排,才能使施工有序顺利开展,得到各方面条件的保障。

4. 提高企业经济效益

做好施工准备工作,能调动各种积极因素,提高工程质量,合理组织资源进度,降低工程成本,从而提高企业社会效益和经济效益。反复的实践证明,准备工作将直接影响生产的整个过程。凡是重视准备工作,积极创造有利施工条件的,则该项目能顺利进行,取得施工的主动权;反之,如果忽视准备工作,违背施工程序,或者仓促开工,必然在工程施工进行中处处被动,受到各种掣肘,甚至导致重大经济损失。

4.1.2 施工准备的分类

按拟建工程所处的施工阶段不同,可分为开工前的施工准备和各施工阶段前的施工准备两种。

1. 开工前的施工准备

开工前的施工准备为拟建工程正式开工提供必要的施工条件,是在开工之前所进行的各项准备工作。可能是全场性准备,也可能是单位工程准备。

2. 各施工阶段前的施工准备

各施工阶段前的施工准备为施工阶段正式开工提供必要的施工条件,是在拟建工程开工后各施工阶段开工前所进行的准备工作。各阶段的施工内容有差别,所需物资条件、技术条件、现场布置和组织要求等也不同,所以必须在各施工阶段开始之前做好相关准备工作。

各项准备工作并不是孤立的、分离的,而是相互配合、相互补充的。为了加快准备工作的速度,提高准备工作的质量,需要强化设计单位、建设单位和施工单位之间的协调,建立健全责任制度和检查制度,使施工准备工作有组织、有领导、分期分批有计划地进行,贯穿整个工程始终。

4.1.3　施工准备的内容

工程施工的前期准备是工程施工顺利实施的前提,只有工程施工前做到充分的准备,才能保证工程的质量和进度,一般从以下几个方面着手:

1. 完成技术准备工作;
2. 制订施工计划;
3. 完成现场及物资准备工作;
4. 完成劳动组织准备工作;
5. 物料进场及验收。

工程施工准备流程如图4.4所示。

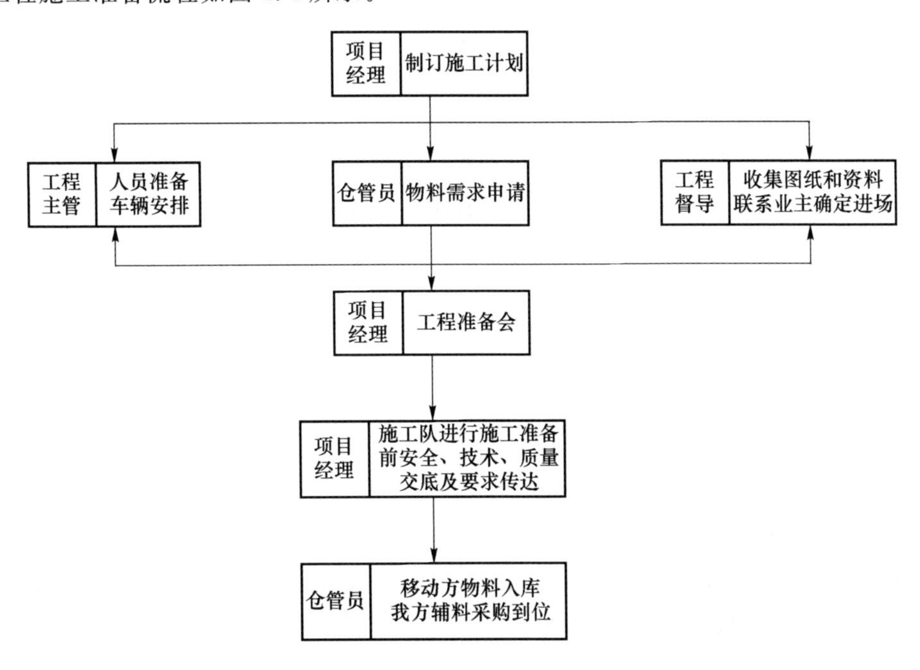

图4.4　工程施工准备流程

4.1.4　主要施工工艺、方法

严格执行施工规范,按施工图、施工手册进行施工。未经总工签名、项目经理同意并向监理公司申报,不得随意改动施工方案。对施工完成部分要做好成品保护。管槽施工必须横平竖直,吊线、格墨、打平水、拉直线(预埋管线除外)。

1. 天线安装工艺要求

(1) 室内安装天线注意事项

室内分布天线安装必须牢固,要距离均匀,位置合适。

天线布放时尽量注意金属结构和墙体结构对信号的影响,选择合适位置。在穿透损耗较大的地方,天线点位尽量靠近房间门口,便于对室内覆盖。

天线尽量隐蔽固定安装在楼层吊顶以内,避免用户的反感。注意美观,尽量与周围环境协调一致,不破坏室内整体环境。

安装天线时应戴干净手套操作,保证天线的清洁干净。

安装每个天线时,要求测试从信号源到该天线的驻波比。

电梯井道内天线的安装采用八木天线,采用特定天线支架安装在电梯井道内,为了不影响电梯运行,本系统的天线、馈线的安装必须严格按照电梯井道内相关规范进行施工;八木天线固定于井道内壁,其主瓣垂直向下。

(2) 室外安装天线注意事项

室外天线的各类支撑件应结实牢固,铁杆要垂直,横担要水平,所有铁件材料都应作防氧化处理。

天线必须牢固地安装在其支撑件上,其高度及位置须与设计方案一致。

天线与跳线的接头应作防水处理,连接天线的跳线要求做一个"滴水弯"。

室外天线都应在避雷针的45°保护角之内。

2. 馈线布放工艺要求

电缆必须走线平直美观,不得有交叉、空中飞线、扭曲、裂损情况。

馈线布放时要注意对馈线的保护,当跳线或馈线需要弯曲布放时,要求弯曲角保持圆滑,其弯曲曲率半径不超过馈线的标称值,如表4.1所示。

表4.1 典型馈线弯曲半径规格

线径	二次弯曲的半径/mm	一次弯曲的半径/mm
1/4″软馈	30	—
1/2″软馈	40	—
1/4″	100	50
3/8″	150	50
1/2″	210	70
7/8″	360	120

馈线在楼层吊顶内穿缆时,应注意对馈线的保护,避免馈线外皮破损。在开放性环境布放馈线时,要对馈线外增加外套保护,增加馈线对外来非人为破坏的承受力,同时可以增加馈线布放的美观性。

室外馈线进入室内前必须有一个滴水弯,加套波纹管时滴水弯底部必须剪切一个漏水口,以防止雨水沿加套的波纹管或馈线进入室内,入线口/孔必须用防火泥密封。

室外及裸露的馈线应全部穿PVC管或金属管(防水、防鼠),当馈线需要转弯时,弯曲角要保持圆滑,馈线要套PVC管或波纹管。室外馈线加套PVC管后,水平布线的PVC管每6米在PVC管下方必须切口,作漏水口。

走线管靠墙布放，要求布放整齐、美观，并用线码或馈线夹进行牢固固定，其固定间距如表4.2所示。

表4.2　走线管间距

	<1/2″线径馈线/m	>1/2″线径馈线/m
馈线水平走线时	1.0	1.5
馈线垂直走线时	0.8	1.0

若走线管无法靠墙布放（如地下停车场），馈线走线管可与其他线管一起走线，并用扎带与其他线管固定。

馈线尽量避免与强电高压管道和消防管道一起布放走线，确保无强电、强磁的干扰。

馈线进出口的墙孔应用防水、阻燃的材料进行密封。

每安装好一根电缆要求测量电缆的馈损。

3. 器件安装工艺要求

耦合器、合路器和功分器等器件的安装要与设计方案位置尽可能一致。在暴露的顶棚区域安装时要将器件稳定美观地固定在顶棚上，并做好防护。

4. 有源设备的安装

有源设备是指干线放大器、光纤有源分布系统的主机单元、远端单元等设备。

设备的安装位置应符合设计方案的要求，尽量安装在馈线走线的线井内，安装位置应便于调测、维护和散热需要。

安装时应用相应的安装件进行牢固固定。

有源设备需要电源类型主要为220 VAC/50 Hz，从大楼配电处取得，要求安装自己的配电箱、插座，主机须接到保护地。

5. 无源器件的安装要求

(1) 原理图上有而安装图未画出的无源器件均安装于竖井内；

(2) 耦合器都要用“L”型馈线座固定；

(3) 无源器件应用扎带、固定件牢固固定，不允许悬空无固定放置；

(4) 接头必须保持完整及清洁，无破损、腐蚀、锈蚀现象；

(5) 安装时按设计方案的位置安装，接头拧紧，两端固定并做好标识；

(6) 严禁接触液体，并防止端口进入灰尘；

(7) 安装时，对于悬空的端口必须接匹配负载。

6. 接地要求

有源设备需要接地排，地排连接到地下室或弱电井保护地，应与大楼地网良好相连；接地点做好防水、防氧化措施。要求接地线的线径大于等于16 mm^2，弯曲角度大于90°，曲率半径大于130 mm，接地电阻小于5 Ω。

7. 标签

对每个设备和每根电缆的两端都要贴上标签，根据设计文件的标识注明设备的名称、编号和电缆的走向。

设备的标签应贴在设备正面容易看见的地方，对于室内天线、标签的贴放应保持美观，且不会影响天线的安装效果。

馈线的标签尽量用扎带牢固固定在馈线上，不宜直接贴在馈线上。

主要设备编号标签如表 4.3 所示，n 表示设备的编号，以每楼层编一次序号，m 为该设备安装的楼层。

表 4.3　主要设备编号标签

设备类型	设备名称	设备编号标签
无源器件	天线	ANT n-m
	功分器	PS n-m
	耦合器	T n-m
	合路器	CB n-m
	负载	LD n-m
	衰减器	AT n-m
有源分布系统设备	干线放大器	RP n-m
馈线	起始端	To——设备编号
	终止端	From——设备编号

4.1.5　质量管理技术措施

1. 全体施工人员必须按质量体系要求施工，特殊工种和关键工序，要持证上岗，牢固树立“质量第一，服务至上”的观念，强化质量意识、服务意识，当进度和质量发生矛盾时，进度服从质量。

2. 办理随工签证手续，做到及时、齐全和清楚，并妥善保管，以备编制工程竣工资料。项目小组要认真组织落实施工检查工作，各道工序严把质量关，避免出现返工现象。

3. 严格按工程施工图设计和部颁规范进行施工，确保施工工艺符合要求，严格按照测试指标进行测试，确保各项指标如实反映设备性能。

4. 工程施工中严把质量关，施工工艺、技术指标要符合设计、工程验收规范和合同(协议)中明确的标准。如业主提出新的要求时，应提供文字依据或协商记录；如果是口头要求时，施工负责人要有详细记录。

5. 按设计施工，不得随意更改设计，如确实需要变更时，小的变更要征得业主和监理的同意；大的变更，则要征得业主、监理、设计和主管单位的同意。不管何种变更都要有记录，填写变更单，大的变更还须附参加协商方的会议纪要，变更单上须有相关方的签字认可。

6. 施工中要按施工工序进行检查，上道工序合格后方可进入下道工序，在施工日志中记录，并进行自检、专检。

7. 设备安装过程中，铁架、机架的安装，电缆、跳线的布放、编扎，电缆芯线的焊接、绕接等工艺要求，应严格按照 YDJ 44—1989《电信光纤数字传输系统工程施工及验收暂行规定》的要求进行。

8. 在机架或走线槽中布放电缆时，注意排放整齐，编扎美观，线缆扎带间距、方向一致，并注意考虑后期施工的电缆布放。在电缆两端贴标签，要求规范一致、清晰，防止错用或混用。

9. 设备电气指标的测试方法和要求，应严格按照测试指标进行测试，确保各项指标如实反映设备性能。

10. 施工人员进行施工时，每天要填写《施工日志》。

11. 项目实施过程中不定期地邀请建设方技术人员进入安装场所，进行检查和监督。

12. 项目小组及时将《工程初检报告》连同《工程完工报告》交公司，由公司向工程部提请复检。

13. 竣工资料编制要根据档案管理的要求，做到齐全完整美观，并经公司工程管理经理审核后，向业主办理移交手续。

4.1.6　环境、职业健康安全管理

1. 严格按照《管理手册》中有关安全管理的要求执行，切实做到“文明施工，安全第一”。施工车辆、机具在进入现场前，汽车队、公司检查施工车辆机具是否符合安全使用的要求，工程负责人对进入施工现场的所有施工人员在开工前必须进行安全教育，并由安全员在施工日志上做好记录。施工时要加强施工安全意识，务必把安全放在首位，不能有丝毫麻痹大意。

2. 施工中的操作要符合安全生产制度的规定，确保施工人员、仪表、车辆、施工机具和施工器材交通安全。

3. 工程负责人是施工现场的安全负责人，要对施工安全全面负责。下设安全员2名，具体负责施工的安全检查工作。严格检查安全操作规程，发现问题及时进行纠正，防患于未然。

4. 按照《安全生产制度》《车辆管理办法》《环境卫生综合治理管理办法》《劳务工管理办法》等要求，做好现场安全文明施工。进行施工劳务、环境、安全管理，按照环境运行控制程序、职业健康安全运行控制，应急准备及响应程序中的要求执行。切实做到“文明生产，安全第一”。

5. 施工车辆、机具在进入现场前，检查施工车辆机具是否符合安全使用的要求。工程负责人对进入施工现场的所有施工人员，在开工前必须进行安全教育，并填写安全技术交底记录。

6. 施工过程中要时刻保证机房环境整洁，施工工具摆放有序，机架及设备表面清洁。设备及材料的拆装纸箱要及时清理出机房，保持现场整洁的同时，消除火灾隐患。

7. 在工程开工前，施工人员要积极主动地对危险源进行辨识，并制订预防控制措施，避免交通事故发生，而造成财产损失和人员伤害。

8. 施工中要严格管理，确保施工人员、设备、仪表、车辆、施工机具和施工器材交通安全。维护保养好本岗位的生产设备、工具及防护装置，保证性能良好，安全可靠；对施工防护设施和个人防护用品进行必要的验收和确认。还要求注意防火、防盗。

9. 接电源线时有强电，容易对人体造成威胁和伤害，进行电源相关操作时需要重视绝缘，配备绝缘胶鞋，并制订安全措施以及紧急预案。

10. 在接电源、测试光纤、割接时，要严格按操作规程办事，并做好防护措施，确保系统不短路、不断路、不中断。避免对人体和设备造成伤害。

11. 布放和绑扎电缆尾纤时，如果采用上走线，则采取防护措施，避免人员摔伤。

12. 工程施工中要注意交通安全，开车时注意不酗酒、疲劳驾驶、无照驾驶。

13. 工程搬运器材、立机架时要注意保证人员、器材的安全。

14. 焊同轴头时避免烫伤。

15. 建立健全各级职业健康安全监控组织和各级人员的安全责任制，按照规定设置安全员。项目经理是安全监督负责人，要对施工安全全面负责。下设安全员，具体负责施工的安全检查工作。严格安全操作规程，发现问题及时进行纠正，防患于未然。

16. 严格按照《固废控制规定》《资源、能源管理办法》《环境卫生、综合治理管理办法》等要求,加强对施工固体废弃物、噪声、扬尘、生产生活污水的排放,化学危险品及其原材料、能源的节约等问题进行管理,以免对环境造成影响。

17. 根据本公司的管理体系要求,对废物采取措施,避免造成污染源。设备安装过程中的污染源主要是设备一次性包装物品,其中尤其以电路板、防静电包装袋为重要污染源,其次是施工过程中产生的废料和废弃物,塑料扎带、PVC 头、电源线头等。

18. 本工程工期比较紧张,要求工地负责人合理安排施工时间,注意施工人员的健康。

19. 发现健康、安全与环境问题要及时排除解决,无法解决的要立即报告领导处理。

20. 充分理解、认识上述章节的危险源,并严格按照对应的控制措施做好危险源控制与规避。

21. 所有从事本次工程的高空作业人员,不得患有心脏病、贫血、高血压、癫痫病及其他不适于高空作业的人。

22. 塔上有人工作时,塔下一定范围内无关人员不得进入,塔下配合人员要佩戴安全帽。在城区内施工,必要时用绳索拦护。

23. 高空作业,所用材料应放置稳妥,所用工具应随手装入工具袋内,防止坠落伤人。

24. 遇有恶劣气候(如风力在六级以上)影响施工安全时,应停止高空塔上作业。

25. 严格遵守运营商给予的割接时间段,割接方案必须要经过电信公司的审批之后方可执行。

26. 严格按照运营商服务规范、产品规范施工,单站结束之后及时、认真地按照自检表项目逐项自检。

任务实施

步骤 1:完成技术准备工作

请教师带领学生,完成以下内容。

1) 熟悉同福酒店室内分布工程有关资料,审查设计图纸

核对图纸完整程度,图纸有无矛盾和错误,施工条件与设计内容能否吻合,各工种的配合衔接是否存在问题等。同时应掌握设计数据、施工环境、结构特征及工期要求等资料。

2) 搜集资料,现场查勘

为了做好施工准备工作,除了要掌握有关拟建工程的书面资料外,还应该做好拟建工程的实地勘测和调查,搜集建设工程当地的自然条件资料和技术经验资料;深入实地查勘施工现场情况,获得有关数据的第一手资料,这对于拟定一个先进合理、切实可行的施工方案尤为重要。

3) 编制施工组织设计

施工组织设计是施工准备工作的重要组成部分,也是指导施工现场全部生产活动的技术经济文件。为了正确处理人与物、主体与辅助、工艺与设备、专业与协作、供应与消耗、生产与储存、使用与维修以及它们在空间布置、时间排列之间的关系,必须根据拟建工程的规模、特点和要求,在原始资料调查分析的基础上,编制出一份能切实指导该工程全部施工活动的科学方案,即施工组织设计。

(1) 施工组织设计的基本概念

施工组织设计是指导拟建工程施工全过程各项活动的技术、经济和组织的综合性文件。

施工组织设计要根据国家的有关技术政策和规定、设计图纸和组织施工的基本原则,从拟建工程施工全局出发,结合工程的具体条件,合理地组织安排,采用科学的管理方法,不断

地改进施工技术，有效地使用人力、物力，安排好时间和空间，以期达到耗工少、工期短、质量高和造价低的最优效果。

编制一个好的施工组织设计可以大大降低标价，提高竞争力。编制的原则是在保证工期和工程质量的前提下，尽可能使工程成本最低，价格合理。

(2) 施工组织设计的编制原则和编制依据

① 施工组织设计的编制原则

认真贯彻国家对通信工程建设的各项方针和政策，严格执行建设程序。

科学地编制进度计划，严格遵守工程竣工的要求及交付使用期限。

遵循施工工艺和技术规律，合理安排工程施工程序和施工顺序。

在选择施工方案时，要注意结合工程特点和现场条件，使技术的先进适用性和经济合理性相结合；还要符合操作规程要求、验收规范和有关安全、防火及环卫等规定，确保施工质量和现场安全。

对于在雨季、冬季施工的项目，应落实季节性施工措施，保证生产的均衡性和连续性。

多利用正式工程、已有设施，尽量减少各类临时性设施；尽可能就近利用本地资源，合理安排运输、装卸与储存作业，减少物资运输量，避免二次搬运；精心进行场地规划布置，节约施工用地。

要贯彻“百年大计，质量第一”和预防为主的方针，制订质量保证措施，预防和控制影响工程质量的各种因素。

要贯彻安全生产的方针，制订安全保证措施。

② 施工组织设计的编制依据

施工组织设计应以工程对象的类型和性质、所在地的自然条件和技术经济条件及收集的其他资料等作为编制依据。主要包括：

经过复核的工程量清单及开工、竣工的日期要求；

施工图纸及设计单位对施工的要求；

建设单位可能提供的条件和水、电等的供应情况；

各种资源的配备情况，如机械设备来源、劳动力来源等；

施工现场的自然条件、现场施工条件和技术经济条件资料；

有关现行规范、规程等资料。

施工组织设计是企业控制和指导施工的文件，必须结合工程实体，内容要科学合理。在编制前应会同各有关部门及人员，共同讨论和研究施工的主要技术措施和组织措施。

步骤2:完成劳动组织准备工作

学生分角色扮演工程施工组人员，明确各自职责，填写《施工组人员配备情况表》。

1) 建立拟建工程项目的领导机构

施工组织机构的建立应遵循以下原则：根据拟建工程项目的结构、规模和复杂程度，确定项目施工的领导机构名额及人选；分工与协作相结合；把有工作效率、有创新精神、有施工经验的人员安排在领导层；认真贯彻因事设职、因职选人的原则。

2) 建立精干的施工队伍

施工队伍的组建要充分考虑工种、专业的配合，各级别工人的比例要符合流水施工组织方式的要求，要能满足合理的劳动组织，确定是建立专业施工队伍或是混合施工队伍，要坚持精干、合理的原则，进而制订出劳动力需求计划。

3) 集结施工力量、组织劳动力进场

工地的领导机构确立后，按照劳动力需求计划和开工时间，组织劳动力进场。同时要及时进行文明施工和安全等方面教育,并安排好生活后勤保障。

4）向施工队组、工人进行施工组织设计、计划和技术交底

交底是为了把设计内容、施工计划和施工技术等具体要求详尽地向施工队组和工人介绍交代,这是技术责任制和落实计划的较好选择。

交底需要在分部分项工程或单位工程开工前按时进行,以保证工程严格地按照设计图纸、施工组织设计、安全操作规程和施工验收规范等要求进行施工。

交底的内容有工程的施工进度计划、月(旬)作业计划,施工组织设计,安全保障措施、质量标准、验收规范和成本控制措施的要求,新技术、新材料、新结构和新工艺的实施计划和保障办法,图纸会审时确定的技术核定和设计变更事项。交底时要根据管理架构逐级进行,从上至下直到工人。口头交底、书面交底和现场示范都属于交底的方式。队组接受交底后,要组织工人进行仔细的研究分析,搞清楚质量标准、关键技术、操作要领和安全措施。根据需要进行示范,并做好任务分工及配合协作,建立健全岗位责任制。

(1) 施工前交流

依据电信公司确认的施工计划和设计文件,项目经理和技术支持工程师、工程督导及主要施工队员与电信公司有关工程人员进行施工前的交流,加强电信公司与施工方的技术了解。

(2) 明确要求和传达

工程开工前,项目经理召集施工队长及有关人员召开工程准备会,依据施工计划和设计文件,由工程督导对施工队员贯彻落实整体工程精神及电信公司有关要求,明确各施工区域每阶段施工任务,做好内部分工,并重申施工安全和质量服务意识教育。

(3) 培训与考核

工程队长督促施工队员做好施工前的各种准备工作,根据施工计划和具体情况开展必要的培训和考核。

5）建立健全各项管理制度

施工现场的各项管理制度直接影响到各项施工内容的顺利进展。有章不循其后果是严重的,而无章可循更是危险的。为此必须建立健全相关管理制度,通常内容如下:

技术档案管理制度,质量检查验收制度,材料设备验收检查制度,技术责任制度,交底制度,施工图纸会审与学习制度,考勤制度,职工考核制度,安全施工制度,耗材出入库制度,工地经济核算制度,工具使用保养制度。

工程实例

施工组人员配备情况如表 4.4 所示。

表 4.4　施工组人员配备情况

工作组	岗位	数量	岗位职责
工程施工组	工程主管	1	负责施工进度的把控,工程竣工文件审核,与铁塔等客户有关施工工作接口和沟通
	质量工程师	2	负责施工站点施工质量工艺规范,质量检查,施工人员质量工艺培训
	安全工程师	2	负责施工站点施工安全规范,安全检查,施工人员安全培训
	督导工程师	3	负责施工现场督导,施工规范,施工进度,质量安全,竣工资料的制作
	开通测试工程师	2	负责站点开通验收,故障处理维护
	施工队长	5	负责现场施工组织
	施工人员	30	负责站点施工

施工组人员主要职责如下：

主要负责工程的安装施工，以及施工过程中的现场协调工作；

站点的接入开通调试和系统运行后的测试；

工程质量的监督和技术支持以及质量、安全检查；

负责跟踪和管理项目进度计划的执行状况，实时跟踪工程项目执行状况，提交有关项目进度报告；

对系统运行后的维护、抢修和远程、现场技术支持工作。

步骤3：制订施工计划

请教师带领学生分小组完成施工流程图，分角色扮演施工任务，制订施工计划时间进度表。

(1) 整体计划

施工的管理流程和工作流程息息相关。移动基站在网上正常、可靠的运行与安装工程质量密切相关。项目经理协调电信公司、业主、施工队之间的关系，明确电信公司对工程的整体要求及业主对场内施工的安排，并明确施工阶段工作职责划分，依此制订整体施工计划，工程施工管理流程如图4.5所示。

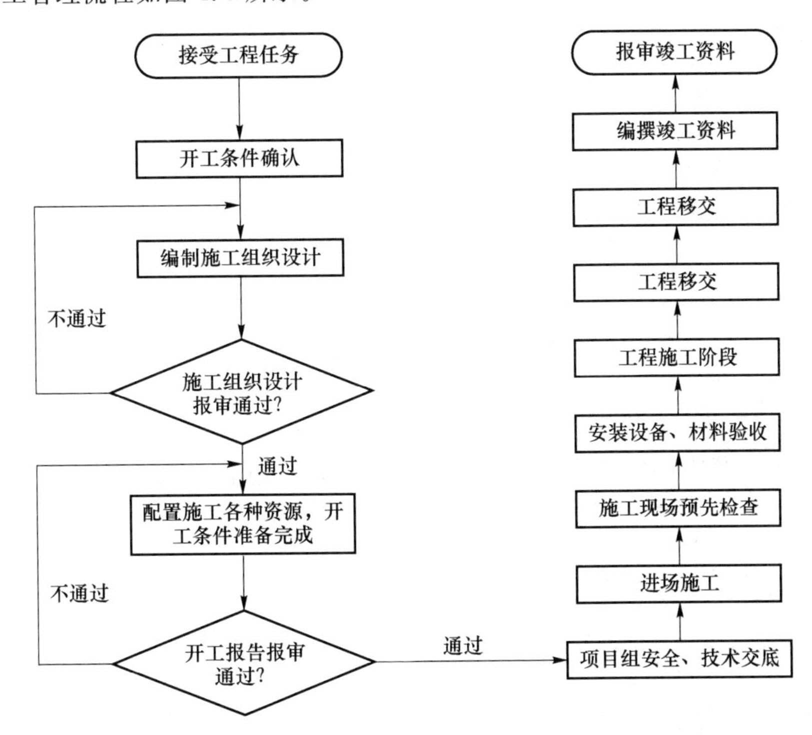

图4.5　工程施工管理流程

工程准备是整个安装工程的第一步，也是保障整个工程顺利进行的前提，包括的工作非常多，详细工作流程和内容如图4.6所示。

(2) 详细计划

工程督导根据整体施工计划制订各施工区域施工计划表，作为各施工队的施工进度依据。表4.5为工程施工实施进度表示例，工作量单位：7天。

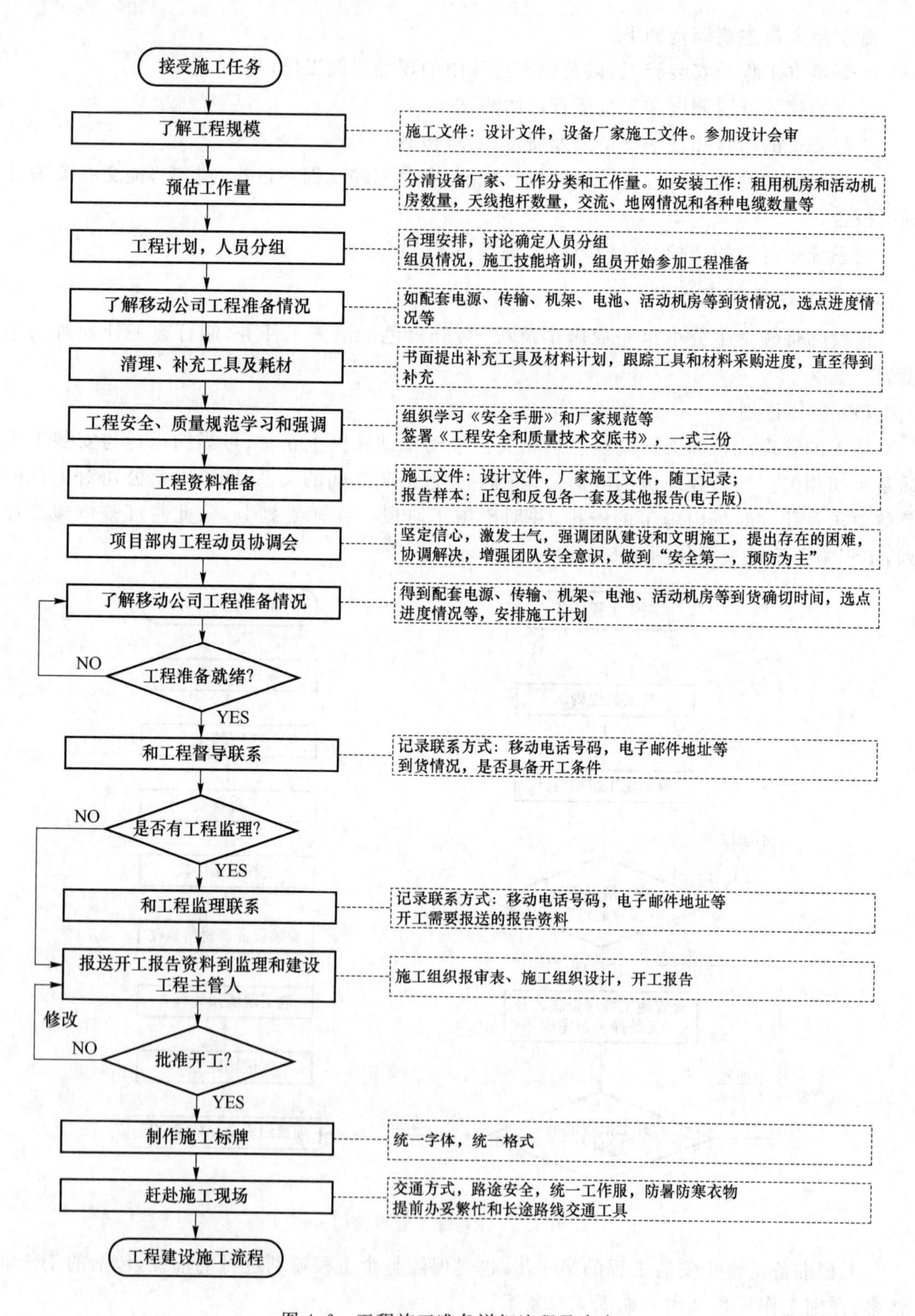

图 4.6　工程施工准备详细流程及内容

表 4.5　工程施工准备详细计划　　工作量单位:7 天

编号	详细内容	计划时间	备注
1	工程施工测量并进行材料准备	2	收到中标通知书,合同签订前进行
2	用户场地环境调查	1	与 1 同期进行
3	用户场地环境准备	1	与 1 同期进行
4	确定项目实施方案	1	与 1 同期进行
5	设备到货及开箱验收	1	与 1 同期进行
6	设备安装和调试	5	
7	系统联调,调试合格,初验,可开通使用	2	

步骤 4:完成现场及物资准备工作

根据实训室机房条件,完成资源查勘任务,并完成施工仪器仪表准备工作,填写《施工仪器仪表配置表》。详见附录 2.2。

1) 完成现场准备工作

(1) 在基站设备和天馈系统安装工程开始以前,必须对机房、屋面的建筑和环境条件进行检查。

机房、屋面结构、塔结构是否牢固,承载应符合通信设备安装要求。

机房内外土建工程全部竣工,室内墙壁、地面已干燥,机房门窗符合通信机房设计要求,房门锁和钥匙齐全。

检查现场情况确定合理馈线走向,实测长度。

现场环境不会对施工人员职业健康产生危害。

工程督导须提供《安装环境检查表》。由客户代表和勘测工程师根据工程勘测指导书进行“前期一次检查”,完成后再由客户代表和工程督导进行“工前二次检查”。所有检查项目都应如实填写,以确认是否具备开局条件。

(2) 机房应具备装机条件

机房配套建筑须满足工程设计需要。有关建筑已完工并经验收合格,室内墙面、地面已完全干燥,门窗开关应可靠安全。

机房馈线孔洞窗已安装,位置、尺寸、数量等均应符合设计要求。

新机房,空调已安装完毕并可正常使用。室内湿度应符合设计要求。

机房接地系统必须符合工程设计的要求,机房内应设有工作地排,保护地排,机房外应设有防雷地排(各地排规格和孔洞符合工程设计要求),各地排有接地引入线($40\times4\ mm^2$ 扁钢或 $95\ mm^2$ 铜线)牢固连接,接地电阻符合设计要求。

市电已引入机房,机房照明系统已能正常使用。

配套的走线架、电源、传输设备已安装。

机房承重满足设备安装要求。

机房建筑必须符合 YD 5002—1994《邮电建筑防火设计标准》的有关规定。机房内及其附近严禁存放易燃易爆等危险品。

(3) 馈线走线架应具备安装条件

室外走线架宽度不小于 0.4 米,横档间距不大于 0.8 米,横档宽度不大于 50 毫米,横档厚度不小于5毫米。

从铁塔和桅杆到馈线孔必须有连续的走线架。为使馈线进入室内更安全、更合理，施工更安全便利，高层机房外爬墙走线架应在馈线孔以下留有1.5～2米长。

走线架须有足够的支撑力承重。

2）完成物资准备工作

器材、线缆、工具和设备等是保证施工顺利进行的物资基础，这些物资的准备工作必须在工程开工之前完成。根据各种物资的需要量计划，分别落实货源，安排运输和储备，使其满足连续施工的要求。具体工作包括：

根据施工预算、分部（项）工程施工方法和施工进度的安排，拟定物资的需要量计划；

根据各种物资的需要量计划，组织货源，确定供应地点和供应方式，签订供应合同；

根据各种物资的需要量计划和合同，拟运输计划和运输方案；

按照施工总平面图的要求，组织物资按计划时间进场，在指定地点，按规定方式进行储存或堆放；

工程安装施工涉及大量物资分配、发送与接收，必须做到分货发货有条不紊，才能保证工程的进度及总体成本控制。

(1) 物料计划需求

仓管员根据施工计划和设计方案做好物料采购订单计划，对于大型工程可在施工现场或附近设立施工临时材料仓库，若须设立施工临时材料仓库，按照工程仓库管理的要求进行管理。

(2) 资源准备

工程督导根据电信公司确认的施工进度计划进行人员、车辆、工具和仪器仪表的准备。特别是室内分布系统施工和调测的专用工具、仪器仪表，如频谱仪、驻波仪等专用通信测试仪器的准备。

① 施工用车辆和机械设备配置情况

施工用车辆和机械设备配置情况如表4.6所示。

表4.6 施工用车辆和机械设备配置情况

施工队	设备名称	自有/租用	数量	型号	制造商	功能	购置年份
	发电机	自有	2			临时供电	2007
	电锤	自有	2				2010
	电焊机	自有	2				2010
	老虎钳	自有	1				2010
	车辆	租用	1	SGM7187ATA	雪佛兰	指挥/运输	2010
	车辆	租用	1	BH7162MW		指挥/运输	2011

② 拟投入工程施工主要仪器、仪表等设备配备

施工用仪器仪表设备配置情况如表4.7所示。

表 4.7　施工用仪器仪表设备配置情况

设备名称	配备数量/套	型 号	制造商	仪表功能	购置年份
1. 用于本工程的自有主要仪器仪表设备					
WLAN 测试设备＋抓包卡	2			WLAN 测试	
测试手机	2			测试手机	
TDL 测试软件	2			LTE 测试	
CDMA 路测软件(含终端)	2			CDMA 测试	
驻波比测试仪	2		安利	驻波比检测	
频谱分析仪	2		安利	频谱分析	
路测软件	2			TD 测试	
笔记本式计算机	3		联想	办公	
光功率计	5			光路检测	
红光源	5			光路检测	
GPS	1			定位	
万用电表	2			电路检测	
数码相机	2			办公	
2. 计划为本工程购置的仪器仪表设备					
3. 计划为本工程租用的仪器仪表设备					

3）施工手续的准备工作

施工准备阶段首先需要注意的是物业准入情况，要完成相应的手续，办理好相应的证件，以备施工时准入使用。工程督导和工程队长根据施工计划，提前确认施工站点，并与相关物业沟通，签订物业协议，办理进出入手续及许可证，确定好物料进场时间。

步骤 5：物料进场及验收

根据施工图纸清单，由每组的施工队长及施工队员完成物料清点及准备工作，填写《货物问题反馈表》。

1）物料出入库

仓管员安排落实好公司物料入库和施工方辅材入库，检查无误后做好入库单，拟定好物料进场计划，并按物料进场计划派给相关施工队做好物料出库单。

2）进场材料清点检查

工程材料由施工方提供，主要核实室内分布物料和安装辅料。一般情况下，工程设计时会确定一份室内分布物料的清单列表，一般包括物料名称、型号及数量等。对照物料清单表，检查实际到货的室内分布物料型号和数量是否与物料清单一致。如果不一致，查明原因，并及时更正。

物料清单实例

某物料清单如表 4.8 所示。

表 4.8 物料清单(示例)

序号	器件	型号	单位	汇总数量	备注
1	直放站	CDMA 近端	台	1	新建
2	直放站	CDMA 远端 5 W	台		新建
3	直放站	CDMA 远端 10 W	台		新建
4	直放站	CDMA 远端 20 W	台	2	新建
5	直放站	LTE 近端	台		新建
6	直放站	LTE 远端 5 W	台		新建
7	直放站	LTE 远端 10 W	台		新建
8	直放站	LTE 远端 20 W	台		新建
9	功分器	二功分	只	116	新建
10	功分器	三功分	只	8	新建
11	功分器	四功分	只		新建
12	耦合器	5 dB	只	24	新建
13	耦合器	6 dB	只	19	新建
14	耦合器	7 dB	只	59	新建
15	耦合器	10 dB	只	73	新建
16	耦合器	15 dB	只	14	新建
17	耦合器	20 dB	只	1	新建
18	耦合器	25 dB	只		新建
19	耦合器	30 dB	只		新建
20	耦合器	35 dB	只		新建
21	耦合器	40 dB	只	2	新建
22	天线	吸顶全向天线	副	298	新建
23	天线	吸顶定向天线	副		新建
24	天线	定向壁挂天线	副	30	新建
25	天线	对数周期天线	副		新建
26	天线	美化天线	副		新建
27	合路器	CDMA<E	个	7	新建
28	合路器	WLAN&CDMA	个		新建
29	负载	50 W	个		新建
30	双工器		个		新建
31	电桥	200 W	个	2	新建
32	射频同轴电缆	1/2″	米	3 800	新建
33	射频同轴电缆接头	1/2″	个	968	新建
34	射频同轴电缆	7/8″	米	4 800	新建
35	射频同轴电缆接头	7/8″	个	487	新建
36	CDMA RRU		台	2	新建
37	LTE RRU		台	4	新建

3）开箱验货

在非交钥匙方式下，开箱时要求客户方和工程督导（供货商工程师或合作方工程师）必须同时在场，如开箱时双方不同时在场，则出现货物差错问题，由开箱方负责。

在交钥匙方式下，工程督导与订单管理工程师进行货物的开箱、验收和移交，并签字确认。开箱验货的操作和货物问题的反馈方法，除了不需客户方签字外，其余与非交钥匙工程的操作方法一样。货物在整个工程初验合格后一起移交给客户。

下面着重介绍非交钥匙方式下的开箱验货和货物移交过程。

(1) 核对装箱单

开箱前，双方需要检查包装箱是否有破损，发现破损时应立即停止开箱，并与供货商当地办事处订单管理工程师取得联系，等候处理。同时检查现场包装箱件数与《装箱单》是否相符，运达地点是否与实际安装地点相符，若出现不符，工程督导应将经客户签字确认的《货物问题反馈表》反馈给当地办事处订单管理工程师。

当以上各项检查通过，即可开箱验货。

货运包装箱分木箱和纸箱两种，现场应根据不同的包装箱使用不同工具开箱。通常《装箱单》装在 1 号纸箱中，该纸箱可能贴有红色标签以便识别。

(2) 木箱的开箱和货物检查

木箱一般用于包装机柜等沉重物品。

机柜的包装件包括木箱、泡沫包角和胶袋。开箱前最好将包装箱搬至机房或机房附近（空间允许情况下）进行开箱，以免搬运时损伤机柜。

开箱步骤如下：

① 用羊角锤、钳子、一字螺丝刀、撬杠启掉包装铁皮，打开包装箱盖板；

② 使用一字螺丝刀插入木箱面板接缝处，将其松动，然后再插入撬杠将其撬开，直至完全将这面包装板去掉；

③ 将货物拉出，注意拉出之前不能去除货物包装胶袋；

④ 除去货物包装胶袋。

开箱后进行货物检查，主要检查：

① 机柜的外观有无缺陷，整个机柜是否扭曲变形；

② 机柜的前、后门是否齐全配套；

③ 机柜顶盖是否完好，标识是否清晰；

④ 插框板名条及假面板等是否安装齐全；

⑤ 机柜内部卫生情况是否符合要求；

⑥ 馈线夹等其他货物是否齐备且没有损坏。

(3) 纸箱的开箱和货物检查

纸箱一般用来包装单板、模块和终端设备等物品。单板是置于防静电保护袋中运输的，袋中一般有干燥剂，以保持袋内的干燥。

拆封时必须采取防静电保护措施，以免损坏设备；同时，还必须注意环境温、湿度的影响。注意当设备从一个温度较低、较干燥的地方拿到温度较高、较潮湿的地方时，必须至少等待 30 分钟以后再拆封。否则，可能会由于潮气凝聚在设备表面，而损坏设备。

开箱步骤如下：

① 查看纸箱标签，了解箱内单板类型、数量；

② 用斜口钳剪断打包带；

③ 用裁纸刀沿箱盖盒缝处划开胶带，在用刀时注意不要插入过深避免划伤内部物品；

④ 打开纸箱，取出泡沫板；

⑤ 浏览单板盒标签，查看数量是否与纸箱标签上注明的数量相符，然后取出单板盒；

⑥ 打开单板盒，从防静电袋中取出单板。

开箱过程中要注意以下问题。

拿取单板时必须采取防静电保护措施；单板盒打开后，单板外还有一层普通袋包装和一层防静电袋包装，请妥善保管这两个袋子，以便在备板保存和故障板返修中使用。

开箱后进行货物检查，下一箱开箱之前必须对本箱进行检查，在确认本单板盒内确实是空的以后再拆下一箱，避免失误。切忌纸箱内还有未取出的单板便将纸箱扔掉，给施工带来麻烦。

开箱后主要检查：

① 内部包装是否有破损情况；

② 单板和模块等物品的数量、型号是否与《装箱单》内容相符；

③ 是否存在印制板断裂，元器件脱落等现象；

④ 检查计算机终端的显示器、键盘、鼠标是否齐全，有无损坏。

检查时需要注意，如果内部包装有破损处，请详细记录检查结果；在内部无破损的情形下，拆包后对设备，尤其是对易造成电气特性不良状况的器件进行完整情况检查时，应以设备供应商为主进行检查，如有损坏，由其负责处理或赔偿；若发现任何货物不符合情况，应及时和设备供应商联系；已检验的货物应按类摆放。

(4) 货物验收移交

验货完毕，若货物没有问题，则双方须在《装箱单》上签字确认，货物随即移交给客户保管。

在验货过程中，若《装箱单》上标明“欠货”，请直接反馈至供货商办事处订单管理工程师进行后续处理，同时签署《装箱单》；如出现缺货、错货、多发货或货物破损等情况，则双方签署《开箱验货备忘录》和《装箱单》，同时由工程督导如实填写《货物问题反馈表》，反馈给当地办事处订单管理工程师，并负责有问题货物（连同内外包装）的原状保存完好，以便查证。

与客户方货物交接完毕后，若因客户方保管不善而导致的货物损坏或遗失，责任应由客户方承担。

在整个安装过程中，若出现货物、器件的损坏或须更换、补发货物的情况，工程人员应认真填写《货物问题反馈表》，及时反馈给当地办事处货管员备案。货物应存放在专用的房间里，由客户方指定的责任人负责管理，房间环境应满足温、湿度合理，灰尘少，振动小，有良好的接地，无强电磁干扰及无生物破坏等要求。若因客户方保管不善而导致的货物损坏或遗失，责任应由客户方承担。

任务成果

1. 施工计划流程图 1 张，《施工计划时间进度表》1 张；

2.《施工仪器仪表配置表》1 张；

3.《施工组人员配备情况表》1 张；

4.《货物问题反馈表》1 张；

5.《工程安装准备自检表格》1 张；

6. 任务单 1 份。

拓展与提高

1. 工程施工前期准备流程有哪些？

2. 整个施工建设过程中施工组人员主要职责有哪些？

3. 通过实例简单列举室内分布系统的物料清单。

4. 方案设计中可能存在同一站点要使用多种厂家设备，同一站点涉及传输、基站等多种专业，物业装修布局改变，施主基站搬迁等情况，该如何应对？

5. 工程施工中可能有物业变卦，资金缺乏，现场环境改变与设计图纸不符，气候条件变化等突发情况，工程准备时应准备怎样的应急预案？

任务 4.2　室内分布系统安装施工

任务 4.2

任务描述

作为同福酒店室内分布项目施工单位的工作人员，为了保证工程进度、质量，必须严格遵循施工准备的工作程序和内容要求，在施工队长的带领及教师的指导下，依照施工标准规范和规划设计内容，完成室内分布系统的安装施工工作。

任务解析

室内分布系统安装施工的工作内容包括机房内主设备安装调测，室内桥架安装，功分器耦合器等安装，天线、馈线施工等。

经过本次任务，将掌握施工准备工作的流程和具体内容要求，学会施工组织设计方案的编制原则和方法。具备依照标准流程，规范地进行移动基站设备安装、天馈系统施工及移动通信机房建设施工的能力。

教学建议

1. 知识目标

(1) 掌握室内分布系统安装基本流程；

(2) 掌握 BBU 基本的开站流程；

(3) 掌握机房安装布置规范。

2. 能力目标

(1) 具备工程施工常用仪器、工具的使用能力；

(2) 能够完成室内分布系统安装调测；

(3) 具备工程的管理能力。

3. 建议用时

8 学时

4. 教学资源

多媒体资料、教材、教学课件、视频资料、LTE 基站机房及楼顶天馈系统等。

5. 任务用具

室内分布系统安装施工任务用具如表 4.9 所示。

表 4.9 任务用具

类型	工具种类名称	备注
通用工具	测量画线工具：长卷尺、水平仪、记号笔	测量机柜安装区域，测量馈线长度等
	打孔工具：冲击钻、配套钻头若干、吸尘器	打孔用于安装机柜，清扫环境等
	紧固工具：一字螺丝刀、十字螺丝刀、中号活动扳手、套筒扳手、梅花扳手、内六方扳手	用于固定器件
	钳工工具：尖嘴钳、斜口钳、老虎钳、剥线钳、RJ45 水晶头压线钳、液压钳	制作网线、安装连接电线等
	万用表、天线驻波比测试仪、倾角仪	检查设备电源是否正常，测试安装的天馈系统驻波比，测试天线安装后的下倾角
操作维护终端	笔记本式计算机(Windows 操作系统)	作为基站调试操作维护控制台
线缆	千兆网线	电脑直连基站本地调测口用，长度视情况而定
LMT	大唐本地维护台	基站配置数据、调测基站数据

必备知识

4.2.1 施工流程

室内分布系统安装施工任务流程如图 4.7 所示。

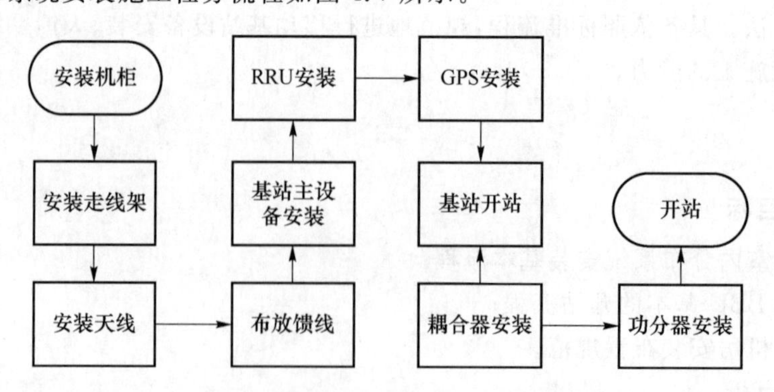

图 4.7 室内分布系统安装施工任务流程

4.2.2 依据规范

线缆布放、机柜、主设备、RRU 等安装规范详见运营商对应的室内分布系统的施工技术规范。

4.2.3　调测软件安装

本任务使用大唐 LMT 软件来完成主设备调测，安装步骤如下。

1. 双击运行 LMT 安装包中的 setup. exe，进入 LMT 安装界面，如图 4.8 所示，单击【下一步】按钮。

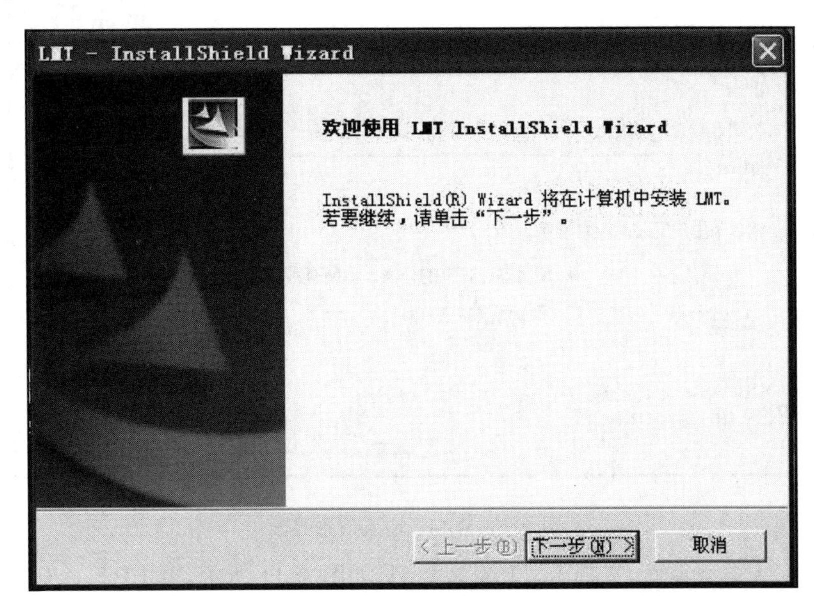

图 4.8　LMT 安装界面

2. 如果计算机中已经安装了 LMT，则会进入 LMT 卸载界面，如图 4.9 所示，单击【下一步】按钮。

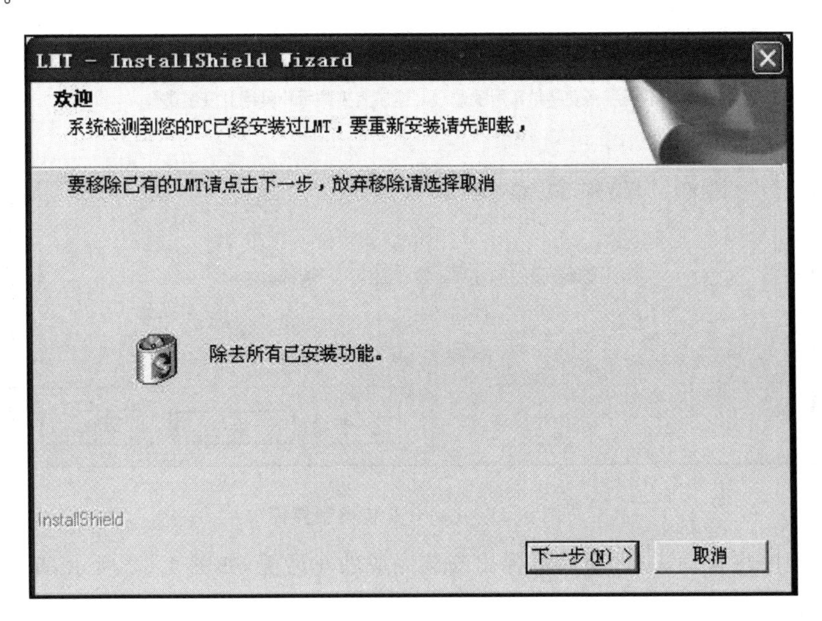

图 4.9　LMT 卸载界面

3. 卸载完成后，重新双击安装包中的 setup. exe，进入 LMT 安装界面。

4. 进入信息输入界面，填写用户信息，如图 4.10 所示，单击【下一步】按钮。

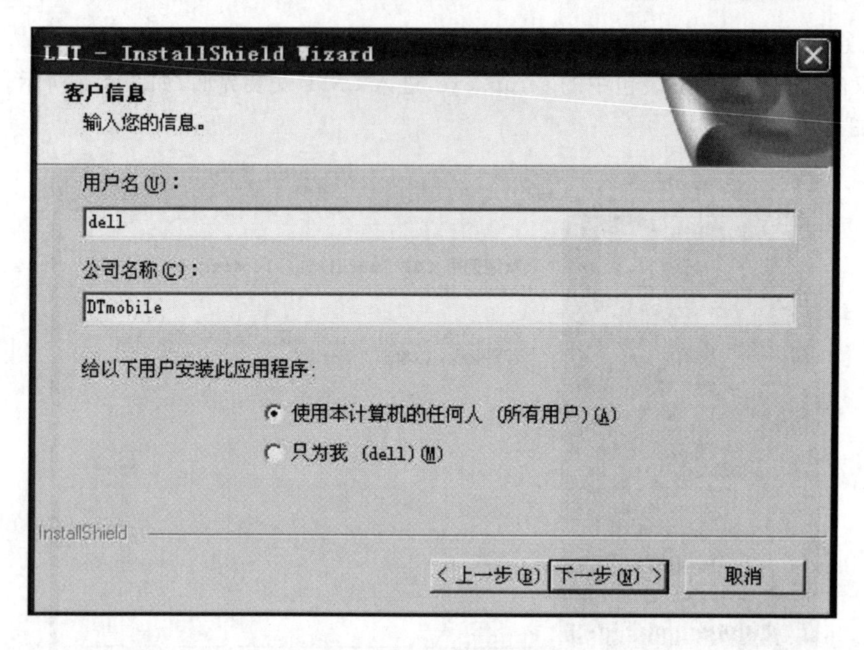

图 4.10　LMT 输入信息界面

5. 进入安装类型界面，选择 LMT 安装类型，如图 4.11 所示，单击【下一步】按钮。

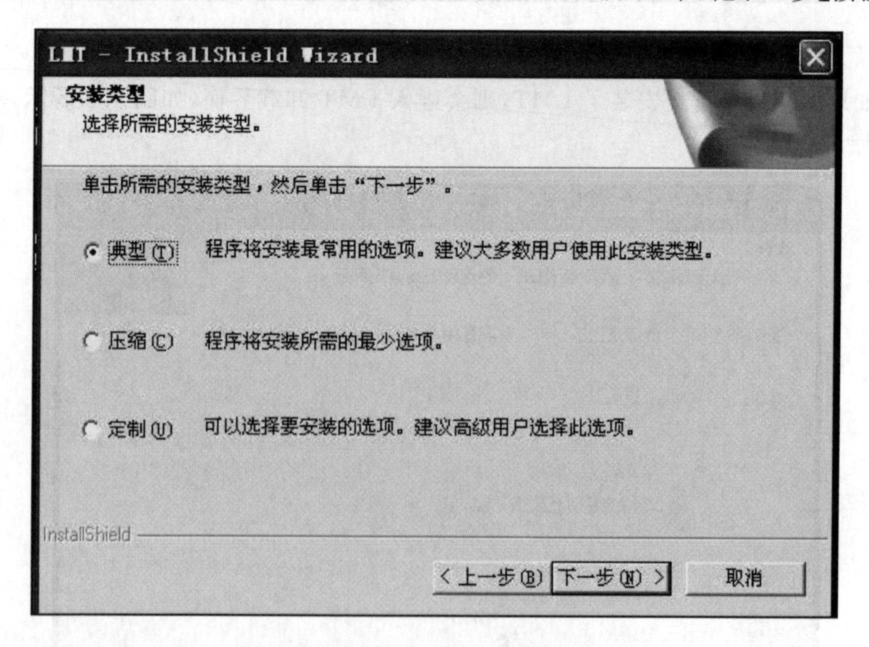

图 4.11　LMT 安装类型界面

6. 安装程序将自动进行，最后将弹出安装完成的对话框，如图 4.12 所示，单击【完成】按钮，安装成功。

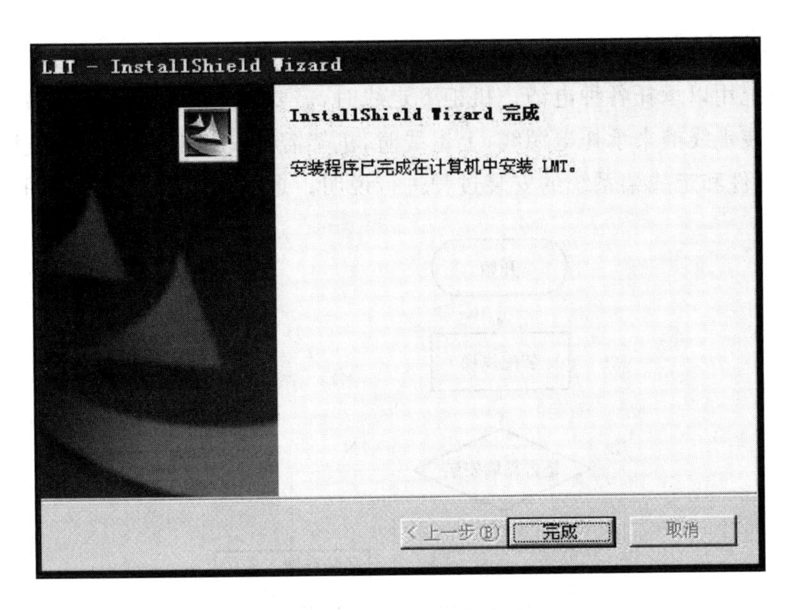

图 4.12　LMT 安装完成界面

任务实施

步骤 1:安装机柜

水泥地面上机柜安装流程如图 4.13 所示。

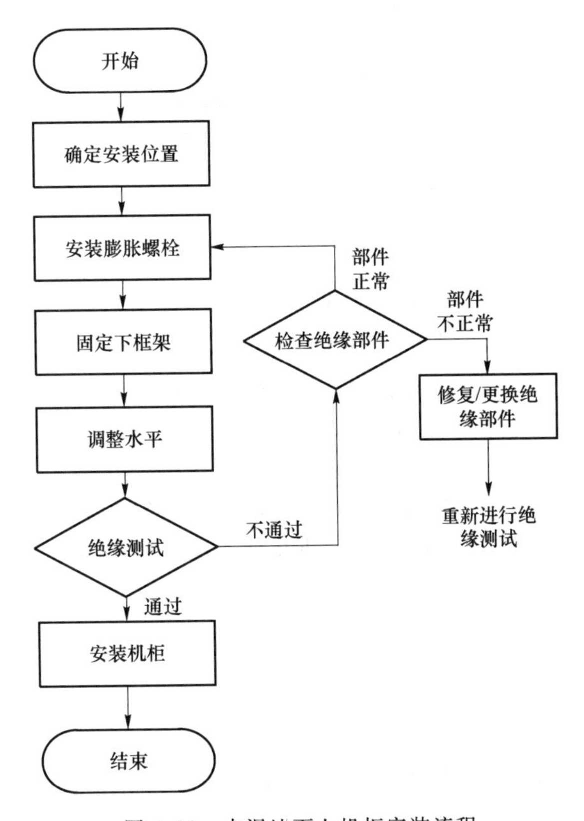

图 4.13　水泥地面上机柜安装流程

步骤 2:安装走线架

走线架系统用以承托各种电缆。机柜下走线时,需要在防静电地板下面安装保护线槽,同时机架上安装走线槽来承托电源线;上走线时,机架需要安装走线架。本书主要对走线架结构、走线架部件和走线架系统的安装过程进行说明。走线架的安装流程如图 4.14 所示。

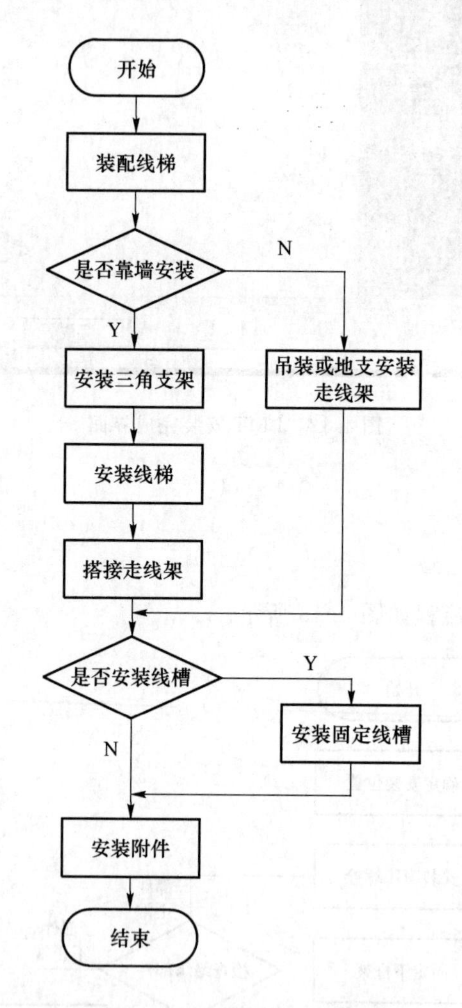

图 4.14　走线架安装流程

步骤 3:安装天线

室内分布系统的天线一般有吸顶天线、板状天线及对数周期天线等。吸顶天线一般安装在天花板上,采用过孔安装。板状天线安装在地下停车场等空旷的室内。对数周期天线自己带一个安装尾板,然后用 U 型卡安装在抱杆上。

步骤 4:布放馈线

一条馈线的整体结构如图 4.15 所示。

1）馈线路由的确定

馈线路由应根据工程设计图纸中的馈线走线图来确定,若馈线的路由因为实际情况需要变更,则应尽快和用户代表协商解决,但要注意主馈线的长度应尽可能短。

2）馈线接头的制作

馈线接头的制作是天馈安装工程中的重要环节，制作质量的好坏直接影响着设备运行和网络质量。馈线切割刀比较锋利，须正确使用，避免伤及人体。

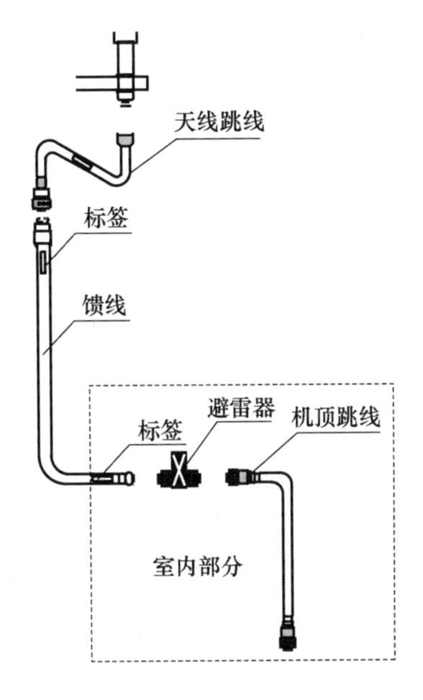

图 4.15　馈线结构

(1) 将安装接头一端的馈线约 150 mm 取直，用安全刀具把距端口 50 mm 处馈缆外皮切割并剥掉。

(2) 把馈缆放入切割工具槽口里，在主刀片后部保留 4 个波纹长度，合上刀具护盖把柄，因为刀具的位置由馈线外部铜导皮波纹所确定，主刀片应正好对准馈线一个波纹的中间波峰处。

(3) 按刀具上标出的旋转方向旋转刀具，直到刀具的护盖把柄全部合拢，使得馈线内外铜导体全部割断；同时后面辅助小刀片会将馈线外部塑料保护套割断，如图 4.16 所示。

(4) 检查尺寸是否合适，如图 4.17 所示。

图 4.16　用刀具切割馈线

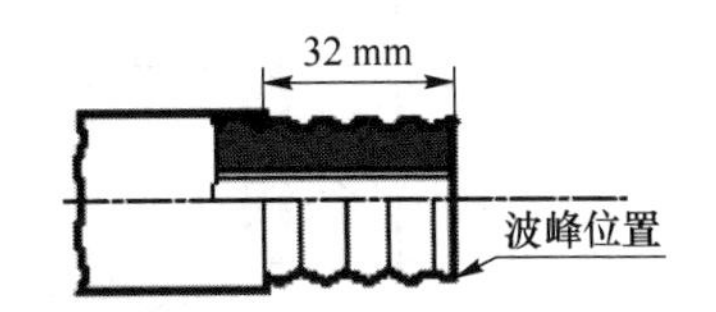

图 4.17　馈线切割尺寸检查

(5) 将馈头前面和后面部分分开，并将馈线插入后部，直到后部和馈线第一个波纹接触。

(6) 用刀具自带的扩管器插入馈线，顶牢，左右旋转，使得馈线外部铜导体张开。顶住馈头后部。

(7) 检查有没有多余的铜屑残留。检查外铜皮应均匀扩张,无毛刺。用手向外拉动馈头后部,馈头后部不得从馈线上滑脱。如不符合要求,应重新制作。

(8) 将馈头前部和后部相连接,馈头前部拧到位后,用合适的扳手握牢、固定前部馈头,并保持前部馈头不与馈线有相对转动,用扳手拧动馈头后部分,直至牢固。

3) 馈线的裁截

在现场应该根据和用户商定的最终路由准确测量馈线长度,并根据每根馈线所需长度对馈线进行裁截。

根据实际的路由重新用皮尺确定各馈线长度。

(1) 在测量的实际长度上再增加 1 ～ 2 m 的余量,用钢锯进行切割。

(2) 每切割完一根馈线,在馈线两端必须贴上相应的临时标签。

(3) 搬运裁截好的馈线过程中,要保证馈线不受损伤、挤压。

4) 馈线布放

馈线布放时应注意保护已经制作好的馈线头。馈线的布放应先做好临时标签,布放时应做到笔直,在紧固馈线卡的同时,要用力使馈线笔直。需要注意的是,馈线必须用馈线卡紧固,如果馈线进入位置没有办法安装馈线卡,必须使用馈线皮进行加厚保护,以防止馈线擦伤。

馈线的布放需要注意以下问题。

(1) 根据工程设计的扇区要求对馈线排列进行设计,确定排列与入室方案,通常一个扇区一列或一排,每列(排)的排列顺序保持一致。

(2) 将馈线按设计好的顺序排列。

(3) 一边理顺馈线,一边用固定夹把馈线固定到铁塔或走线架上。

(4) 撕下临时标签,用黑线扣绑扎馈线标签

步骤 5:基站主设备安装

本书以大唐厂家的 EMB5116 TD-LTE 为例来说明基站主设备的具体安装操作。

1) EMB5116 TD-LTE 安装

本任务采用在 482.6 mm 机柜内安装的方式来安装基站的主设备 EMB5116 TD-LTE。主设备安装位置如图 4.18 所示。

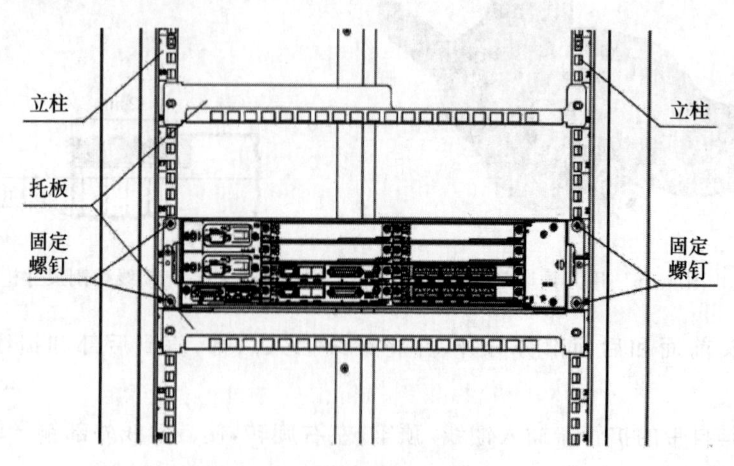

图 4.18　主设备安装位置

安装步骤：

确定 EMB5116 TD-LTE 在 482.6 mm 标准机柜内的安装位置，安装位置没有专门的要求，在条件允许的前提下，优先选择安装和维护方便操作的高度位置；检查固定该面板的螺钉组件和机柜立柱上的皇式（浮动）螺母是否完好，如果有任何损坏则需要更换；将 EMB5116 TD-LTE 平放在安装位置的托板上，左右均匀用力将 EMB5116 TD-LTE 推入 482.6 mm 机柜内，使 EMB5116 TD-LTE 两侧的安装挂耳与机柜的立柱紧贴；用固定螺钉组件（共 4 套）将 EMB5116 TD-LTE 固定在机柜的立柱上。

2) 主设备线缆连接

EMB5116 TD-LTE 的电源线、传输线、光缆、接地线、26pin 环境监控线及 GPS 下跳线等均采用前面板出线形式。EMB5116 TD-LTE 需要与下列线缆连接：−48 V 直流电源线或 220 V 交流电源线、eNB-RRU 光纤、光纤、接地线、GPS 下跳线、26 pin 环境监控线。各线缆连接位置如图 4.19 所示。

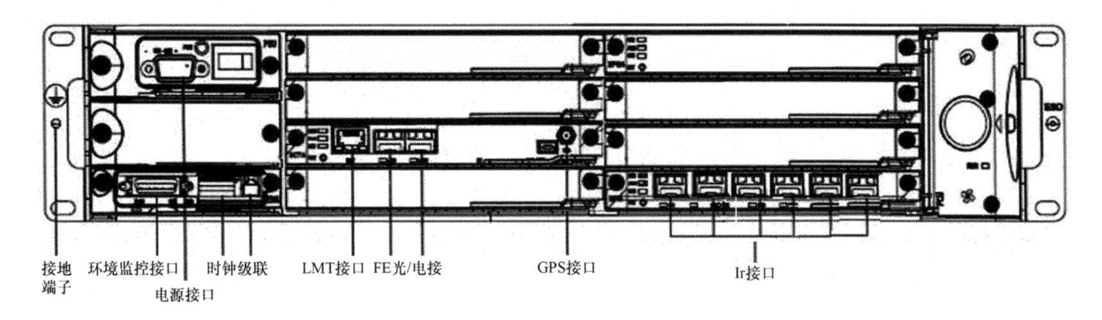

图 4.19　线缆连接位置

(1) 主设备接地线连接

主设备接地线使用 RVVZ 单芯（16 mm^2）（黄绿）线，可根据实际使用长度截取，一端接到主设备接地端子上，位置如图 4.20 所示，另一端接至室内接地排上。

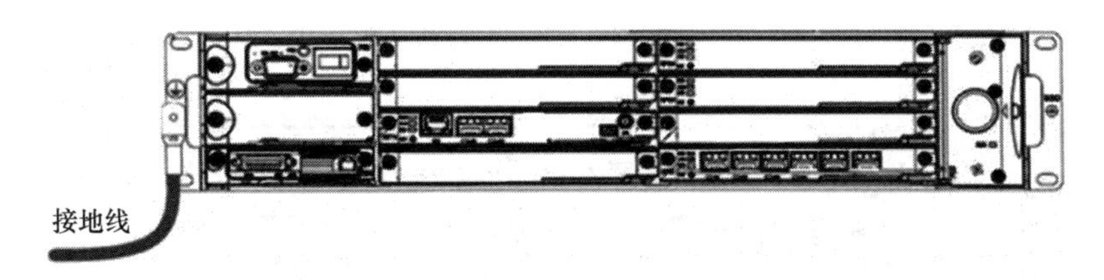

图 4.20　主设备接地连线

安装步骤如下。

① 使用壁纸刀将线缆的两端各剥出芯线 15 mm。

② 使用液压钳将 16 mm^2-M4 和 16 mm^2-M8 的铜鼻子分别压接到两端的芯线上。

③ 截取两段 50 mm 的热缩套管，用热风枪热缩两端的铜鼻子和线缆的连接处。

④ 使用白色 5×250 mm 扎带绑扎接地线，按照室内线缆绑扎要求每 400 mm 绑扎一次，扎带的绑扎方向应一致，使用斜口钳将多余的扎带剪掉。

⑤ 在线缆两端距接头 50 mm 处使用标签扎带绑扎标识。并将打印好的标签扎带贴纸粘贴到标签扎带上。

(2) 主设备电源线连接

主设备电源线连接如图 4.21 所示。

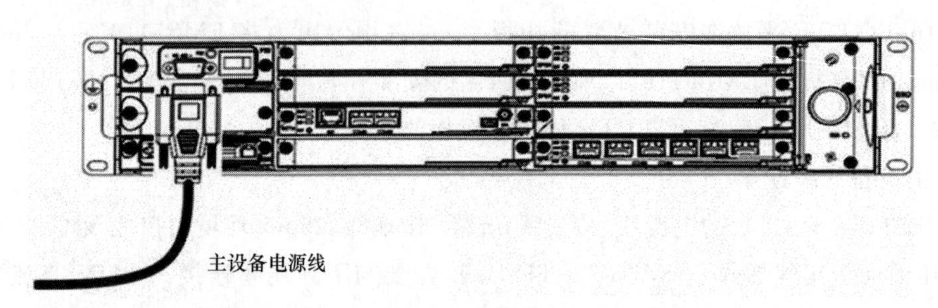

图 4.21 主设备电源线连接

主设备直流电源线使用一端为 D-sub 两芯接头,另一端悬空的定长电源线,可根据现场使用情况选用。

安装步骤如下。

① 将电源线 D-sub 一端接至主设备电源端口上,旋紧接头两端的螺钉。

② 将电源线悬空线一端接至配电柜,其中芯线为蓝色的接至 −48 V 端子,芯线为红色或黑色的接至 0 V 端子。

③ 使用白色 5 mm×250 mm 扎带绑扎电源线,按照室内线缆绑扎要求每 400 mm 绑扎一次,扎带的绑扎方向应一致,使用斜口钳将多余的扎带剪掉。

④ 在线缆两端距接头 50 mm 处使用标签扎带绑扎标识,并将打印好的标签扎带贴纸粘贴到标签扎带上。

(3) RRU 光纤连接

根据设计要求将与 RRU 相连的 NB-RRU 光纤接至主设备 BPOx 板卡的前面板对应的光模块上,位置如图 4.22 所示。

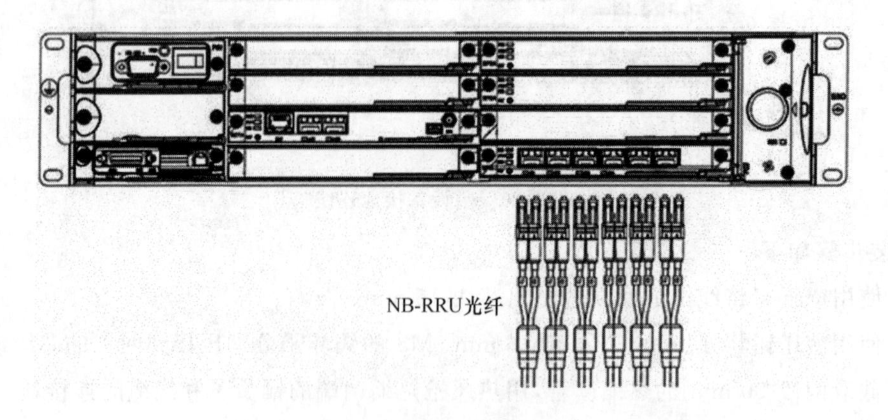

图 4.22 主设备光模块位置

光模块端口编号为 Ir0～Ir5,安装步骤如下。

① 将光纤的 DLC 插头插入主设备对应的光模块中。

② 做扇区标识，在光纤出设备 50 mm 处要使用对应扇区的基站铝制标示牌（A-Fiber、B-Fiber 或 C-Fiber）标识，标示牌使用两根 2.5 mm×100 mm（白）扎带绑扎到光纤上，扎带的绑扎方向应一致，并使用斜口钳将多余的扎带沿扎带扣剪掉。在光纤出馈线窗后再次使用同样的标牌标识，使用斜口钳将距离扎带口 3～5 扣外的扎带剪掉。

③ 光纤绑扎，使用白色 5 mm×250 mm 扎带绑扎光纤，按照室内线缆绑扎要求每 400 mm 绑扎一次，扎带的绑扎方向应一致，使用斜口钳将多余的扎带剪掉。

(4) S1/X2 接口线连接

在 EMB5116 TD-LTE 中，S1/X2 接口支持 GE/FE，对外接口在 SCTE 板卡的左侧，为两个 RJ-45 接口或光口。光纤接口位置如图 4.23 所示。

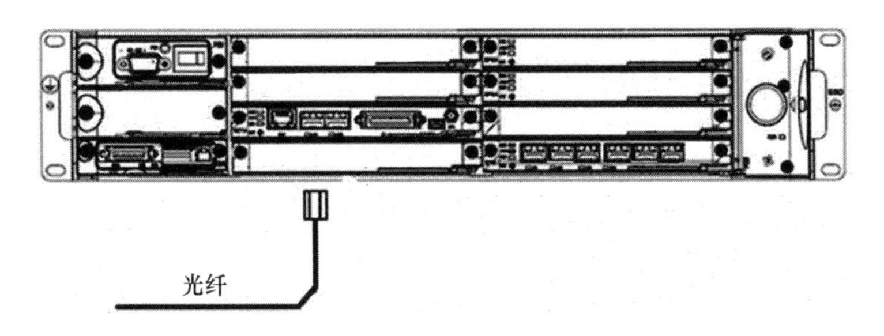

图 4.23　主设备 S1/X2 接口位置

太光接口：EMB5116 对外基本配置支持自适应以太网，基本配置为 SFP 光接口形式，当需要进行电连接时，系统通过选配 RJ45-àSFP 转接配件实现连接。一端安装在 SCTE 面板上，另一端安装在 ODF 的光接口板上。每个 SCTE 与光端机通过 DLC 单模光纤连接。

LMT 接口线连接：LMT 接口是位于 SCTE 板前面板最左侧的 LMT 端口，采用标准 RJ45 接头。使用当中，此口使用通用网线经过 10 M/100 M 以太网与 LMT 通信。

步骤 6：基站 RRU 子系统安装

基站 RRU 子系统安装包含 RRU 安装与天线安装两个模块。基站 RRU 射频子系统产品种类很多，但是安装方法大同小异，本书以大唐的 TDRU342E 型号为例来对 RRU 的安装方法进行说明。

TDRU342E 子系统由 TDRU342E（含安装组件）、天线、上跳线、NB-RRU 光纤、RRU 电源线、RRU 接地套件等组成。TDRU342E 外观如图 4.24 所示。

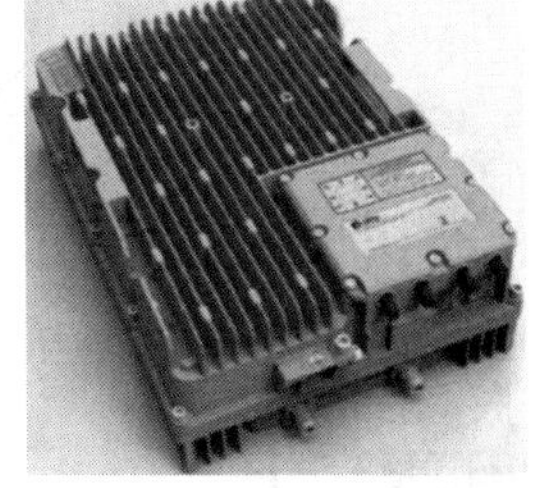

图 4.24　TDRU342E 外观

1) TDRU342E 的安装步骤

(1) 确保 RRU 安装的空间足够，安装位置预留的空间要大于 RRU 的最小空间。RRU 机箱支持抱杆垂直安装和挂墙垂直安装。下面以 RRU 抱杆垂直安装为例来说明 TDRU342E 的安装步骤。RRU 最小空间如图 4.25 所示。

(2) RRU 抱杆垂直安装，通用安装夹具支持抱杆直径 50～114 mm。拆下安装支架：松开 RRU 与安装支架连接的共 8 套螺栓，将安装支架从 RRU 上拆下，如图 4.26 所示。

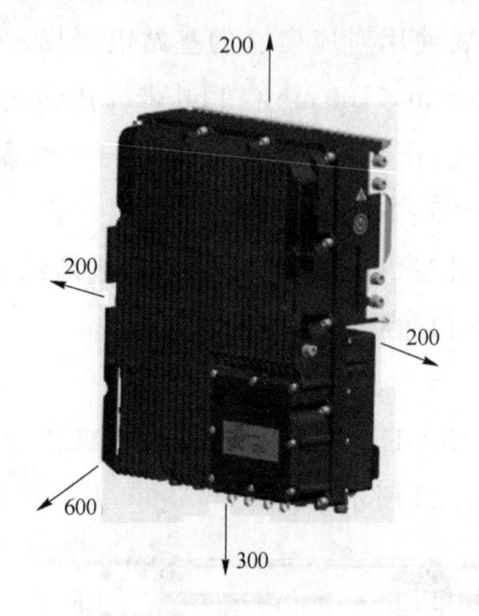

图 4.25　RRU 最小空间

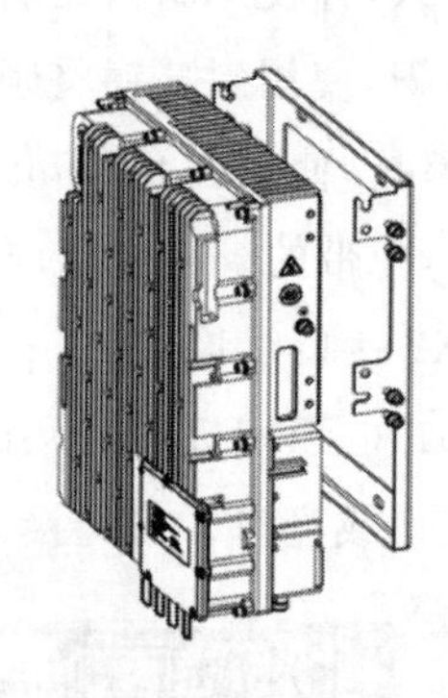

图 4.26　折下安装支架

(3) 先在 M12×240 螺杆上依次组装螺母(两个)、弹垫、平垫和一个夹具抱箍；使安装夹具的一侧封闭，另一侧开口，如图 4.27 所示。

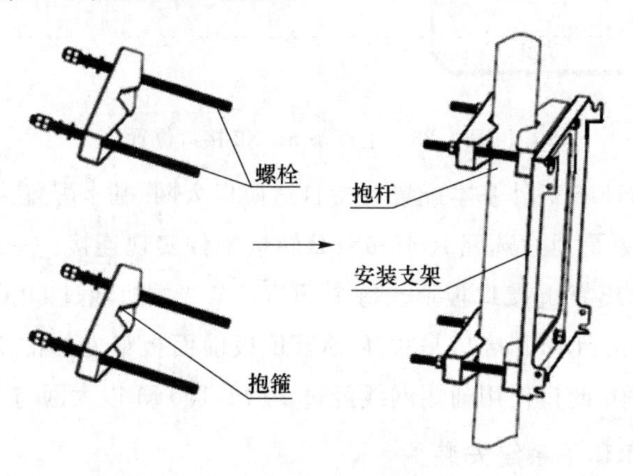

图 4.27　TDRU342E 组件

(4) 将开口的一侧依次穿过抱杆、另一个夹具抱箍、RRU 安装支架、平垫、弹垫和螺母(两个)，把夹具固定在抱杆的预定位置；要求上下两组抱箍的每组中两个抱箍的上平面在同一水平面，RRU 安装支架一侧的螺栓要求伸出螺母 3～5 圈螺纹为合适，避免在安装 RRU 时发生磕碰。

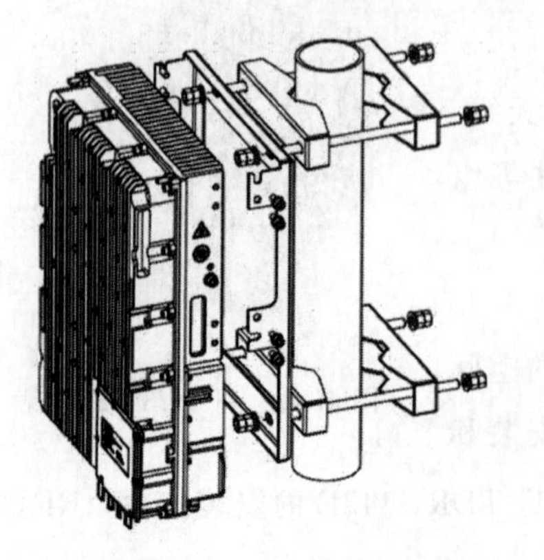

图 4.28　拧紧 RRU 机箱八套螺栓组件

(5) 按步骤(4)的要求调整好螺栓和抱箍后，须拧紧螺母到相应的力矩，扭矩范围 10～12 Nm，固定好抱箍；螺母拧紧的顺序为：先按扭矩要求紧固螺栓每端两个螺母中内侧的螺母，然后再拧紧外侧的螺母，严禁两个螺母同时紧固。

(6) 将 RRU 机箱挂到背架上，拧紧 RRU 机箱八套螺栓组件，如图 4.28 所示。

RRU 子系统中天线种类很多，主要包含板状天线、圆形吸顶天线和对数周期天线等类型天线。全向吸顶天线一般安装在天花板板上，吸顶天线一般为过孔安装；而板状天线则一般安装在地下停车场等空旷的室内。

2) 线缆安装与布放

(1) 光纤安装和布线

光纤安装位置如图 4.29 所示。

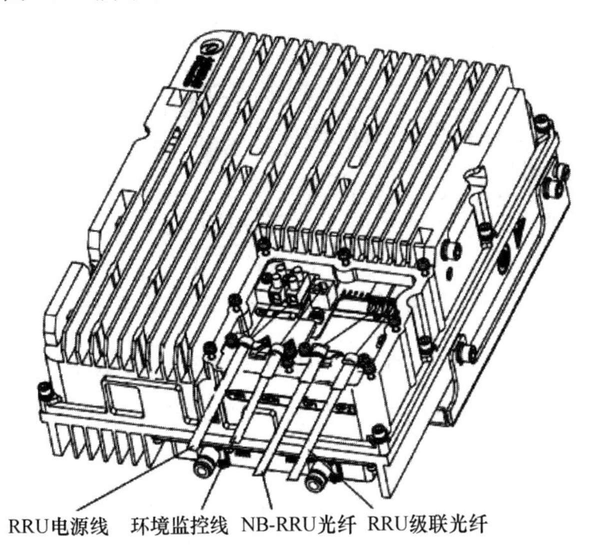

图 4.29　光纤安装位置

该光缆组件提供 EMB5116 TD-LTE 和 TDRU342E 间的数据连接通路，结构如图 4.30 所示，通过压接端（A 端）和分线端（B 端）的 DLC 插头，将 eNodeB 和 RRU 设备的双工 LC 光电模块互连起来的。

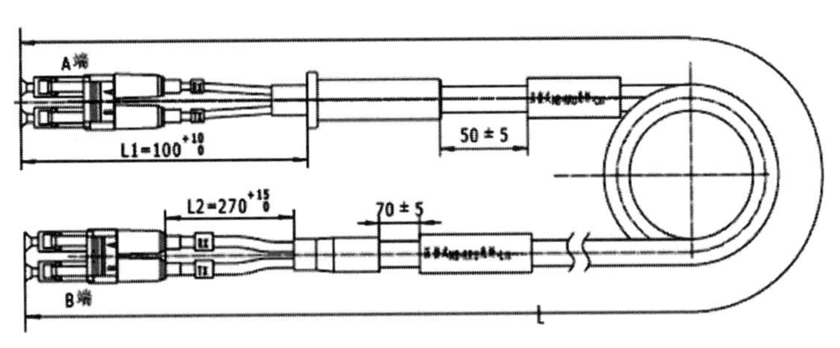

压接式NB-RRU光纤(MF07-DLC)的外形

注1：L表示光缆总长度(单位：米)，A端和B端分线长度L1和L2(单位：mm)

注2：A端和B端插头对应关系

A端插头		B端插头
Rx(A)	———	Tx(B)
Tx(B)	———	Rx(A)

图 4.30　光缆组件结构

安装步骤如下。

① 打开 TDRU342E 操作维护窗盖板，在打开维护窗前确认周围 5 米范围内没有可能

进入维护窗的任何杂物，如图 4.31 所示。

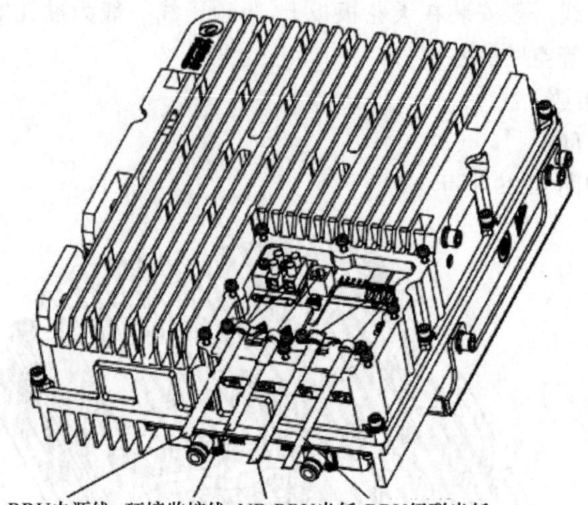

图 4.31　打开 TDRU342E 操作维护窗盖板

② 打开维护窗内对应的光纤安装位置的压接半圆环，如图 4.32 所示。

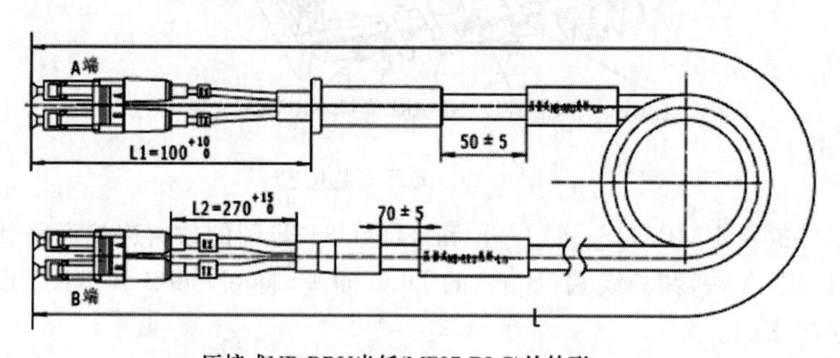

压接式NB-RRU光纤(MF07-DLC)的外形

注1：L表示光缆总长度(单位：米)，A端和B端分线长度L1和L2(单位：mm)

注2：A端和B端插头对应关系

A端插头		B端插头
Rx(A)	——	Tx(B)
Tx(B)	——	Rx(A)

图 4.32　光纤安装位置

取出光缆组件，将光缆 A 端的 T 型金属护套用半圆压接环压紧，紧固压接环螺钉；去掉 A 端的保护包装，将 DLC 插头小心插入 RRU 维护窗的 OP1 光模块内，光模块 Rx 和 Tx 插入对应的光纤 LC 插头，在插入过程中避免尾纤过度弯折；关上操作维护窗盖板，旋紧维护窗处所有螺钉。使用光纤固定卡具和光纤加粗护套将光缆固定在走线架上。光纤穿过馈线窗，B 端 DLC 插头插入到 EMB5116 TD-LTE 设备 BPOx 单板上相应的光纤接口。

（2）RRU 电源线安装和布线

安装步骤如下。

① 按实际需要的长度截取电源线。

② 现场制作 RRU 侧的电源线端头，电源线剥线长度：外护套剥掉的长度 70 mm，屏蔽

层保留的长度，编织屏蔽层保留长度 15 mm，然后将屏蔽层外翻套到电源线外护套上，绝缘护套（红、蓝两种）的剥线长度 8 mm，要求芯线铜丝要整齐，并且没有折断的铜导线和屏蔽编织铜丝遗留在电源线上。

③ 将冷压端子压接在剥除绝缘护套的铜导线上，要求压接牢固，没有芯线铜丝外露，压接要牢固可靠。

④ 直流电源线安装：打开 RRU 的维护窗，将电源线对应安装位置的半圆压接环的紧固螺钉松开，将电源线屏蔽层外翻的部分安装到半圆形的槽内，然后用半圆形压紧环将电源线（包括屏蔽层）压紧，完全紧固螺钉；电源线外护套的前端应该长出半圆形压紧环至少 2 mm，如图 4.33 所示。

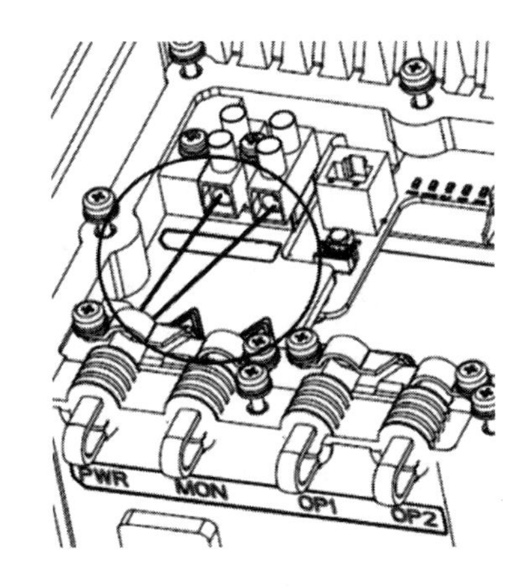

图 4.33　直流电源线安装

直流电源线安装：拧松操作维护窗内电源线接线端子的压紧螺钉，将电源线的端头插入接线端子的孔内，红色（外护套）导线插入标记为 0 V 的孔内，蓝色（外护套）导线插入标记为 －48 V 的孔内，然后再拧紧电源线压紧螺钉，拧紧后向外拉电源线，确保安装到位。

（3） RRU 接地线安装和布线

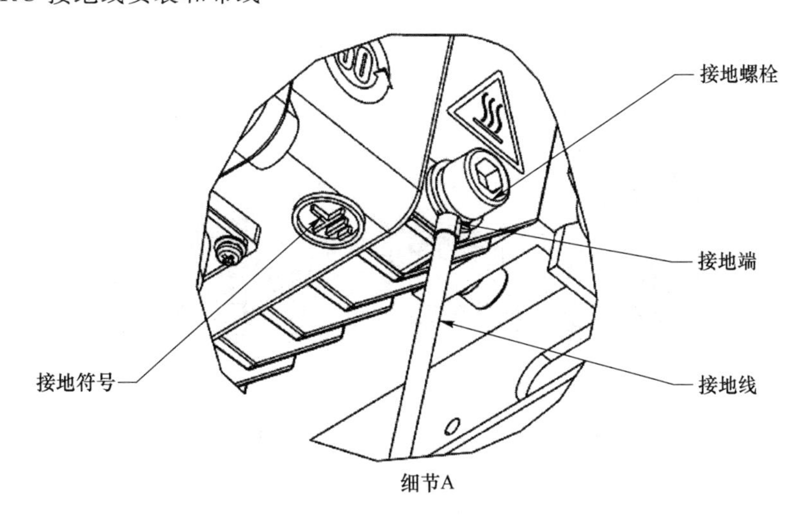

图 4.34　电缆缠绕保护

安装步骤如下。

① TDRU338D 机箱接地使用 16 平方 RVVZ 黄绿电源线，根据工程现场接地点位置截

取合适长度黄绿电源线。

② 两端压接16平方M8螺栓孔铜鼻子，铜鼻子与电缆的压接处使用绝缘窄胶带缠绕保护，如图4.34所示。

③ 接地电缆一端使用RRU机箱自带的内六角螺钉可靠连接到机箱接地点，另一端连接到工程现场提供的接地汇流排或接地点。

④ 系统安装完成后，须统一测试各接地点的接地电阻值，电阻值不应大于10 Ω。

(4) 线缆的绑扎固定

TDRU332E的外接线缆主要有上跳线、电源线、RRU光纤和接地电缆。电源线缆为RVVP 2×6 mm^2屏蔽电源线，外径为11.2±0.1 mm，可以使用标准1/4″馈线卡固定在走线架上，如图4.35所示。

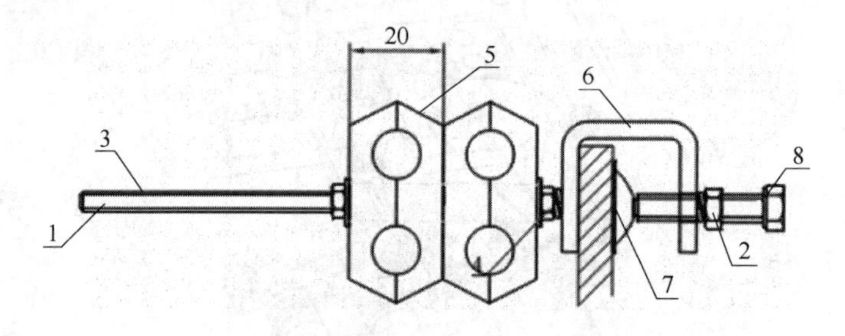

图4.35　1/4″馈线卡

光缆的外径为7 mm，通过使用光纤加粗护套，在馈线卡固定处把直径增加到11 mm，使用同样馈线卡。加粗护套外形尺寸如图4.36所示。

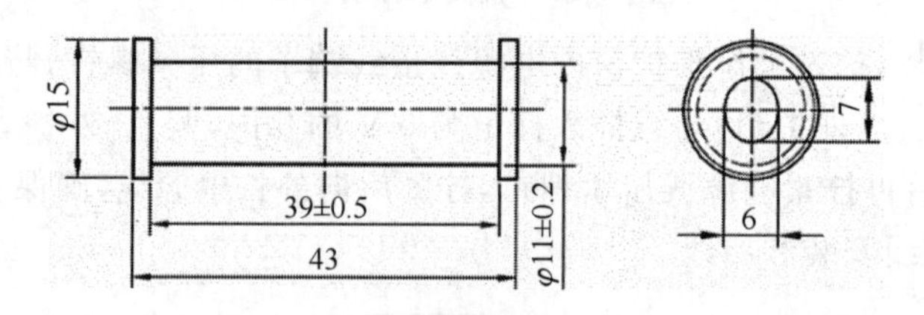

图4.36　加粗护套外形尺寸

光纤加粗护套为沿轴向切开的天然橡胶成型件，使用方法如图4.37所示。

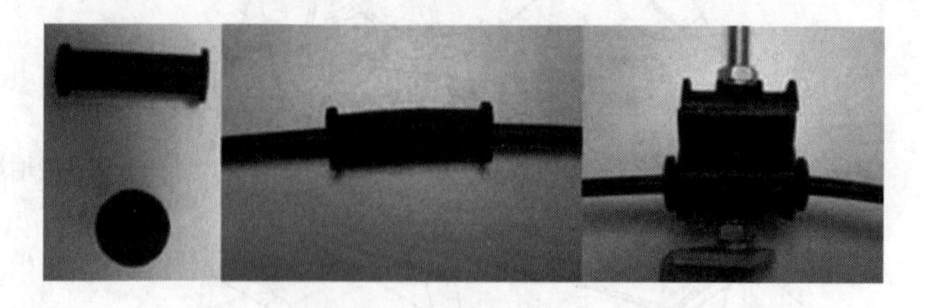

图4.37　光纤加粗保护套

上跳线是400型射频柔性电缆制作，可以直接使用馈线卡固定。

对于不能使用馈线卡的地方，室外使用7.7×370的黑色尼龙扎带，室内使用5×250的白色扎带。扎带绑扎要求扎带扣方向一致，多余长度室内沿扎带扣剪平，室外扎带多余长度于扎带扣处保留3～5扣剪平。间隔可以根据现场走线架横档适当调整，一般线缆使用扎带间隔不大于400 mm。

(5) 安装检查

安装检查至少包括以下内容。

① RRU 和天线的安装是否牢固可靠,安装位置是否符合要求。

② TDRU331FAE 子系统所有器件的种类和数量是否安装齐全。

③ TDRU331FAE 子系统从天线到设备的所有紧固件(螺钉、螺母、垫圈等)是否齐全,是否都按要求紧固。

④ 所有接头和接地套件处的防水措施是否符合要求,是否可靠。

⑤ 布线是否整齐、电缆绑扎是否符合工艺要求,标签绑扎是否符合工艺要求。

⑥ 所有接头的安装方向是否正确。

⑦ 所有线缆的外皮是否有损坏,线缆的弯折最小半径是否符合工艺要求。

⑧ 清理施工垃圾、清点工具。

步骤 7:GPS 馈线安装与走线

安装步骤如下。

(1) 根据现场情况,选取 1/2″馈线合适的长度,长度不宜超过 10 米。

(2) 制作 1/2″馈线 N 型连接器,如图 4.38 所示。

图 4.38　1/2″馈线 N 型连接器

(3) 组装 GPS 天线,用制作好的馈线头连接 GPS 天线,并用防水、绝缘胶带、扎带密封连接处。GPS 天线如图 4.39 所示。

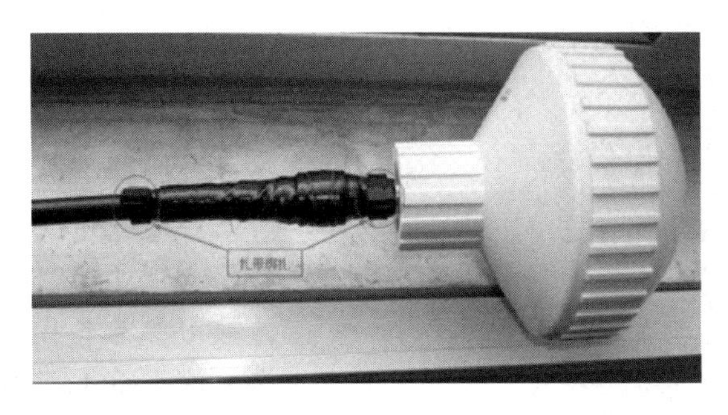

图 4.39　GPS 天线

(4) 将 GPS 天线一头安装在较开阔的位置上,保证周围没有高大的遮挡物(如树木、铁塔、楼房等),天线竖直向上的视角大于 120°。GPS 安装如图 4.40 所示。

步骤 8:功分器的安装

功分器的安装步骤如下。

(1) 拿到功分器拆开包装盒,检查有无明细损坏。

(2) 三功分器的一端只有一个接口,为主馈线输入口;另外一端为三个接口为信号输出

图 4.40　GPS 安装

口，连接天馈线或支路馈线。

(3) 输入接口连接主馈线，具体馈线连接可参考本书项目 4 里任务 4.2 中任务实施步骤 4，馈线的连接安装。

(4) 另外一端三个接口连接室外跳线、天线，具体馈线连接可参考本书项目 4 里任务 4.2 中任务实施步骤 4，馈线的连接安装。

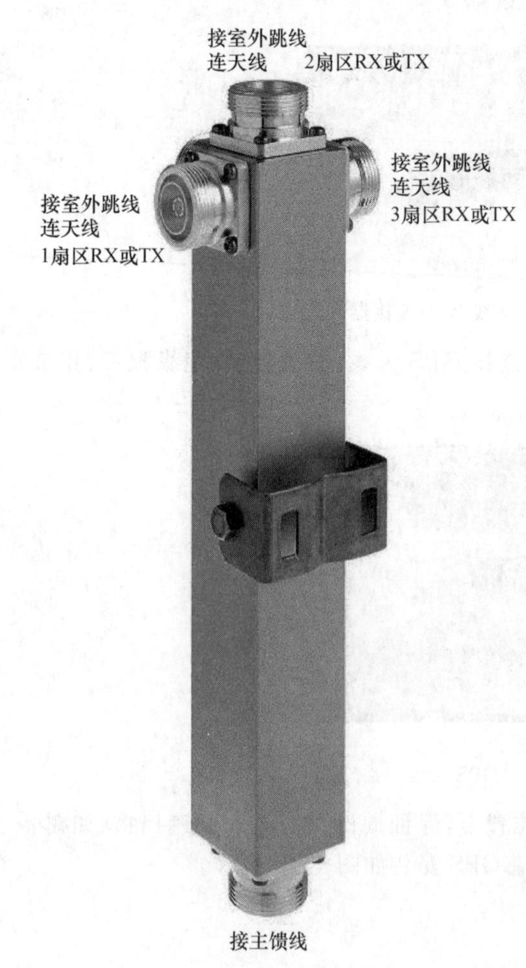

图 4.41　三功分器

(5) 固定功分器在走线架上。

三功分器的连接如图 4.41 所示。

步骤 9：耦合器的安装

耦合器的安装步骤如下。

(1) 拿到耦合器拆开包装盒，检查有无明细损坏。

(2) 耦合器的一端标有 IN 的接口，为主馈线输入口；另外一端分别标有 OUT 和 OOUP 的两个接口为信号输出口，连接支路馈线。

(3) 输入 IN 接口连接主馈线，具体馈线连接可参考本书项目 4 里任务 4.2 中任务实施步骤 4，馈线的连接安装。

(4) 输出 OUT 接口和 OOUP 耦合接口分别连接支路跳线、天线，具体馈线连接可参考本书项目 4 里任务 4.2 中任务实施步骤 4，馈线的连接安装。

(5) 固定耦合器在走线架上。

步骤 10：开站

由于新建基站部分都有相应的督导将已规划好的基站数据进行数据的导入操作，具体的基站数据不做详解。本部分对整个开站的流程做简要的描述讲解。

1) 大唐基站设备开站前的必要准备，LMT 本地维护登录

双击 LMT 图标后，弹出【LMT Agent】对话框提示选择监听的网卡，如图 4.42 所示。选择本地连接，其中当前的网卡 IP 地址列表一定包含有本机的 IP 地址，例：本次登录的本地电脑 IP 地址为 172.27.245.112。在该对话框弹出后不要关闭，只需选择缩小退出到最小对话框即可。

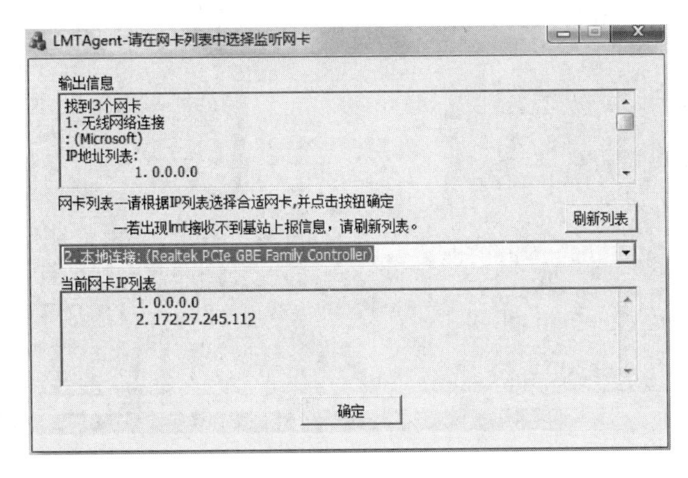

图 4.42　【LMT Agent】对话框

本机右下方的程序处会显示 LMT Agent 的程序运行图标。

LMT 登录账户为 administrator，密码为 111111。LMT 登录分为 LMT 在线和离线两种模式，LMT 在线模式为对基站进行实时登录在线维护状态；而离线模式下，登录后可对基站数据进行配置，基站数据配置完成后再进行 LMT 在线登录导入配置好的基站数据。

LMT 离线模式登录如图 4.43 所示。

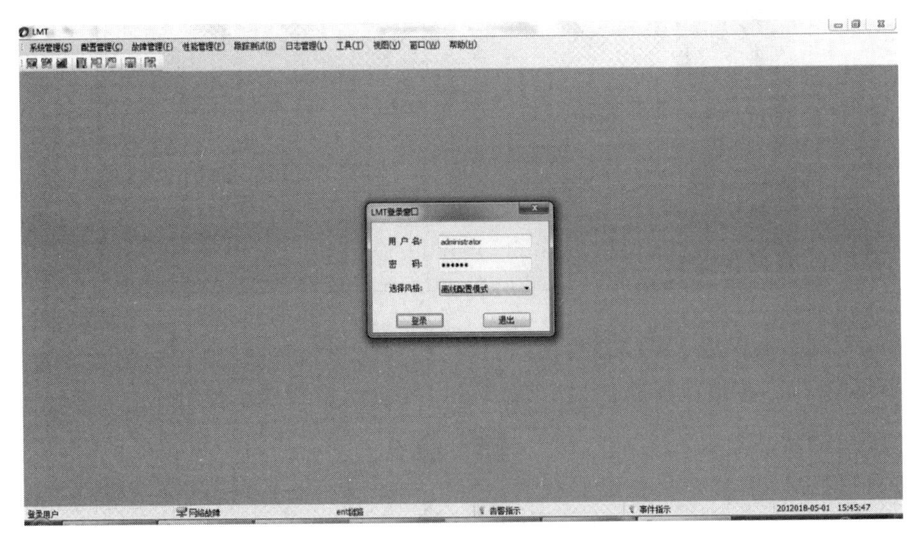

图 4.43　账户离线模式登录

LMT 在线模式登录如图 4.44 所示

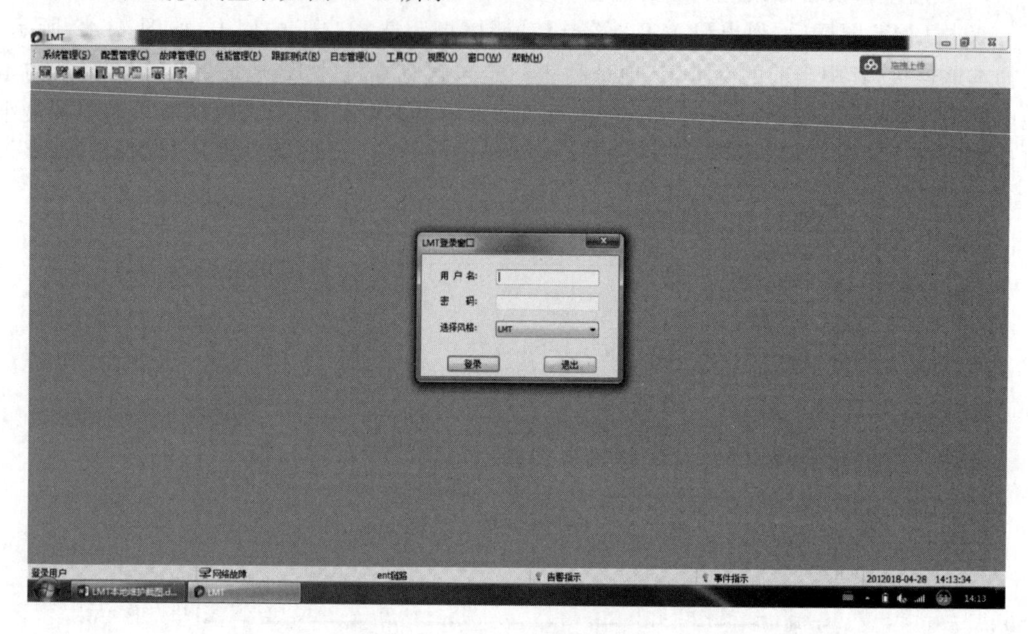

图 4.44　LMT 在线登录

LMT 登录过程中弹出【FTPServer】对话框，如图 4.45 所示。将该对话框最小化即可，无须关闭；若关闭对话框，将导致 LMT 在线登录时，连接基站过程中一致性解析文件失败。

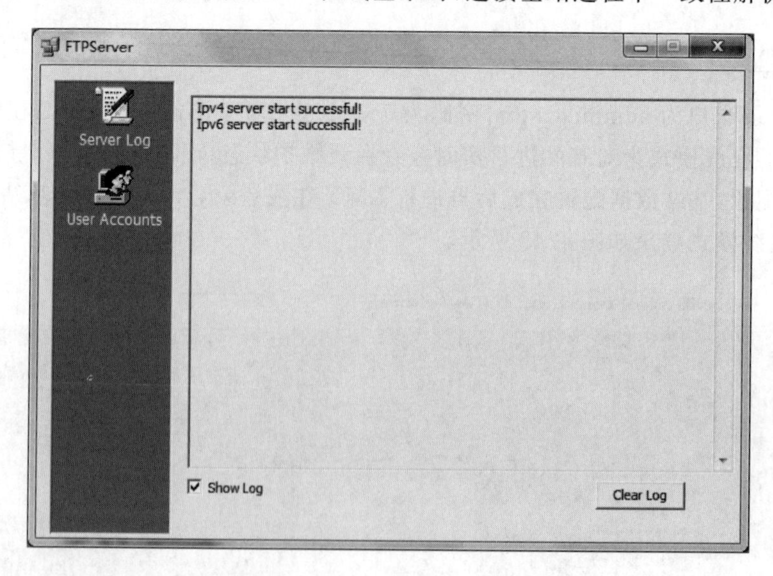

图 4.45　【FTPServer】对话框

最小化窗口后，本地计算机右下方显示 LMT Agent 的程序运行图标。

登录 LMT 离线模式如图 4.46 所示。

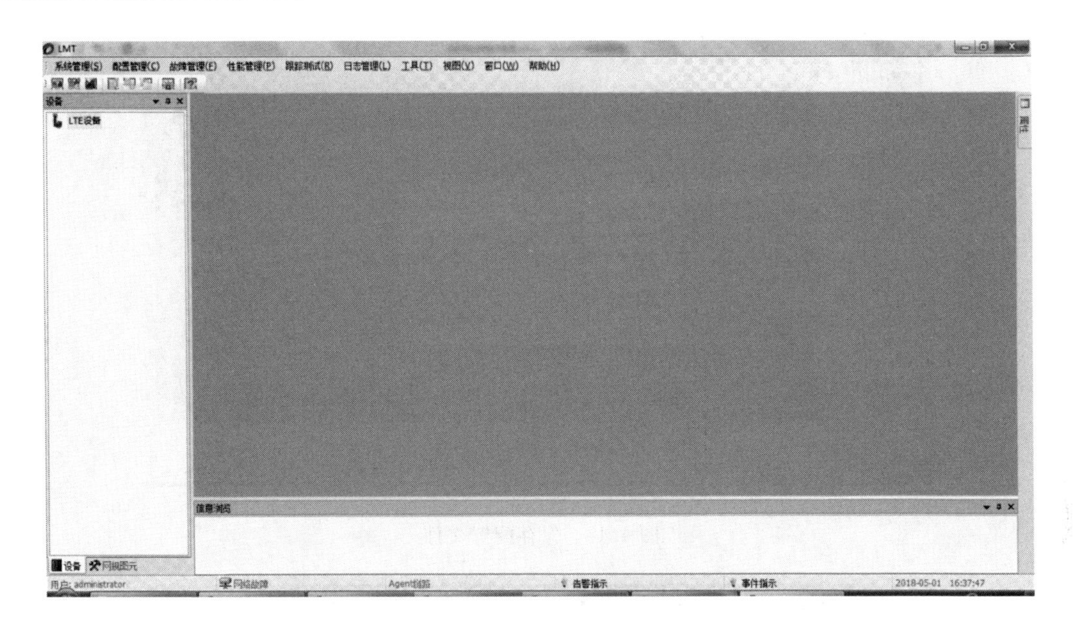

图 4.46　离线模式下登录主界面

选择【设备】|【新建初配文件】菜单，新建初配文件，如图 4.47 所示。

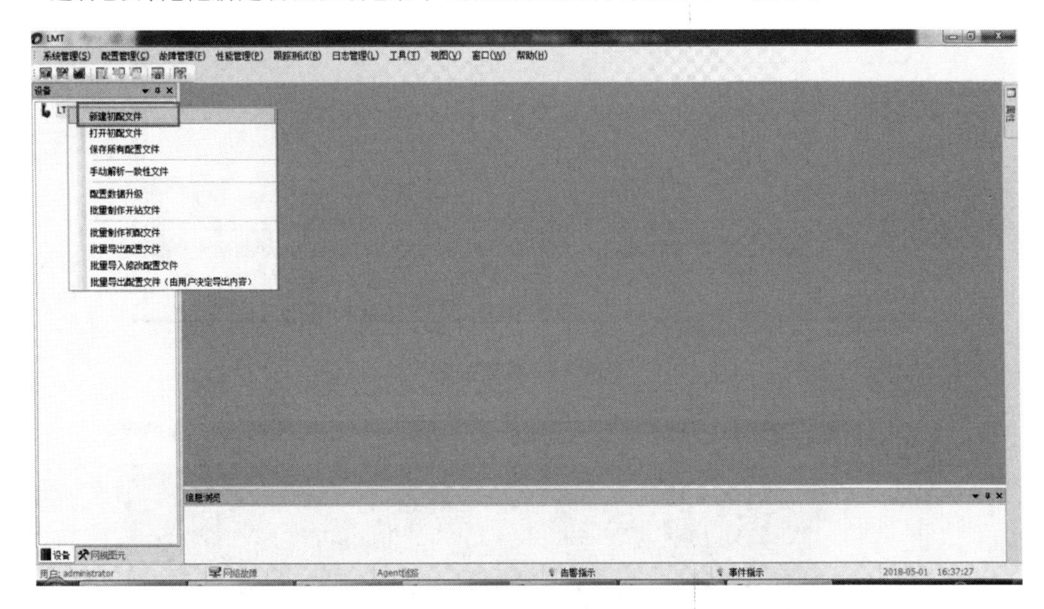

图 4.47　新建初配文件

依次输入配置文件名、配置文件类型、配置文件版本号、配置文件保存路径，如图 4.48 所示。

然后 LTE 设备里面出现一个名叫邮电的基站数据，数据里面是空的，需要根据实际情况来进行数据配置，如图 4.49 所示。

实际工程开站过程中，为了节约时间，通常工程上考虑用配置文件方式配置基站数据，于是需要登录 LMT 的在线模式，下载基站的配置文件。

登录后的 LMT 在线模式下界面，如图 4.50 所示。

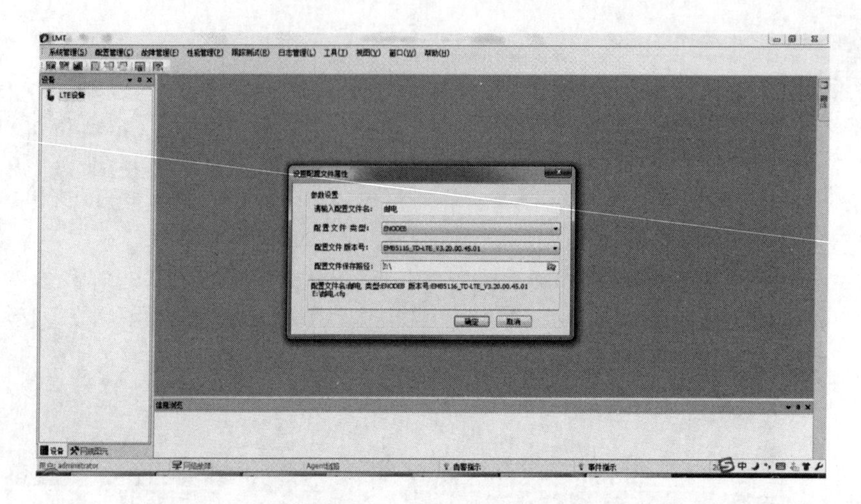

图 4.48　保存配置文件

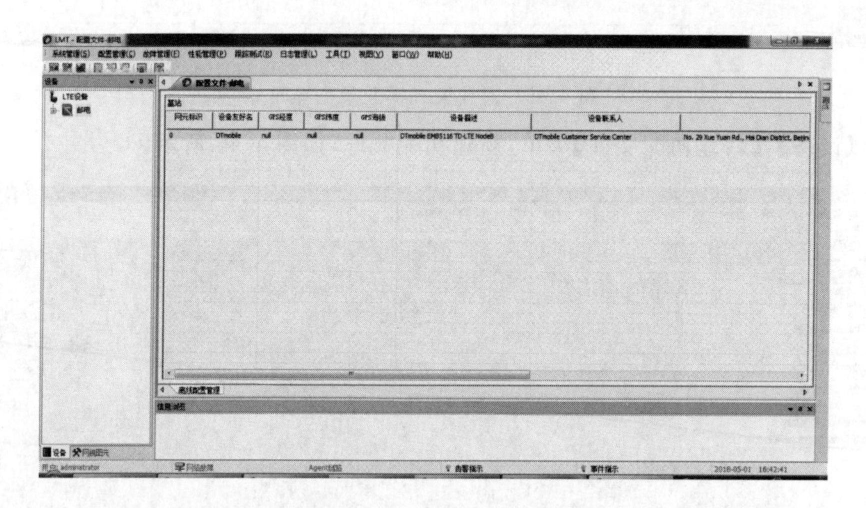

图 4.49　数据配置

图 4.50　在线模式登录

配置网元 IP 地址:172.27.245.92(通过 LMT 本地维护端口访问时设置)或 192.168.101.210(通过电口访问时设置)。以本次通过 LMT 本地维护口访问为例,172.27.245.92,配置网元 IP 如图 4.51 所示。

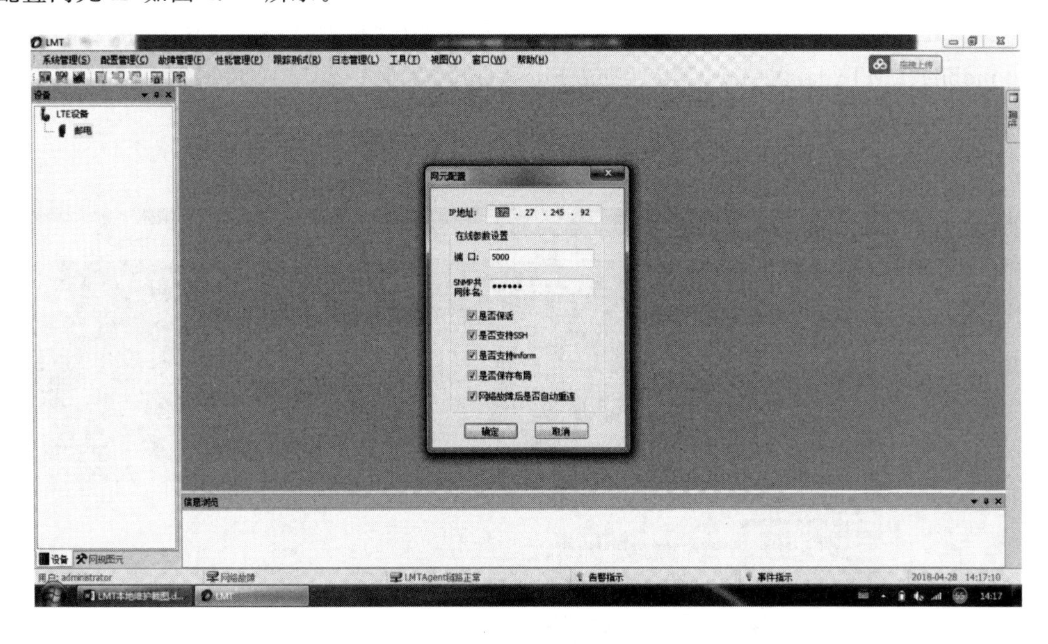

图 4.51　配置网元 IP

连接网元,如图 4.52 所示。

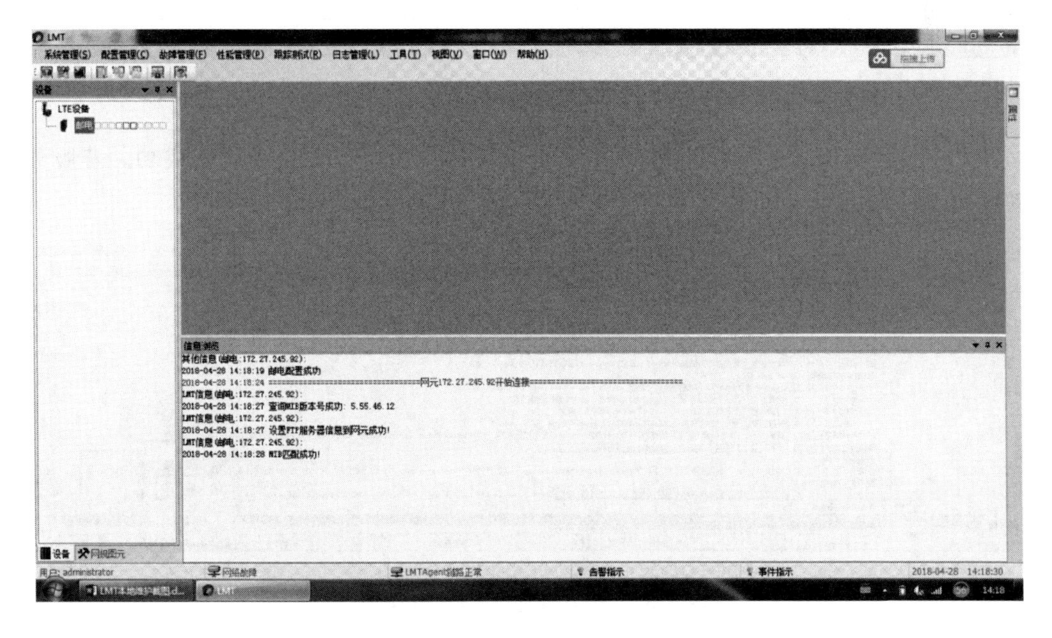

图 4.52　连接网元

直到出现蓝色两行字表示连接成功。

事件通知(邮电:172.27.245.92)

2018-04-28 14:18:39 收到文件上传/下载结果事件(文件 C:\Program Files(x86)\Datang mobile\LMT\FileStorage\DATA_CONSISTENCY\enb_624631_20180428061742＋8_dataconsistency. dcb 上传成功）

事件通知(邮电:172. 27. 245. 92)

2018-04-28 14:18:43 收到文件上传/下载结果事件（文件 C:\Program Files(x86)\Datang mobile\LMT\data\AlarmFile\TempFiles\enb_624631_20180428061742＋8_activealarm. lgz 上传成功）

连接基站成功如图 4. 53 所示。

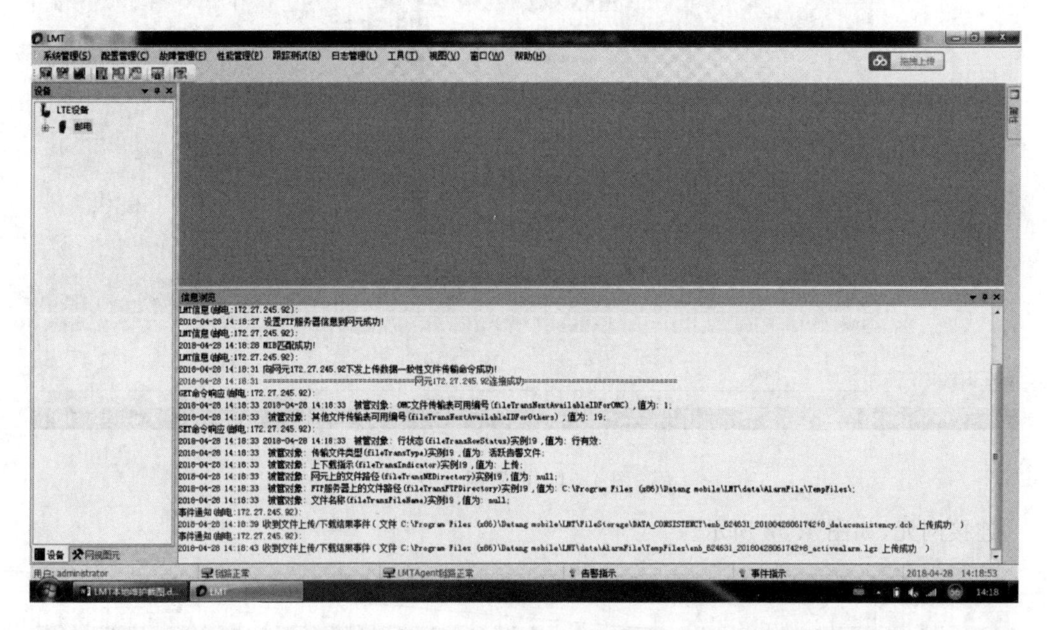

图 4. 53　连接基站成功

如果一致性解析文件未解析成功，则需要检查相应的服务器是否启动成功。若服务器启动成功，则如图 4. 54 所示。

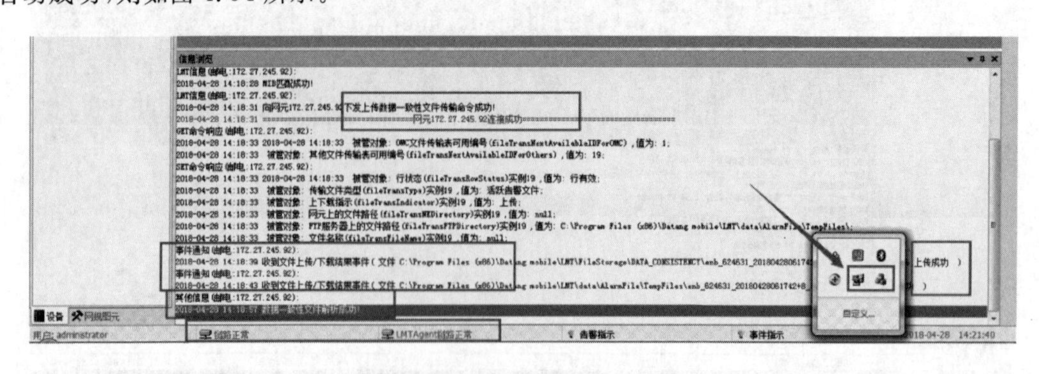

图 4. 54　检查连接服务器是否成功

2）配置文件开站

（1）选择【日志管理】|【ENB 日志管理】|【当前运行配置文件】菜单，导出配置文件，如图 4. 55 所示。

若成功导出配置文件，则显示如图 4. 56 所示。

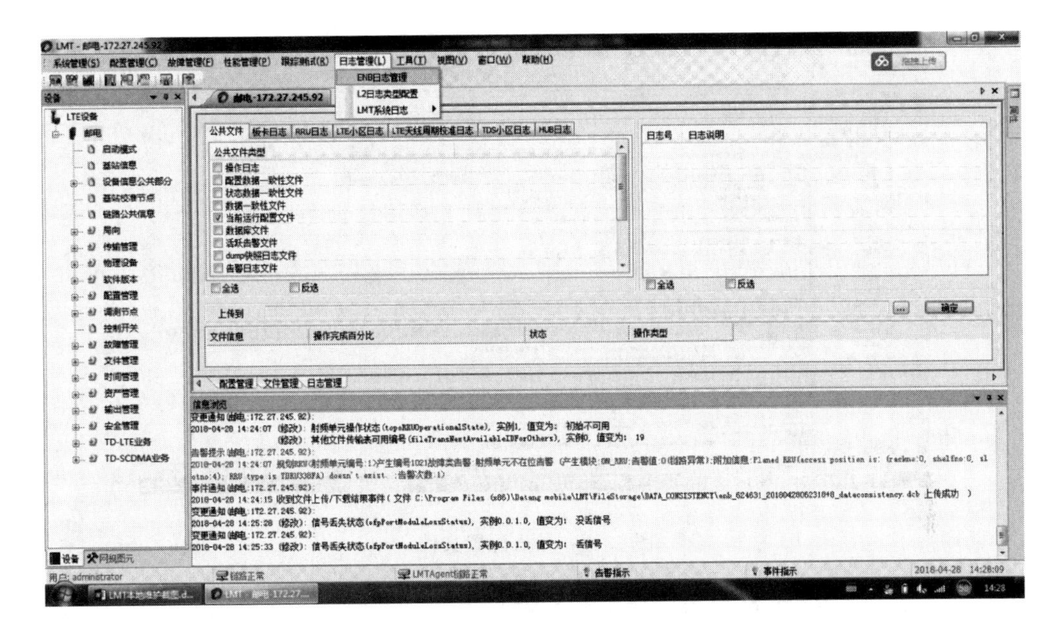

图 4.55　导出配置文件

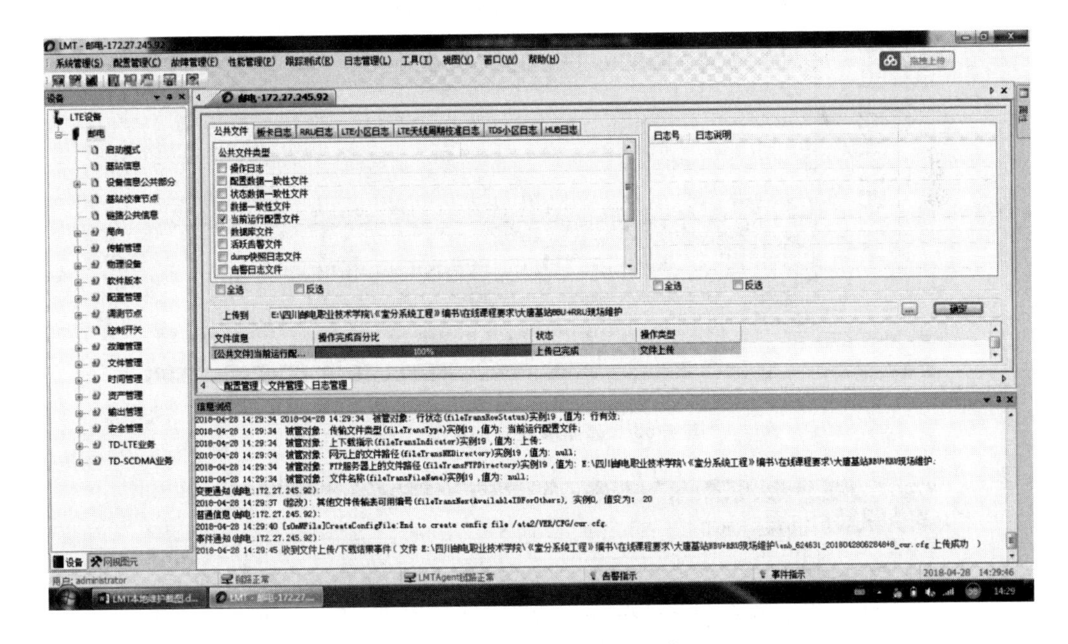

图 4.56　成功导出配置文件

(2) 将导出的配置文件在 LMT 离线模式下对基站配置文件的 eNodeB ID、基站 IP 地址、基站小区基本配置数据进行对应的修改，然后保存配置文件。

(3) 选择【配置管理】|【文件管理】菜单，将修改好的基站数据上传恢复至 BBU 基站中。在基站离线模式下修改基站相关的配置数据，如修改基站的 eNodeB ID、基站 IP 等数据等。可以按照之前 LMT 离线模式下对旧的配置文件进行必要的数据修改。

修改好的配置文件如图 4.57、图 4.58 及图 4.59 所示。

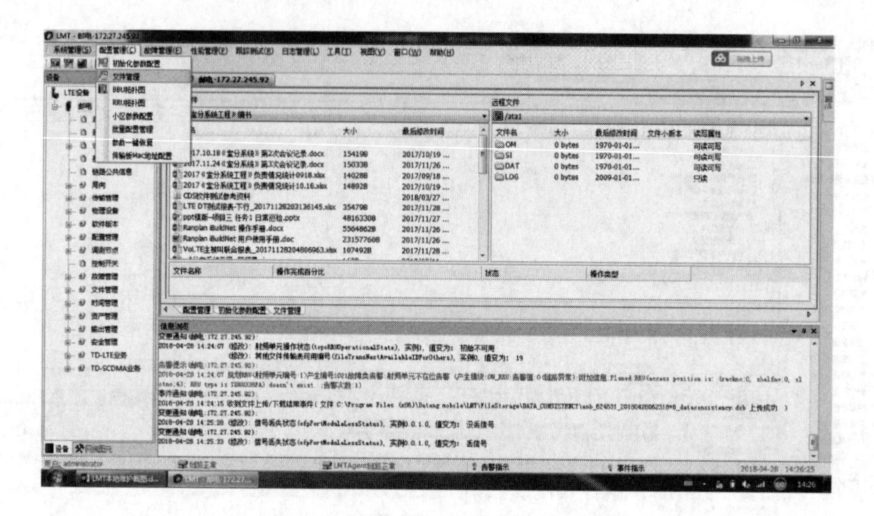

图 4.57　导入配置文件

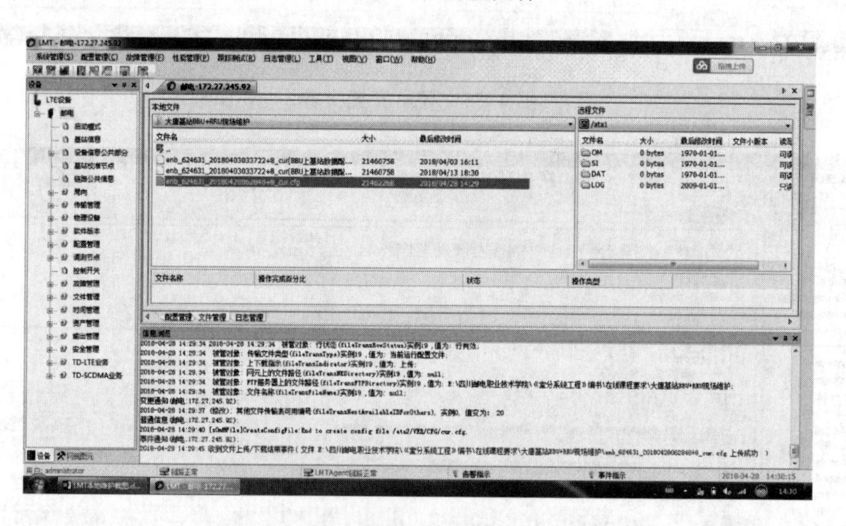

图 4.58　选择修改好的配置文件

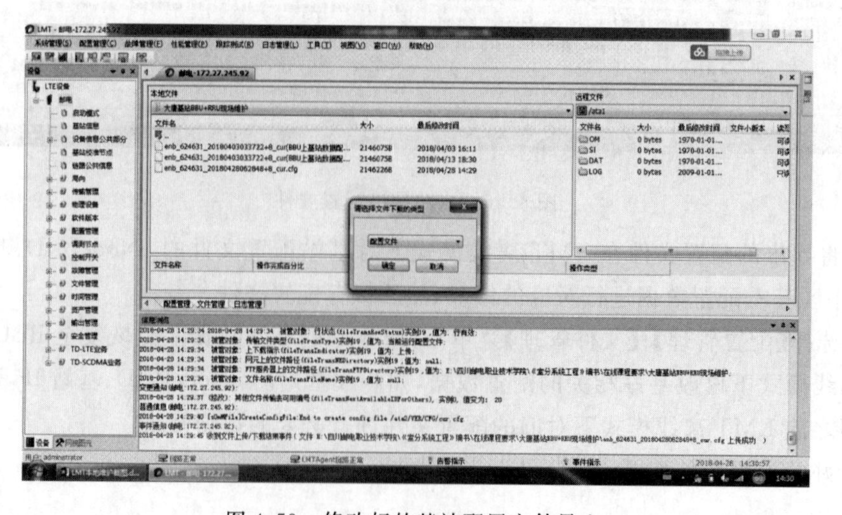

图 4.59　修改好的基站配置文件导入

基站配置数据导入成功之后，查询基站是否有告警，无告警则表示基站配置成功。

任务成果

1. 施工准备工作记录 1 份；
2.《同福酒店室分建设项目施工组织方案》1 份；
3. 室内分布机房内设备安装过程记录 1 份；
4. 走廊内分布系统安装过程记录 1 份；
5. 任务单 1 份。

拓展提高

1. RRU342D 的安装施工方法步骤是什么？
2. 对数周期天线的安装方法步骤是什么？
3. 实训室对数周期填写的安装方法步骤是什么？
4. 实训室哪些器件安装不符合规范？

任务 4.3　室内分布系统改造

任务 4.3

任务描述

请以施工人员身份针对同福酒店内原有的 2G/3G/4G 室内分布系统进行改造，改造后达到以下技术指标。

1. 信号覆盖电平：对有业务需求的楼层和区域进行覆盖。目标覆盖区域内 95%以上位置内，RSRP≥－105 dBm 且 SINR≥6 dB，对于重点区域≥－95 dBm 且 SINR≥9dB。

2. 室内信号外泄：室内覆盖信号应尽可能少地泄漏到室外，要求室外 10 m 处应满足 RSRP≤－110 dBm 或室内小区外泄的 RSRP 比室外主小区 RSRP 低 10 dB（当建筑物距离道路不足 10 m 时，以道路靠建筑一侧作为参考点）。

3. 可接通率：要求 TD-LTE 网无线覆盖区 90%位置内，99%的时间移动台可接入网络。

4. 切换成功率：切换成功率≥98%。

5. 块误码率目标值（BLER）：数据业务不大于 10%。

6. SINR 单支路大于 6 dB，双支路大于 9 dB。

7. 设备输出功率要求 35～40 dBm，天线馈入总功率要求 12～15 dBm。

8. S1/X2 接口保证带宽为 40 Mbit/s，峰值带宽为 150 Mbit/s。

任务解析

同福酒店室内分布系统改造应进行以下几项工作。

1. 对该酒店进行 CQT 和 DT 测试，找出覆盖盲区和信号弱、数据慢的区域。

2. 对找出的区域检查是否有硬件故障（RRU、合路器、耦合器、功分器、天线、馈线和光纤等）。

3. 对原室内分布系统设计方案进行审核和对比，找出设计不合理和实物与设计不符合的地方。

4. 确定改造方案，做项目预算。

5. 改造实施和改造后信号测试，验收是否达到改造要求。

教学建议

1. 知识目标

(1) 掌握室内分布系统改造的原则。

(2) 掌握室内分布系统信号源、合路器、馈线、天线等无源器件的改造方法。

2. 能力目标

(1) 具备室内分布系统信号测试，优化方案编制的能力。

(2) 具备室内分布系统改造的能力。

3. 建议用时

2 学时

4. 教学资源

(1) 在线课程视频和 PPT。

(2) 吴为. 无线室内分布系统实战必读[M]. 北京：机械工业出版社，2012.

(3) 高泽华，高峰，林海涛，等. 室内分布系统规划与设计——GSM/TD-SCDMA/TD-LTE/WLAN[M]. 北京：人民邮电出版社，2013.

(4) 广州杰赛通信规划设计院. 室内分布系统规划设计手册[M]. 北京：人民邮电出版社，2016.

(5) 室内分布系统技术指导意见总体技术指导意见(V1.0).

5. 任务用具

参考任务 3.3、任务 6.2 中的任务用具。

必备知识

4.3.1 改造思路

进行室内分布系统改造时，应统筹考虑用户业务需求、用户体验、网络性能、改造难度、投资效益及改造工程可行性等选择最佳改造模式。改造前应对原设计方案图纸进行审核，从平层天线布置、天线输出功率、主干路由设计、系统容量和分区存在的问题进行分析。核查每个天线、信源、有源器件、无源器件和线缆，与设计图进行对比，找出与设计不符的地方，再通过实际施工情况整理出实际施工图，计算天线口功率是否合理，再检查其他施工工艺是否存在问题。改造主要涉及信源、天线、有源器件、无源器件和馈线。

4.3.2 改造方案

室内分布系统改造主要有单路改造、单路改造并加密天线及改造一路新建一路等三种方案。

1. 单路改造

在改造难度大，不宜大幅度施工，室内建筑天花板布线施工困难，数据业务需求不大或物业协调困难的场景，且天线也无法改动的情况下，可采用利旧合路方式建设单路 LTE 室内分布系统，并将前三级无源器件更换为高性能无源器件。

2. 单路改造并加密天线

在数据业务需求不太高，物业协调较为容易，可以局部进行水平层改造的场景，可采用利旧合路方式建设单路 LTE 室内分布系统，并将前三级无源器件更换为高性能无源器件，在部分特殊场景需要加密天线或部分天线需要调整位置。

3. 改造一路新建一路

在 LTE 数据业务要求高且容量大的区域，通过原室内分布利旧评估考核，且物业协调方便的室内场景，可采用一路利旧改造一路新建方式建设双路 LTE 室内分布系统，即一路与原分布系统利旧合路，另外一路分布系统采用新建方式，针对部分场景进行天线加密的改造。不管对于新建还是改造的支路，合路器后面的前三级无源器件均须使用高性能无源器件。

三种改造方案对比如表 4.10 所示。

表 4.10　三种改造方案对比

合路方式	站点特点	优点	缺点
单路改造	物业协调难度大	成本低，建设速度快	存在弱覆盖区，容量低
单路改造并加密天线	图纸较为完整，允许调整天线和增加天线	原系统部分器件可利用，成本低	容量低，改造难度大
改造一路新建一路	图纸完整，允许调整天线和增加天线	容量大，原系统部分器件可利用	改造难度大，成本高

不同改造方案对场景的要求如表 4.11 所示。

表 4.11　不同改造方案对场景的要求

原室内分布系统评估项目	单路改造	单路改造并加密天线	改造一路新建一路
原室内分布系统覆盖性能	无要求	差	优
LTE 与原室内分布系统同步覆盖性能	无要求	差	差
室内分布系统基础信息、图纸准确性	基本信息	准确	准确
原室内分布系统无源器件和天线是否支持 LTE	支持	支持	支持
室内分布系统重要性	一般	较重要	重要
物业协调	无要求	容易	容易

4.3.3　改造关键技术

1. 信号源改造

(1) 对于单路室内分布系统的建设场景，可使用双通道 RRU 的两个不同通道分别对应覆盖不同区域；对于双路室内分布系统的建设场景，应使用双通道 RRU，并将 RRU 的两个通道对应覆盖相同区域。改造时，使 RRU 通道间的隔离度尽可能高，以便后续引入空分复用技术，提升单路天馈系统的容量。

(2) 根据厂家 RRU 设备支持能力进行 RRU 级联级数设置，一般情况下室内分布系统 RRU 级联级数控制在 3 级以内。同时建议 RRU 每通道输出功率按 20 W 计算。

(3) 因地制宜，合理选择星状拓扑结构和链状拓扑结构。

2. 无源器件利旧及替换

根据工作频率范围、驻波比及损耗需求选取合适的合路器、功分器及耦合器等器件。

对于合路节点后（Wi-Fi 合路节点除外）至少前三级的无源器件，应更换为功率容量较高的无源器件，新器件平均功率容量应高于 300 W，峰值功率容量应高于 1 500 W。

(1) 合路器的选用：合路器/电桥应更换为每端口平均功率容量高于 200 W、峰值功率容量高于 1 000 W，且三阶互调抑制小于等于－140 dBc 的高性能无源器件。对于与联通合路的合路器，应选用三阶互调抑制小于等于－150 dBc 的合路器。

(2) 合路器后第一级无源器件选用：对于与联通合路的系统，合路器以后的第一级功分器/耦合器更换平均功率容量高于 300 W，峰值功率容量高于 1 500 W，且三阶互调抑制小于等于－150 dBc 的高性能无源器件；电信内部合路的系统，第一级功分器/耦合器更换为平均功率容量高于 300 W，峰值功率容量高于 1500 W，且三阶互调抑制小于等于－140 dBc 的高性能无源器件。

(3) 合路器后第二、三级无源器件选用：合路器以后的第二、三级更换为平均功率容量高于 300 W，峰值功率容量高于 1 500 W，且三阶互调抑制小于等于－140 dBc 的高性能无源器件。

(4) 合路器后第四级无源器件选用：根据实际输入功率，评估第四级无源器件是否需要更换，如果第四级无源器件 CDMA 载波输入功率超过 33 dBm，则该第四级无源器件也需更换为平均功率容量高于 300 W 的高性能无源器件。

3. 普通无源器件及室内天线频段改造

现在室内分布系统中的所有器件及馈线应支持 800 MHz～2.5 GHz 频段，800 MHz～2.5 GHz 频段范围内驻波比小于 1.3。射频同轴电缆及电缆接头默认支持 800 MHz～2.5 GHz 频段，其他无源器件包括室内天线、功分器、耦合器及电桥可能有频段限制，尤其是天线性能与频段关系密切。

(1) 馈线改造

在原分布系统功率分配不够且施工条件允许的情况下，按照如下原则进行馈线改造：

原有分布系统平层馈线中长度超过 5 m 的 8D/10D″馈线均需更换为 1/2″馈线，主干馈线中不使用 8D/10D″馈线；

原有分布系统平层馈线中长度超过 50 m 的 1/2″馈线均需更换为 7/8″馈线，主干馈线中长度超过 30 m 的 1/2″馈线均需更换为 7/8″馈线。

(2) 天线建设及改造

天线工作频率范围要求为 800～2 500 MHz。

若原有室内分布系统天线位置或密度不合理，则须进行改造，增加或调整天线布放点，保证 LTE 的网络覆盖。

天线覆盖半径参考：在半开放环境，如写字楼大堂、大型会展中心等，覆盖半径取 10～16 米；在较封闭环境，如写字楼标准层等，覆盖半径取 6～10 米。

在具备施工条件的物业点，可采用定向天线由临窗区域向内部覆盖的方式，有效抵抗室外宏站穿透到室内的强信号，使得室内用户稳定驻留在室内小区，获得良好的覆盖和容量服务；同时也减少室内小区信号泄漏到室外的场强。

4.3.4 改造原则

室内分布系统的改造需要考虑新老系统间的功率匹配、干扰，以及对原系统器件和天馈的利旧问题。因此，一般而言，室内分布系统的改造都要遵循以下原则。

1. 性能优先

(1) 确保原有室内分布系统在改造后能达到覆盖效果。

(2) 确保原有网络在改造后不受新室内分布系统干扰。

(3) 确保新室内分布系统的覆盖、质量和容量。

(4) 确保原有室内分布系统不干扰新的室内分布系统。

2. 利旧原则

(1) 尽量利用原有室内分布系统的设备、器件和天馈，控制改造成本。

(2) 尽量采用原有室内分布系统的设计思路。

任务实施

步骤 1:比对同福酒店平面图与现场环境的差异

步骤 2:室内打点测试及 CQT 测试

结合楼层平面图对该酒店进行室内打点测试和 CQT 测试，找出覆盖盲区和信号弱数据慢的区域。测试方法见本书和“项目 6 某室内分布系统优化及整治”中“任务 6.2 进行优化测试”的相关内容。

步骤 3:检查硬件

检查 BBU、RRU、天线、合路器、耦合器、功分器、电源和光纤等是否存在硬件故障，如果存在硬件故障，则排除硬件故障，再测试信号是否正常。

步骤 4:改进设计图

对原设计方案图进行审核，从平层天线布置、主干路由设计、天线输出功率、系统容量和分区存在的问题进行分析。核查每个天线、信源、有源器件、无源器件和线缆，与设计图进行对比，找出与设计不符的地方，再根据实际施工情况改进设计图。计算天线口功率是否合理，再检查其他施工工艺是否存在问题。

步骤 5:编制改造方案

根据找出的问题，结合用户业务需求、网络性能、改造可行性及成本等综合考虑，制订改造方案和编制改造预算。

步骤 6:施工改造

根据改造方案进行改造施工(可在仿真软件中完成)。

步骤 7:验收测试

测试改造后的室内分布系统是否达到“任务描述”中 1～8 的技术要求，是否还存在覆盖盲区、信号弱、速度慢的情况。如未解决问题，继续改造。

步骤 8:编写改造报告

编写“任务描述”中 1～8 的测试报告和改造报告。

任务成果

1. 提交改造方案和改造设计图纸 1 份；
2. 提交改造预算项目清单 1 份(含设备器件名称型号、参数指标、数量、单价、总价等)；
3. 提交任务工单 1 份。

思考与提高

1. 某商场现只有 2G 和 3G 信号覆盖,如果要增加 3 家运营商的 4G 信号覆盖,应该如何改造?

2. 某大学校园现已有 4G 信号覆盖,但部分寝室信号非常弱,时有时无,应该如何改造?

项目 5　某室内分布系统工程验收

本项目内容主要聚焦于室内分布系统工程的验收,从室内分布系统业务性能验收、工程竣工验收的主要工作着手,通过两个任务的操作与实践,来掌握室内分布系统工程的工程验收。

本项目的知识结构图如图 5.1 所示,操作技能图如图 5.2 所示。

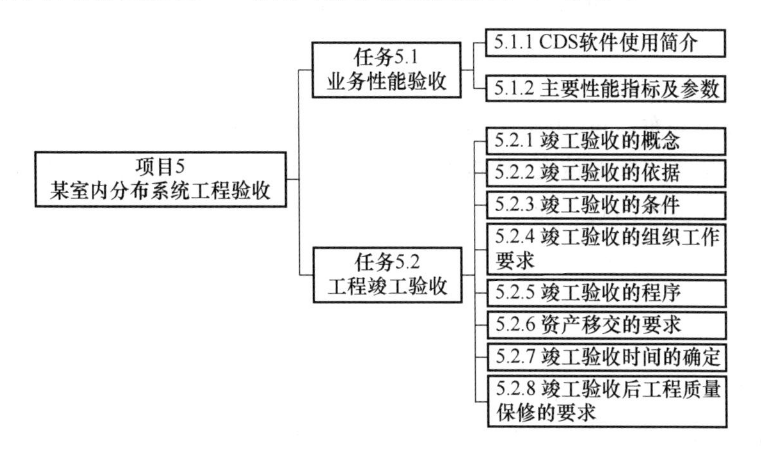

图 5.1　项目知识结构

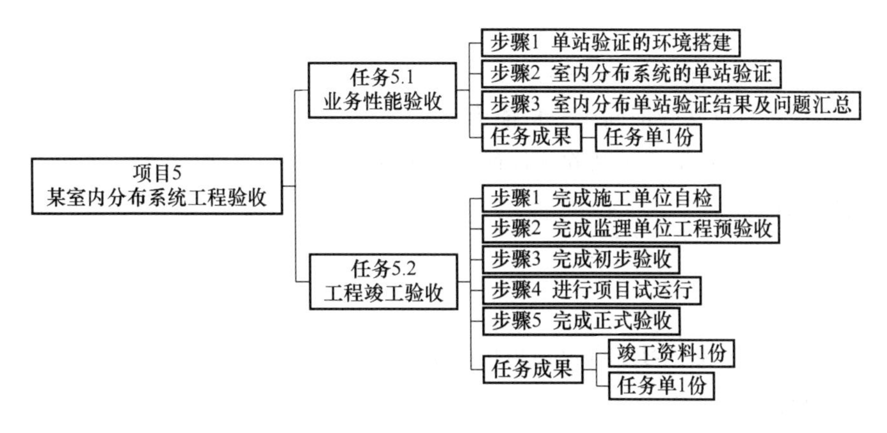

图 5.2　项目操作技能

1. 业务性能验收

专业技能包括:室内分布系统的单站验证技能等。

基础技能包括:单站验证的环境搭建技能等。

2. 工程竣工验收

专业技能包括:完成初步验收、正式验收的技能等。

基础技能包括:编制竣工资料的技能等。

任务 5.1　业务性能验收

任务 5.1

任务描述

同福酒店室内分布系统安装调试完成,需要引入对室内分布站点的测试和检验。本次任务要求对新建室内分布站点通过单站验证方式进行验收测试,并完成相应的单个站点的相应表格填写。问题汇总后,方便后期解决。

任务解析

对于新建室内分布站点,由于天馈系统软、硬件安装的施工工艺不同,易造成新建室内分布站点很多性能不达标的情况,如接通率不达标、天馈接反造成驻波告警等,以及规划与实际建设可能存在多种问题。通过本次任务将完成对单个基站的验收测试工作——单站验证。

教学建议

1. 知识目标

(1) 掌握 LTE 室内分布系统单站验证基本步骤;

(2) 掌握 CDS 软件使用方法。

2. 能力目标

(1) 会使用 CDS 软件进行打点测试;

(2) 具备基本的单站验证问题分析能力;

(3) 具备 LTE 新开站点单站验证性能指标的能力。

3. 建议用时

4 学时

4. 教学资源

教学视频、网络在线学习平台及虚拟仿真实训平台。

5. 任务用具

业务性能验收任务用具如表 5.1 所示。

表 5.1　任务用具

序号	名称	用途及注意事项	外形	备注
1	笔记本式计算机	安装测试软件,打点测试		必备

续表

序号	名称	用途及注意事项	外形	备注
2	Excel 2010	记录并编辑单站验证数据		必备
3	LTE 测试手机	打点测试接收天线信号		必备
4	GPS	打点测试接收卫星信号		必备
5	CDS 软件	打点测试	CDS 7.1	必备
6	加密狗	打开 CDS 软件		必备
7	LMT	后台监控基站各类测试指标	LMT	必备
8	电话卡	接通测试业务		必备

必备知识

5.1.1 CDS 软件使用简介

CDS 是前、后台合一的路测软件，主要工作于两种模式与数据采集模式与数据分析模式。每种模式下又细分为若干状态，如图 5.3 所示。

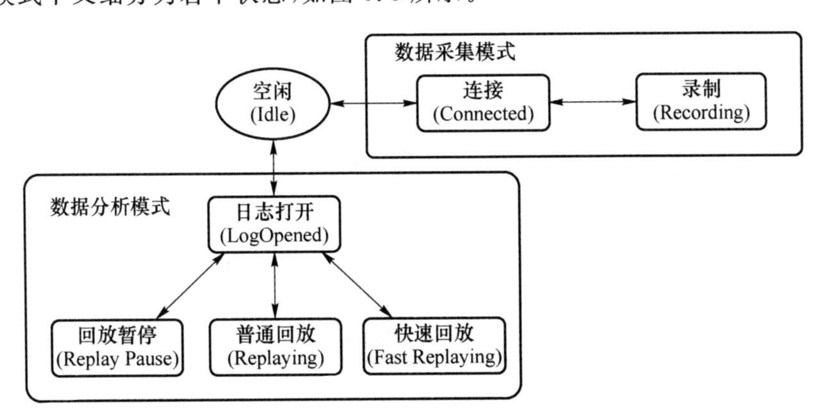

图 5.3 工作模式与状态

CDS 软件两种工作模式之间需要通过“空闲”状态进行过渡，模式转换时，CDS 的工具栏同时进行动态切换，这意味着：

(1) 连接设备采集数据前，必须先关闭已打开的日志文件；

(2) 打开日志文件进行回放或分析前，必须先断开与实际设备的连接。

打开 CDS 测试软件后，软件的标题栏将显示测试软件的状态。

1. 界面概述

CDS 用户界面可以分为操作界面和视图界面两个部分,如图 5.4 所示。

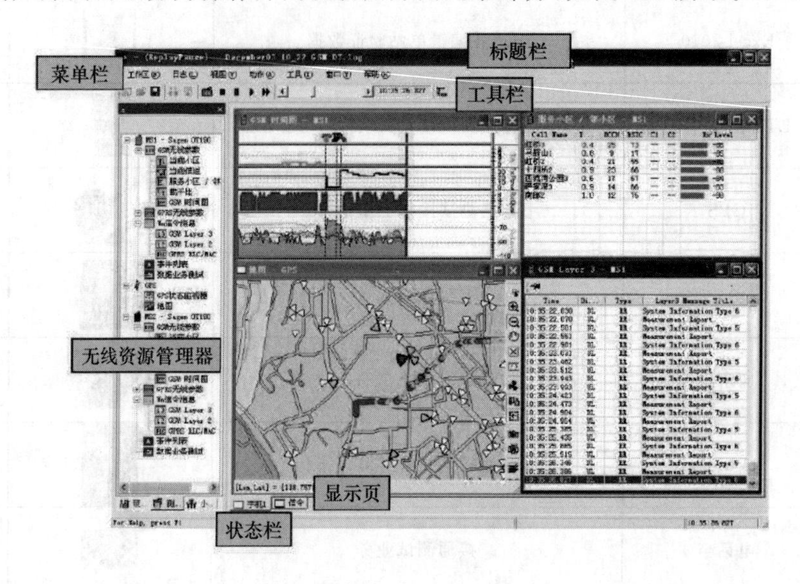

图 5.4　CDS 用户主界面

操作界面:包括标题栏、工具栏、导航栏及资源管理器,大部分的 CDS 配置和控制操作从此部分发起。

视图界面:CDS 测试数据展示窗口,为用户提供了灵活直观的数据呈现。

2. CDS 标题栏

CDS 标题栏从左到右依次包括以下内容。

(1) CDS 基本信息菜单:单击左上角的 CDS 图标将弹出下拉菜单,选择【关于】命令可查看 CDS 的版本信息。

(2) 相关软件启动按钮。

(3) 小区工作室 :用于导入小区数据库并生成小区的地图图层。

(4) 报告编辑器 :用于用户定制报告模板,在 CDS LTE 7.1 中作为限制功能,默认不会提供。

(5) CDS 软件状态:指示当前 CDS 所处的状态,包含 Idle、Recording、LogOpened 等 7 种状态。

(6) 当前录制日志的名称:该信息只在录制状态出现。

3. 工具栏

工具栏根据软件的工作状态(空闲、连接、回放)在三种模式下切换,提供当前状态所能执行的操作。

空闲态:

数据采集模式:

数据分析模式：

4. 导航栏

CDS界面的左侧栏为导航栏，有7个按钮，单击按钮可以打开对应的管理器。

：设备管理，用于添加/删除测试设备及配置自动测试计划。此按钮在"回放"状态将被隐藏。

：视图管理，管理器中分类列出预定义的视图及视图页，用户可双击或拖拽打开选中的视图或视图页。

：分析模块管理，管理器中列出的每一项对应一个数据分析模块，这些模块只可在"回放"状态使用，进入"连接"状态后此按钮被隐藏。

：IE列表，管理器中分类列出了CDS支持的测试数据类型，用户可选择一个或多个拖拽到视图或后处理插件中。测试数据的显示风格也在这里设置。

：事件列表，管理器中分类列出内置事件及用户自定义事件。用户可以为事件配置图标、告警音及字体颜色，配置自定义事件，定义事件组等。用户也可以将事件或事件组拖拽到某些视图中。

：信令列表，管理器中分类列出了各种制式下空中接口及非接入层的信令，用户可选择一个或多个拖拽到后处理插件中。

：过滤器管理，过滤器是用户定义的逻辑表达式，用于数据后处理阶段根据需求过滤数据。用户在此可以修改过滤器的定义，也可以将过滤器拖拽到某些视图中。

5.1.2　主要性能指标及参数

1. FTP上传与下载

文件传输协议(File Transfer Protocol，FTP)是Internet上用来传送文件的协议，它是为了人们能够在Internet上互相传送文件而制定的文件传送标准，规定了Internet上文件如何传送。也就是说，通过FTP协议，人们可以跟Internet上的FTP服务器进行文件的上传(Upload)或下载(Download)等动作。

和其他Internet应用一样，FTP也是依赖于客户程序/服务器关系的概念。在Internet上有一些网站，它们依照FTP协议提供服务，让用户进行文件的存取，这些网站就是FTP服务器。用户要连上FTP服务器，就要用到FTP的客户端软件，通常Windows都有"FTP"命令，这实际就是一个命令行的FTP客户程序，另外常用的FTP客户程序还有CuteFTP、Ws_FTP、FTP Explorer等。

要连上FTP服务器(即"登录")，必须有该FTP服务器的账号。该服务器主机的注册客户将会有一个FTP登录账号和密码，凭这个账号、密码可以连上该服务器。

FTP 上传可以借助 FTP 工具，稳定性好，可以断点续传，适合上传大文件或一次上传很多文件。上传前先要弄清楚三个问题：主机地址、用户名和密码。在上传前打开 FTP 软件输入服务器主机 IP 地址、用户名、密码即可登录 FTP 软件，并将文件进行上传和下载。

2. 经纬度

经纬度是经度与纬度的合称，它们组成一个坐标系统，被称为地理坐标系统。它是一种利用三度空间的球面来定义地球上空间的球面坐标系统，能够标示地球上的任何一个位置，例如，经度 104.551 01，纬度 30.401 18。

3. CSFB 呼叫成功率

电路域回落（Circuit Switched Fallback，CSFB）：LTE 终端驻留在 LTE 网络，当需要完成语音业务时，再回落到 2G/3G 网络的 CS 域。

CSFB 呼叫成功率是指 CSFB 主叫业务用户感知的呼叫接通（振铃）成功率。指标公式：CSFB 主叫接通次数/CSFB 主叫试呼次数×100%。

4. RSRP

参考信号接收功率（Reference Signal Receiving Power，RSRP）是 LTE 网络中可以代表无线信号强度的关键参数以及物理层测量需求之一，是在某个符号内承载参考信号的所有 RE（资源粒子）上接收到的信号功率的平均值。

dBm 即分贝毫瓦，可以作为电压或功率的单位。电压 E(mV) 与 U'(dBm) 的换算公式为：$U'=20\lg E$。功率 P(W) 与 P'(dBm) 换算公式为：$P'=30+10\lg P$（P 的单位为 W；P' 的单位为 dBm）。

dBm 是一个考证功率绝对值的值，计算公式为：10lg（功率值/1 mW）。

例：对于 40 W 的功率，按 dBm 单位进行折算后的值应为

$$10\lg(40\ \text{W}/1\ \text{mW})=10\lg(40\,000)=10\lg(4\times10^4)=40+10\times\lg 4=46\ \text{dBm}。$$

RSRP 分级如表 5.2 所示。

表 5.2 RSRP 分级

RSRP/dBm	覆盖强度级别	备注
rx≤−105	覆盖强度等级 6	覆盖较差。业务基本无法起呼
−105<rx≤−95 p=""></rx≤−95>	覆盖强度等级 5	覆盖差。室外语音业务能够起呼，但呼叫成功率低，掉话率高。室内业务基本无法发起业务
−95<rx≤−85 td=""></rx≤−85>	覆盖强度等级 4	覆盖一般，室外能够发起各种业务，可获得低速率的数据业务。但室内呼叫成功率低，掉话率高
−85<rx≤−75 p=""></rx≤−75>	覆盖强度等级 3	覆盖较好，室外能够发起各种业务，可获得中等速率的数据业务。室内能发起各种业务，可获得低速率数据业务
−75<rx≤−65 p=""></rx≤−65>	覆盖强度等级 2	覆盖好，室外能够发起各种业务可获得高速率的数据业务。室内能发起各种业务，可获得中等速率数据业务
Rx>−65	覆盖强度等级 1	覆盖非常好

5. SINR

信号与干扰加噪声比（Signal to Interference plus Noise Ratio，SINR）是指接收到的有用信号强度与接收到的干扰信号（噪声和干扰）强度的比值，可以简单地理解为“信噪比”。

SINR分为上行和下行，通常测试基站的SINR针对的是下行SINR。下行SINR计算：将RB上的功率平均分配到各个RE上，下行RS的SINR=RS接收功率/（干扰功率+噪声功率）。

SINR的不同取值如表5.3所示。

表5.3　SINR的不同取值

覆盖区域效果	SINR取值范围
极好点	＞25
好点	16～25
中点	11～15
差点	3～10
极差点	＜3

任务实施

步骤1：单站验证的环境搭建

（1）总体测试流程

CDS软件集前台数据采集和后台数据分析于一身。在正确添加测试设备后，用户只需执行三步简单的操作，便可进行测试：① 连接设备；② 录制日志；③ 执行自动测试。

对应CDS数据采集界面工具栏上的三个功能按钮。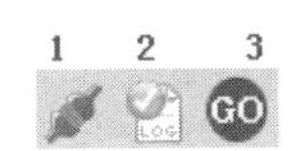

（2）GPS驱动安装

① 采用CDS LTE配置的环天（BU353）GPS，安装GPS驱动：如果测试笔记本式计算机采用XP系统，则安装XP驱动；如果采用WIN7系统，则安装压缩包里面提供的VISTA驱动。

② 采用其他GPS，安装GPS提供的驱动；如果默认接口不是NMEA，则需要设置为NMEA。

（3）CDS软件加密狗

CDS软件加密狗无须安装驱动，即插即用。

（4）添加设备

添加设备操作如图5.5所示。

图5.5　添加设备

单击图 5.5 中方框选中的按钮，弹出设备管理器窗口，如图 5.6 所示。

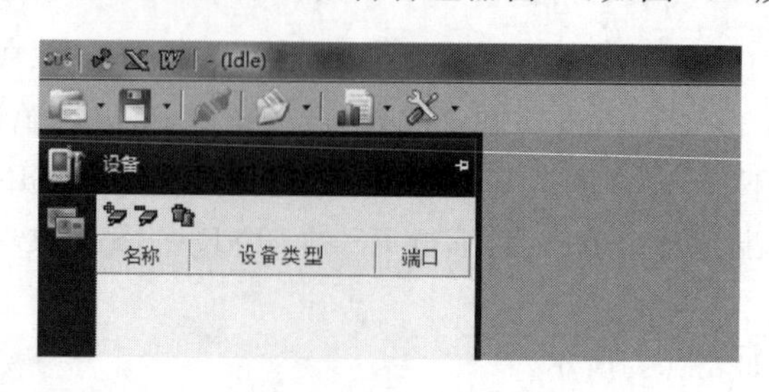

图 5.6　设备管理器

单击图 5.6 中的按钮添加测试设备，根据实际情况来选择所需添加的设备。在设备管理器对话框中选择对应的设备端口号，如图 5.7 所示。

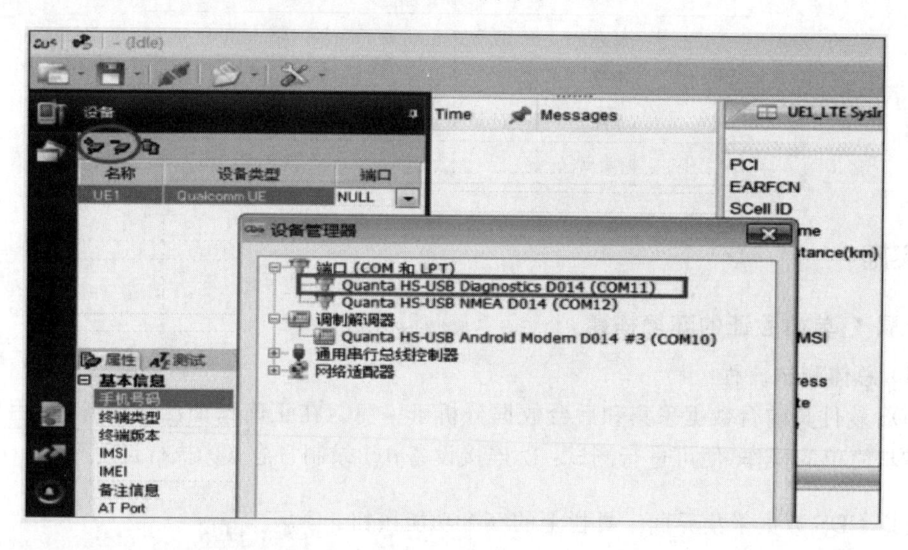

图 5.7　设备端口

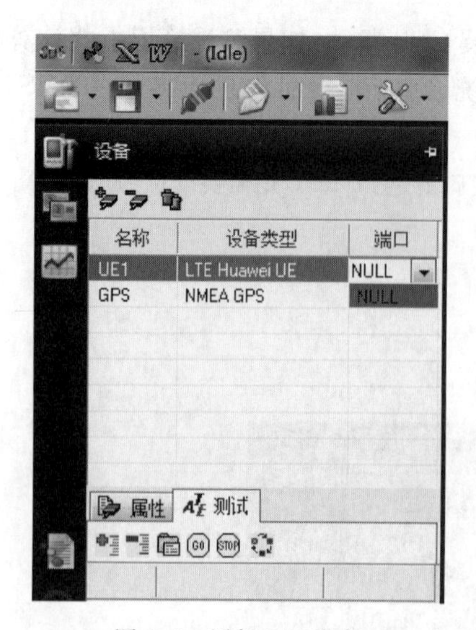

图 5.8　添加 UE 设备

需要注意的是，CDS 软件狗会控制支持的设备类型，不同的软件狗可添加的设备类型可能会不同。

（5）添加测试项目

选择测试名称为 UE1 的设备，设备下方会出现属性页和测试页，在测试页里面进行测试项目的添加。添加 UE 设备操作如图 5.8 所示。

单击图 5.8 中的按钮添加测试项目。添加的测试项目默认为 E-mail 测试项，更改测试项目的方式是：单击该测试项目，在下拉菜单中选择所需测试的项目，如图 5.9 所示。其中，不同品牌的终端支持的测试项可能会不同。

（6）添加视图

选择视图页管理器操作如图 5.10 所示。

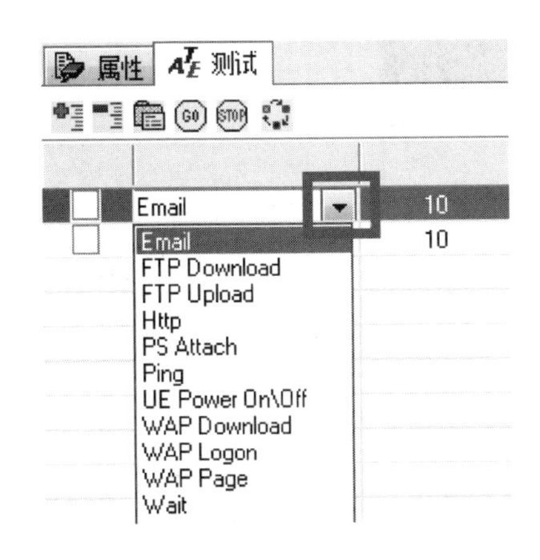

图 5.9　E-mail 测试项

图 5.10　视图页管理器

在视图管理器中双击任意一个选项即可在 CDS LTE 的主显示页打开该窗口，如图 5.11 所示。双击 system Info，即打开 UE1-System Info 窗口。

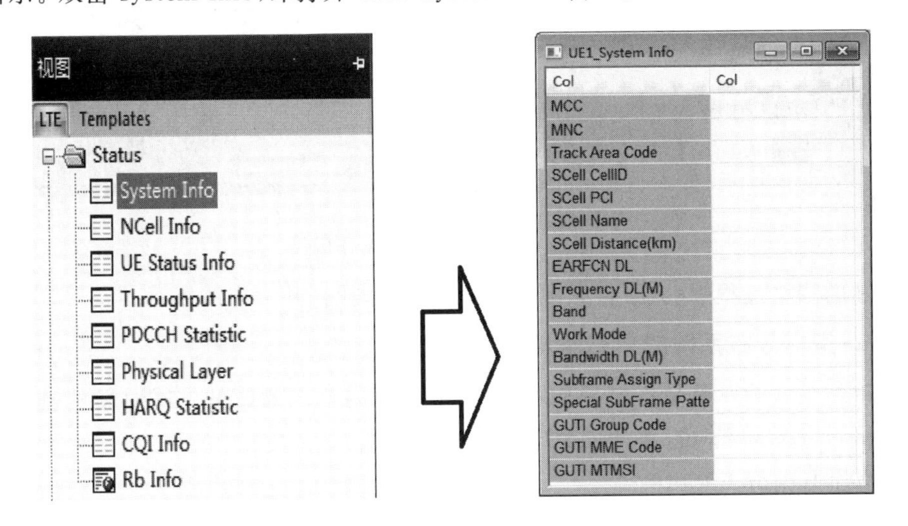

图 5.11　打开视图管理器选项窗口

可在视图管理器下方的选项中选择视图页选项，CDS 软件提供了 2 个默认的视图页，方便用户使用。打开视图页管理区，可以看到已配置好的视图页 LTE Demo 和 LTE TDS。LTE Demo 适用于 LTE 测试任务，LTE TDS 适用于 LTE/TDS 双模测试任务。

双击视图页名称 LTE Demo，即可打开相应工作区，如图 5.12 所示。

1 号框：事件视图。

2 号框：信令视图。

3 号框：系统信息及物理层视图。

4 号框：速率与信号强度折线图。

5 号框：DCI 格式与 CQI 统计。

6 号框：临区信息与 HARQ 视图。

7 号框：MCS 视图。

8 号框：PRB 占用情况。

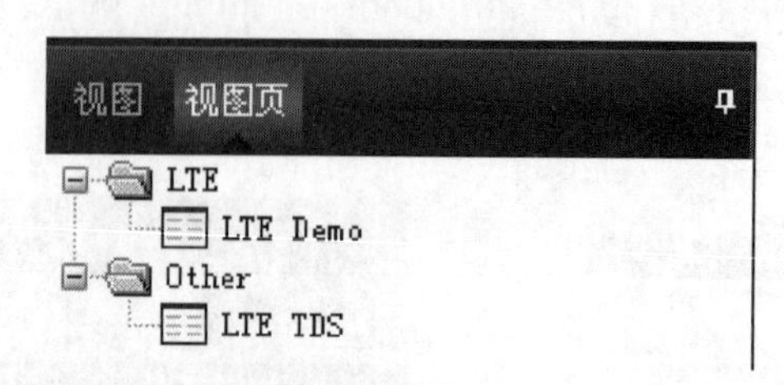

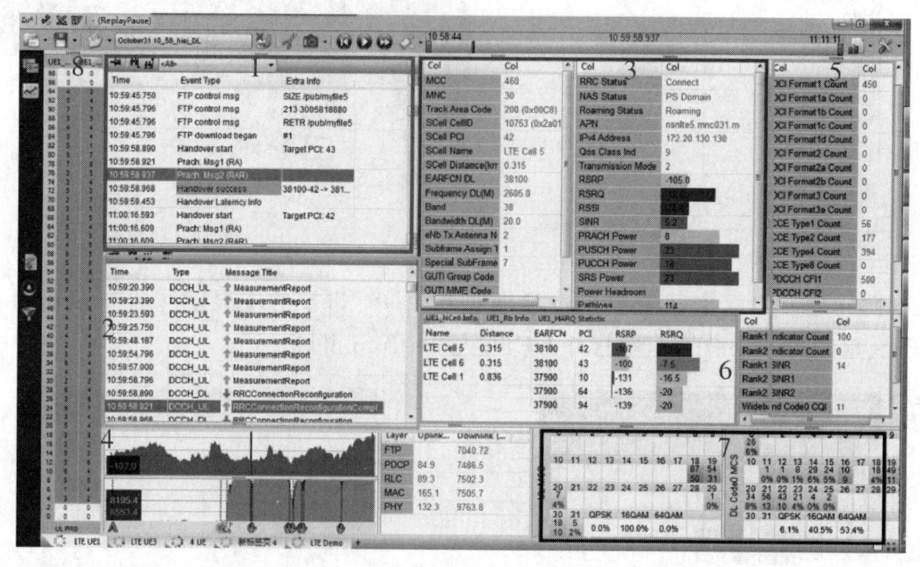

图 5.12　LTE Demo 工作区

在实际的测试过程中,需要什么项目的测试视图,就打开对应的视图。

步骤 2:室内分布系统的单站验证

本次单站验证的对象是室内分布系统,将采取室内打点测试的方式对新建基站进行单站验证测试。以下是室内打点测试简单操作步骤。

(1) 添加 Indoor Locator

在设备管理器中添加好终端后,执行【navigator】|【Indoor Locator】命令,添加 Indoor Locator,如图 5.13 所示。

图 5.13　添加 Indoor Locator

(2) 添加室内平面图

添加楼层平面图,以同福酒店第三层平面图为例,如图 5.14 所示。

(3) 打开 Indoor Map 视图

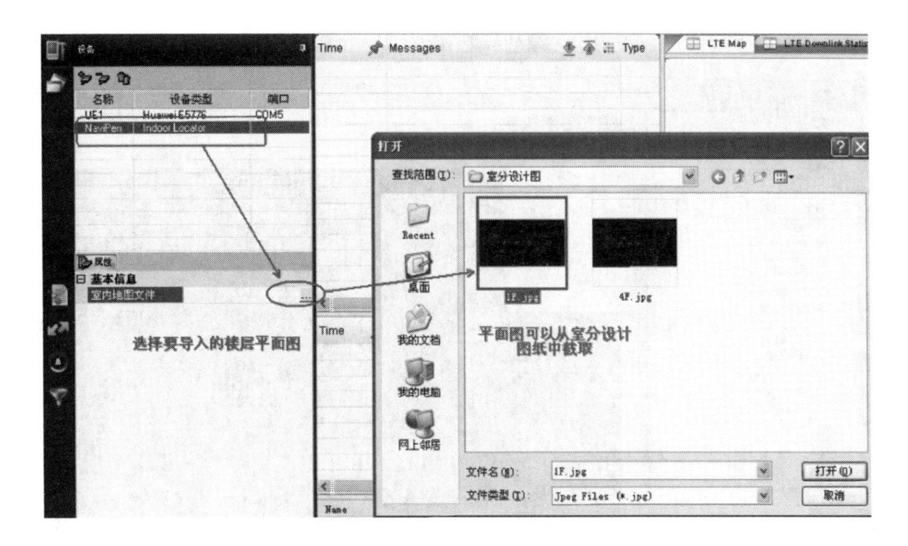

图 5.14　添加楼层平面图

连接设备后，在软件视图管理区中，双击打开 Indoor Map 视图页，同福酒店第 3 层平面结构图出现在 CDS 软件平面上，如图 5.15 所示。

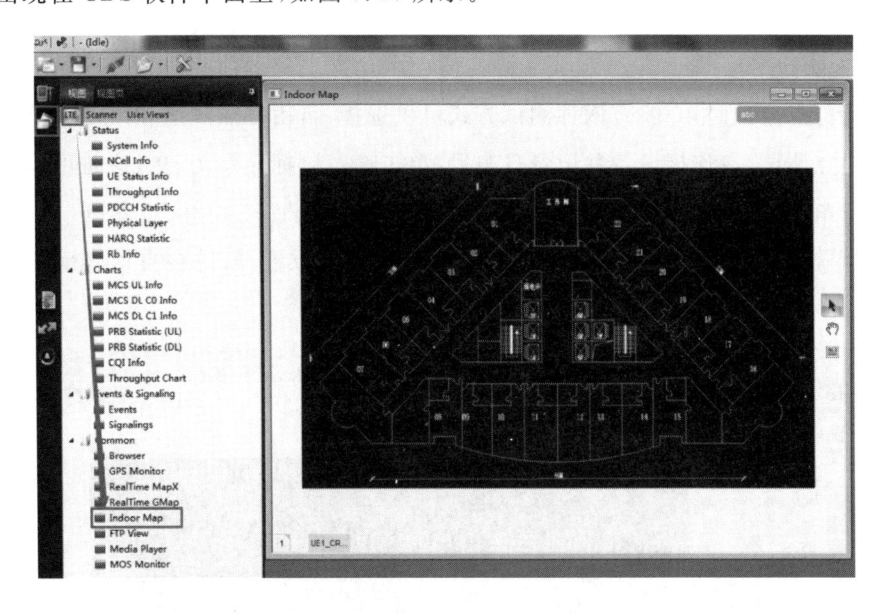

图 5.15　打开 Indoor Map

（4）室内分布系统打点连接测试

下面以同福酒店第三层及对应同福酒店室内分布系统的 RRU3 打点连接测试为例，分别对同福酒店室内分布系统站点的 RSRP、SINR、上传速率 UL 及下载速率 DL 进行打点测试。

在完成上述手机连接、室内图层成功导入后，为了对 RSRP、SINR、上传速率 UL 及下载速率 DL 进行实时数据跟踪，首先分别选中测试数据，然后在 LTE 菜单里添加要显示的 RSRP、SINR 及 RSRQ 等重要测试信息，本书以测 RSRP 为例来对测试图层进行添加，如图 5.16所示。

（5）连接设备测试

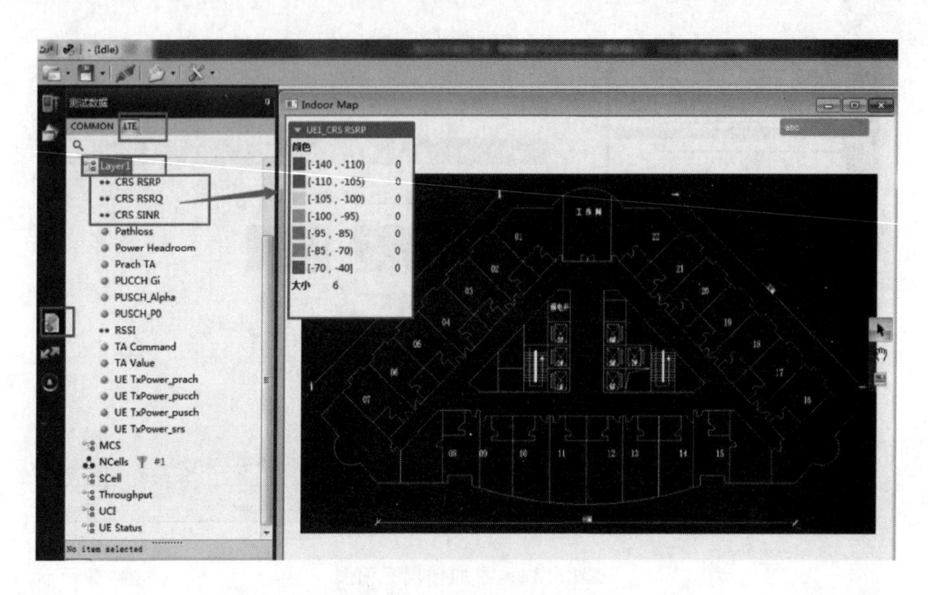

图 5.16　添加测试图层

① 连接设备测量,并记录 LOG

进行打点测试之前,必须先单击 LOG 选项框,然后保存记录 LOG;否则无法打点。

② 打点测试

在进行打点测试时,一般有两种测试方式可供选择:自由打点测试和预设路径打点。

自由打点测试:在连接设备并记录日志后,单击，鼠标显示为，这时可以进行打点测试。实时单击当前所在位置,会出现。如果测试时为直线行走,只需单击鼠标两次即可,起步前单击一次当前位置,达到终点后单击一次当前位置,软件会自动匹配期间的数据及位置。自由打点测试如图 5.17 所示。

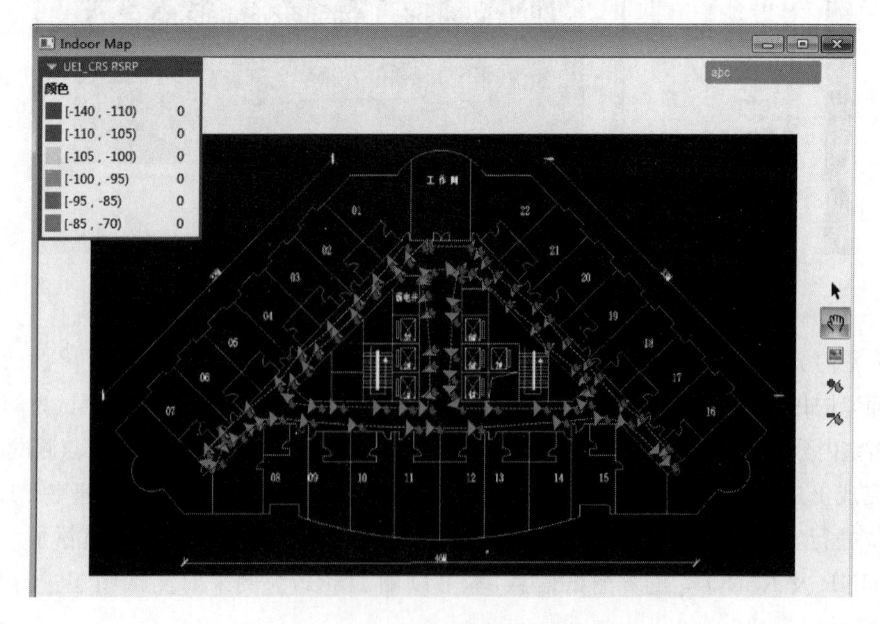

图 5.17　自由打点测试

预设路径打点：连接设备后，在记录日志前，先设定测试的行走路线，在地图上单击先后抵达的位置，单击后该位置显示图标；在记录日志后，到达第一个指定位置按 Enter 键，第一个图标则变为，到达第二个指定位置后按 Enter 键，第二个图标则变为，软件会自动匹配期间的数据及位置，以此类推，直到测试结束。预设路径打点如图 5.18 所示。

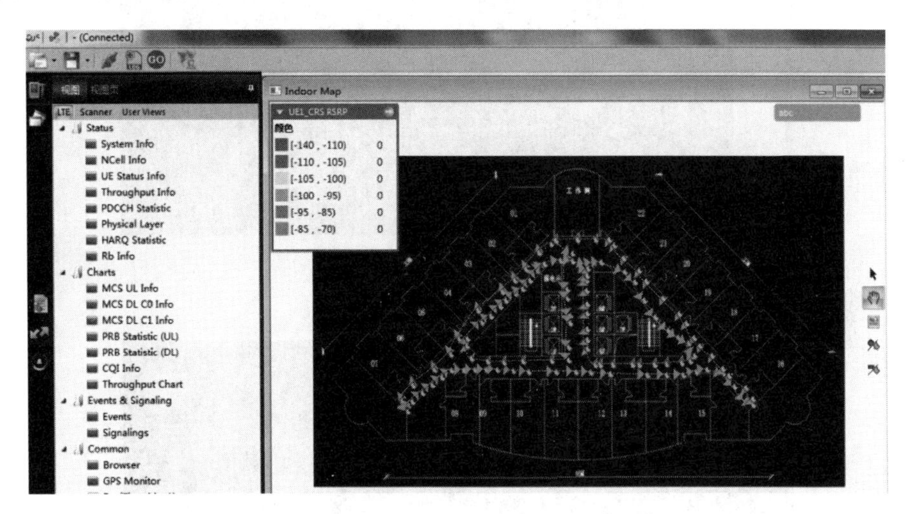

图 5.18　预设路径打点

在实际的测试过程中，一般选用预设路径打点来进行室内分布系统的打点测试。在打点预设路径完成后，单击“＋”号进行打点测试，测试 RSRP、SINR、上传速率 UL 及下载速率 DL 结果分别如下。

打点测试 RSRP 如图 5.19 所示。

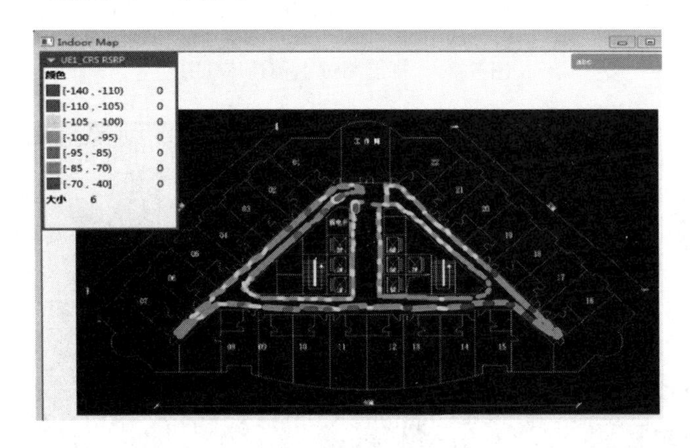

图 5.19　打点测试 RSRP

打点测试 SINR 如图 5.20 所示。

打点上传速率 UL 如图 5.21 所示。

打点测试下载速率 DL 如图 5.22 所示。

(6) 单站验证的测试标准因不同运营商、同运营商内不同省份要求不一样，但都大同小异，下面介绍单站验证的主要指标。

① 室内分布系统站点经纬度验证

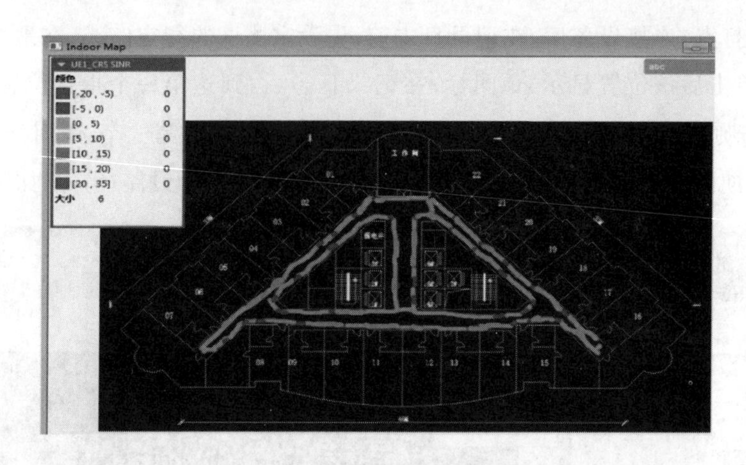

图 5.20　打点测试 SINR

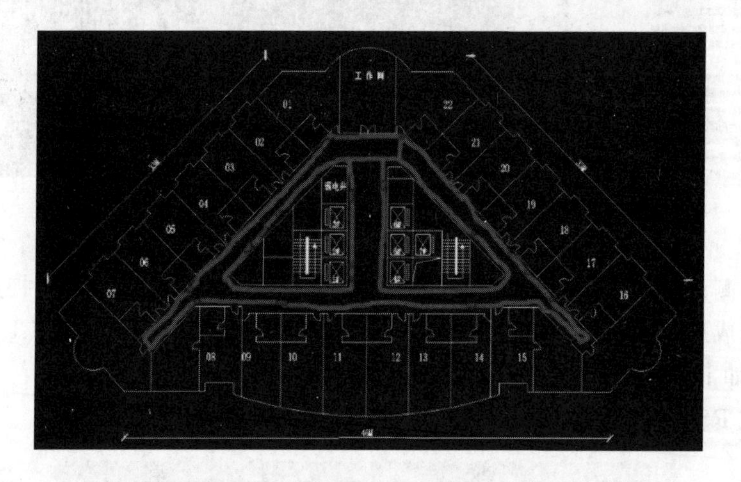

图 5.21　打点测试上传速率 UL

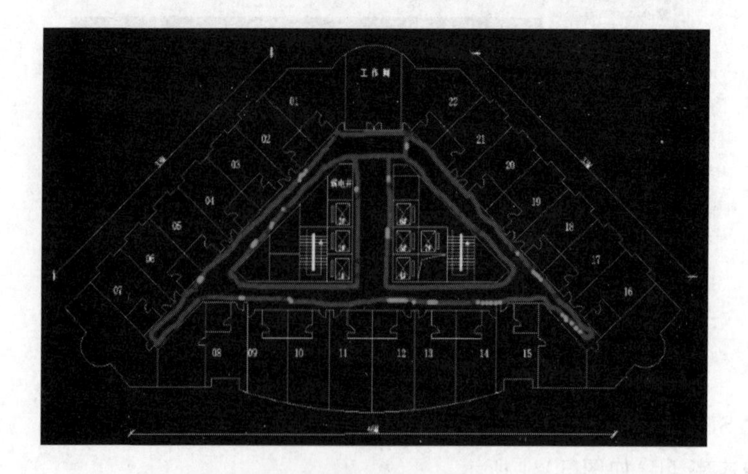

图 5.22　打点测试下载速率 DL

现场测试人员需要通过 GPS 对室内分布系统的经纬度进行现场采集，并做记录，如果经纬度与规划设计的经纬度偏差过大，如 50 米，那么现场采集经纬度维护人员需要记录正确的经纬度，并如实汇报给相关负责人，方便后期整改。

② FTP 上传与下载

FTP 上传验证主要对于 E 频段、上下行子帧配置 1∶3、特殊时隙配置 10∶2∶2 的典型配置下的指标观察是否满足要求，3 类终端的平均速率如下。

双路：　　上行 40 Mbit/s

移频双路：　上行 35 Mbit/s

单路：　　上行 25 Mbit/s

4 类终端的平均速率如下。

双路：　　上行 70 Mbit/s

移频双路：　上行 60 Mbit/s

单路：　　上行 45 Mbit/s

FTP 下载验证主要对于 E 频段、上下行子帧配置 1∶3、特殊时隙配置 10∶2∶2 的典型配置下的指标观察是否满足要求，3 类终端的平均速率如下。

双路：　　下行 40 Mbit/s

移频双路：　下行 35 Mbit/s

单路：　　下行 25 Mbit/s

4 类终端的平均速率如下。

双路：　　下行 70 Mbit/s

移频双路：　下行 60 Mbit/s

单路：　　下行 45 Mbit/s

通过 CDS 自带的 FTP 速率测试可观察记录基站的上传和下载速率，如图 5.23 所示。

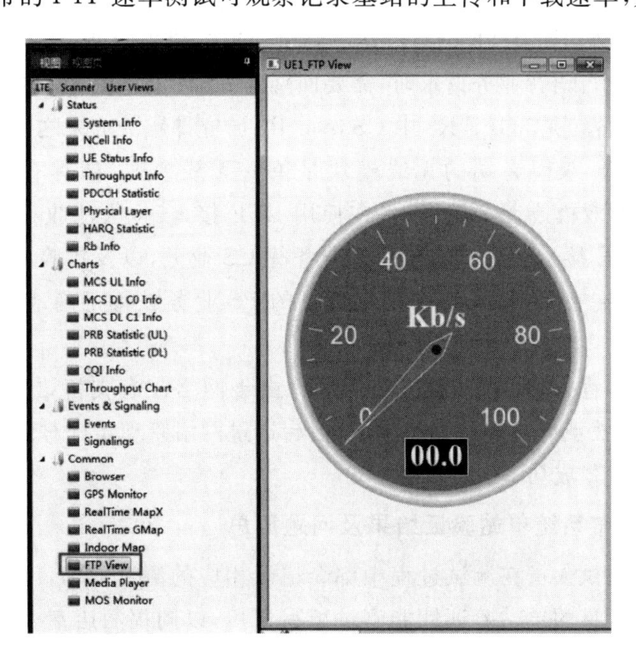

图 5.23　FTP 测试

③ 遍历性测试覆盖率

一般场景下：TD-LTE RS 覆盖率＝RS 条件采样点数（RSRP≥－105 dBm & RS

SINR≥6 dB)/总采样点×100%

营业厅(旗舰店)、会议室、重要办公区等业务需求高的区域:TD-LTE RS 覆盖率=RS 条件采样点数(RSRP≥−95 dBm & RS SINR≥9 dB)/总采样点×100%

(双路)在单路的基础上,增加以下条件:TD-LTE RS 覆盖率=RS 条件采样点数(RSRP≥−85 dBm)/总采样点×100%

④ 同站切换验收(系统内)-室内外

以同福酒店室内分布系统其中一个小区为例,在做基站切换单验时,和 LTE 宏站单验测试有所不同的是,不做基站内小区间的切换验证,只做基站间的切换验证。通过现场拿手机进行拨测,网络管理中心后台统计切换指标的方式来对其进行验证。

定义:切换成功率=(eNB 内切换成功次数+X2 切换成功次数+S1 切换出成功次数)/(eNB 内切换请求次数+X2 切换尝试次数+S1 切换出尝试次数)×100%。其中,eNB 内切换请求为 E-NodeB 发出 RRC Connection Reconfiguration/ Handover Command,eNB 内切换成功为接收到 RRC Connection Reconfiguration Complete/ Handover Comfirm。

X2 切换尝试为源 eNB 向目标 eNB 发送 Handover Required 消息,X2 切换成功为源 eNB 收到目标 eNB 发送 X2:RRC Connection Reconfiguration Complete/ Handover Comfirm 消息。

S1 切换尝试为源 eNB 向 MME 发送 S1:Handover Required 消息,S1 切换成功为源 eNB 收到 MME 发送的 RRC Connection Reconfiguration Complete/Handover Comfirm 消息。

⑤ CSFB 功能测试

由于在 LTE 建网初期,LTE 网络还达不到全网连续覆盖的能力,不能支持用户的语音业务,因此,用户在进行语音业务请求时,需要回落到 GSM 网络或 3G 网络进行语音业务。

CSFB(电路域回落)是 3GPP R8 中 CS over PS 研究课题的成果之一。该研究课题提出的背景是 LTE 和 CS 双模终端的无线模块是单一无线模式,即具有 LTE 和 UTRAN/GERAN 接入能力的双模或者多模终端,在使用 LTE 接入时,无法收/发电路域业务信号。为了使得终端在 LTE 接入下能够发起话音业务等 CS 业务,以及接收到话音等 CS 业务的寻呼,并且能够对终端在 LTE 网络中正在进行的 PS 业务进行正确地处理,产生了 CSFB 技术。

现场单验测试工程人员利用手机进行拨测,由于网络没有支持语音的功能,会回落到 GSM 网,即 CSFB。拨测人员连续拨测多次,后台通过网络管理系统对该室内分布系统站点进行该时间段的 CSFB 成功率统计。

步骤 3:室内分布系统单站验证结果及问题汇总

通常单站验证测试人员在测试过程中都会记录相应的测试数据,以备后期基站完工验收。下面介绍一种常见的单站验证性能测试填写模板,以同福酒店室内分布系统为例来填写样表,如表 5.4 所示。

表 5.4　验收记录单

基站描述

站名：	同福酒店室分基站	日期：	2017/4/13
站号：	204637	区县：	成都
地址：	成都某城区	站型：	01
设备类型：	大唐		

相关参数验收

基站参数	规划数据	实测数据	验证通过	备注
经度	104.55101	104.55112	是	
纬度	30.40118	30.40111	是	
传输带宽	40M/320M	40M/320M	是	
传输IP配置	100.109.46.237	100.109.46.237	是	

小区参数	同福酒店室分基站									备注
	规划数据	实测数据	结果							
RsPower (dBm)	9.2	9.2	是							
PA	0dB	0dB	是							
PB	0	0	是							
合路方式	2/3/4G	2/3/4G	是							
单双路	单路由	单路由	是							

性能验收

业务验证		验证通过			备注
		同福酒店室分基站			
网优性能测试	FTP下载	是			对于E频段，上下行子帧配置1:3，特殊时隙配置10:2:2的典型配置下，3类终端的平均速率为： 双路：　下行40Mbit/s 移频双路：　下行35Mbit/s 单路：　下行25Mbit/s 4类终端的平均速率为： 双路：　下行70Mbit/s 移频双路：　下行60Mbit/s 单路：　下行45Mbit/s
	FTP上传	是			对于E频段，上下行子帧配置1:3，特殊时隙配置10:2:2的典型配置下，3类终端的平均速率为： 双路：　下行40Mbit/s 移频双路：　下行35Mbit/s 单路：　下行25Mbit/s 4类终端的平均速率为： 双路：　下行70Mbit/s 移频双路：　下行60Mbit/s 单路：　下行45Mbit/s
	遍历性测试覆盖率	是			一般场景下：TD-LTE RS覆盖率 = RS条件采样点数（RSRP≥-105dBm & RS SINR≥6dB）/总采样点×100% 营业厅（旗舰店）、会议室、重要办公区等业务需求高的区域：TD-LTE RS覆盖率 = RS条件采样点数（RSRP≥-95dBm & RS SINR≥9dB）/总采样点×100% （双路）在单路的基础上，增加如下条件：TD-LTE RS覆盖率 =RS条件采样点数（RSRP≥-85dBm）/总采样点×100%

重要功能验收

其他功能	验收通过	备注
同站切换验收（系统内）-室内外	是	拨测20次，切换成功率100%
3\4G互操作（重选、PS重定向）	是	拨测20次，互操作成功率100%
CSFB功能测试	是	拨测20次，呼叫成功率100%

结构验收

检查项	验收通过	备注
合路方式是否合理	是	与XX合路，已完成改造，非简单合路
器件是否支持	是	所有器件均支持E频段
天线点位分布是否合理	是	天线点位分布合理
每层天线口输出功率是否满足要求	是	每层天线口输出功率满足覆盖要求

可管可控验收

检查项	验收通过	备注
接入网优平台信息是否准确	是	
录入资管平台信息是否准确	是	工程参数录入是否准确检查
MR是否可以开启	是	是否可以进行MR统计
小区参数配置是否准确	是	根据参数核查要求进行核查

网优验收结论

是否通过验收：是

备注：

验收人员	姓名	日期	电话	签名
工程人员	唐某	2017/4/10	***************	唐某
网优人员	李某	2017/4/13	***************	李某
其他人员				

性能验收测试填写如表5.5所示。

表 5.5 性能验收填写

TD-LTE 室内分布系统网络优化验收测试表格							
站名：	同福酒店室内分布系统基站	站号：	204637	日期：	2017/4/13	优化验收人员：	李某
业务验证项：							备注
	业务测试情况		尝试次数	成功次数	失败次数	成功率	验证标准
	RRC Setup Success Rate		20	20	0	100.00%	拨测 20 次，成功率 100%
	ERAB Setup Success Rate		20	20	0	100.00%	拨测 20 次，成功率 100%
	Access Success Rate		20	20	0	100.00%	拨测 20 次，成功率 100%
	CSFB 呼叫成功率		20	20	0	100.00%	拨测 20 次，成功率 100%
	FTP 吞吐率测试		遍历性测试性能指标				
Sector1	FTP 下行吞吐率	覆盖率	99.44%				
		下行吞吐率	42.30				
	FTP 上行吞吐率	覆盖率	99.30%				
		上行吞吐率	8.38				
	系统内切换(室内外切换)		10	10	0	100%	拨测 5 次，切换成功率 100%

性能验收覆盖效果填写如表5.6所示。

表5.6 覆盖效果填写

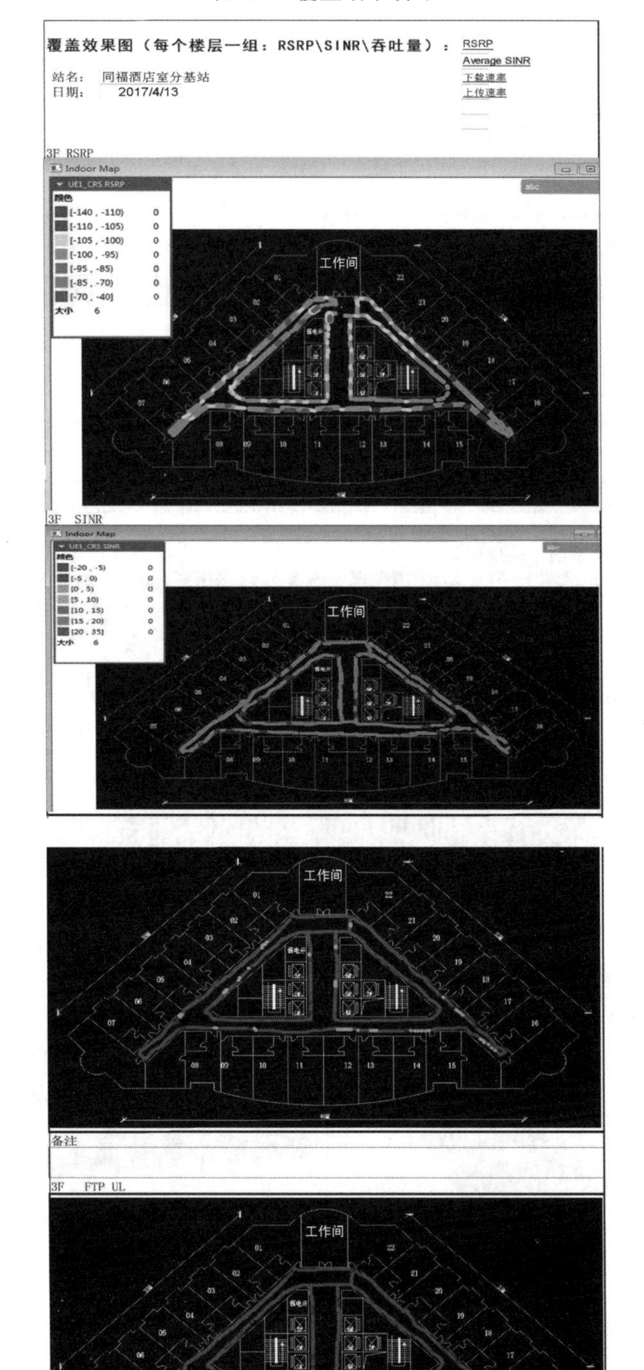

室内分布系统站点验收RRU及合路器勘测报告填写如表5.7所示。

表 5.7　室内分布系统站点验收查勘报告

室内分布系统站点验收站点勘查报告			
		勘查人：	李某
		勘查日期：	2017/4/13
规划站名	同福酒店室内分布系统基站	行政区	成都市
详细地址	成都市某街道		
站址类型	否	共址站名	
经度	104.55101	纬度	30.40118
二、现场勘查信息			
站点类型	室内站	建筑物功能	
楼层数		原有室分系统	TD室分系统
是否合路	是	单双路	单
合路器是否安装正确	是		
备注			
三、现场拍照：			
1. 站点全貌			
建筑物全景照（从地面仰视）		站点入口图	
2. RRU及合路器所在位置拍照			
弱电井1		弱电井2	

站点后台指标监控填写如表 5.8 所示。

表5.8　站点后台指标监控

规划站号	小区名称	基站标识	本地小区标识	小区标识	日期	起始时间	RRC连接尝试次数	RRC连接建立成功率	ERAB连接尝试次数
CDLTEH4345	同福酒店室内分布系统基站	204637	0	7	2017/4/13	0：00：00	2221	99.64	2014
小区名称	E-RAB建立成功率	无线接通率	无线掉线率	E-RAB掉线率	eNB间切换成功率	eNB内切换成功率	切换成功率	小区PDCP层所接收到的上行数据的总吞量/(Gbit·s^{-1})	小区PDCP层所发送的下行数据的总吞吐量/(Gbit·s^{-1})
同福酒店室内分布系统基站	0.994	99.046	1	0.799	100%	NULL	100%	0.043	0.243

遗留问题汇总如表5.9所示。

表5.9　遗留问题汇总

序号	问题类别	问题描述与分析	责任人	解决期限

填写的遗留问题汇总表方便后期优化人员对该站点的问题进行跟踪处理。

任务成果

任务单1份。

拓展提高

LTE室内分布系统由于场景的特殊性，厂家不同、施工单位工艺不一，造成新建室内分布系统站点不一定达到规划的要求，因此，需要对新建室内分布系统站点进行必要的单个站点各项业务性能验证测试。本次任务对常见的单站业务性能进行测试，请查阅相关资料，学习室外单站验证的测试规范及相关要求。

任务 5.2　工程竣工验收

任务 5.2

任务描述

某市同福酒店(涉外三星级)室内分布系统单项工程,施工单位在完成业务性能验收的基础已进行了完工自检工作,监理单位接到完工自检报告后,根据工程验收要求已进行了工程预验收工作。

现根据工程建设项目投产交付要求,由业主方牵头,组织项目参与各方按时完成本工程的竣工验收任务,以便于本工程项目按期投产交付使用,确保业主方在建资产及时转换为固定资产。

任务解析

工程竣工验收,不同的工程类型、不同的规模大小,根据管理要求的不同,有不同的验收组织形式。室内分布系统工程的竣工验收一般应遵循什么样的验收程序,采取什么样的验收组织形式,由谁来牵头组织验收,由谁来参与验收,验收组织的要求是什么等问题,都是本任务需要重点聚焦和系统性学习的内容。

教学建议

1. 知识目标

(1) 掌握竣工验收的基本概念。

(2) 掌握竣工验收组织的工作要求。

(3) 掌握竣工验收的依据及条件。

(4) 掌握竣工验收的组织工作要求及验收程序。

(5) 掌握竣工验收后工程质量保修的工作要求。

2. 能力目标

能够组织室内分布系统工程竣工验收。

3. 建议用时

竣工验收技术准备:2 学时。现场验收:2 学时。现场验收结果报告:2 学时。

4. 教学资源

企业验收标准:室内分布系统工程施工验收规范和业主方本地网验收要求。

行业验收标准:室内分布系统工程设计规范、验收规范及技术标准。

竣工验收的要件:施工合同、会议纪要、技术性能测试报告、工程预验收报告、验收安排征求意见表(业务通知书)、单位工程分部验收检查清单、竣工验收通知函、初步验收报告、试运行报告、缺陷整改完成报告及竣工报告等。

5. 任务用具

本工程涉及的验收工具如下。

（1）工程验收联络工作组通讯录、室内分布系统工程验收清单、问题记录表。

（2）现场验收配套工具：测距仪、照明用手电筒、红光笔等。

必备知识

5.2.1　竣工验收的概念

竣工验收是建设项目投产使用前的一种制度安排，是对建设项目建设成果和投资效果的总体检验。竣工验收是工程建设的最后阶段，是建设工程合同履行的重要环节。在通信行业，通信工程竣工验收对象一般是按照单项工程来组织验收的，根据工程投资造价控制和管理的需要，可以划小竣工验收对象到"单位工程或分部工程"来组织验收。检验批次是工程竣工验收最小的划小单元验收对象。竣工验收是对建设、施工、生产准备等业务建造过程和业务管理过程的大检验，是对上述一系列工作达成质量、效果的综合性评定和检验。

竣工验收根据工程规模的大小及复杂性程度不同，可分为一次性验收和两次验收。一次性验收一般适用于规模小、技术成熟、结构简单的工程项目；两次验收一般分为初步验收、试运行和竣工验收三个阶段，适用于规模大、结构复杂的管线工程或设备类安装工程。

初步验收一般是在工程预验收结束后获得通过的基础上，依据施工合同的要求对工程部位、各环节进行的初次正式验收，主要验收与施工合同约定的工作内容、工作数量和工作标准是否达到一致性，一般由业主方牵头组织实施。

竣工验收一般是在工程经过初步验收、试运行合格后的基础上，由业主方正式组织的，由设计、施工、维护、监理等相关各方参与的终结性工程验收检查活动。工程未经竣工验收或竣工验收未通过的工程项目，发包方不得投产使用。

5.2.2　竣工验收的依据

项目立项批复文件、可行性研究报告，施工图设计、设计会审纪要及设计变更记录，工程承包合同及设备的技术说明书，室内分布系统现行的施工规范及验收规范，省、市级主管部门的有关审批、调整的文件，建筑安装工程统计的规定和主管部门关于工程竣工的文件。

5.2.3　竣工验收的条件

竣工验收的主要依据一般包含但不限于以下几种。

1. 完成单项工程施工合同约定的各项工作内容。

2. 工艺及设备已按设计要求安装完毕，施工单位完工后对工程质量及技术性能指标进行了全面的自我检查；工程质量符合工程建设标准及工程建设强制性条文的规定，符合施工合同的约定要求，并提出了工程竣工报告。

3. 监理单位在收到施工单位提交的竣工报告后，监理单位对工程开展了质量评价，形成了完整的监理资料，并提出了工程质量评价报告。

4. 勘察设计单位对施工过程中涉及的工程设计变更进行了及时的确认和签证，形成了室内分布系统工程变更的签证资料。

5. 工程主要材料及设备具有完整的进场物资检查报告，技术文件、竣工资料齐全、完整。

6. 具备施工单位签署的室内分布系统工程质量保证书。

7. 维护用的主要仪表、工具、车辆和维护备件已按设计要求基本配齐。

8. 生产、维护、管理人员的数量和素质能适应投产初期的需要。

5.2.4 竣工验收的组织工作要求

1. 成立竣工验收联合检查组

一般根据工程的规模大小及复杂性程度和工程管理的需要，由业主方成立竣工验收联合检查组，其人员构成应由建设单位、设计单位、施工单位、监理单位、使用单位及维护单位等单位的专业技术人员和专家组成。对于影响面大、战略性的公司级项目或省管项目，必要时建设单位的审计部门和财务部门的专业技术人员要会同相关各方参与工程项目验收。

2. 竣工验收联合检查组的职责

竣工验收联合检查组的职责一般包含但不限以下各方面。

(1) 负责审查工程建设的各个环节，听取各有关单位的工作报告。

(2) 审阅工程竣工技术文件及相关资料，实地踏勘建设工程及设备安装工程情况。

(3) 对工程设计、施工、主要材料及设备质量、环境保护、安全、消防等方面客观地、实事求是地做出全面的评价。签署验收意见，对遗留问题挑出解决方案并限期落实完成；不合格工程不予验收。

5.2.5 竣工验收的程序

竣工验收由承包人提出申请，发包人组织验收。

竣工验收程序如图 5.24 所示。

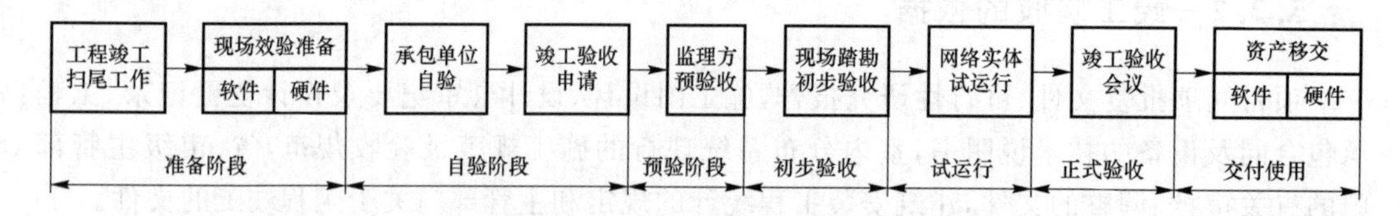

图 5.24 竣工验收程序

正式验收过程主要包括以下内容：

1. 发包人、承包人、勘察、设计、监理单位分别向验收组汇报建设工程合同履行情况，工程建设各环节执行的建设标准及强行性条文规范情况；

2. 验收组审阅建设、勘察设计、施工、监理单位提交的工程档案资料；

3. 现场踏勘抽查，审查工程实体质量；

4. 验收组通过查检后，对工程施工、设备安装质量和程序履行情况等方面做出总体评价，形成工程竣工验收意见，签署竣工验收报告。

5.2.6 资产移交的要求

1. 竣工验收合格的工程项目要及时向发包方办理工程资产移交手续，确保工程实体安全移交。移交后的工程项目，承包方不再承担工程保管的责任。对于需要进行缺陷修复和整改的部分，承包方应按照要求及时修复和整改落实，并承担由于身原因造成的整改费用。

2. 发包人收到承包人递交的竣工验收报告后28天内不组织验收的,或验收后14天内不出具整改意见的,视为竣工验收报告被认可。

5.2.7　竣工验收时间的确定

1. 工程竣工验收通过,承包人送交报告的日期以实际竣工日期。

2. 工程按照整改要求整改后通过竣工验收的工程项目,实际竣工日期以承包人整改后提交发包人验收的日期为准,进行竣工验收日期的认定。

竣工日期用于计算承包人的实际施工工期与施工合同的约定计划工期,其差值用于判断施工单位履行施工合同的情况是"提前竣工还是延误竣工"。

5.2.8　竣工验收后工程质量保修的要求

1. 保修责任范围

(1) 施工质量原因,负责无偿保修。

(2) 多方原因应分析,施工单位负责保修,各方承担经济责任。

(3) 设备原因有设备供应单位负责,施工单位协助配合处理。

(4) 由建设单位引起的质量问题,修理费由建设单位负责。

2. 工程保修期限

(1) 根据原信息产业部信部规〔2005〕418号文件的有关规定:通信工程保修期为12个月。

(2) 具体项目的保修期限应视合同约定。

任务实施

本任务的任务单中需要包含的内容如下。

(1) 自验收报告。

(2) 竣工验收申请书。

(3) 工程预验收报告。

(4) 初步验收组织安排征求意见表。

(5) 初步验收报告。

(6) 试运行报告。

(7) 竣工验收报告。

(8) 资产移交清单。

工程竣工验收是通信建设项目完工后投产使用的动用前阶段,是标志建设项目建造期结束的最后一道程序。工程竣工验收根据网络建设实体所处的段落不同,一般分为管线侧线路工程验收和用户侧设备安装工程验收;本工程假定管线侧工程配套齐备的条件下,只对用户侧设备安装工程部分实施工程竣工验收。

根据设备类工程投产的使用特点和验收质量的需要,在组织形式上一般分为初步验收、试运行和竣工验收三个阶段。根据施工合同,需要对合同约定的工作内容、工作数量及工作标准进行初步验收,在初步验收合格的基础上,项目进入试运行期。设备类项目的试运行期一般为3~6个月。在试运行期结束后,工程项目进入终结性竣工验收阶段。

根据室内分布系统工程管辖权限的不同，又分为省管项目的竣工验收和市管项目的竣工验收。根据同福酒店室内分布系统项目工程的管辖权限，本项目属于市辖权限竣工验收项目。

同福酒店室内分布系统项目工程的验收步骤如下。

步骤1：完成施工单位自检

施工单位在工程竣工扫尾阶段，应由施工单位的项目经理牵头，由项目技术负责人会同施工队长发起工程项目的现场交验（软件和硬件）准备工作，根据自检验收计划，施工单位完成工程约定内容的全面检查。在检查验收合格的基础上，发起竣工验收申请，并送交监理单位相关人员。

步骤2：完成监理单位工程预验收

监理单位在接到施工单位的竣工验收申请书后，由专监工程师依据监理实施计划，统筹安排本次工程的工程预验收工作。专监工程师根据施工合同的内容及建设要求，会同现场监理人员现场踏勘检查工程质量。发现质量缺陷的，及时形成书面整改通知书并送交施工单位项目负责人，由项目负责人责令相关施工班组或项目部限期整改完成，现场监理人员随工验收核实见证。工程预验收结束后，监理单位需要对工程建设的各环节做出客观的质量评价，形成工程预验收报告。在实践中，工程预验收主要倾向于对工程实体质量（硬件）的验收，即对网络实体建造业务过程的验收；而忽视对工程实体管理过程所形成的组织过程资产等技术档案资料（软件）的验收。近年来，随着项目管理体系的普及，通信工程的预验收从传统的事后基于工程实体的质量验收积极向事前、事中、事后全过程的验收转移，由重视硬件的验收向硬件验收和软件验收双重视的方向转移，极大地发挥了工程预验收在竣工验收阶段的作用。

步骤3：完成初步验收

初步验收一般是在工程预验收合格的基础上启动。建设方项目负责人在收到施工单位提交的竣工验收申请之后组织实施。在实践中，室内分布系统工程竣工验收分工一般为网络建设部门负责室内分布系统工程“管线工程”等传输配套部分的验收组织工作，而无线网络部门则负责室内分布系统工程用户侧设备安装部分的竣工验收工作。初步验收工作一般经过成立验收联合检查组、验收条件审查、预验情况问询、验收时点意见征求、明确验收工作要求、发布初步验收时间安排、现场踏勘确认及出具初步验收报告等8个步骤。初步验收由建设单位组织“设计、施工、监理、维护单位”等单位参加，重点检查室内分布系统工程实体质量，重点审查室内分布系统工程竣工资料及相关技术文档，经验收联合组开会讨论后形成初步验收报告，并于1周之内及时上报初步验收报告。

步骤4：进行项目试运行

试运行一般用于设备类工程的竣工验收，主要由设备厂家、设计单位、施工单位及维护单位参加；为期三个月；试运行报告一般要求试运行结束的1周之内及时上报。

步骤5：完成正式验收

正式验收一般是在初步验收、试运行均结束后，由施工单位提交，从项目筹备之日起至工程项目试运行结束工程验收合格后的全套竣工验收技术文档。经建设方成立的竣工验收联合检查组（建设、设计、施工、监理、维护、质监等）组成终验小组，审查初步验收整改报告、试运行合格报告及完整的竣工报告；在正式验收会议中给出终验结论，颁发竣工验收证书。

任务成果

1. 竣工资料1份(包括完整的竣工图纸、竣工项目技术指标测试记录、工程配套的竣工技术文件、竣工结算文本、竣工验收报告)；

2. 任务单1份。

拓展提高

1. 简述竣工验收的基本概念。竣工验收的对象有哪些？

2. 竣工验收的组织形式有哪些？竣工验收的依据是什么？

3. 竣工验收应满足的条件有哪些？

4. 竣工验收的组织工作要求及验收程序是怎样的？

5. 请合本项目的特点，编制室内分布系统单项工程的竣工验收计划。

6. 简述室内分布系统单项工程验收的注意事项。

项目6　某室内分布系统优化

本项目内容主要聚焦于室内分布系统工程的优化测试，通过做好优化准备、进行优化测试两个任务的操作与实践，来掌握室内分布系统工程的优化。

本项目的知识结构如图 6.1 所示，操作技能如图 6.2 所示。

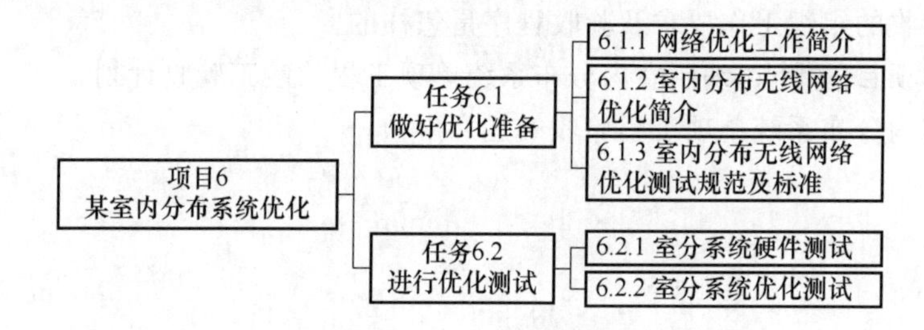

图 6.1　项目知识结构

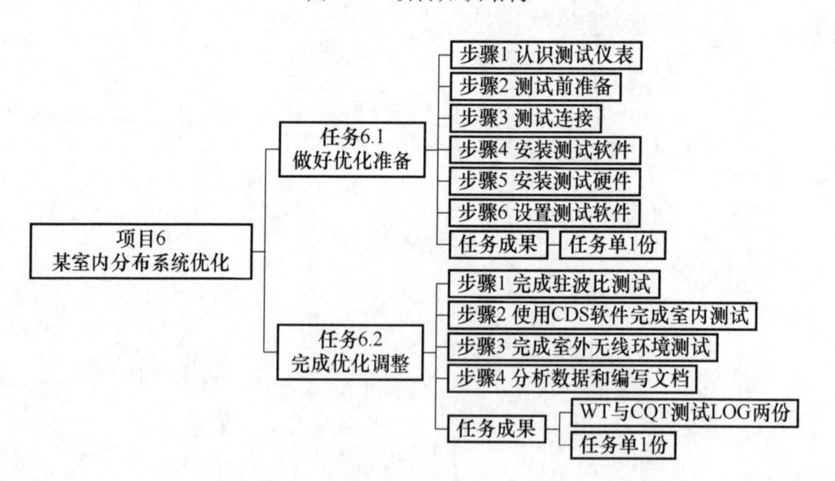

图 6.2　项目操作技能

1. 做好优化准备

专业技能包括：室内分布系统的单站验证技能等。

基础技能包括：优化测试环境搭建技能等。

2. 进行优化测试

专业技能包括：室内打点测试的技能等。

基础技能包括：CDS 软件的使用技能等。

任务 6.1　做好优化准备

任务 6.1

任务描述

同福酒店室内分布系统项目已经完成了工程验收。在后续的使用过程中，出于运维的需要，作为某集团某地分公司网络优化中心的工作人员，应按照无线网络优化工作的要求准备所需的设备、软件及资料，为完成测试工作做好准备。

任务解析

室内分布系统会遇到信号外泄、室外信号入侵、高层建筑信号杂乱、乒乓效应及相互干扰等问题。为了提升系统质量，网络优化技术人员必须进行系统优化整治，排查定位质量问题，制订工作流程。

一般来说，室内分布系统优化分为四步：(1)确定需优化整治的站点；(2)分析问题并制订方案；(3)实施整治方案；(4)总结并更新竣工资料。在第(1)步中，工程师经常需要结合用户投诉、DT/CQT、KPI 提取等多渠道来定位优化整治的站点。在第(2)步中，会遇到设计方案、设备及调测、覆盖及天馈、无线参数等几方面的问题，需要分别制订整治方案。所以，做好站点定位的优化准备工作十分重要。本任务主要准备以下几种仪器：频谱分析仪、互调测试仪、驻波测试仪、光功率计、路测软硬件及 GPS 等。优化工作流程如图 6.3 所示。

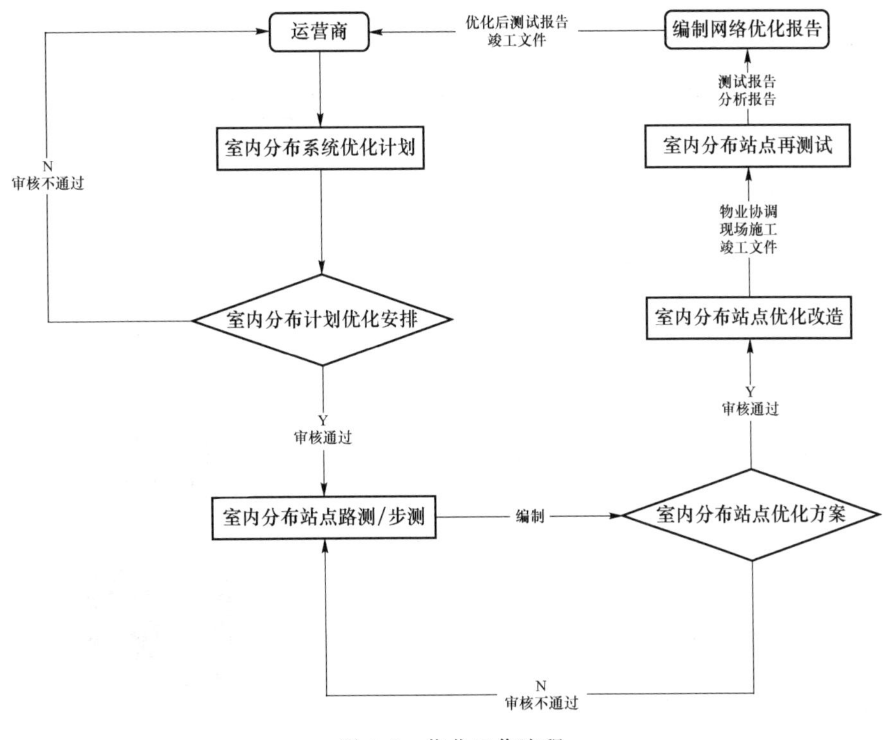

图 6.3　优化工作流程

教学建议

1. 知识目标

(1) 掌握无线网络优化测试的基本知识；
(2) 掌握优化常用仪表及软、硬件的使用知识。

2. 能力目标

(1) 能够知晓无线网络优化常用软件的分类、功能及品牌；
(2) 能够完成测试常用软、硬件的准备工作；
(3) 能够完成测试常用资料的准备工作。

3. 建议用时

4 学时

4. 教学资源

(1) 某运营商工参 1 份；
(2) Mapinfo 制作的某市地图 1 份；
(3) 同福酒店室内平面图 1 份；
(4) 测试用计算机、软件、数据卡或手机、加密狗等；
(5) 测试软件使用说明书 1 份；
(6) 教学用课件 1 份。

5. 任务用具

室内分布网络优化任务使用的工具和仪器如表 6.1 所示。

表 6.1 室内分布网络优化任务使用的工具和仪器

序号	名称	用途	外形	备注
1	频谱分析仪	用于排查设备类问题，测试输入输出功率、上行噪声等指标。建议使用手持式。须配备测试软跳线、直通头、衰减器等配件		必备
2	互调测试仪	用于测试互调干扰，须配备信号源		必备
3	天馈测试仪	用于排查天馈系统问题，须配备测试软跳线、直通头、负载等配件		必备

续表

序号	名称	用途	外形	备注
4	测试软件	用于无线数据业务测试和优化而设计，同时兼顾传统语音测试的所有功能		必备
5	便携式计算机	记录、保存和输出数据。注意一定要有多个USB口，如果没有，搭配一个USB HUB。特别提醒：电量一定要充满		必备
6	测试手机	搭配测试软件使用		必备
7	GPS定位仪	定位经纬度		必备

必备知识

6.1.1 网络优化工作简介

1. 无线网络优化概述

无线网络优化是为了保证在充分利用现有网络资源的基础上，解决移动网络存在的局部缺陷，最终达到覆盖全面无缝隙、接通率高等效果，保证网络满足用户高速发展的要求，让用户感到满意，使用户提高收益率，节约成本。

网络优化是一个改善全网质量、确保网络资源有效利用的过程。传统的网络在大批用户使用时会造成网络拥堵，用户的感知差，最终使网络用户减少，导致运营商品牌形象降低。网络优化是一个长期过程，它贯穿于网络发展的全过程。

2. LTE无线网络优化内容

LTE无线网络优化中出现的问题包括覆盖、接入、掉线、切换及干扰等问题，需要优化的内容有PCI合理规划、干扰排查、天线的调整及覆盖优化、邻区规划及优化、系统参数调整等。

6.1.2 室内分布无线网络优化简介

由于LTE室内分布站点的单站验证只针对信源部分，未对分布系统的覆盖及业务情况进行全面的验证测试，为保证室内分布站点健康入网并交维，在站点单验完成之后，由LTE专项室内分布优化组对站点进行遍历性的测试，测试内容包括覆盖、上传下载速率及切换等。

在LTE室内分布优化过程中，常见的网络问题有弱覆盖、上传下载速率不达标、干扰及切换重选等。由于室内分布系统的复杂性，这些问题不仅与站点的规划设计及工程建设质量有关，而且与设备性能、参数设置等密不可分。

LTE室内分布优化人员需要有全面的规划、建设、优化、维护等相关基础，要能读懂站点的设计图纸，了解站点覆盖范围、组网、小区划分及工程参数等。在此基础上，通过现场测试数据、后台话统指标及其他优化工具等进行综合分析，得出站点现存的问题，并针对这些问题给出相应的解决措施。优化流程如图6.4所示。

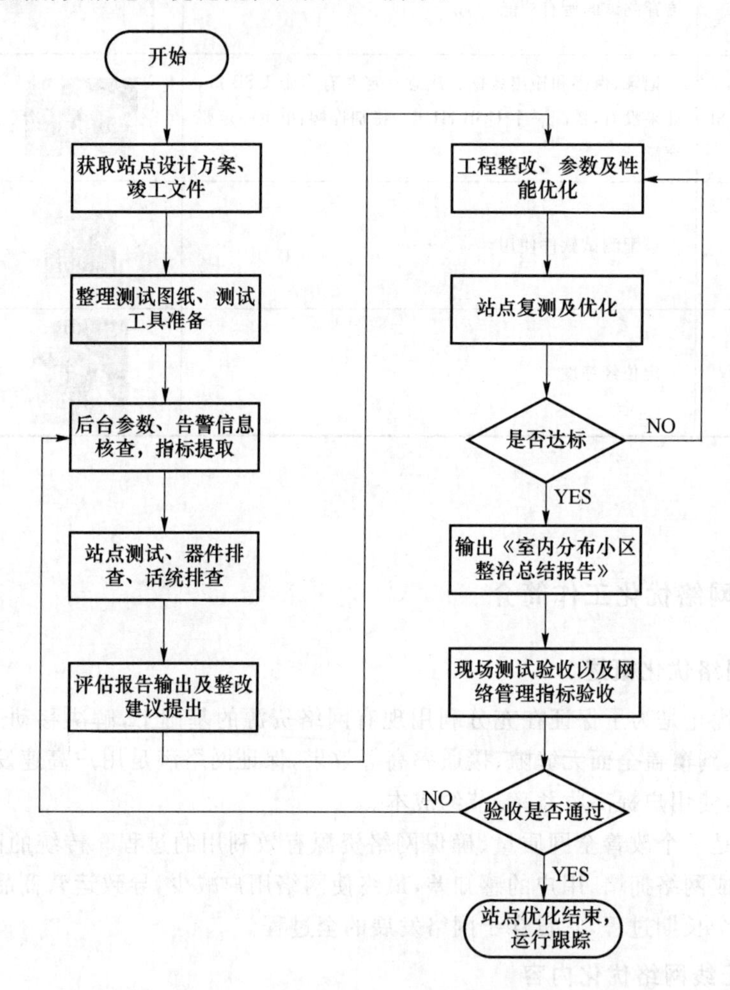

图6.4　优化流程

6.1.3　室内分布无线网络优化测试规范及标准

无线网络优化测试标准如表6.2所示。

表6.2　无线网络优化测试标准

测试指标	RSRP、SINR、应用层平均下载速率，应用层平均上传速率，室内分布外泄
测试工具	测试软件(CDS、鼎利)，测试终端(数据卡、MIFI)，备用电池
准备条件	1. 联系施工单位及区县分公司、物业方，保证待测站点准入； 2. 后台查询待测站点基站状态，确保小区正常工作，基站无告警； 3. 室内分布站点竣工图纸及测试打点底图； 4. 待测站点小区及周边小区工参信息

续 表

测试指标	RSRP、SINR、应用层平均下载速率,应用层平均上传速率,室内分布外泄
测试环境	1. 根据建筑物平面图及设计方案,测试遍布建筑物所有规划覆盖的楼层; 2. 对于办公室、会议室,应注意对门窗附近的信号进行测量; 3. 对于走廊、楼梯,应注意对拐角等区域的测量; 4. 电梯测试由进入电梯前开始记录,出电梯进入电梯厅后停止记录
测试方法	1. 根据室内实际环境,选择合适的测试路线; 2. 以步行速度按照测试路线进行测试; 3. 使用测试软件和测试终端,做下载业务,记录 RSRP、SINR、下载速率; 4. 使用测试软件和测试终端,做上传业务,记录上传速率
测试输出	1. 测试 LOG(LOG 命名方式:站点名-小区号-楼层号-业务类型-时间) 2. 测试报告
达标标准	1. RSRP≥−105 dBm&SINR≥6 的采样点数/总采样点数≥95%(普通站点) 2. RSRP≥−95 dBm&SINR≥9 的采样点数/总采样点数≥95%(VIP 站点) 3. 应用层平均下载速率≥30 Mbit/s(单),应用层平均下载速率≥50 Mbit/s(双) 4. 应用层平均上传速率≥6 Mbit/s 5. 室内信号泄漏至室外 10 米处(当室外道路距离建筑物小区小于 10 米时,以道路为测试参考点)的信号强度≤−110 dBm 或低于室外主小区 10 dB 的采样点比例≥95%

任务实施

步骤 1:认识测试仪表

驻波比测试仪面板如图 6.5 所示,1 区为功能键,2 区为软键区,3 区为硬键区,4 区为软键的菜单选项。

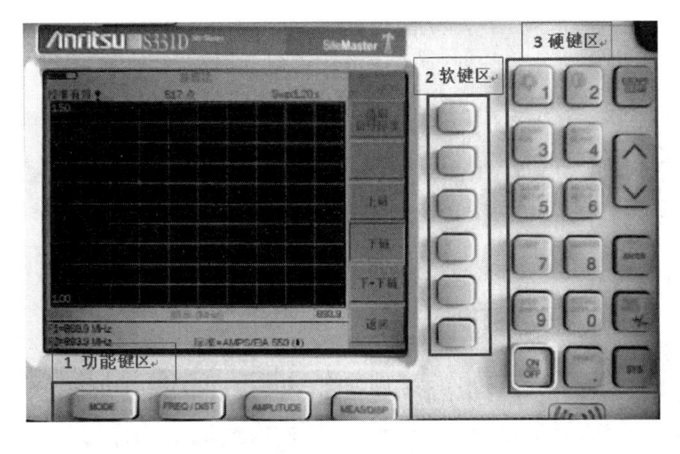

图 6.5　驻波比测试仪面板

步骤 2:测试前准备

(1) 开机自检

按 ON/OFF 键(3 区)开机,设备进行自检。自检完毕后按 ENTER 键(3 区)或等待 15 秒左右设备可以开始工作,如图 6.6 所示。

图 6.6　开机自检、进入测量模式

（2）选择测试频段和测量数值的顶线和底线

按 MODE 键(1 区)，选择频率-驻波比，按 ENTER 键进入，按 F1、F2 键，设置需要测量的频段，如图 6.7 所示。

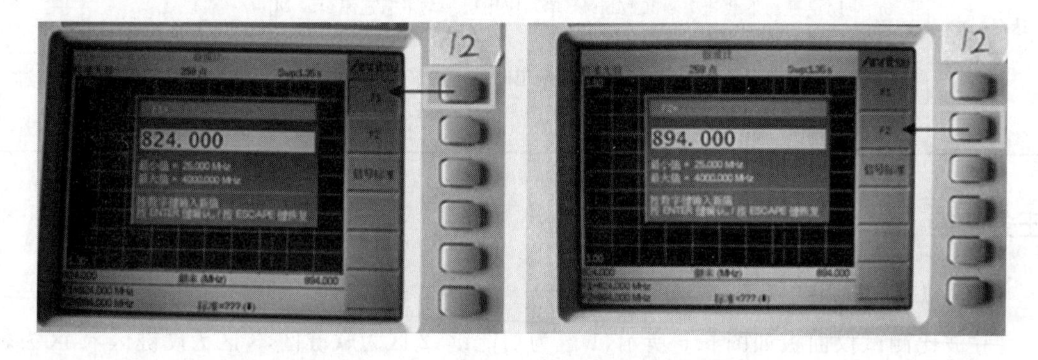

图 6.7　设置测量频段

按 AMPLITUDE 键(1 区)进入设置顶线与底线菜单，如图 6.8 所示。一般情况下，底线设置为 1.00，顶线设置为 1.50(驻波比超过 1.5 就表明此天馈部分不合格)。

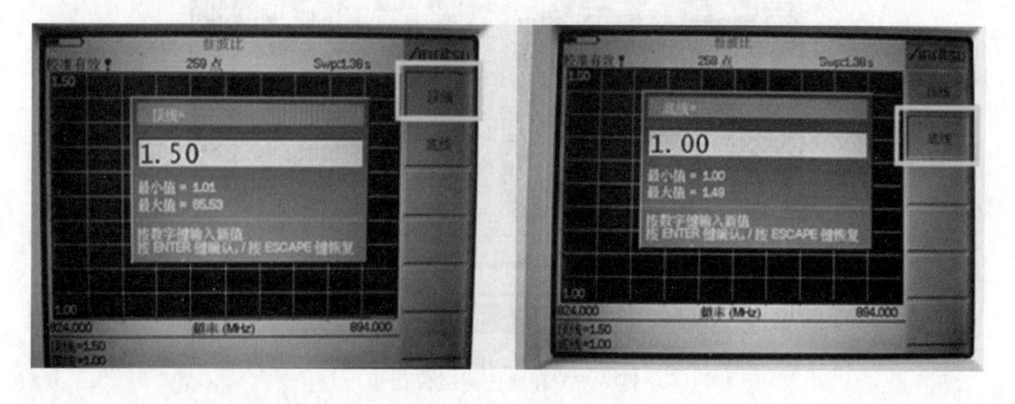

图 6.8　设置顶线和底线

（3）校准

选择频段后，将校准器与测试端口接好，按 3. START CAL 键(3 区)进入校准菜单，按 ENTER 键开始进行校准，校准完成后在屏幕的左上方会出现“校准有效”字样，如图 6.9 所示。校准好之后就可以开始测量驻波比了。

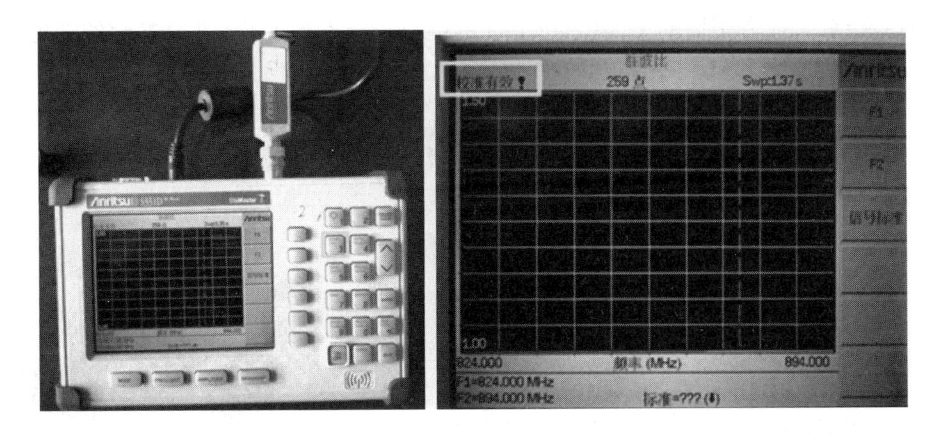

图 6.9　进入校准、校准完成

步骤 3:连接天馈

将测试跳线接到测试端口,使用相应的转接头把跳线与所测试的天馈部分连接,完整的连接如图 6.10 所示。

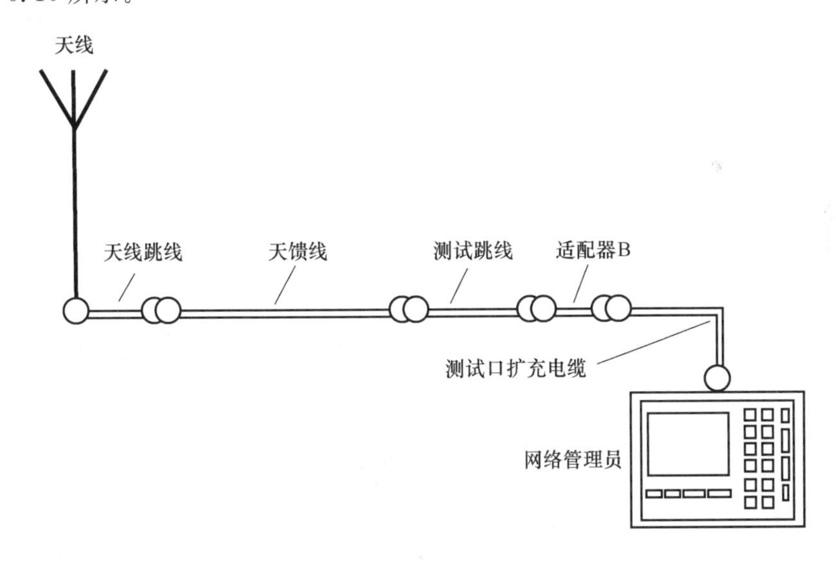

图 6.10　天馈线测试连接

步骤 4:安装测试软件

网络优化测试软件(CDS、鼎利等)的安装比较简单,直接按照引导进行即可,另外安装软件完之后还须安装加密狗、测试手机驱动,此处不再赘述。下面以鼎利测试软件为例进行介绍。

步骤 5:安装测试硬件

(1) 安装 USB 一转四适配器

如果测试计算机的 USB 接口少于 4 个,应准备 USB HUB 连接测试设备,USB HUB 通过计算机 USB 口转接出 4 个 USB 口,其扩展出的 USB 口可用于连接 GPS、测试手机等设备。在对其使用前需要安装相应的驱动程序,驱动安装完成后将 GPS、测试手机等设备接入 USB 口,计算机会自动分配 4 个端口号。这些端口号分别对应于适配器上的编号,该适配器接在不同的计算机或者不同的 USB 口上分配的端口号会发生变化，可通过设备管理器查看分配情况，图 6.11 为 USB 一转四的端口 1、2、3、4 对应的四个端口分配情况实例。

(2) 设置 GPS

GPS 用于采集地理化信息，鼎利软件支持所有 NMEA0183 协议的 GPS 设备。本任务采用磁吸式 GPS，其外观如图 6.12 所示。

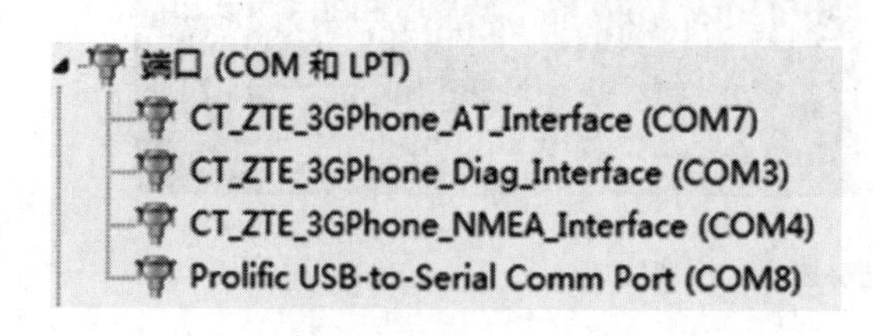

图 6.11　USB 一转四适配器端口分配实例

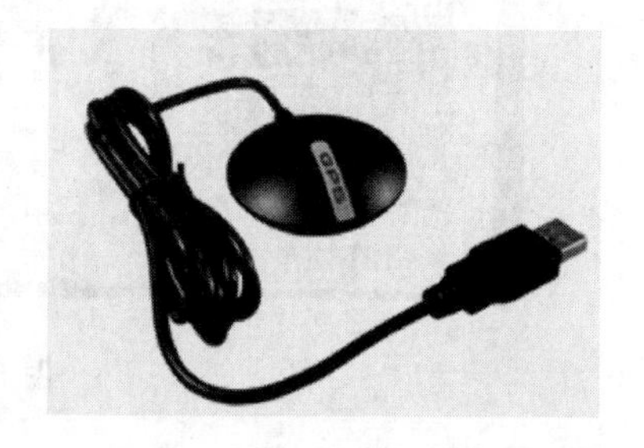

图 6.12　GPS 接收天线

(3) 安装测试手机

测试手机接上计算机一般会自动完成驱动程序的安装，安装完成后计算机会识别出一个 modem 端口和一个测试端口，可通过设备管理器查看，见图 6.11，其中 modem 用于拨号上网，测试端口用于软件设备连接进行数据采集。

步骤 6：设置测试软件

(1) 语言设置

以鼎利软件为例，双击 Pilot Pioneer 和 Pilot Navigator，查看能否启动软件，如能正常启动软件，进入界面后选择【View】|【Language】命令，将语言设置为中文，如图 6.13 所示。

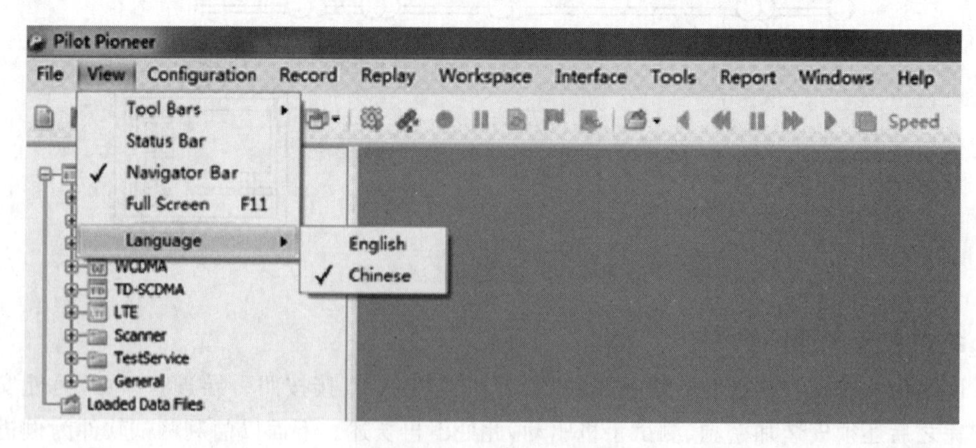

图 6.13　选择语言为中文

请自学 MAPINFO 的简单用法，利用工参表和 SITESEE 插件制作某市基站分布图。

(2) 新建工程

打开软件后会自动弹出窗口，如果是第一次使用该软件，选择【创建新的工程】命令来新建一个工程。然后选择【配置】|【场景管理】|【LTE】菜单来调用场景，如图 6.14 所示。

工程是用来进行相关数据管理、维护的基本单位，它包括所有测试数据、地图数据、基站数据和设置参数。一个工程的建立没有特殊原则，测试人员可以以一个相对独立的特定区域作为一个工程,也可以以一个特定区域的不同运营商作为一个工程。

选择新建工程之后,在 Project Configure 窗口下需要配置以下内容:选择 Path of LogData 原始数据保存路径,其他选项均可使用默认值,建议原始数据保存路径和工程文件保存路径一致,以避免找不到数据的情况发生。

- "Path of LogData"原始数据保存路径;
- "Release LogData Interval(Min)"测试中内存数据释放时间;
- "GUI Refresh Interval(ms)" Graph 窗口刷新间隔;
- "Message Filter Interval(ms)" 解码信令时间间隔;
- "Save Decoded LogData"是否实时保存解码数据在计算机硬盘上。

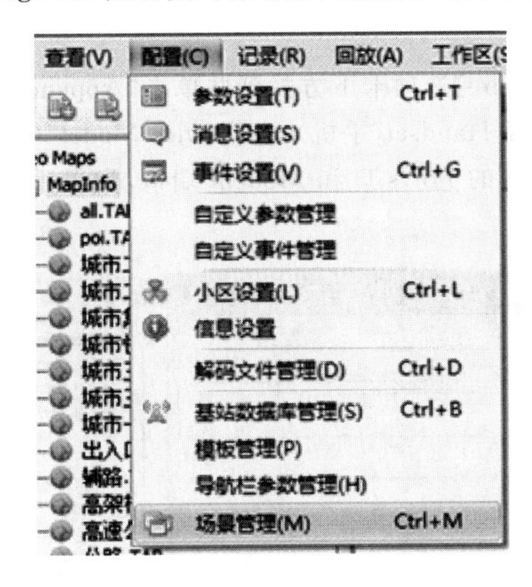

图 6.14　场景管理菜单

当一个工程保存后,便可以对 GPS 和测试手机等设备进行相应配置。在配置设备之前,须确保各个硬件设备的驱动已经正确安装,并且各个需要使用的硬件设备已经连接到计算机的正确端口上,如图 6.15 所示。右击"我的电脑"图标,选择【管理】|【设备管理器】命令,确定"Modem"和"端口"中各设备已经正常显示,且没有端口冲突。如果在室内测试,则把 GPS 去掉即可。

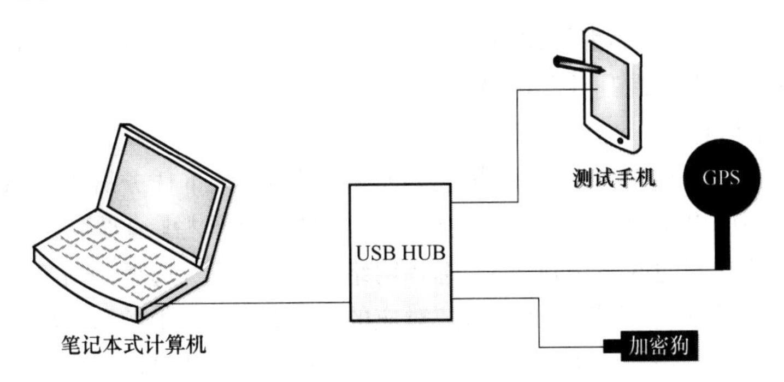

图 6.15　DT 测试连接

(3) 配置 GPS

DT 需要 GPS 得出测试轨迹,在软件左侧导航栏中选择【设置】|【设备】命令,在 GPS 的

“Device Model”中选择 GPS 类型为“NMEA 0183”，在“Trace Port”中选择 GPS 的端口，GPS 端口可以通过“System Ports Info”进行查看，如图 6.16 所示。

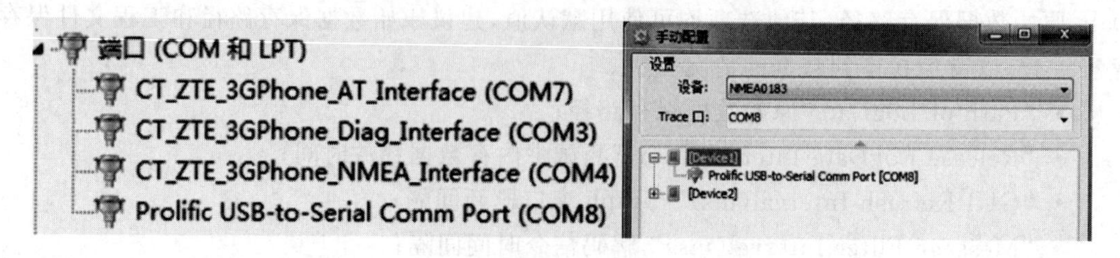

图 6.16　配置 GPS 设备

（4）配置测试手机

在【Test Device Configure】选项卡下方找到并单击“Append”，可以继续进行测试手机的添加。在下拉菜单中选择 Handset(手机)，在“Device Model”中选择手机类型，再在“System Ports Info”中查看手机的 Ports 口和 Modem 端口，配置手机相应的端口，如图 6.17 所示。

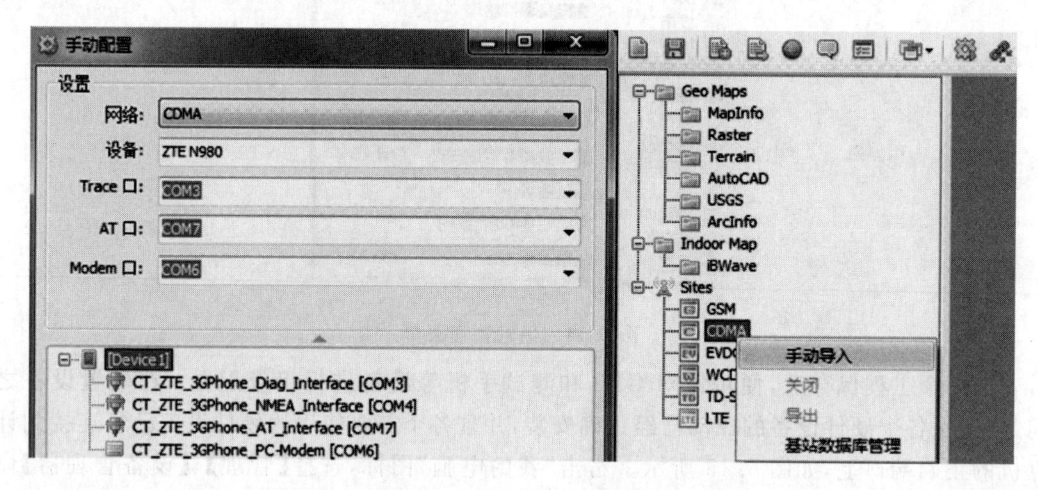

图 6.17　配置测试手机、选择基站类型和基站数据

如果有第二部、第三部手机，分别按照上面的操作配置各个手机端口。在有多个手机需要连接的情况下，要一部一部手机插到计算机上，插上一个手机配置一个手机的端口。这样可以避免手机太多而端口混乱，配置出错的情况。

（5）导入基站信息

测试前应准备好 txt 格式或者 xls 格式的基站工参数据，本任务所需的某片区覆盖范围内的基站信息文件可以由指导教师提供给学生。选择主菜单栏【编辑】|【基站数据库】|【导入】命令，打开基站数据的网络选择窗口，选择网络类型“LTE”，选择基站工参数据。

导入成功后，在软件左下角选择“工程”对应的栏，将“Sites”中的“LTE”拖入“Map”窗口中。在工具栏中单击“导入”按钮，选择“LTE Sites”弹出窗口对“MaP”窗口中的基站格式进行设置。

（6）导入地图

选择主菜单栏【编辑】|【地图】|【导入】命令打开地图导入窗口，如图 6.18 所示，选择地图类型并单击【OK】按钮，打开查找本地路径的地图选择窗口，选择准备好的地图数据进行

导入,本任务所需的某片区覆盖范围的地图数据可以由指导教师提供给学生。导入地图及工参之后的工作区如图6.19所示。

Pilot Pioneer支持多种格式的地图,可以导入Mapinfo格式的文件,最下面的“None Earth Img”选项可以导入准备好的图片文件,例如bmp、jpg、gif等,使用该功能可以实现室内路测,或者在没有地图的情况下给路测配上地图数据。

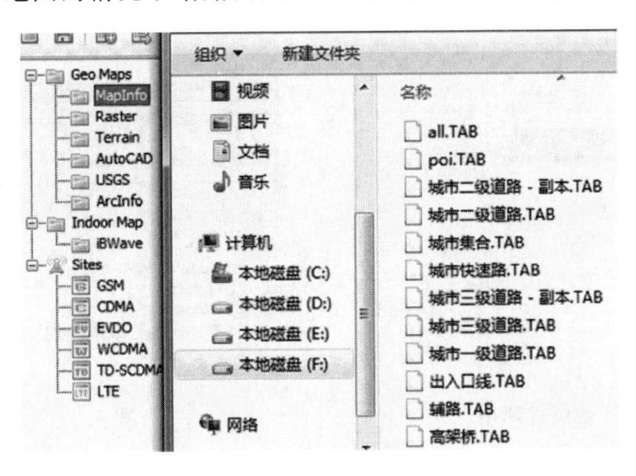

图6.18　地图导入

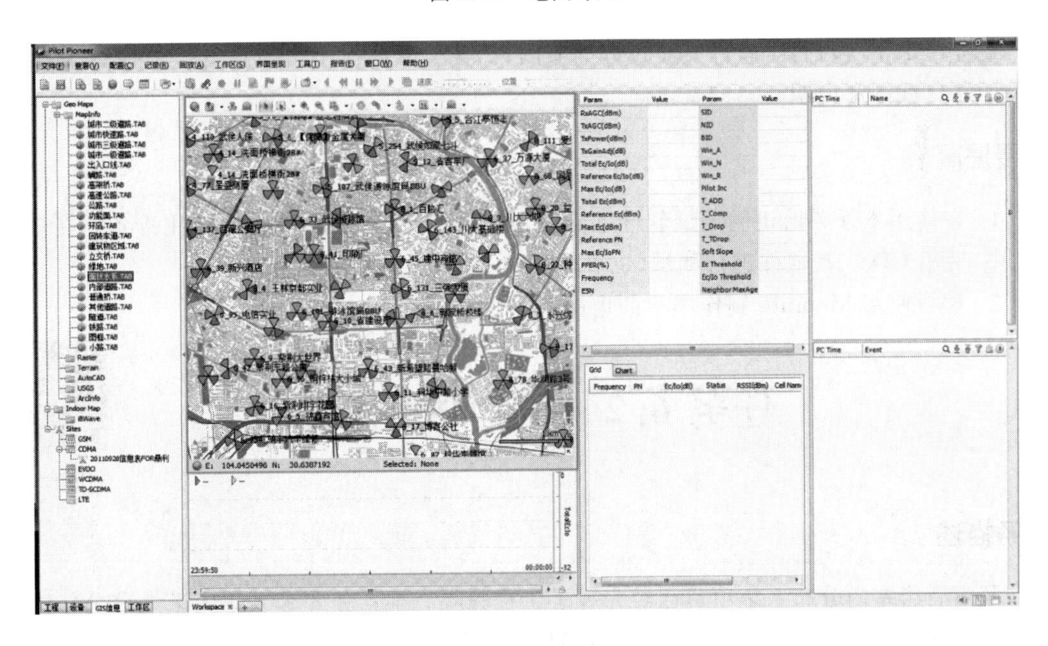

图6.19　导入地图及工参之后的工作区

(7) 配置测试模板

在软件菜单栏上选择【设置】|【测试模板】命令,或双击导航栏【设备】中的【Templates】按钮,在【Template Maintenance】窗口中单击【New】按钮,并在【Input Dialog】窗口中输入新建模板的名字,然后单击【OK】按钮。建议模板使用测试业务详细名字命名,方便以后建立更多的模板时区分,如图6.20所示。也可选择【编辑】|【模版】|【导入】命令,导入以前保存的测试模板。

本任务要求在弹出的【Test Plan】窗口中选择“FTP Download”,并单击【OK】按钮。在模板中按软件的要求分别做好相关各项参数设置之后,单击【确定】按钮即可。

(8) 保存工程

单击工具栏中"💾"按钮,保存所建工程。以上所有设置(含测试模板、设备配置等)都将随工程文件保存,如图 6.21 所示。每次对配置信息做出修改后,单击【保存工程】按钮,以后需要调用时,选择【文件】|【打开工程】命令或在工具栏中单击📂,而不必每次都进行数据导入及参数设置等操作。

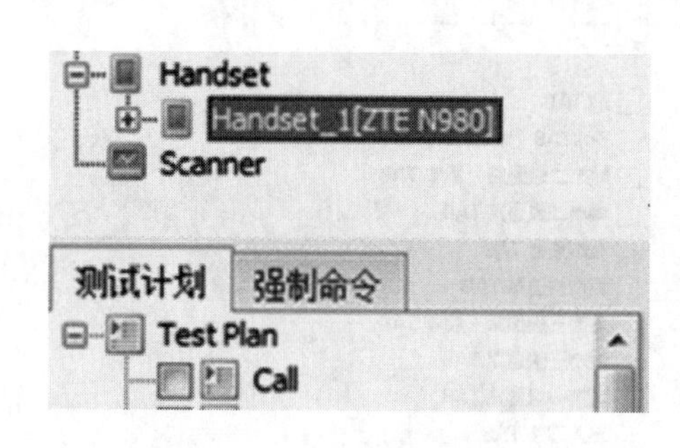

图 6.20 测试计划模板调用

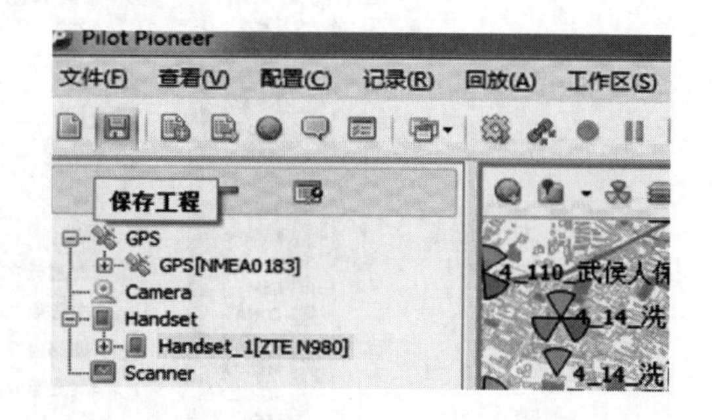

图 6.21 保存工程

任务成果

任务单 1 份(包括:①软件安装过程的截图;②各类驱动程序安装截图;③各种测试设备对应的端口截图和说明)。

拓展提高

1. 在使用本任务所讲的测试软件基础上,学会 CDS 7.0 测试软件的使用准备。在任务 6.2 中,使用 CDS7.0 软件进行测试(也可使用鼎利 Pioneer 软件测试)。

2. 学习使用 Mapinfo 制作本市的地图、基站分布图。

任务 6.2 进行优化测试

任务 6.2

任务描述

同福酒店室内分布系统项目已经完成了工程验收。本任务要求某集团某地分公司网络优化中心的工作人员使用任务 6.1 搭建好的环境,完成同福酒店室内环境的业务测试,具体要求为:测试前准备好同福酒店内部平面图,业务测试设置参数与任务 6.1 一致。可以按照预设路径打点,也可按照自由打点来完成该任务。

任务解析

随着移动通信技术的发展,BBU+ RRU 这种灵活的组网形式已经被广泛用于室内分布系统,传统的 DT 不能较好地对室内分布进行覆盖、切换测试,DT 测试结果也不具有说服力。因此测试工程师必须具备熟练使用软件进行室内分布手动打点测试的能力。

一般室外 DT 打点通过 GPS 定位来实现,而在室内无法使用 GPS 的情况下只有通过手动打点来定位终端的位置和轨迹，把某个位置测试到的信号强度、信号质量等信息映射到地图的相应位置上。室内打点首先导入室内建筑的平面图，标识初始位置，人沿着测试路线走，然后在地图上相应位置标识终点，一般测试软件会自动在两点之间按照时间顺序把信号情况映射上去。打点的目的：一是记录测试路线，二是记录测试路线的信号情况。

教学建议

1. 知识目标

(1) 掌握 LTE 无线网络优化常用指标的相关知识；

(2) 掌握 LTE 无线网络测试标准及规范。

2. 能力目标

(1) 能够完成室内分布测试工作；

(2) 能够完成室内分布常见问题的判断。

3. 建议用时

4 学时

4. 教学资源

(1) LTE 无线网测试标准及规范；

(2) 同福酒店室内平面图；

(3) 同福酒店周边 Mapinfo 地图；

(4) 测试软件说明书；

(5) 任务单。

5. 任务用具

(1) 安装有测试软件的便携式计算机、软件加密狗；

(2) USB 一转四适配器、测试数据线、测试手机(含测试卡)；

(3) GPS 接收器、工参、电子地图、测试车辆；

(4) 天馈测试仪、基站天馈线、测试线。

必备知识

6.2.1　室内分布系统硬件测试

针对测试中发现的覆盖或性能异常区域需要通过其他仪器设备进行进一步的确认。对硬件进行测试时，主要涉及频谱测试、互调测试及驻波测试等。进行测试时，主要根据相应测试标准评估硬件的性能，对相关器件进行修理或者更换。

1. 频谱测试

使用频谱分析仪可以在现场测试该室内分布系统各小区存在干扰的具体情况，在日常的测试中，频谱分析仪可测试信号的频率、场强，检查频率是否存在干扰，既可选择单个频点检查，也可选择整个通信频带进行检查。根据干扰信号的波形、功率等，判断干扰源的类型。常用频谱测试仪的基本功能类似，具体详见频谱测试仪的使用说明。

2. 互调测试*

无源器件互调性能正常与否直接影响到室内分布系统的干扰情况，尤其在2G/3G/4G进行合路的系统中情况尤为明显，因此建议进行IM3、IM5测试，测试建议值IM3＜－90 dBm，IM5＜－105 dBm。三阶有无负载影响不大，在有负载的情况下建议值IM3＜－90 dBm，IM5＜－100 dBm。三阶互调测试标准如表6.3所示。

表6.3　三阶互调测试标准

三阶互调测试标准/dBm						
等级	无负载情况			有负载情况		
	大于－90	大于－100且小于等于－90	小于等于－100	大于－90	大于－100且小于等于－90	小于等于－100
评测	不合格	一般	良好	不合格	一般	良好
备注	如果有上行干扰，可重点排查器件问题	对网络影响较小	如有上行干扰，可重点排查外部干扰	如果有上行干扰，可重点排查器件问题	对网络影响较小	如有上行干扰，可重点排查外部干扰

常用互调测试仪的基本功能类似，具体详见互调测试仪的说明书。

互调测试要遵循以下原则：可靠的连接（包括足够的接触压力、接头处清洁等），测量互调尽量排除外部干扰的影响（扫描外部干扰），互调仪输出信号功率不能超过器件的额定功率，断开有源器件。

互调干扰的主要来源：天馈系统中某个器件本身互调指标很差，天馈系统中器件之间的连接不牢靠。互调干扰的定位可以采用排除法，从顶端的天线，到上跳线、馈线、功分器、下跳线，采用分段排除法或逐级排除法来进行。

五阶互调测试标准如表6.4所示。

表6.4　五阶互调测试标准

五阶互调测试标准/dBm						
等级	无负载情况			有负载情况		
	大于－100	大于－105且小于等于－100	小于等于－105	大于－105	大于－105且小于等于－110	小于等于－110
评测	不合格	一般	良好	不合格	一般	良好
备注	如果有上行干扰，可重点排查器件问题	对网络影响较小	如有上行干扰，可重点排查外部干扰	如果有上行干扰，可重点排查器件问题	对网络影响较小	如有上行干扰，可重点排查外部干扰

3. 驻波比测试

驻波对小区的质量影响非常大，在对天线等器件进行驻波测试的过程中，驻波比要求小于1.2，对驻波比大于1.2的要逐段定位解决问题。驻波比测试标准如表6.5所示。

表 6.5　驻波比测试标准

等级	大于 1.5	大于 1.2 且小于等于 1.5	小于等于 1.2
评测	不合格	一般	良好
备注	如果有上行干扰，可重点排查器件问题	对网络有影响	如有上行干扰，可重点排查外部干扰

4. 工程设计与质量问题

进行网络优化前要先对原系统方案进行评估，分析原有方案中室分站点的信源类型、分层情况，以及原设计方案天线口的输出功率是否满足现场无线环境要求等。

施工过程中的工程质量问题主要是接头制作质量问题。室内分布系统互调干扰站点中的很多问题都是由接头制作质量不佳引起的，比较常见的如接头制作松动导致接触不良，接头内导体过长，接头内外导体连接(俗称皮包芯)，接头内导体未磨平等。

6.2.2　室内分布系统优化测试

依据硬件测试的工作成果，结合室内分布系统开通后的投诉及测试，对项目涉及的室内分布系统站点进行三网同步优化调整，消除网络隐患，提升室内分布系统网络的健壮度，具体工作及优化思路安排如下。

1. LTE 室内分布系统测试准备

在网络优化中，新建室内分布系统验证是一个很重要的阶段，需要完成包括各个站点设备功能的自检测试，保证室内分布小区的基本功能(如接入、进行正常业务等)，信号覆盖问题定位。

在单站验证测试前，工程师一般需要收集以下相关信息。

(1) 站点工作状态信息：确定站点是否具备测试条件，即向 OMC 后台确认基站的工作状态，包括站点是否存在告警，是否闭塞，其他各个网元是否正常，一旦有异常现象和故障出现，需要请 OMC 或工程方分析排除。

(2) 配置数据表，检查 OMC 上面待测站点参数配置是否和规划参数一致，具体为：频点、CellID、PCI、站内邻区是否已经配置，RS 发射功率，MCC/MNC(商用网络中一般不需要检查)。

(3) 楼宇信息收集：建筑物楼层平面图，用于规划楼宇步测线路与现场测试打点使用等；室内分布设计分布图，即各 RRU 负责覆盖的楼宇楼层分布情况，以便测试时验证各 RRU 的性能状态。

2. 室内分布系统测试内容和方法

(1) UE 空闲模式下参数检查

在空闲模式下，一般需要检查基站的频点和带宽是否与规划数据一致；Cell ID、eNB ID 是否与规划数据一致，邻区是否与规划数据一致，RS 发射功率是否与规划一致等。

(2) 室内分布系统站点 RF 覆盖测试

测试室内分布系统在 FTP 下载模式的 RSRP 和 SINR，评估室内分布系统的覆盖情况。

测试步骤如下 。

① 将室内平面地图导入测试软件之后，进入室内测试模式，连接好硬件设备，进行 Step Test 打点测试。

② 测试楼宇选定，一般有室内分布系统的区域需要全部测试（特别是地下室、非标准层、电梯、标准层等）。

③ 选择室内测试路线，测试路线遍历室内全部覆盖区，包含但不限于会议室、重点办公室，所测试楼层必须包含覆盖区边缘区的测试。

④ 测试方法：打开路测软件，同时开启 FTP 下载业务，待下载速率稳定后在室内以步行速度沿测试路线测试，路测仪记录 RSRP 和 SINR。测试时确定该楼层室内覆盖所用小区是否正常工作，注意在人员主要活动区域是否存在信号过强、弱覆盖、无覆盖、室外宏站信号对室内分布系统信号造成干扰等问题。

⑤ 测试结果输出：对各楼层 RF 覆盖情况进行汇总统计，并输出 RSPR/SINR 值等分布图。

（3）室内分布系统外泄测试

一般外泄要求为：建筑外 10 米处接收到室内信号≤－110 dBm 或比室外主小区低 10 dB 的比例大于 90%，评估室内分布系统的信号外泄情况。

① 选择室外 10 米处作为测试路线。

② 打开路测软件，把测试终端/手机锁定到室外频点，在室外 10 米处以步行速度沿测试路线测试（空载），路测仪记录 RSRP 和 SINR。

③ 锁频测试，把测试终端/手机锁定到室内频点，重复测试步骤①、②。

④ 测试结果输出：RSRP 沿测试路线的分布图和统计值。

（4）应用层下载测试

选择室内点位做 CQT 定点下载速率测试，验证室内分布系统在 FTP 下载模式下，应用层的下载速率是否满足规划设计。

测试速率要求可与用户协商定义，一般要求如下。

（1）FTP 应用层下载速率＞40 Mbit/s（单流，3∶1）

（2）FTP 应用层下载速率＞30 Mbit/s（单流，2∶2）

（3）FTP 应用层下载速率＞60 Mbit/s（双流，3∶1）

（4）FTP 应用层下载速率＞50 Mbit/s（双流，2∶2）

测试步骤如下。

① 测试楼宇选定：一般选择地下室、非标准层、电梯，标准层选择低、中、高层分别测试，并保证对不同 RRU 的覆盖区域均进行测试，以验证 RRU 的工作性能。测试点应为人员经常活动区域。

② 打开路测软件，记录测试 LOG，打开 Du Meter 记录下载速率。

③ 连接测试数据卡，发起 FTP 下载业务，如不能成功，等候 20 秒后重新激活，直到成功；选择大于 1 G 左右文件 10 个以上，保存下载时间 100 s。

④ 记录 CQT 测试 LOG，并截图保存 FTP 下载速率与 RSPR/SINR 等各类信息。

⑤ 测试结果输出通过网络测速软件统计各测试点的平均传输速率、最大速率、最小速率，以及测试点位 SINR/RSPR 等信息。CQT 下载测试记录如表 6.6 所示。

表 6.6 CQT 下载测试记录

测试点位	RSRP	SINR	下载速率/Mbit·s^{-1}		
			Max	Min	Avg
1F 大厅					

(5) 应用层上传测试

选择室内点位做CQT定点上传速率测试，验证室内分布系统在FTP上传模式下应用层的上传速率是否满足规划设计。

测试速率要求可与用户协商定义，一般要求如下。

① 终端FTP应用层上传近点速率>8 Mbit/s(单流、双流，D∶U为3∶1配置)

② 终端FTP应用层上传近点速率>15 Mbit/s(单流、双流，D∶U为2∶2配置)

测试步骤如下。

① 测试楼宇选定：一般选择地下室、非标准层、电梯，标准层选择低、中、高层分别测试，并保证对不同RRU的覆盖区域均进行测试，以验证RRU的工作性能。测试点应为人员经常活动区域。

② 打开路测软件，记录测试LOG，打开Du Meter记录上传速率。

③ 连接测试数据卡，发起FTP上传业务，如不能成功，等候20秒后重新激活，直到成功；选择大于1 G左右文件10个以上，保存下载时间100 s。

④ 记录CQT测试LOG，并截图保存FTP上传速率与RSPR/SINR等各类信息。CQT上传测试记录如表6.7所示。

表6.7　CQT上传测试记录

测试点位	RSRP	SINR	下载速率/Mbit·s^{-1}		
			Max	Min	Avg
1F大厅					

(6) ping时延测试

选择室内点位做CQT定点ping时延测试，验证室内分布系统统计ping时延性能是否满足要求。

测试速率要求可与用户协商定义，一般要求如下。

① 32 Byte小包：时延小于30 ms，成功率大于95%。

② 1 024 Byte小包：时延小于40 ms，成功率大于95%。

测试步骤如下。

① 测试楼宇选定：一般选择地下室、非标准层、电梯，标准层选择低、中、高层分别测试，并保证对不同RRU的覆盖区域均进行测试，以验证RRU的工作性能。测试点应为人员经常活动区域。

② 测试终端接入系统，分别发起32 Byte、1 024 Byte ping包，连续ping100次。

③ 测试终端处于选择的其他测试点，重复步骤②。

④ 记录CQT测试LOG，并以txt方式保存并截图ping测试数据。

(7) 切换测试

切换测试主要分为两种：室内小区间切换与室内外小区间切换。

测试室内各小区(RRU)间切换成功率，室内不同小区之间形成切换带，典型场景是电梯和平层之间或平层和平层之间不同小区切换带，验证室内小区的切换性能。

测试室内、室外小区切换成功率，即建筑物内外出入口，典型场景是建筑物大堂出入口之间的室内外小区切换带，验证室内外小区的切换性能。

切换尝试：统计信令点为RRC层UE向源小区发送测量报告信令后，UE收到切换指令RRCConnectionReconfiguration。

切换成功：统计信令点为信令交互完成UE向目标小区发送RRCConnectionReconfigurationComplete。

切换成功率＝总的切换成功次数/总的申请切换次数×100％。

① 选择室内测试路线，测试路线要包含建筑物所有出入口，遍历室内外小区切换带。

② 使用一个测试卡发起FTP下载业务，保持数据业务。

③ 在每个切换带进行切换测试，每个切换带测试次数不小于4次，每个室内分布系统总测试次数不小于20次。

④ 保存测试LOG，记录切换次数、切换成功次数。

(8) CSFB成功率测试

CSFB，需要使用商用手机终端进行CS主叫业务拨打测试，验证当CS业务建立前手机处于4G网络，起呼后CS业务回落到2G/3G，并在CS业务结束时，手机终端能顺利返回到LTE网络，即验证语音回落和2G/3G到LTE的系统间重选功能。

测试条件：建有室内分布系统的LTE小区和2G/3G小区工作正常，异系统邻区关系添加正确，商用终端正常工作，呼叫鉴权打开。

① 使用商用终端，进行CS主叫拨打业务，待拨通5 s后挂断电话，看终端能否顺利从2G重选回4G。

② 使用商用终端进行被叫拨打，待拨通5s后挂断电话，看终端能否顺利从2G重选回4G。

③ 记录CSFB测试次数、CSFB成功次数。

任务实施

步骤1：完成驻波比测试

天馈系统是移动通信系统的重要组成部分，测试驻波比是室内分布系统优化的关键工作。

天线与馈线的阻抗不匹配，或与发射机的阻抗不匹配，高频能量就会产生反射折回，并和正向波相互作用，发生驻波。在正向波和反射波相位相同的地方形成波腹，电压振幅相加为最大电压振幅V_{max}；在正向波和反射波相位相反的地方形成波节，电压振幅相减为最小电压振幅V_{min}。驻波比(SWR)是用来表示天线和天馈系统的匹配程度，理想的驻波比值应该是1，即没有反射，运营商规范中要求驻波比值小于1.5，一般超过1.2就需要整改。

步骤1按照测试操作规范的要求，使用驻波比测试仪完成室内分布系统频域特性测试，并通过DTF进行故障点定位。

1) 连接测试

如任务6.1中步骤1、2、3的操作，连接好测试跳线与测试天馈线后会出现测试波形，按8. MARK键(3区)进入标记菜单，再按M1软键，选择“标记到波峰”，在左下方屏幕读取驻波最大值(不超过1.5为正常)，如图6.22所示。如果测量结果没有问题，将测量结果储存；

如果测量结果有问题，则需要进行故障定位，判断故障点。

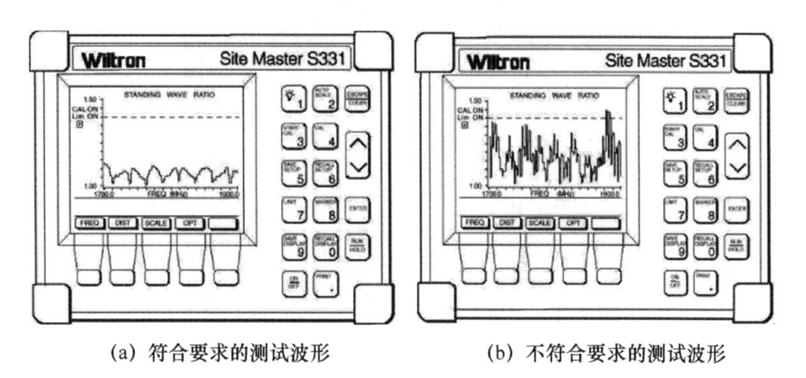

(a) 符合要求的测试波形　　(b) 不符合要求的测试波形

图 6.22　测试波形结果

2) 保存/提取测试记录

按 9. SAVE DISPLAY 键(3 区)进入储存菜单，如图 6.23 所示，利用软键和数字键输入保存文件的名称。

图 6.23　软键和数字键

按 0. RECALL DISPLAY 键(3 区)可以进入读取记录菜单，用键选择需要读取的文件，如图 6.24 所示。

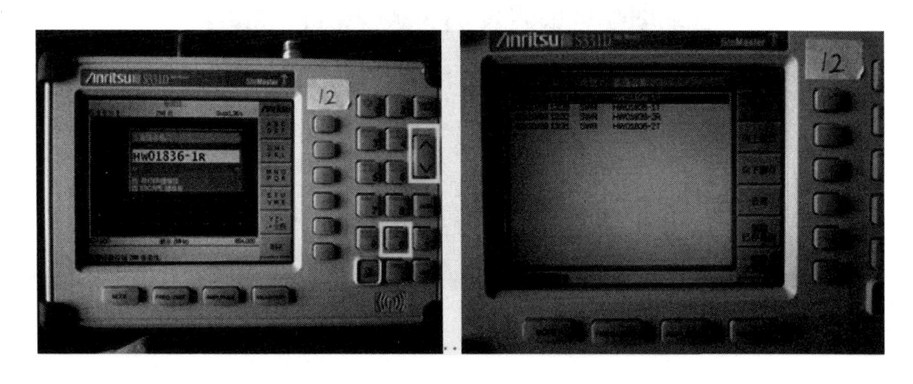

图 6.24　选择读取文件

3) 故障定位

按 MODE 键(1 区)，选择【故障定位】|【驻波比】菜单，按 ENTER 键进入，如图 6.25 所示。

图 6.25　进入故障定位状态

按 D1、D2 键选择测量距离，设定值需要比天馈的实际长度要大点，如图 6.26 所示。

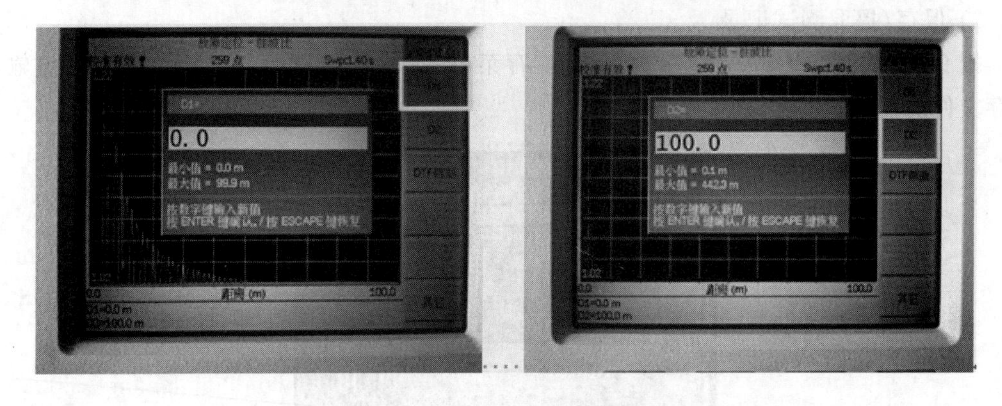

图 6.26　设置测量距离

选择 8. MARK 键，选择 M1，标记到波峰，从左下角屏幕读 M1 测量数值，定位故障所在位置，如图 6.27 所示。

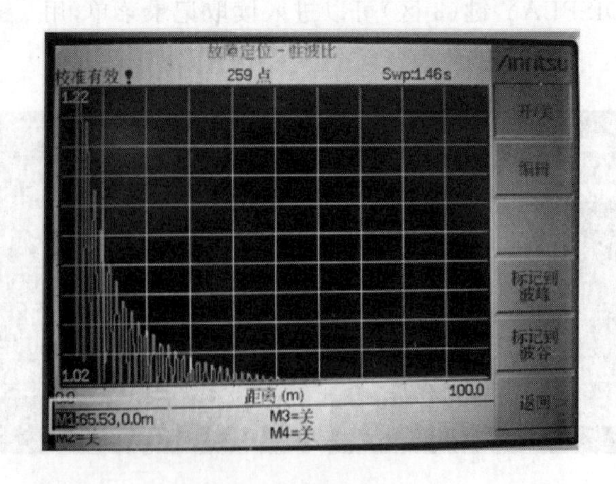

图 6.27　故障定位结果

步骤 2:使用 CDS 软件完成室内测试

1）熟悉操作界面

CDS7.0 用户界面相对简洁，可以分为操作界面和视图界面两个部分，如图 6.28 所示。

(1) 操作界面:包括标题栏、工具栏、导航栏及资源管理器,大部分的CDS配置和控制操作从此部分发起。

(2) 视图界面:CDS测试数据展示窗口,为用户提供了灵活直观的数据呈现。

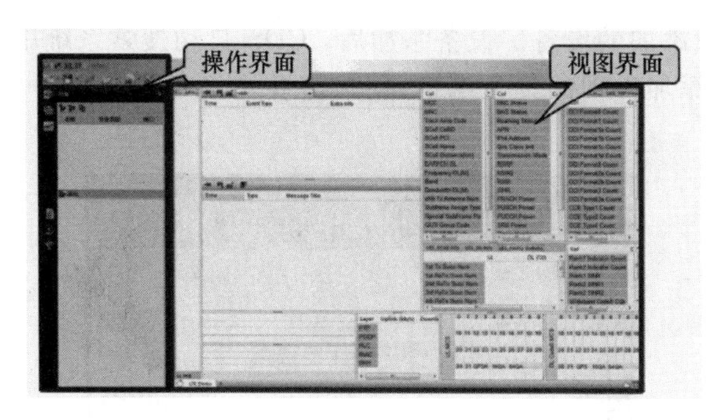

图6.28　CDS操作界面

CDS界面的左侧栏为导航栏,上面有6个按钮,单击按钮可以打开对应的资源管理器。CDS按钮功能介绍如表6.8所示。

表6.8　CDS按钮功能介绍

图标	功能
	设备管理,用于添加/删除测试设备及配置自动测试计划,此按钮在"回放"状态将被隐藏
	视图管理,分类列出预定义的视图及视图页,用户可双击或拖拽打开选中的视图或视图页
	分析模块管理,列出的每一项对应一个数据分析模块(没有授权的模块被隐藏),这些模块只在"回放"状态使用,进入"连接"状态后此按钮被隐藏
	IE列表,分类列出了CDS支持的测试数类型,用户可选择一个或多个拖拽到视图或后处理插件中。测试数据的显示风格也在这里设置
	事件列表,分类列出内置事件以及用户自定义事件。用户可以为事件配置图标、告警音、字体颜色,配置自定义事件,定义事件组等。用户也可以将事件或事件组拖拽到某些视图中
	过滤器管理,是用户定义逻辑表达式,用于数据后处理阶段根据需求过滤数据。用户在此可以修改过滤器的定义,也可以将过滤器拖拽到某些视图中使用
	小区工作室,用于导入小区数据库并生成小区的地图图层
	报告编辑器,用于用户定制报告模板
	信令列表,管理器中分类列出了各种制式下空中接口及非接入层的信令,用户可选择一个或多个拖拽到后处理插件中

2) 搭建测试环境

在正确添加测试设备后,用户只需执行三步操作便可进行测试:(1)连接设备;(2)录制日志;(3)执行自动测试。对应CDS数据采集界面工具栏上的三个功能按钮,如图6.29所示。

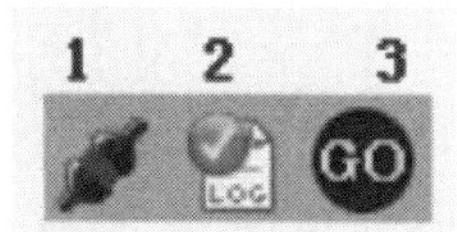

图6.29　测试按钮

(1) 添加设备:该操作须在设备管理模块中完成。设备的添加、删除操作只能在软件处于“空闲”状态时进行,可以使用手动添加或自动添加。

① 手动添加:单击管理器工具栏中的添加设备按钮 ,会弹出可添加的设备列表菜单,在列表中选择希望添加的设备。设备添加后,CDS 自动搜索系统中的设备,在设备的端口下拉列表中将自动添加发现的设备端口,用户需要为设备指定正确的端口。手动添加设备如图 6.30 所示。

图 6.30 手动添加设备

② 自动添加:如有保存过的工作区,可直接打开已有的工作区文件,快速载入设备配置,无须手动添加。

注意 特殊情况下,如果实际设备已连接到系统,但 CDS 未能正确自动识别其端口,此时可为设备强制指定端口,按以下步骤操作:

a. 单击 ,弹出【设备管理器】菜单;

b. 在设备列表中找到对应设备的正确端口,右击鼠标,在弹出的菜单中选择【使用此串口】命令;

c. 打开已有工作区快速恢复测试环境时,须确认设备是否对应正确的端口。

(2) 连接设备:单击图 6.29 中“1”号(连接设备)按钮,CDS 会根据配置尝试连接设备。如果硬件设备与 CDS 通信正常,则连接按钮变为闭合状态,视图开始显示采集的数据;如果有任何一个硬件设备与 CDS 未能正确通信,则会弹出错误提示框。

注意 如果软件无法连接手机,请在拨号界面拨 * #0808#,推荐 USB Settings 选择 RMNET+DM+MODEM,此时连接后无须开启数据连接仍然可以完成测试;也可选择 RNDIS+ DM+MODEM,此时需要打开数据连接进行测试。

在软件与设备处于连接态时,单击图 6.29 中“1”号(连接设备)按钮即可断开连接;当软件处于记录日志状态时,不可断开连接,该按钮灰显。设备正确连接后,用户可在对应设备的属性中查看设备的基本信息,如设备类型、设备版本、IMEI、IMSI 等,如图 6.31 所示。

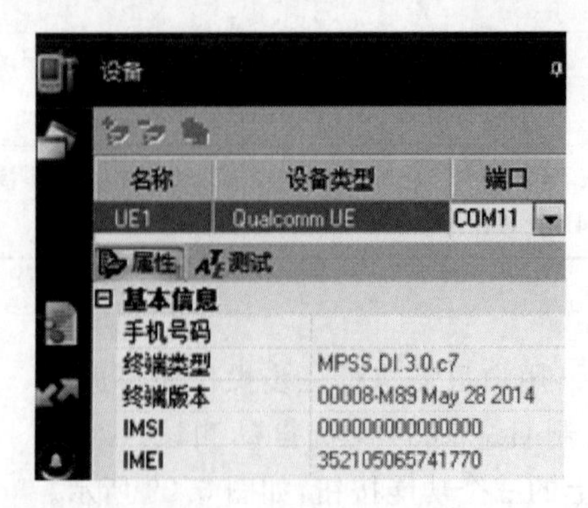

图 6.31 设备基本信息

3）导入工参及地图

（1）导入地图图层

单击图 6.32 左下角【地图图层】按钮，选择 TAB 格式地图导入。

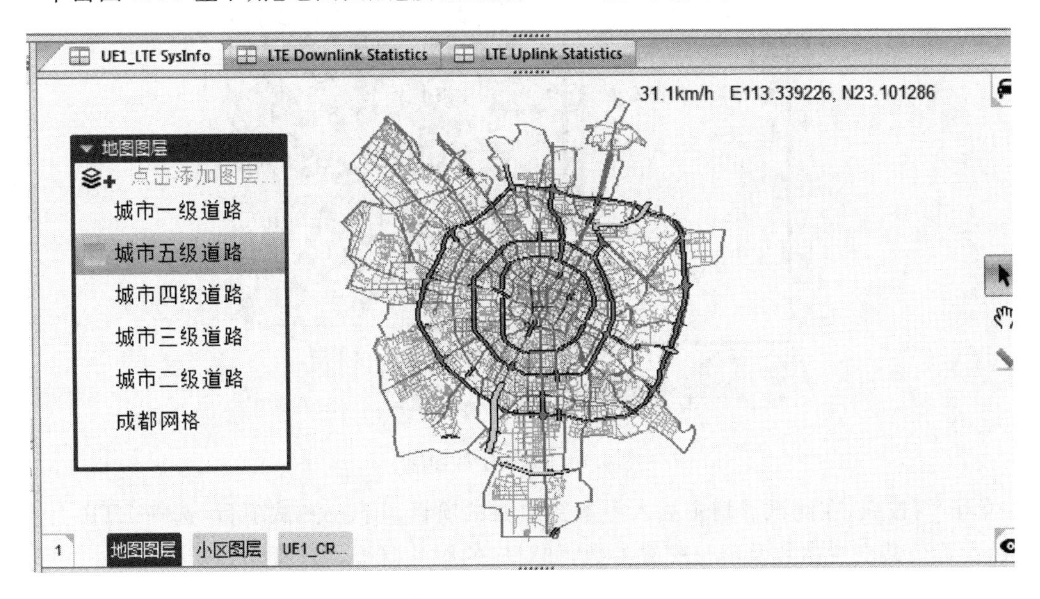

图 6.32　添加地图

（2）导入小区图层

选择软件左上角【小区工作室】菜单，导入准备好的工参数据，单击圆圈处按钮，可以自动生成自定义的小区图层，如图 6.33 所示。

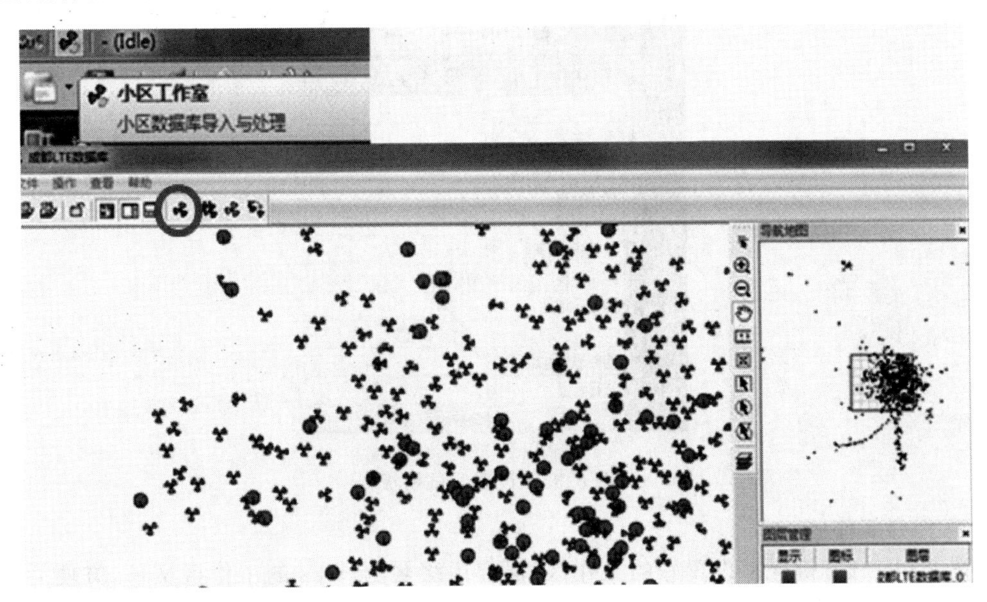

图 6.33　添加小区数据库

单击图 6.34 左下角【小区图层】按钮，选择对应数据导入。

4）配置测试模板

单击设备，选择要建立计划的测试终端，选择【ATE 测试】标签。

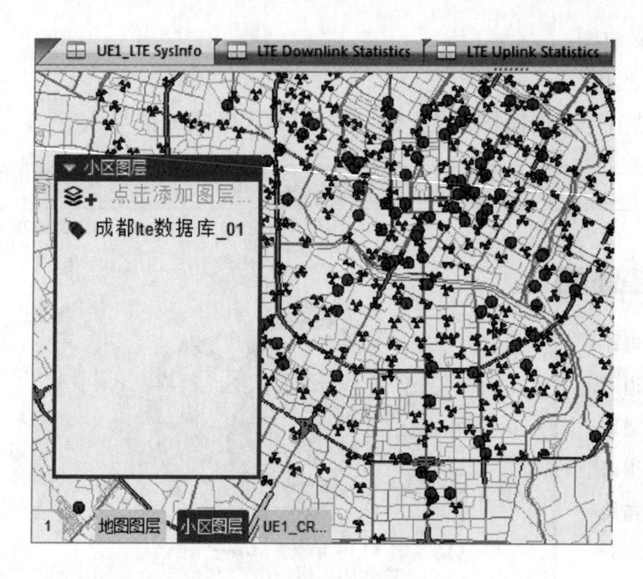

图 6.34　添加小区图层

单击按钮，在测试计划中插入一条新的测试项目。下拉测试项目，选择 FTP 上传或下载，设置公共配置参数及项目配置参数，如对应的服务器等，单击【GO】开始测试。

设置完测试任务后，单击保存模板，方便后续调用。

设置测试模板如图 6.35 所示。

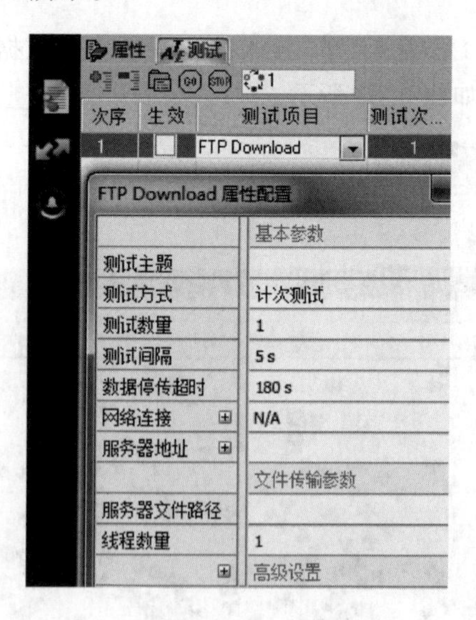

图 6.35　设置测试模板

5）保存工作区

按 CTRL＋S 键保存设置好的工作区，保存后缀名为. wks 的工作区文件，方便后续调用，如图 6.36 所示。

6）进行测试

依次单击图 6.29 中的“1”号（设备连接）、“2”号（记录日志）、“3”号（开始测试）三个按钮，开始对应项目的测试工作。

单击“3”号（开始测试）按钮以后，软件会一次执行已生效的测试项目，如设置了循环次

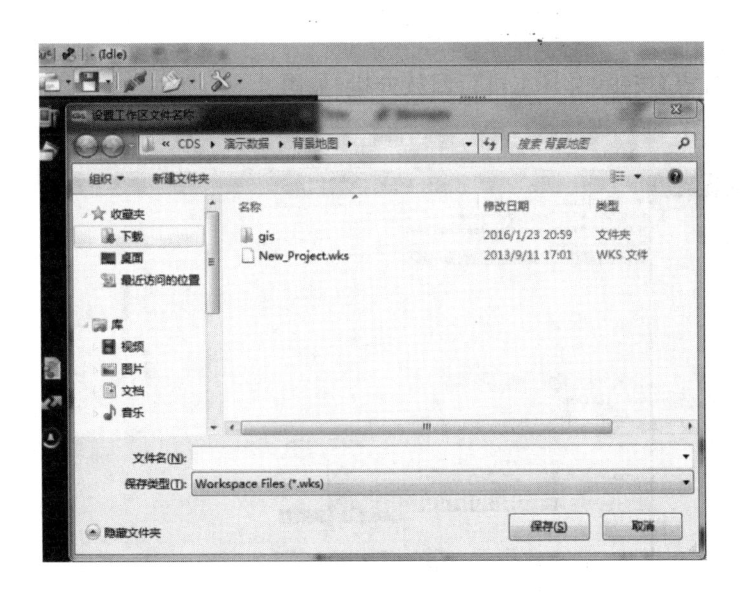

图 6.36　保存工作区

数，则所有测试项目执行完一次以后进入下一轮循环，直至总次数完成，如图 6.37 所示。

如果是室内测试，则需要进行预设路径打点或自由打点方式。

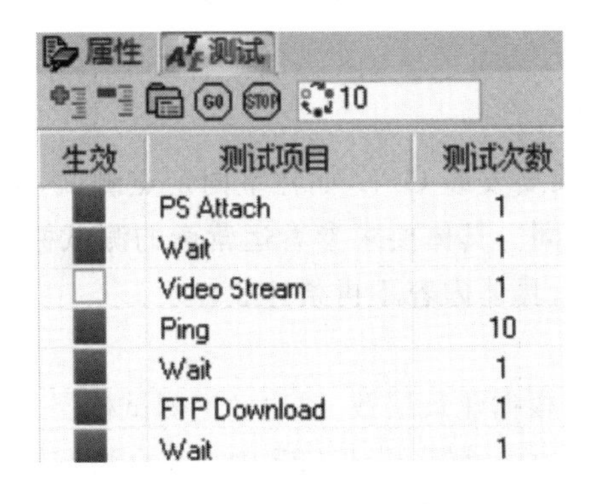

图 6.37　执行测试项目

测试完成后，依次单击图 6.29 中的“3”号(停止测试)、“2”号(停止记录日志)、“1”号(断开设备连接)三个按钮，到对应的 LOG 日志保存目录，即可看到测试日志，如图 6.38 所示。

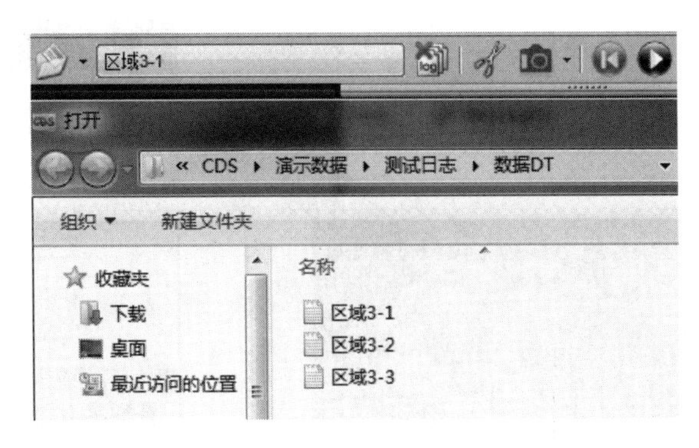

图 6.38　打开日志

7）数据回放

单击【打开日志】按钮，对日志进行回放分析，如图 6.39 所示。

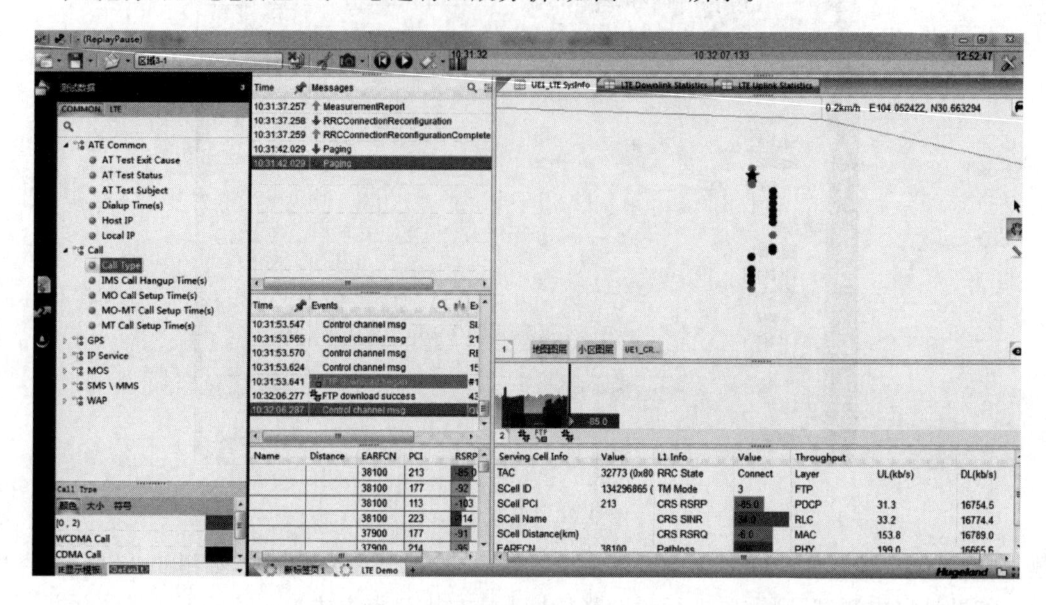

图 6.39　日志回放

8）完成室内拨测

CQT 与 DT 的区别如下。

区别 1：在室内测试，不需要安装 GPS，如在室内定点测试，也不需要打点。

区别 2：模板参数设置不同。具体要求参看运营商的测试标准。

其余可重复步骤 2)～7)，具体内容不再赘述。

9）进行室内步测

抵达同福酒店，熟悉场地，根据建筑层数、用途确定测试楼层。根据同福酒店的结构，B2F、B1F 停车场及 1F、2F 结构不同，每层都要测试，B2F 确定完全没有信号后可以停止测试；3～8F 结构相同，可以选取其中两层，比如 3F、7F 进行测试；9～10F 结构相同，选取 10F 进行测试。

(1) 连接测试设备、加密狗、计算机。

(2) 添加测试设备和室内地图选项 Indoor Locator，如图 6.40 及图 6.41 所示。

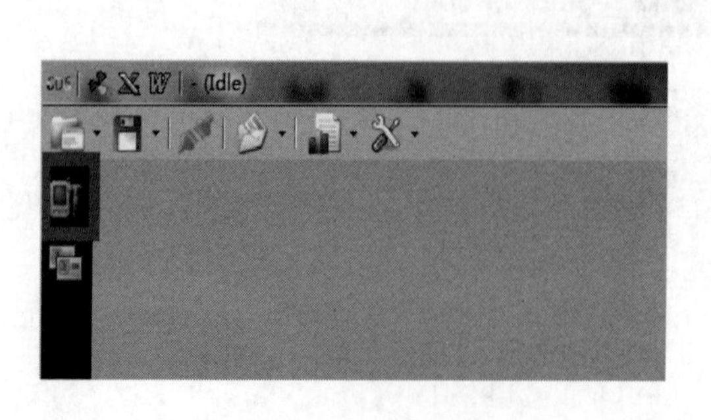

图 6.40　添加测试设备

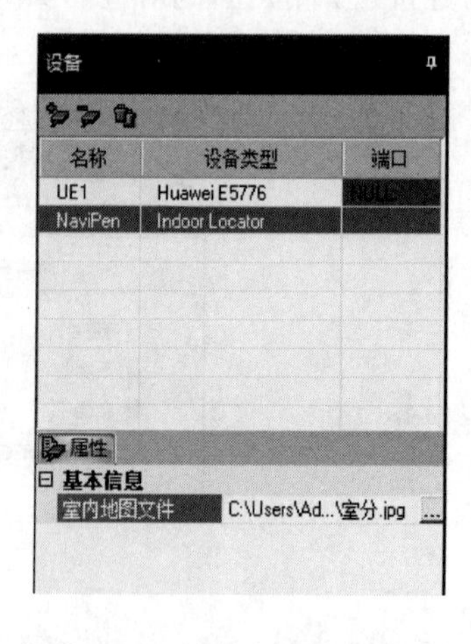

图 6.41　添加室内地图选项

(3) 设置测试业务(FTP 为例),如图 6.42 所示。

(4) 双击测试项目,弹出测试项目设置属性。

FTP 下载测试设置如图 6.43 所示。

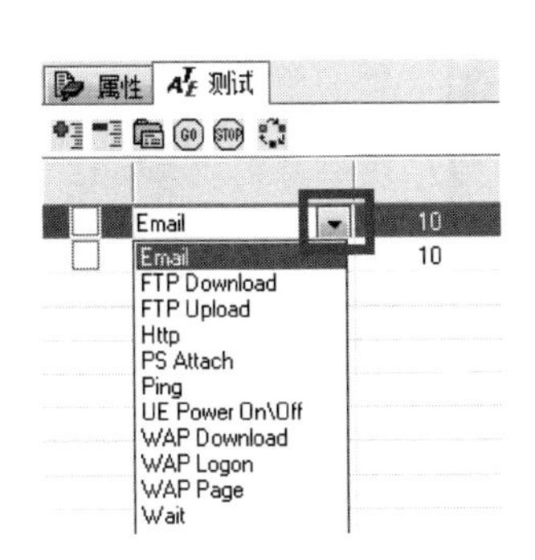

图 6.42　测试项目选择

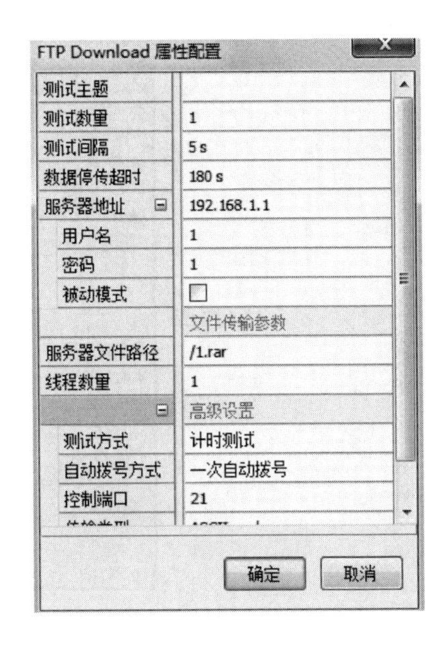

图 6.43　【FTP Download 属性配置】窗口

① FTP Download

测试主题:名称,用户自定义。

测试间隔:执行 2 次 FTP 任务的间隔,适用于计次测试。

数据停传超时:无数据超时时间。

服务器地址:FTP 服务器地址。

用户名:FTP 用户名。

密码:FTP 密码。

被动模式:FTP 协议传输模式,一般不修改。

服务器文件路径:下载文件的绝对路径。

线程数量:多线程设置,上限 50,一般设置为 5。

测试方式:包括计时测试与计次测试。计时测试是指持续一定测试时长的方式,计次测试是指重复一定测试次数的方式。

控制端口:FTP 端口号,默认即可。

本地路径:设置保存路径。不设置表示利用缓存方式,不占用磁盘空间(推荐)。

注意　需要拨号连接的测试终端会自动关联出拨号设置选项。

服务器地址设置如图 6.44 所示。

单击浏览按钮[...],选择相应的拨号网络即可。

② FTP Upload

FTP 上传测试设置与下载设置类型,设置时只需要改变一下文件路径和文件名称。【FTP Upload 属性配置】窗口如图 6.45 所示。

拨号网络
N/A
服务器地址

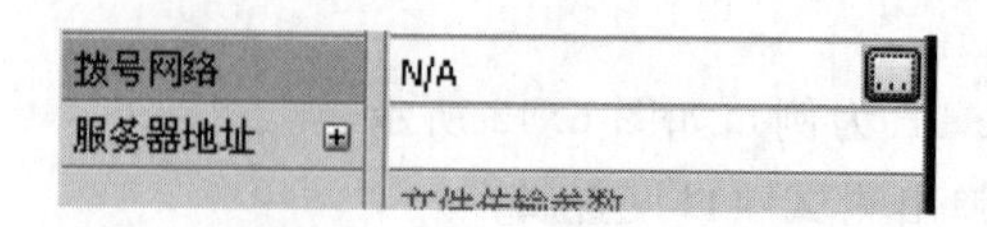

图 6.44　服务器地址设置

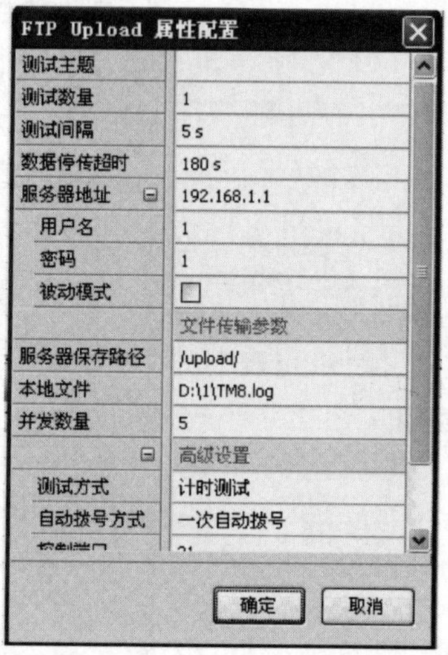

FTP Upload 属性配置
测试主题
测试数量
1
测试间隔
5 s
数据停传超时
180 s
服务器地址
192.168.1.1
用户名
1
密码
1
被动模式
文件传输参数
服务器保存路径
/upload/
本地文件
D:\1\TM8.log
并发数量
5
高级设置
测试方式
计时测试
自动拨号方式
一次自动拨号
确定
取消

图 6.45　【FTP Upload 属性配置】窗口

UE Power On\Off：可辅助完成自动开关机测试任务，根据测试需求和提示设置即可，【UE Power On\Off 属性配置】窗口如图 6.46 所示。

UE Power On\Off 属性配置
基本参数
测试主题
测试数量
10
测试间隔
5 s
超时时间
60 s

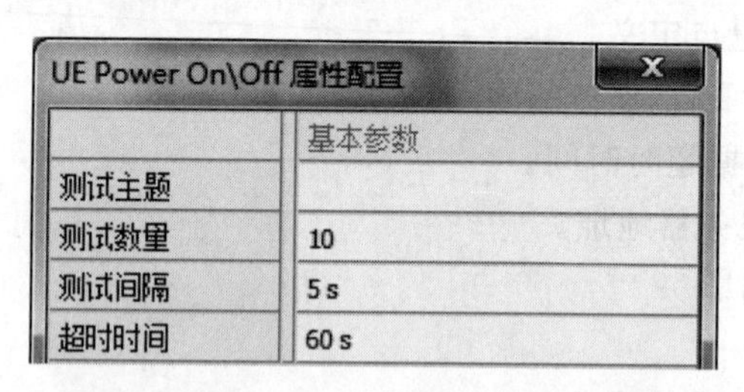

图 6.46　【UE Power On\Off 属性配置】窗口

(5) 打开视图，可显示各视图界面，视图页如图 6.47 所示，视图界面如图 6.48 所示。

视图
视图页
LTE
LTE Demo
Other
LTE TDS

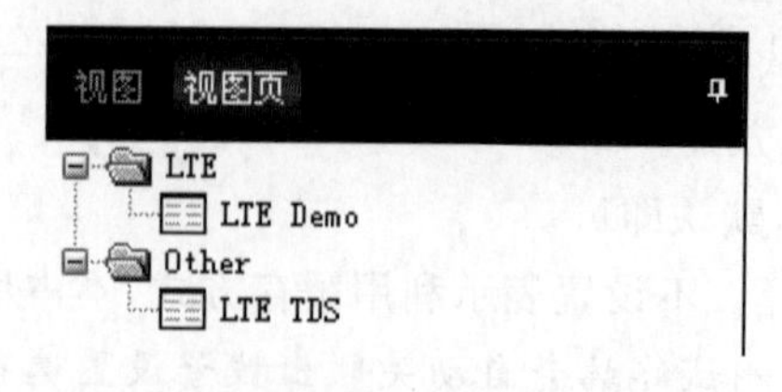

图 6.47　视图页

1 号框：事件视图。

2 号框：信令视图。

3 号框：系统信息及物理层视图。

4 号框：速率与信号强度折线图。

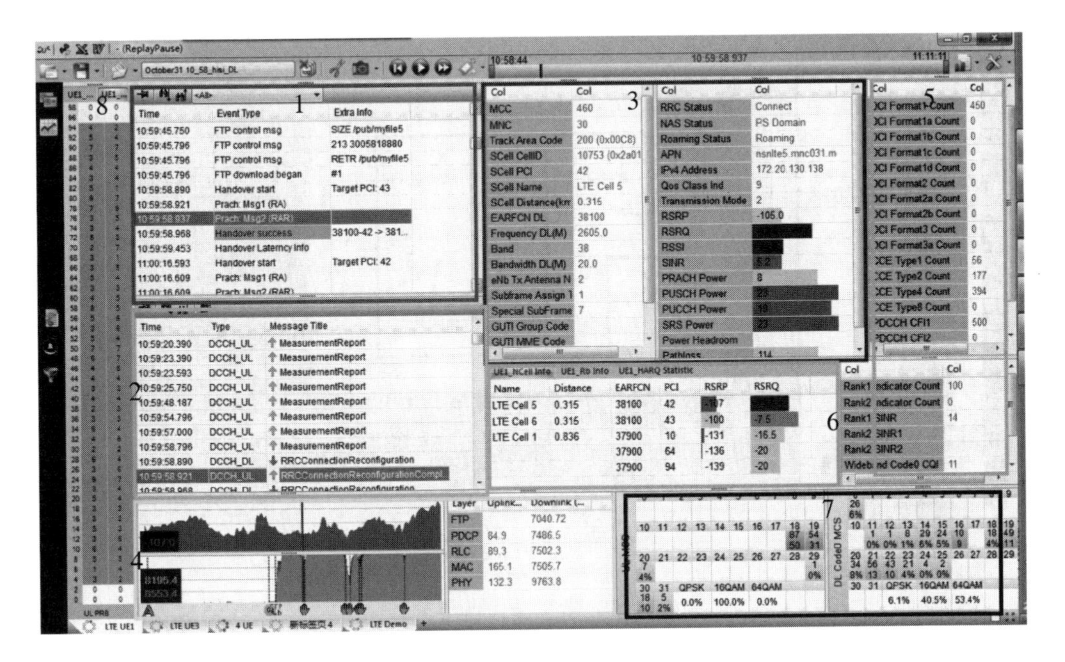

图 6.48　视图界面

5 号框：DCI 格式与 CQI 统计。

6 号框：邻区信息与 HARQ 视图。

7 号框：MCS 视图。

8 号框：PRB 占用情况。

(6) 单击 Indoor Map，导入建筑平面图，如图 6.49 所示。

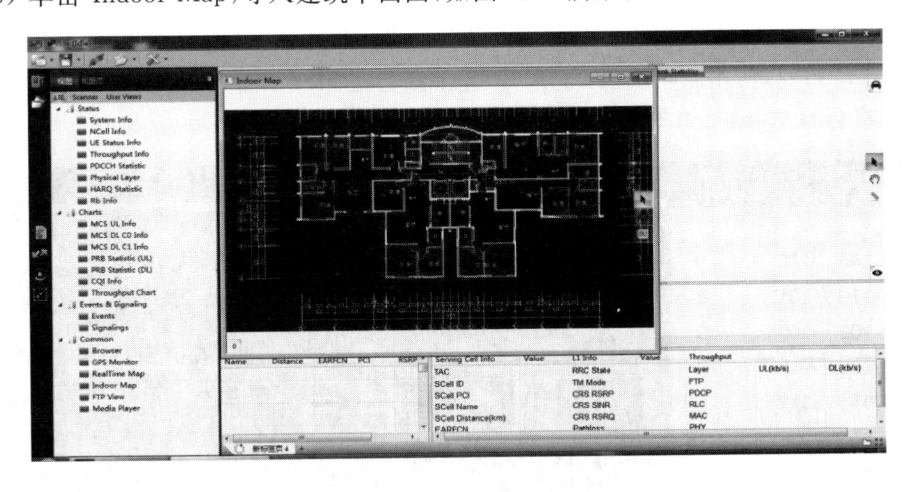

图 6.49　导入建筑平面图

(7) 添加数据图层，将需要的指标条目拖动到室内地图窗口，如图 6.50 所示。

(8) 连接终端，记录测试日志，开始测试，如图 6.51 所示。

连接设备：单击软件工具栏中的按钮。

记录日志：单击软件工具栏中的按钮。

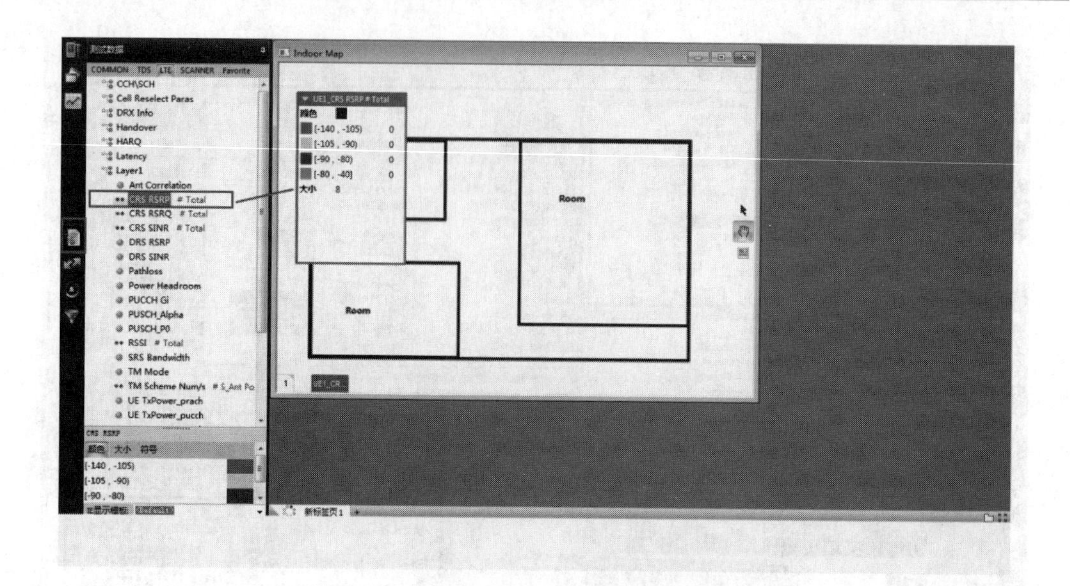

图 6.50　室内地图

图 6.51　开始测试

执行自动测试项测试：单击软件工具栏中的 GO 按钮。

(9) 手动打点，使用旗帜按钮，每隔 1～3 米在行进路线上单击，完成打点，每两点间的数据图层将会自动添加，如图 6.52 所示。

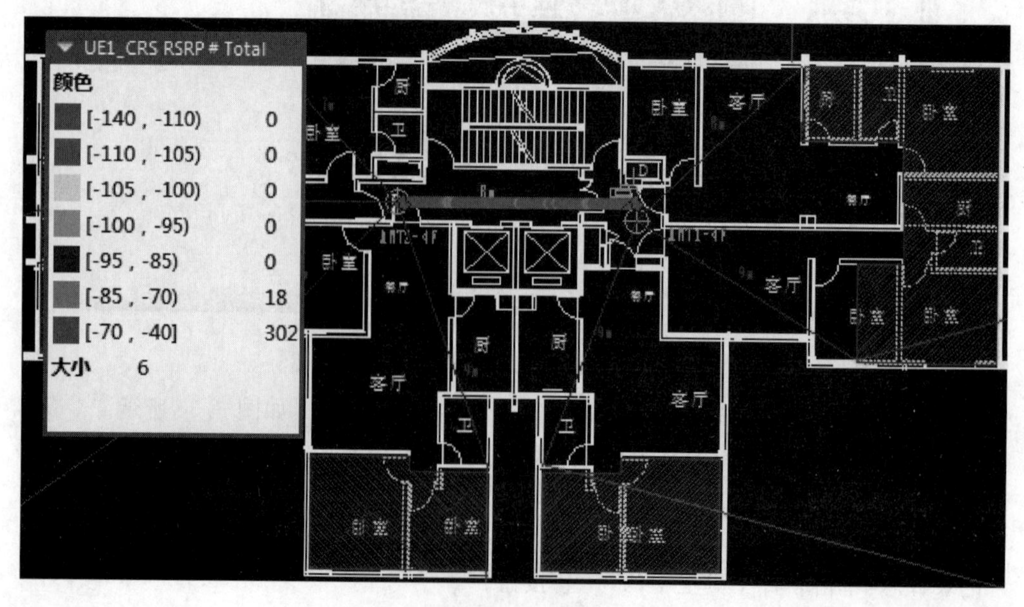

图 6.52　手动打点

在测试过程中，可以观察指标情况；一层楼测试完毕，停止记录，断开连接。在其他测试楼层重复测试。

步骤 3：完成室外无线环境测试

室外无线环境测试过程与路测（DT）相同。

（1）连接测试设备（扫描仪不是必需的，测试手机数量根据测试需要选取），如图 6.53 所示。

（2）添加设备，包括终端和 GPS。

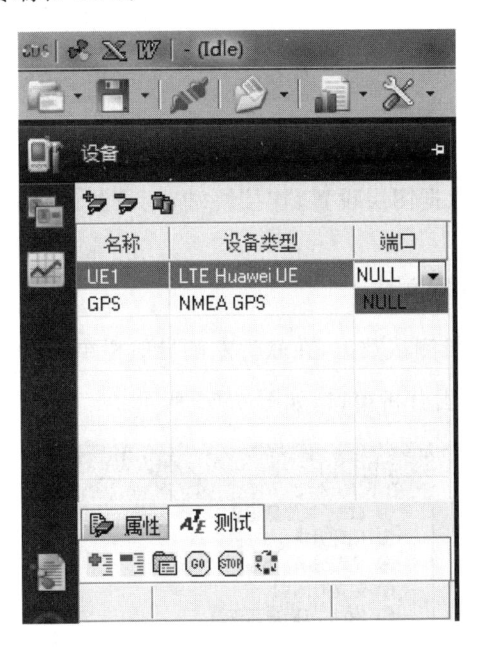

图 6.53　连接设备

（3）导入小区数据，生成小区图层，如图 6.54 所示。

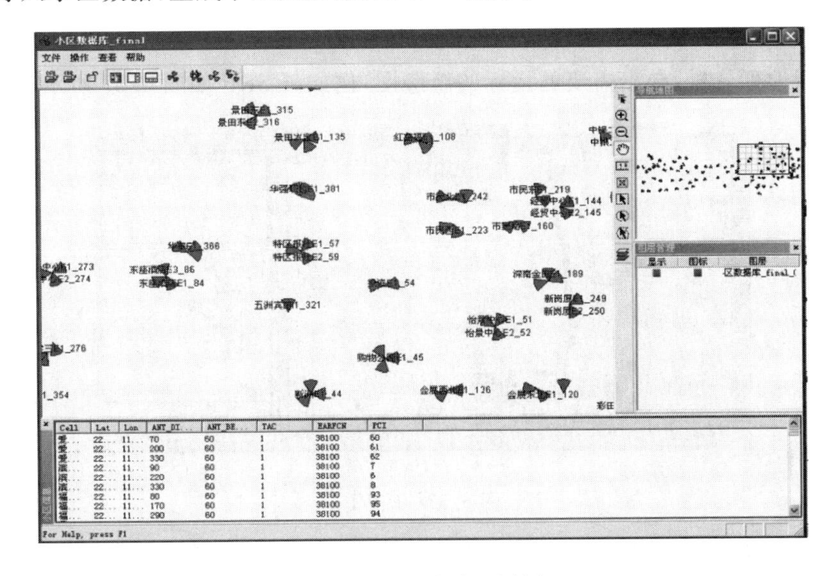

图 6.54　生成小区图层

(4) 设置实时地图，在软件视图管理区中，双击打开 RealTime Map 视图，如图 6.55 所示。

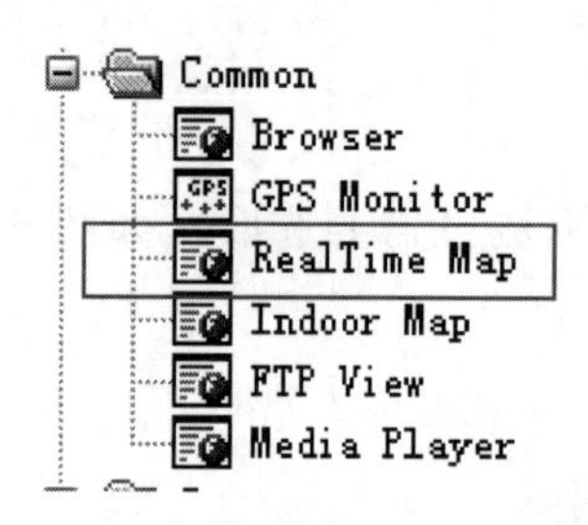

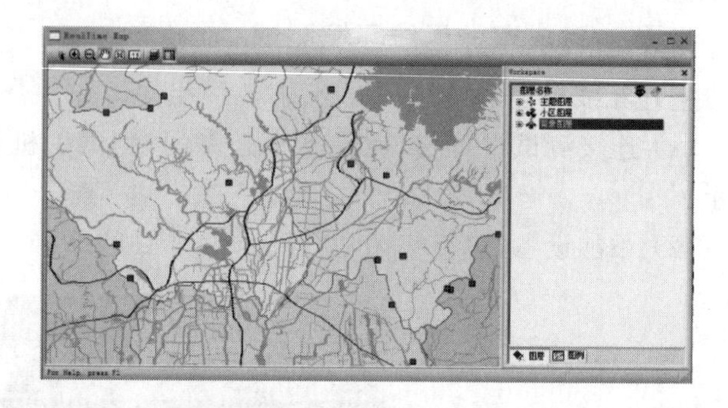

图 6.55　RealTime Map 视图

业务设置、视图设置、数据图层设置、连接终端、记录测试日志、开始测试等步骤和室内无线环境测试相同。

步骤 4:分析数据和编写文档

(1) 利用 CDS 后台分析测试数据，在软件左侧导航栏单击（分析插件）按钮，弹出对应管理区，双击插件名称弹出分析窗口，如图 6.56 所示。

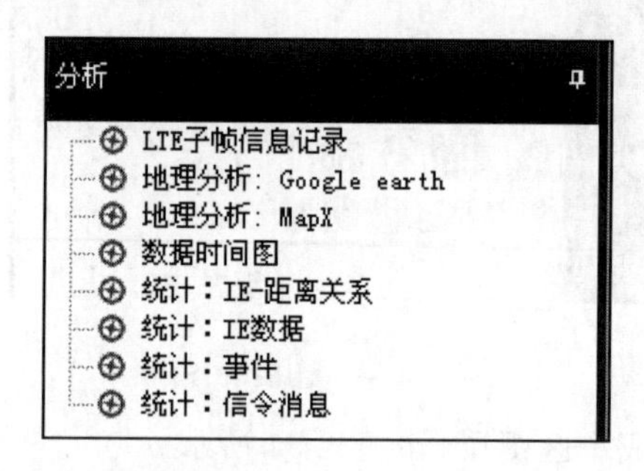

图 6.56　分析窗口

(2) 利用地理分析，导出需要的指标的轨迹图，例如，RSRP 如图 6.57 所示。

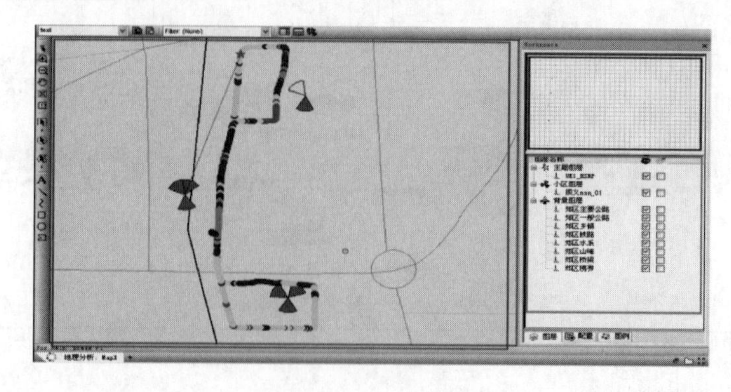

图 6.57　RSRP

(3) 利用 IE 统计数据可以得到最大值、最小值、平均值、采样数量的统计，并根据原始数据生成对应的 CDF、PDF、bar 图等，如图 6.58 所示。

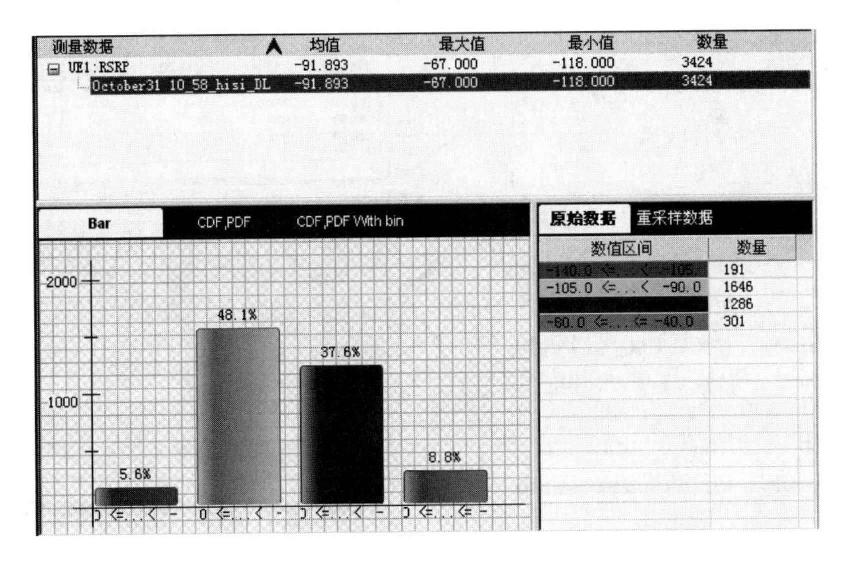

图 6.58　统计数据

(4) 将测试数据输出统计表格,在工具栏单击按钮,在菜单中选择【日志输出】|【测试数据至 CSV...】命令,如图 6.59 及图 6.60 所示。

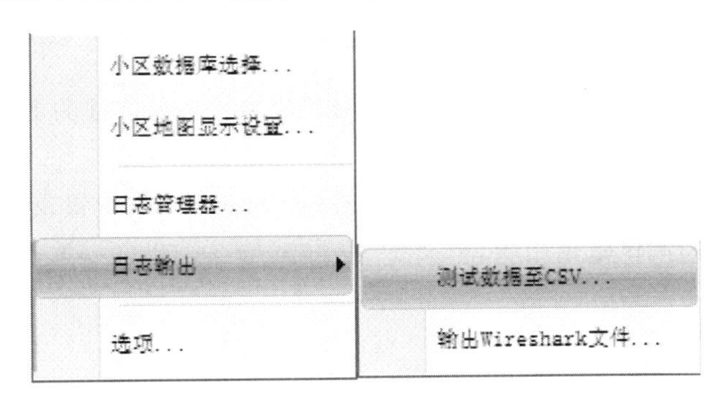

图 6.59　选择菜单操作

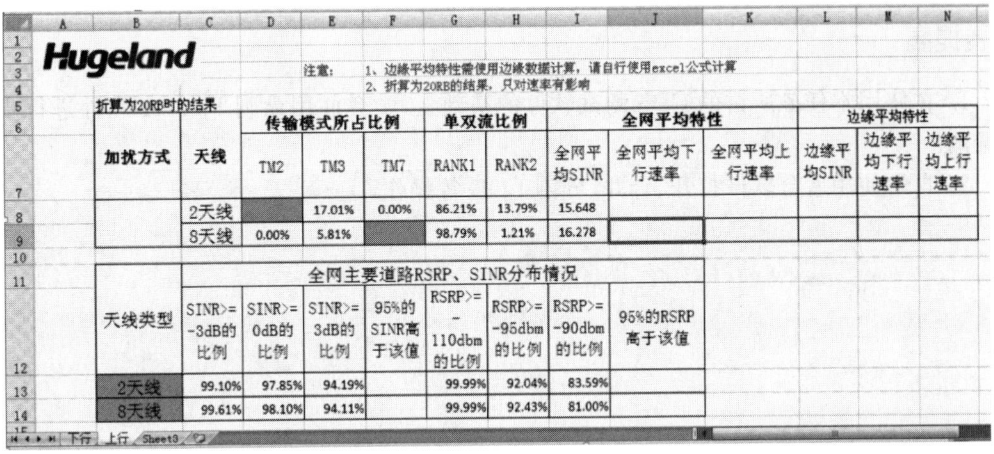

Hugeland

注意:　1、边缘平均特性需使用边缘数据计算,请自行使用excel公式计算
2、折算为20RB的结果,只对速率有影响

折算为20RB时的结果

加扰方式	天线	传输模式所占比例			单双流比例		全网平均特性			边缘平均特性		
		TM2	TM3	TM7	RANK1	RANK2	全网平均SINR	全网平均下行速率	全网平均上行速率	边缘平均SINR	边缘平均下行速率	边缘平均上行速率
	2天线		17.01%	0.00%	86.21%	13.79%	15.648					
	8天线	0.00%	5.81%		98.79%	1.21%	16.278					

天线类型	全网主要道路RSRP、SINR分布情况							
	SINR>=-3dB的比例	SINR>=0dB的比例	SINR>=3dB的比例	95%的SINR高于该值	RSRP>=-110dbm的比例	RSRP>=-95dbm的比例	RSRP>=-90dbm的比例	95%的RSRP高于该值
2天线	99.10%	97.85%	94.19%		99.99%	92.04%	83.59%	
8天线	99.61%	98.10%	94.11%		99.99%	92.43%	81.00%	

下行　上行　Sheet3

图 6.60　测试数据至 CSV

(5) 根据基站信息和室外测试数据进行分析,如图 6.61 所示。

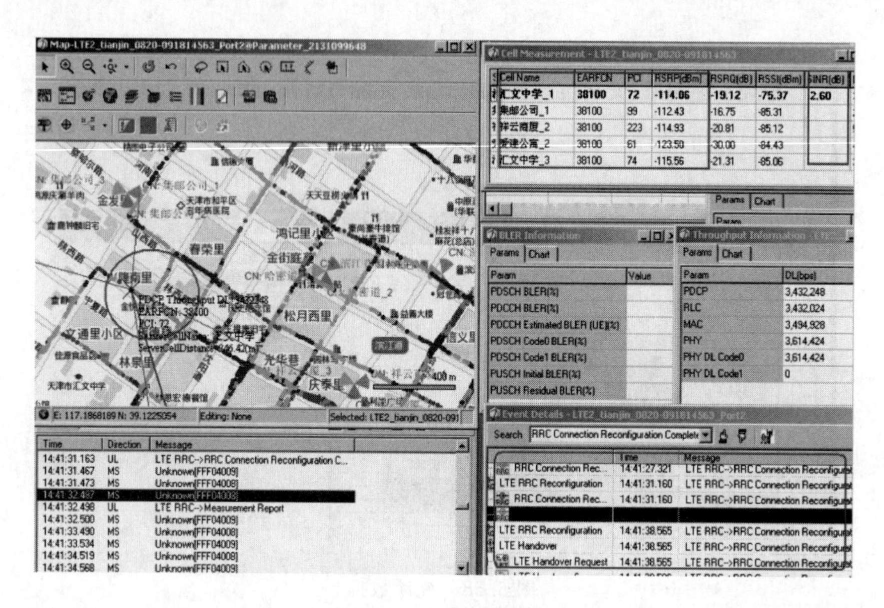

图 6.61　测试数据

同福酒店路测状况见附录 1.1，本处不再赘述。

（6）分析同福酒店 B2F、B1F 停车场及 1F、2F、3F、7F、10F 层的测试数据覆盖率、数据速率，得出结论是否需要室内分布系统。

（7）分析酒店大厅、地下停车场出入口、各楼层靠窗户或外墙处的 RSRP，对切换设计提供数据支持。

（8）编写同福酒店室内分布无线环境测试报告，应包含基站位置及周围基站分布图、室外测试数据图表、室内测试数据图表。

任务成果

1. WT 与 CQT 测试 LOG 两份；

2. 任务单 1 份（WT 与 CQT 测试数据截图）。

拓展提高

1. 在使用本任务所讲的 CDS 测试软件的基础上，学会使用鼎利 Pioneer 软件进行步测与拨测。

2. 自学使用后台软件打开、合并、分割 LOG 等操作。

附录1　案　　例

附录 1.1　同福酒店室内分布案例

同福酒店案例贯穿于本书所有教学内容，教师在讲授时可提醒学生随时翻看。

1.1.1　酒店概况

1. 位置信息

同福酒店位置如图 F1.1 所示，图中为上北下南左西右东。

图 F1.1　同福酒店位置

同福酒店位于建设路与一环路的十字交叉路口，定位为三星涉外酒店，该酒店的产权为该酒店的经营方。

2. 建筑物概况

(1) 酒店地上 10 层，地下 2 层，西侧附带一个地面停车场。1～10 层层高 3.5 米，地下部分层高 3.8 米。

(2) 地下 B2F、B1F 为停车场，顶部有走线钢槽。

(3) 1F为酒店大厅、电梯厅、弱电间、商务中心、商铺、咖啡厅及餐厅。2F为大小不一的会议厅,另有办公室、弱电间、厨房。3～8F为标间、大床房及布草间,每层有一弱电间。9～10F为行政套房、总统套房及布草间。1～10F走廊均有非金属天花板吊顶,距离顶部约70 cm,吊顶内吊装有封闭式走线钢槽,可用于走线。

(4) 酒店3号电梯上方设置有弱电间,面积约9.6m^2,每层楼在此位置预留有方形空洞用于干线走线,弱电间内有接地排1个、380 V电源1处、220 V电源1处。弱电间内湿度一般为30%～75%,天花板顶有照明,照度不低于80 lx。

(5) 客梯7部,货梯2部。

3. 周边概况

酒店旁边为市区主干道,东南侧为7层楼高的居民区,西侧及南侧为6层楼高的居民区,东北侧为一5层楼高的商业广场(饮食、娱乐为主),北侧为一大学9层楼宿舍区。

4. 网络概况

同福酒店室外基站如图F1.2所示。

图F1.2 同福酒店室外基站

(1) 根据实际情况,同福酒店位于图F1.2正中方框处,室外基站编号为SW1～4。

SW1,室外宏蜂窝,S111,与酒店直线距离520米,天线挂高30米。

SW2,室外宏蜂窝,S333,与酒店直线距离575米,天线挂高27米。

SW3,射频拉远站,S222,与酒店直线距离396米,天线挂高25米。

SW4,射频拉远站,S333,与酒店直线距离500米,天线挂高26米。

(2) 同福酒店附近DT测试结果如图F1.3所示。

终端在一环路道路上,从南至北,特别是同福酒店附近,信号所接收的RSRP基本在−105 dBm左右,信号较弱。同时在此路段存在SINR偏弱的现象。

从位置上看,该路段由SW2和SW4共同负责信号覆盖。但由于SW4 cell3退服(或未开通),该路段的覆盖主要由SW2-1、SW3-3、SW1-2等小区负责。覆盖距离超过约500 m,或者小区位置未对准酒店。

优化方案：建议对 SW4 基站进行站点故障维护，同时加快同福酒店室内分布系统的建设和开通工作以解决酒店室内的弱覆盖问题。

5. 用户概况

该酒店因处于一环路附近，交通方便，且靠近大学、写字楼及景点，客流量较大。经酒店方统计，该酒店客户约有 39%为企业出差人员，32%为出游人员，29%为其余人员。酒店客户对于 LTE 网络使用量较大，对速度要求较高。

6. 技术要求

酒店为 2015 年年底新建，内部为新装修，酒店方要求天线全部采用天花板内暗装。天线密度、安装位置能够对相应的覆盖区进行覆盖，且密度和位置合适，例如，重要会议室、重要办公室、电梯口等能够确保覆盖。

要尽量注意窗户边或者走廊两头的天线布放，合理布放天线可以避免信号外泄。

控制 1F 切换带的天线设计合理，切换带规划明确、合理。

电梯的覆盖以及电梯的切换设计合理。

避免功分器和耦合器的使用不当，造成大量重复走线，例如，同一个方向是否存在超过 3 根馈线，馈线断点来、去标注清楚。

原则上单小区配置为 01，载波带宽为 20 MHz，该场景下天线口功率不高于＋15 dBm。

同福酒店附近路测如图 F1.3 所示，图中为示例。

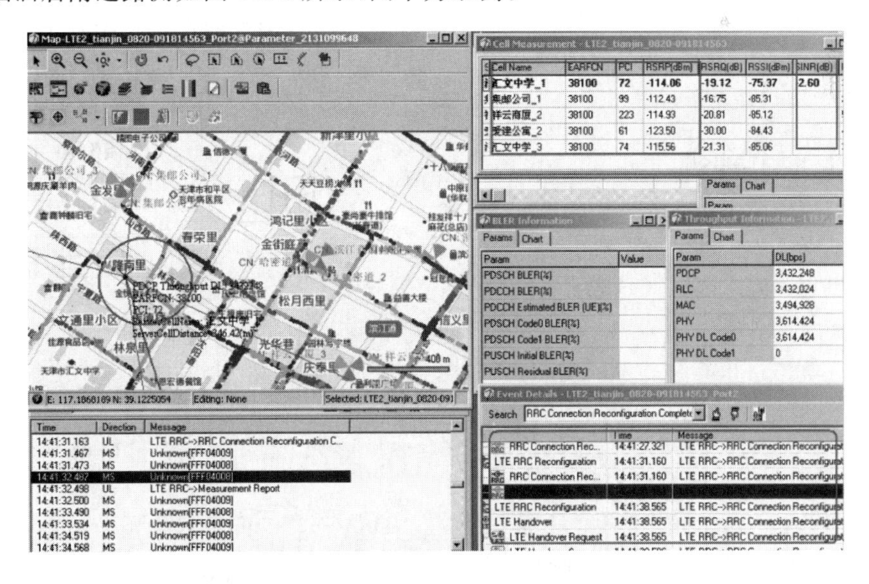

图 F1.3　同福酒店附近路测

1.1.2　酒店平面图

1. 1F 平面图

1F 为酒店大厅、电梯厅、弱电间、商务中心、商铺、咖啡厅及餐厅。需考虑与室外的切换问题。同福酒店 1F 平面结构如图 F1.4 所示。

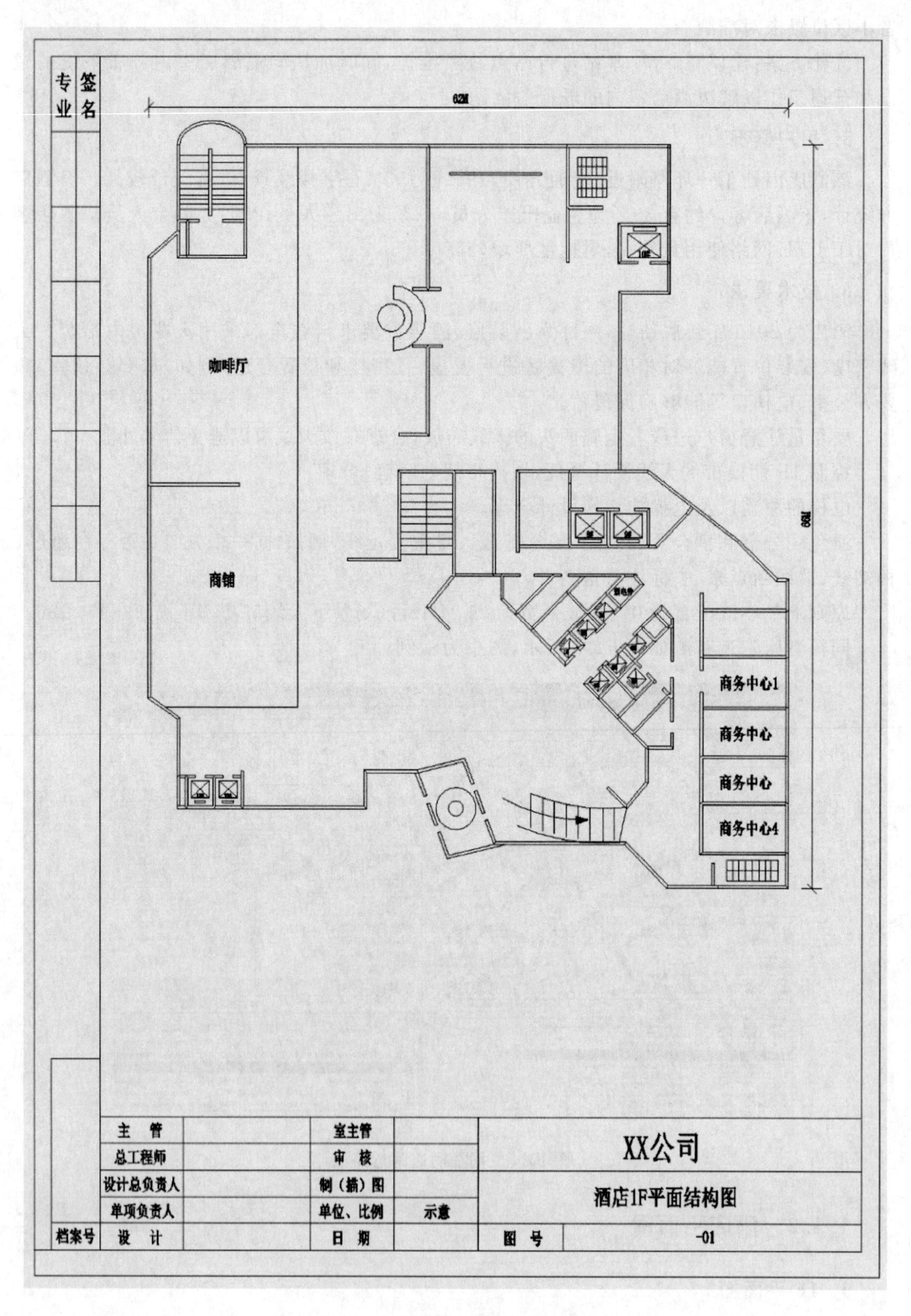

图 F1.4　同福酒店 1F 平面结构

2. 2F 平面图

2F 为大小不一的会议厅，另有办公室、弱电间、厨房。同福酒店 2F 平面结构如图 F1.5 所示。

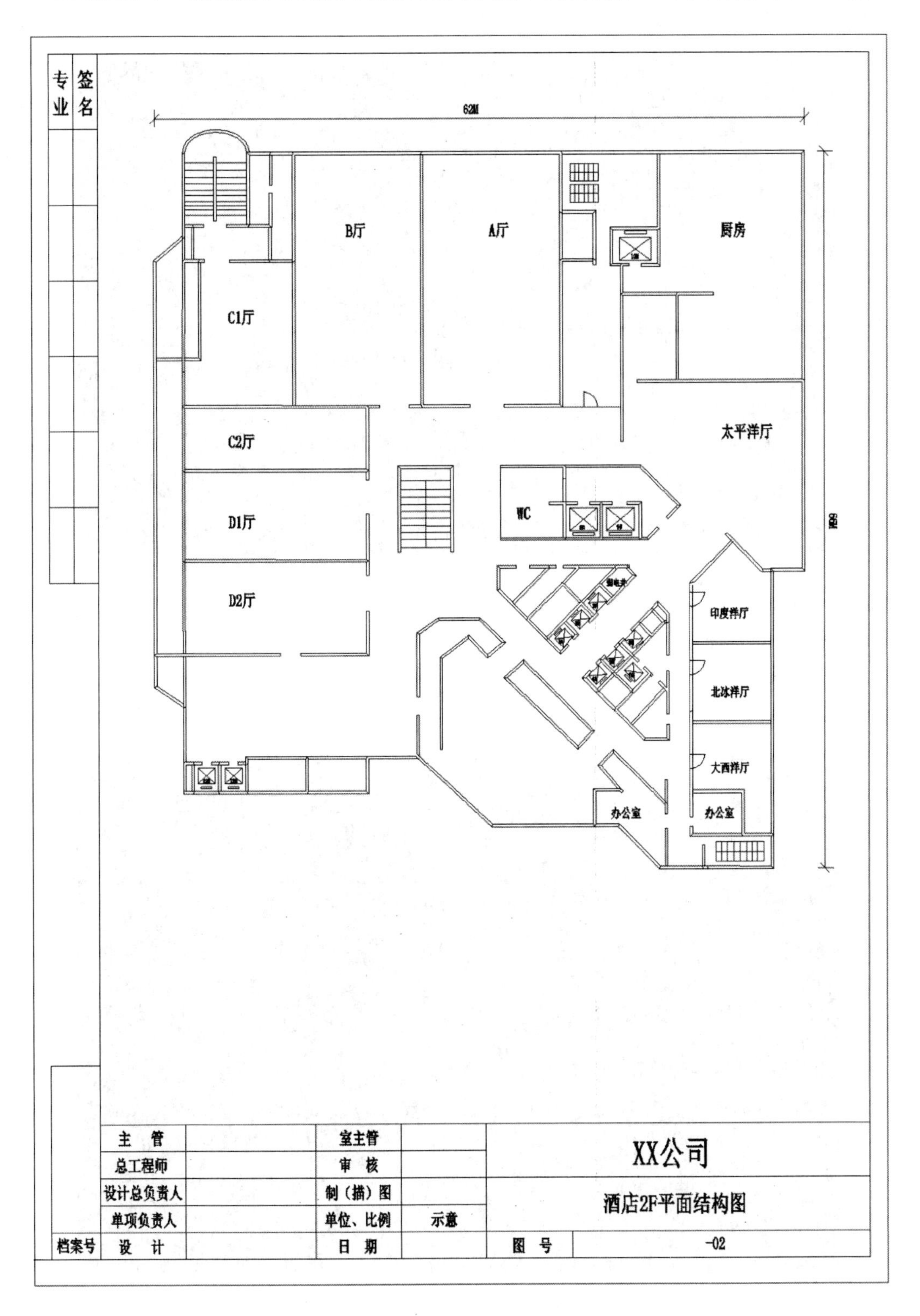

图 F1.5 同福酒店 2F 平面结构

3. 3～8F 平面图

3～8F 为标间、大床房及布草间，每层 25 个房间，有一弱电间，主要面向普通客户。同福酒店 3～8F 平面结构如图 F1.6 所示。

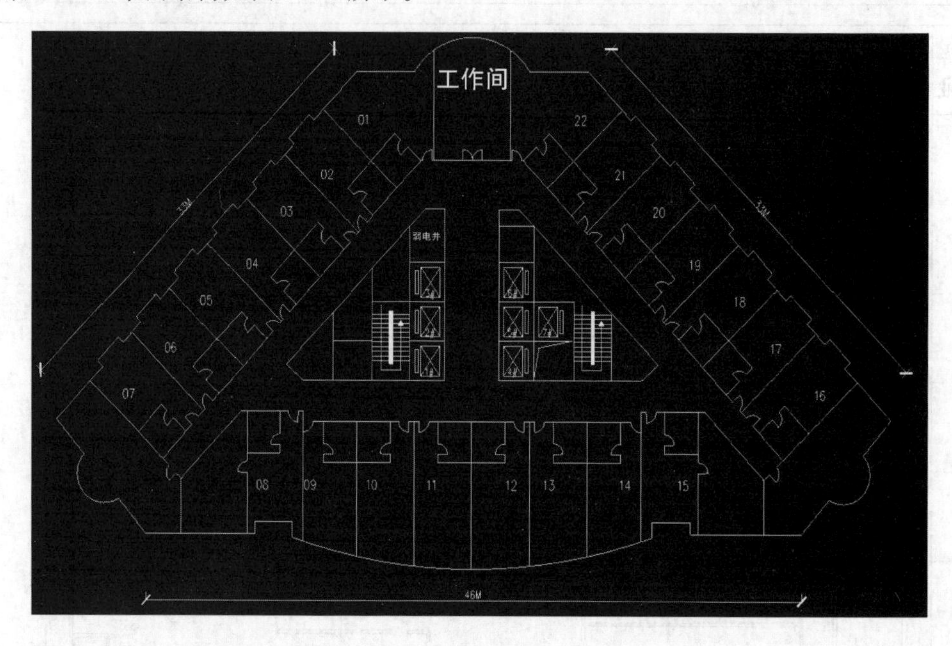

图 F1.6　同福酒店 3～8F 平面结构

4. 9～10F 平面图

9～10F 为行政套房、总统套房及布草间，每层 10 个房间，主要面向高端客户。同福酒店 9～10F 平面结构如图 F1.7 所示。

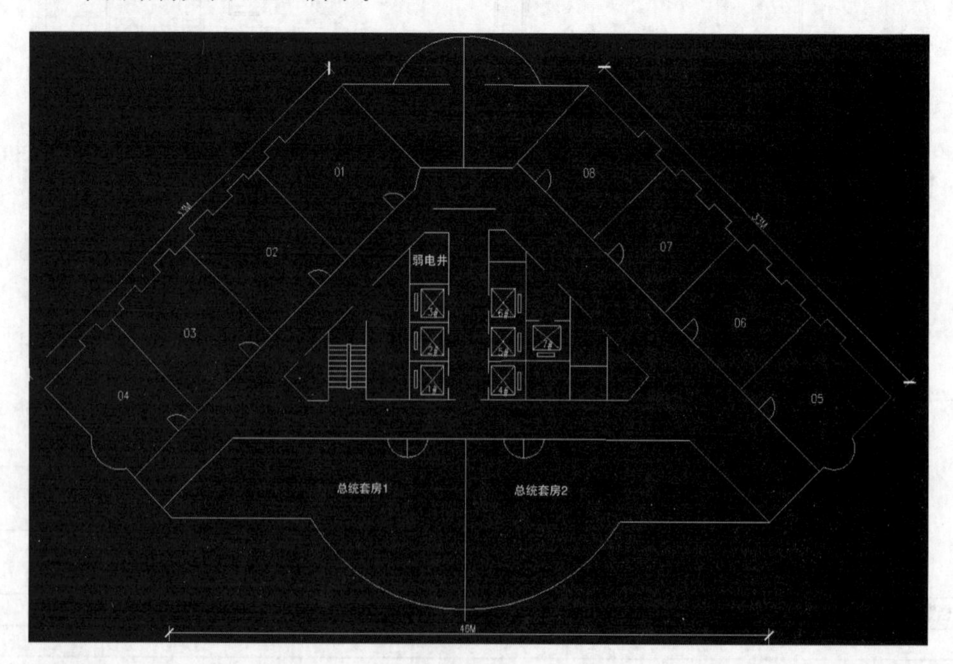

图 F1.7　同福酒店 9～10F 平面结构

1.1.3 相关单据

1. 业务技术联系单(运营商内部)

业务技术联系单

项目名称:同福酒店室内分布系统工程 2017年12月1日 编号:YJD-SF-16

项目主要内容	现象1:终端在一环路道路上,从南至北,特别是同福酒店附近,信号所接收的RSRP基本在−105 dBm左右,信号较弱。同时在此路段存在SINR偏弱的现象。 现象2:2017年2—10月,工单号为22010065~22025016合计15个投诉,其中5个为普通用户投诉,10个为酒店方投诉,地址为同福酒店附近。投诉类型为数据,故障现象均为网速慢、不稳定或信号弱等。经后台分析,用户数据正常,附近SW1~SW3站正常,SW4站一个小区退服。 经多次研究已对SW4基站进行站点故障维护,但同福酒店内仍存在以上问题。 建议在两个月内完成同福酒店室内分布系统的建设和开通工作。
解决方案	拟在同福酒店3F弱电间设置机房,放置传输资源及BBU,每2层楼在单层弱电间放置RRU一台,通过耦合器、功分器等器件,连接至每层天线。 建设工期约2个月。 设计由某设计院完成,工程施工由某地分公司完成。
政企客户部意见	拟同意。 经理:(签字盖章)
市场部意见	拟同意。 经理:(签字盖章)
无线部意见	同意。安排小红工程师对接。 经理:(签字盖章)

2. 设计业务委托单(运营商发设计院)

设计委托书 编号:SCYD2018-SF001

<table>
<tr><td>工程名称</td><td colspan="3">同福酒店室内分布系统工程</td><td>建设地点</td><td>同福酒店</td></tr>
<tr><td>建筑面积</td><td>21 000 m^2</td><td>结构形式</td><td>框架</td><td>工程造价</td><td></td></tr>
<tr><td>设计阶段</td><td>一阶段</td><td>委托日期</td><td>2018 年 1 月 1 日</td><td>完成日期</td><td>2018 年 3 月</td></tr>
</table>

设计内容(必填):

拟在一环路东三段同福酒店完成室内分布系统设计一项,解决室内信号弱、数据速率低等问题。

项目涉及地上 10 层。1F 为酒店大厅、电梯厅、弱电间、商务中心、商铺、咖啡厅及餐厅。2F 为大小不一的会议厅,另有办公室、弱电间、厨房。3～8F 为标间、大床房及布草间,每层有一弱电间。9～10F 为行政套房、总统套房及布草间。

技术要求:

1. 信号覆盖电平:对有业务需求的楼层和区域进行覆盖。目标覆盖区域内 95%以上位置内,RSRP≥－105 dBm 且 SINR≥6 dB,对于重点区域≥－95 dBm 且 SINR≥9 dB。

2. 室内信号外泄:室内覆盖信号应尽可能少地泄漏到室外,要求室外 10 m 处应满足 RSRP≤－110 dBm 或室内小区外泄的 RSRP 比室外主小区 RSRP 低 10 dB(当建筑物距离道路不足 10 m 时,以道路靠建筑一侧作为参考点)。

3. 可接通率:要求 TD-LTE 网无线覆盖区 90%位置内,99%的时间移动台可接入网络。

4. 切换成功率:切换成功率≥98%。

5. 块误码率目标值(BLER):数据业务不大于 10%。

6. SINR 单支路大于 6 dB,双支路大于 9 dB。

7. 设备输出功率要求 35～40 dBm,天线馈入总功率要求 12～15 dBm。

8. S1/X2 接口保证带宽为 40 Mbit/s,峰值带宽为 150 Mbit/s。

9. BBU 到 RRU、RRU 之间的光缆,均采用一主二备方式布放,光缆要一次性布放到位。

10. 整个建筑物分为 2 个小区,1～5 层为 1 个,6～10 层为 1 个。

<table>
<tr><td colspan="2">其他要求</td><td>是否需要设计出图章</td><td colspan="4">是</td></tr>
<tr><td rowspan="3">基本资料</td><td>1</td><td>建筑物平面图</td><td colspan="4" rowspan="3">评审意见:
评审人: 月 日</td></tr>
<tr><td>2</td><td>网络优化中心路测结果</td></tr>
<tr><td>3</td><td></td></tr>
<tr><td colspan="3" rowspan="3">委托单位:某地分公司
(必填)</td><td>无线处负责人</td><td></td><td>业务组长</td><td></td></tr>
<tr><td>市场部主管</td><td></td><td>市场部长</td><td></td></tr>
<tr><td>工程公司市场部</td><td></td><td></td><td></td></tr>
<tr><td colspan="7">设计员签字:</td></tr>
<tr><td colspan="7">校对签字:</td></tr>
<tr><td colspan="7">复检签字:</td></tr>
</table>

注:每套方案图提供两份,一份提供给甲方,另一份请业务经理保存,如果甲方需要多份图纸,由业务经理自己复印提供。表中的必填选项必须如实准确填写;否则,我院不予受理。

1.1.4 结构及要求

1. 室内分布系统拓扑结构

整个系统拟采用新建 LTE 室内分布系统的方式。

(1) 同福酒店信源拟采用 BBU＋RRU 的结构,分布系统为无源分布,主干路由采用光纤,将 RRU 拉至需要覆盖区域。

(2) 采用单通道 RRU 实现 MIMO,整体拓扑为星型。

(3) 由于酒店为多隔断场景,建议天线覆盖半径取 6～10 m,2 个房间的距离有一副天线覆盖。对于高端客户的大房间,建议天线在房间内安装。

2. 设计图纸 8 张

(1) 走线路由图 4 张:1F、2F、3～8F、9～10F 各 1 张,要求标出全部设备安装位置。

(2) 配线图 1 张。

(3) BBU 机房俯视图 1 张,RRU 机房剖面图 1 张。

(4) BBU 机柜面板图 1 张。

1.1.5　勘测报告

项目勘测报告

项目名称:同福酒店室内分布系统工程　　201×年 10 月 12 日　　编号:YJD-SF

客户类型	酒店联盟大客户	客户流水编号	20171012-×××
设计主管	×××	专属项目经理	×××
客户需求	网络覆盖要求: 酒店覆盖一般区域带宽至少达到 50 M 以上,培训中心、会议室、行政套房、总统套房等重点客户保障区域要求专享带宽 200 M 以上,以确保网络信号覆盖的质量(重点区域信号覆盖要求具有网络覆盖的稳定性和可靠性)。 网络安装要求: 1. 通信机房或设备安装位置只能在酒店指定××弱电井内等; 2. 根据涉外酒店建设规范,要求网络覆盖布线合理、走线美化。 建设工期要求:2 个月内完成竣工验收并交付使用。		
现场路测结果描述	现象 1:终端在一环路道路上,从南至北,特别是同福酒店附近,信号所接收的 RSRP 基本在－105 dBm 左右,信号较弱。同时在此路段存在 SINR 偏弱的现象。 现象 2:2017 年 2—10 月,工单号为 22010065～22025016 合计 15 个投诉,其中 5 个为普通用户投诉,10 个为酒店方投诉,地址为同福酒店附近。投诉类型为数据,故障现象均为网速慢、不稳定或信号弱等。经后台分析,用户数据正常,附近 SW1～SW3 站正常,SW4 站一个小区退服。 经多次研究已对 SW4 基站进行站点故障维护,但酒店内仍存在以上问题。 建议在两个月内完成同福酒店室内分布系统的建设和开通工作。		
初勘设计解决方案	• 方案描述:综合现场实际情况,结合建设要求,拟在同福酒店 3F 弱电间设置机房,放置传输资源及 BBU,路由走线采用利旧暗管敷设,每 2 层楼收敛一台信源设备(即在单层弱电间内放置 RRU 一台),通过耦合器、功分器等器件,连接至每层天线。 • 建设工期 60 天(即 2 个月)。 设计交由中移动某设计院完成,工程施工由中通服某地分公司完成。		
客户单位意见	重点大客户保障,按照客户响应等级立即组织实施。 经理:张××(签字盖章)		
建设单位意见			
无线部意见	同意。拟派小王(工程师)具体负责项目对接。 经理:陈××(签字盖章)		
路测人员	张××、李××	路测时间	201×年××月××日

附录 1.2 同福酒店室内分布系统设计文件

由于篇幅限制，仅列出设计文件的重点部分。

1.2.1 概述

1. 无线系统室内覆盖总体描述

随着经济的发展、移动通信的普及，室内移动用户数量不断增加，室内覆盖效果成为衡量一个通信网络覆盖效果的一项重要指标。而提供高速的数据业务则是 TD-LTE 移动通信系统的特点，也是移动通信的发展方向，室内覆盖的需求将更加突出，这就给室内覆盖带来了更高的要求，室内覆盖的好坏将大大影响网络的指标以及用户的行为。

对移动运营商来说，如何经济有效地保证室内覆盖的效果、确保网络建设的性价比是运营商所关心的问题。室内覆盖规划就是在满足室内业务需求的前提下，保证室内覆盖的效果及容量的需求，使系统达到最优化设计。

2. 勘测报告

(1) 覆盖工程大楼简介

详见附录 1.1。酒店将是一个频繁的无线电话用户与无线数据用户密集区。

(2) 大楼结构勘察记录

大楼结构勘察记录如表 F1.1 所示。

表 F1.1 大楼结构勘察记录

<table>
<tr><td colspan="2">大楼名称</td><td colspan="4">同福酒店</td></tr>
<tr><td colspan="2">大楼地址</td><td colspan="4">建设路与一环路的十字交叉路口</td></tr>
<tr><td rowspan="2">面积</td><td>占地面积</td><td>约 2 500 平方米</td><td rowspan="3">电梯</td><td>高度</td><td></td></tr>
<tr><td>总面积</td><td>约 21 000 平方米</td><td>速度</td><td></td></tr>
<tr><td>楼高</td><td>40 米</td><td>人行梯</td><td>电梯数</td><td>9</td></tr>
<tr><td colspan="6">楼层功能</td></tr>
<tr><td>1F</td><td colspan="5">酒店大厅、电梯厅、弱电间、商务中心、商铺、咖啡厅及餐厅</td></tr>
<tr><td>2F</td><td colspan="5">会议厅、办公室、弱电间、厨房</td></tr>
<tr><td>3～8F</td><td colspan="5">普通客房(标间、大床房及布草间)</td></tr>
<tr><td>9～10F</td><td colspan="5">行政套房、总统套房及布草间</td></tr>
<tr><td colspan="3">设计调测负责人：</td><td colspan="3">单位：</td></tr>
<tr><td colspan="3">填表人：</td><td colspan="3">填表日期：　　年　　月　　日</td></tr>
</table>

(3) 网络概况

① 周边基站情况

详见附录 1.1。

② 大楼现有网络和楼内电磁环境

该大楼为新建工程，目前还没有移动通信室内分布系统。各个楼层信号强度如下表 F1.2 所示。

表 F1.2 各个楼层信号强度表

楼层	强度	楼层	强度
1F 大厅	−107 dBm	6F 房间内	−106 dBm
2F 大厅	−105 dBm	7F 房间内	−114 dBm
3F 房间内	−108 dBm	8F 房间内	−108 dBm
4F 房间内	−108 dBm	9F 房间内	−111 dBm
5F 房间内	−107 dBm	10F 房间内	−112 dBm

1.2.2 方案设计

1. 设计原则

(1) 为确保网络指标优良,设计方案将严格遵循"室内分布系统性能优先,控制投资成本,高效简单,工程便利"的设计原则。

(2) TD-LTE 室内分布系统的建设应综合考虑业务需求、网络性能、改造难度、投资成本等因素,体现 TD-LTE 的性能特点并保证网络质量,且不影响现网系统的安全性和稳定性。

(3) 在 TD-LTE 规模试商用网工程中,应根据物业点具体情况综合考虑业务需求、改造难度等因素,分别选择适当比例的新建场景部署室内分布系统。

(4) TD-LTE 室内分布系统建设应综合考虑 GSM、TD-SCDMA、WLAN 和 TD-LTE 共用的需求,并按照相关要求促进室内分布系统的共建、共享。多系统共存时,系统间隔离度应满足要求,避免系统间的相互干扰。

(5) TD-LTE 室内分布系统建设应坚持室内、外协同覆盖的原则,控制好室内分布系统的信号外泄。

(6) TD-LTE 室内分布系统建设应保证扩容的便利性,尽量做到在不改变分布系统架构的情况下,通过小区分裂、增加载波、空分复用等方式快速扩容,满足业务需求。

(7) TD-LTE 室内分布系统使用 E 频段。与室外宏基站采用异频组网方式,室内小区间可以根据场景特点采用同频或异频组网。

(8) TD-LTE 与 TD-SCDMA(E 频段)共存时,应通过上下行时隙对齐方式规避系统间干扰。

(9) TD-LTE 室内分布系统应按照"多天线、小功率"的原则进行建设,电磁辐射必须满足国家和通信行业相关标准。

(10) 室内分布系统工程竣工后,需要对室外基站做适当的调整。

2. 遵循标准及设计依据

(1) 关于室内分布系统建设相关指导规范。

(2) 相关设备器件的技术资料。

(3) GB 8702—1988《电磁辐射防护规定》。

(4) YD 5039—1997《通信工程建设环境保护技术规定》。

3. 设计目标

酒店为 2015 年年底新建,内部为新装修,酒店方要求天线全部采用天花板内暗装。天线密度、安装位置能够对相应的覆盖区进行覆盖,且密度和位置合适,例如,重要会议室、重要办公室、电梯口等能够确保覆盖。

要尽量注意窗户边或走廊两头的天线布放，合理布放天线可以避免信号外泄。

控制 1F 切换带的天线设计合理，切换带规划明确、合理。

电梯的覆盖及电梯的切换设计合理。

避免因功分器和耦合器的使用不当造成大量重复走线，例如，同一个方向是否存在超过 3 根馈线，馈线断点来、去标注清楚。

原则上单小区配置为 01，载波带宽为 20 MHz，该场景下天线口功率不高于＋15 dBm。

（1）信号覆盖电平：对有业务需求的楼层和区域进行覆盖。目标覆盖区域内 95％以上位置内，RSRP≥－105 dBm 且 SINR≥6 dB，对于重点区域≥－95 dBm 且 SINR≥9 dB。

（2）室内信号外泄：室内覆盖信号应尽可能少地泄漏到室外，要求室外 10 m 处应满足 RSRP≤－110 dBm 或室内小区外泄的 RSRP 比室外主小区 RSRP 低 10 dB（当建筑物距离道路不足 10 m 时，以道路靠建筑一侧作为参考点）。

（3）可接通率：要求 TD-LTE 网无线覆盖区 90％位置内，99％的时间移动台可接入网络。

（4）切换成功率：切换成功率≥98％。

（5）块误码率目标值（BLER）：数据业务不大于 10％。

（6）SINR 单支路大于 6 dB，双支路大于 9 dB。

（7）设备输出功率要求 35～40 dBm，天线馈入总功率要求 12～15 dBm。

（8）S1/X2 接口保证带宽为 40 Mbit/s，峰值带宽为 150 Mbit/s。

（9）BBU 到 RRU、RRU 之间的光缆均采用一主二备方式布放，光缆要一次性布放到位。

（10）整个建筑物分为 2 个小区，1～5 层为 1 个，6～10 层为 1 个。

4. 方案概述

（1）覆盖方案

TD-LTE 室内分布天馈系统根据所选设备不同，可分为“单通道系统”和“双通道系统”两种拓扑结构。单通道室内分布系统如图 F1.8 所示。每个室内覆盖点需要一个无线电频率传输链路，用于发送和接收吸顶天线。

该方案适合小规模的、现场数据的需求不高的情形，通常只使用一个通道的地板上。

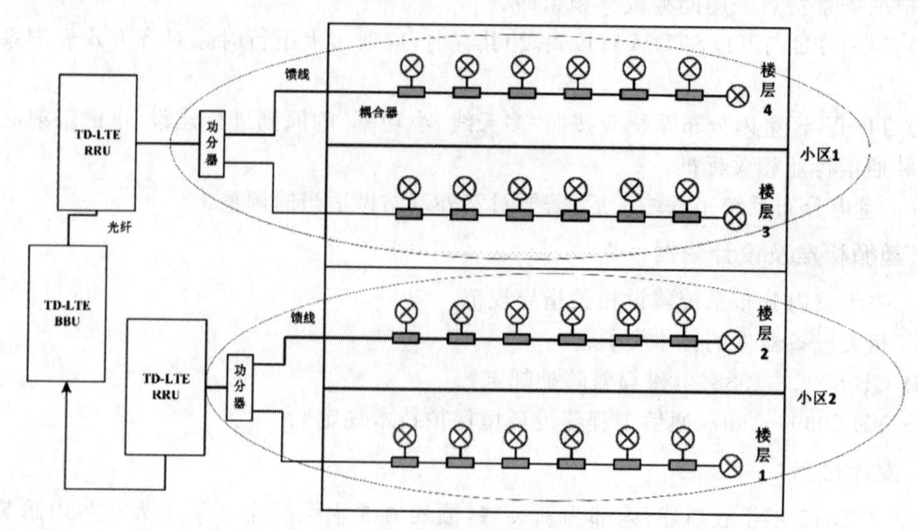

图 F1.8　单通道室内分布系统

双通道可以更好地满足室内对业务速率的需求，缺点是工程复杂度较高。双通道室内分布系统如图 F1.9 所示。每一个室内覆盖点都需要经过一根双极化天线或有两个物理地点不同的普通单极化吸顶天线进行放射和接收，构成 2×2MIMO 组网。该方案有完整的 MIMO 特性，用户峰值速率和系统容量获得提高。

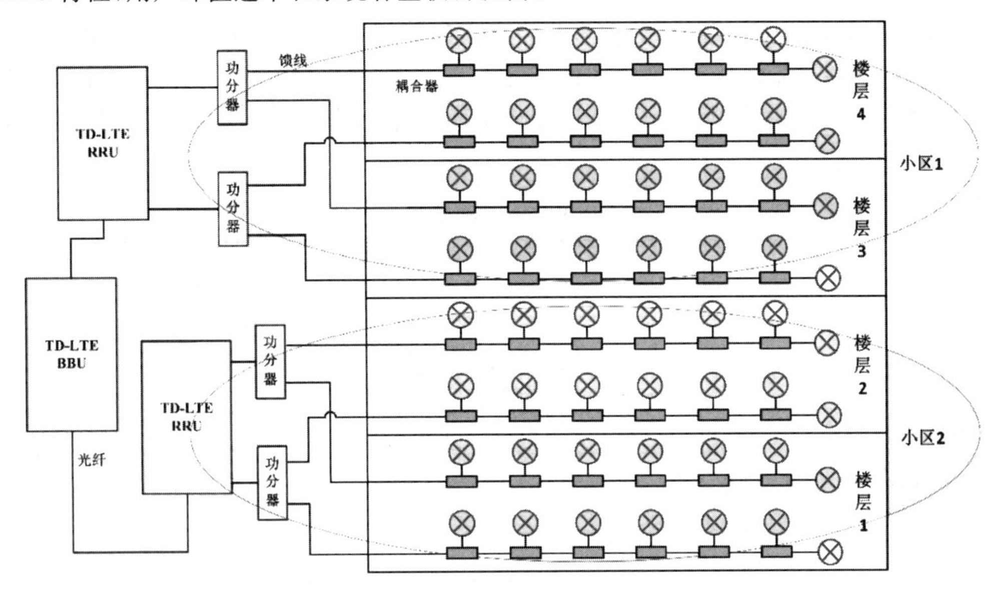

图 F1.9 双通道室内分布系统

根据前期的容量估算及成本预算，且酒店之前无室内分布系统，整个系统拟采用新建单路 TD-LTE 室内分布系统建设方式，同时预留接口，为后期扩容及多系统工程提供基础。若 TD-LTE 与其他系统共用原分布系统，按照 TD-LTE 系统性能需求进行规划和建设，必要时应对原系统进行适当改造。

① 同福酒店信源拟采用 BBU+RRU 的结构，分布系统为无源分布，主干路由采用光纤，将 RRU 拉至需要覆盖区域。

② 采用单通道 RRU，整体拓扑为星型，如图 F1.10 所示。BBU 型号为 B8300，RRU 型号为 R8972。

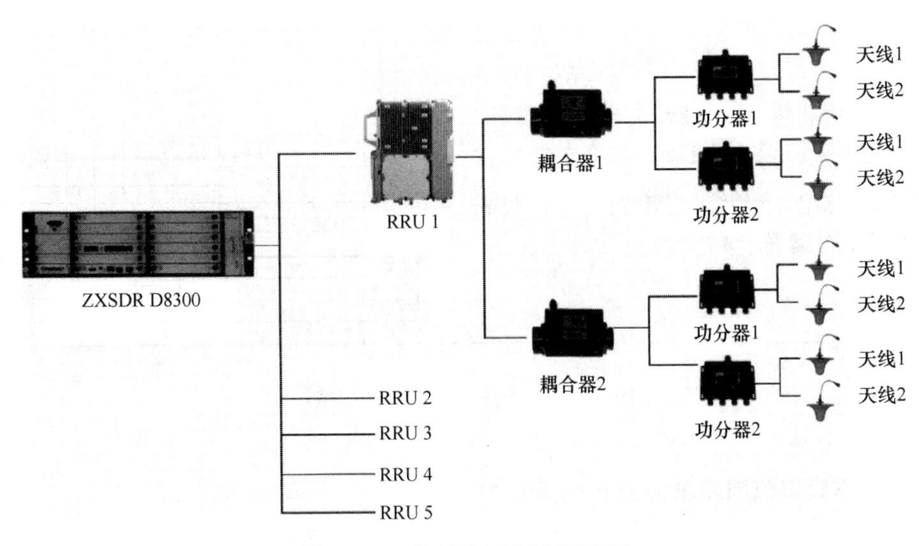

图 F1.10 单通道 RRU 网络拓扑

③ 由于酒店为多隔断场景，建议天线覆盖半径取 6～10 m，2 个房间的距离有一副天线覆盖。对于高端客户的大房间，建议天线在房间内安装。实际布放按设计及测试情况做相应调整。

（2）信源选择

信号源的选择如表 F1.3 所示，信号源选用 ZXSDR B8300（80 W），RRU 输出功率能力为 20 W/通道。在同福酒店 1F 弱电间设置机房，放置传输资源及 BBU，每 2 层楼在单层弱电间放置 RRU 1 台，总共配置 1 个 BBU、5 个 RRU，通过耦合器、功分器、光纤及馈线等器件，连接至每层天线。

表 F1.3　信源选择

信源端：	
移动 TD-LTE 系统	
基站 BBU 型号：ZXSDR B8300	基站输出总功率：80 W
基站个数：1	BBU 位于楼层位置：1 层
基站 RRU 型号：R8972	RRU 个数：5
RRU 位于楼层位置：单层	干放：无
电缆、室内天线、无源功率分配器、耦合器的工作频率涵盖各个系统的所有上下行工作频段，包括 2 350～2 370 MHz	

新建移动机房平面结构如图 F1.11 所示。

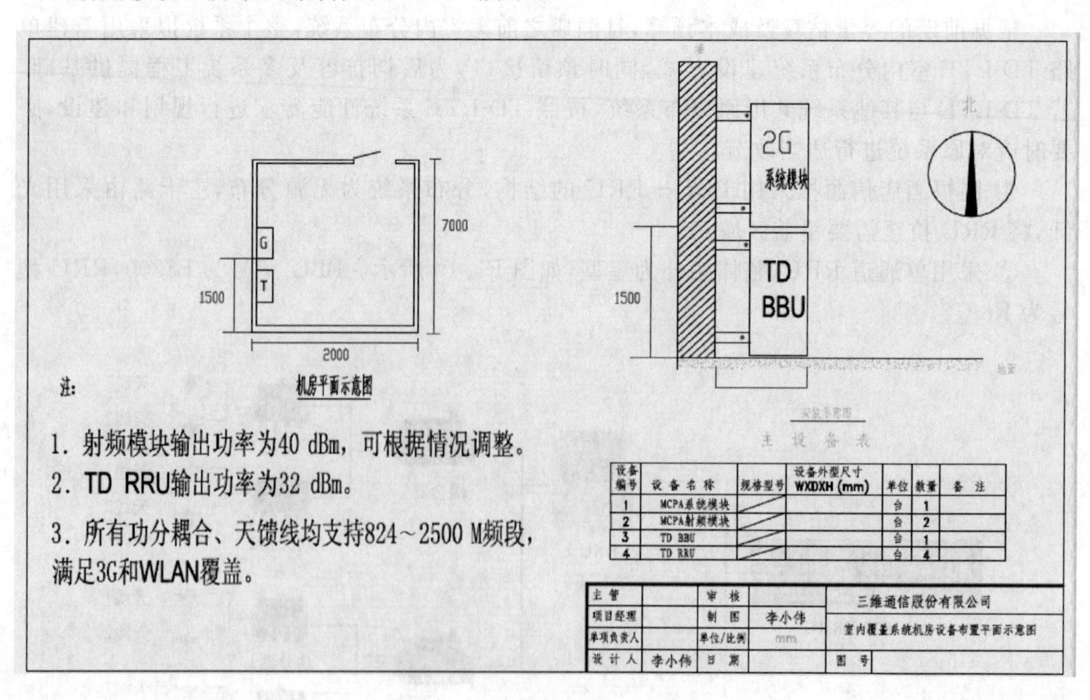

图 F1.11　新建移动机房平面结构

（3）覆盖估算

天线工作频率范围要求为 800～2 500 MHz。

天线覆盖半径参考：在半开放环境，如写字楼大堂、大型会展中心等，覆盖半径取 10～16

米;在较封闭环境,如写字楼标准层等,覆盖半径取 6～10 m。

在具备施工条件的物业点,可采用定向天线由临窗区域向内部覆盖的方式,有效抵抗室外宏站穿透到室内的强信号,使得室内用户稳定驻留在室内小区,获得良好的覆盖和容量服务;同时也减少室内小区信号泄漏到室外的场强。

根据 TD-LTE 可研报告,覆盖指标要求室内覆盖区域内满足 RSRP ＞ －105 dBm 的概率大于 95%。

建议一般场景下 TD-LTE 天线口功率控制在 10～15 dBm,按覆盖能力及 P.1238 传播模型的计算,天线的覆盖半径约 10 m。对于大型会展中心等场景,天线口功率还可适当酌情提高,但应满足国家对于电磁辐射防护的规定。本项目中须根据楼层的实际情况,灵活选用全向天线、壁挂天线对楼层进行覆盖。

(4) 无源器件选用

① 馈线

分布系统平层馈线中长度超过 5 m 的馈线均使用 1/2″馈线,平层馈线中长度超过 50 m 的馈线均使用 7/8″馈线。分布系统主干馈线中长度超过 30 m 的馈线均使用 7/8″馈线。

② 功分器、耦合器

根据工作频率范围、驻波比及损耗需求选取合适的功分器、耦合器,要求工作频率范围为 800～2 500 MHz。

③ 合路器

为满足独立 RRU 的 TD-LTE 与其他系统共存的需求,在新建场景,合路器应存在支持 E 频段端口,并使用电桥进行合路,支持多个端口器件,包括 TD-SCDMA(F＋A 频段)、E 频段端口与其他系统端口。

(5) 切换区域规划

室内分布系统小区切换区域的规划应遵循以下原则。

① 切换区域应综合考虑切换时间要求及小区间干扰水平等因素设定。

② 室内分布系统小区与室外宏基站的切换区域规划在建筑物的出入口处。

③ 电梯的小区划分:将电梯与低层划分为同一小区,电梯厅尽量使用与电梯同小区信号覆盖,确保电梯与平层之间的切换在电梯厅内发生。

注意　*要求电梯覆盖使用的 RRU 应与 1 层覆盖使用相同的 RRU 或者单独使用 1 个 RRU,从而实现分区低层划归同一小区。*

(6) 设备预算

根据规划软件测算所需物料清单,以及概预算估算出本项目的设备预算报表。本项目预估的设备预算如表 F1.4 所示。

表 F1.4　设备预算

类别	型号	生产商	描述	成本	建设费用	数量	单位	总成本	总建设费用	总计
线缆	FIB-S		Composite Optical Fibre Cable	0	0	86	米	0	0	0
馈线接头	FC/APC		FC/APC fibre connector	5	6	5	个	25	30	55
馈线接头	SC/APC		SC/APC fibre connector	5	6	5	个	25	30	55

续表

类别	型号	生产商	描述	成本	建设费用	数量	单位	总成本	总建设费用	总计
光纤直放站	RRU_3GPP		Radio Remote Unit-3GPP-10 W	0	0	5	台	0	0	0
信号源	BBU_3GPP (6Ports)		Baseband Unit -3GPP	0	0	1	台	0	0	0
功分器	PS-02-NF		2-Way Splitter-600-6 000 MHz-N Female	0	0	32	个	0	0	0
耦合器	T-07-NF		7 dB Coupler-800-6000 MHz-N-Female	0	0	15	个	0	0	0
功分器	PS-03-NF		3-Way Splitter-600-6000 MHz-N Female	0	0	2	个	0	0	0
耦合器	T-05-NF		5 dB Coupler-800-6000 MHz-N-Female	0	0	2	个	0	0	0
耦合器	T-15-NF		15 dB Coupler-800-6000 MHz-N-Female	0	0	6	个	0	0	0
耦合器	T-06-NF		6 dB Coupler-800-6 000 MHz-N-Female	0	0	12	个	0	0	0
线缆	1/2 inch cable 25070163		Coaxial Cable，Copper-clad Aluminium，50 ohm，16 mm，13 mm，4. 8 mm，Black，1/2 inch Regular Cable，LSZH，Fire retardant	0	0	998	米	0	0	0
馈线接头	N-J1/2		1/2″ Cable N-Type Male connector	5	6	286	个	1 430	1 716	3 146
全向天线	ANTO-8003		Omnidirectional Indoor Antenna，800～2 500 MHz 3 dBi Gain	0	0	76	副	0	0	0
线缆	CAB-78F		7/8″ Flexible Foam Dielectric Coaxial Cable	0	0	78	米	0	0	0
馈线接头	N-J7/8		7/8″ Cable N-Type Male connector	5	6	4	个	20	24	44
JJ 接头				18	0	76	个	1 368	0	1 368
转接头				18	0	140	个	2520	0	2 520

附录 2　拓展知识

附录 2.1　多系统共存设计

如果三家运营商都要在同福酒店安装室内分布系统，根据国家主管部门关于共建、共享的要求，三家运营商 2G、3G、LTE 网络将要共享一套室内分布系统。假如三家运营商室内分布系统包括：移动 GSM 900、移动 TD-LTE2.3G、联通 GSM 900、WCDMA 2100、LTE FDD1.8G、电信 CDMA800 及 LTE FDD2.1G，请给出此情况下多系统共存的室内分布的合路方案。多系统共存设计任务解析如图 F2.1 所示。

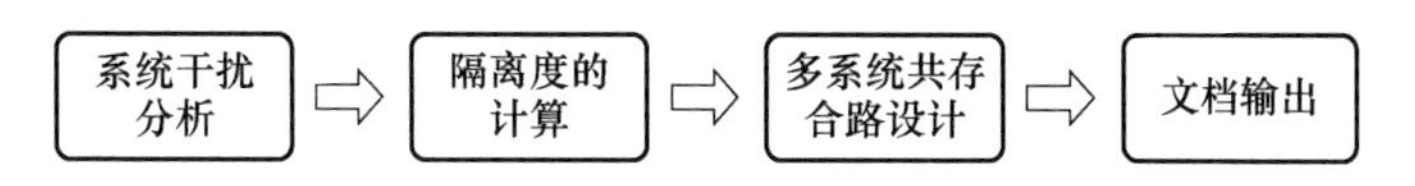

图 F2.1　任务解析

三大运营商 2G、3G、4G 多系统、多频段共用室内分布系统的设计，一般采用无源分布系统（POI）实现，目前也有采用光纤分布系统的方式。在多系统共存的室内分布设计中，任务的重点是多系统干扰原理，多系统合路的技术手段。

2.1.1　多系统如何避免干扰

在多系统共存的室内分布设计中，必须考虑系统之间的干扰。在多频段、多系统室内分布系统中主要有四类干扰：带外干扰、互调干扰、邻道干扰和阻塞干扰。为了避免干扰，需要各个系统之间有足够的隔离度。

2.1.2　多系统合路方案的选择

一般有无源分布、光纤分布两大类，目前主要使用无源分布系统。在无源分布方式中又有 POI、合路分路器方案，POI 更容易满足多运营商多系统合路的要求，合路分路器方案端口少，不容易满足多运营商多系统合路的要求，常用在一家运营商多系统合路的场合。

2.1.3　室内分布系统多系统共存设计的原因

1. 国家主管部门的要求。2008 年 9 月，工业和信息化部《关于推进电信基础设施共建共享的紧急通知》（工信部联通〔2008〕235 号）中对于各基础电信企业（中国移动、中国电信、中国联通等)室内分布系统共建、共享有如下相关明确要求:"新建其他基站设施(其中包括室内分布系统)具备条件的应联合建设,已有基站设施具备条件的应开放共享;基础电信企业租用第三方站址、机房等各种设施,不得签订排他性协议以阻止其他基础电信企业的进入。"根据文件要求,在工业和信息化部、各省通管局的大力推进下,各基础电信企业均已将共建、共享考核结果纳入企业业绩考核体系,共建、共享推进情况与各省、市运营商主要负责人的利益直接挂钩,监管部门的要求是促动多运营商共建、共享室内分布系统工作落实的重要抓手。

2. 运营商降低成本,减少重复建设的要求。各运营商都有多个频段的多个系统,室内分布规模也越来越大,建设、运维成本越来越高,共建、共享可以分担成本。

3. 业主对环境的要求。各运营商的各种系统会在建筑内各自大量布线,安装天线,影响美观,影响建筑空间使用,过多的天线令业主担心电磁辐射超标。

2.1.4 室内分布多系统干扰原理

当多个移动通信系统共存于同一覆盖区域时,由于彼此之间的相互影响会导致多种类别的干扰,这些干扰的产生因素多样,现象也较复杂。

常见通信系统的收发机结构如图 F2.2 所示,发射单元包括功率放大器、发射滤波器等关键部件,接收单元则包括接收滤波器、接收机等部件。系统间干扰通常是指某一系统的信号发射对其他系统信号接收过程的影响,因此可由干扰系统单元与被干扰系统接收单元来近似表示。

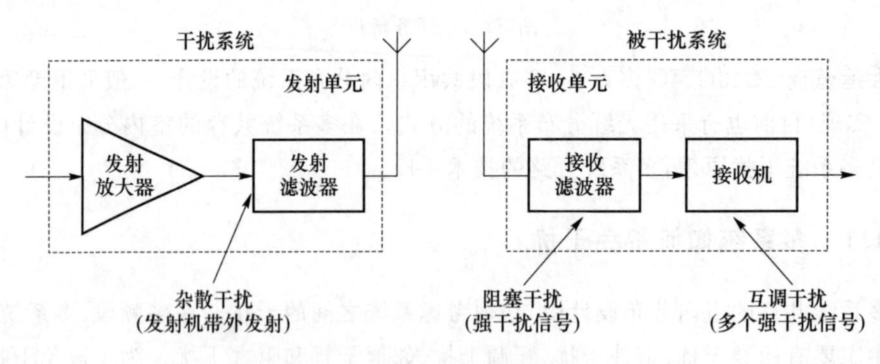

图 F2.2 常见通信系统的收发机结构

1. 杂散干扰形成于发射机侧,它与发射单元的带外发射有关,杂散信号经过空间传播后直接落入接收机的工作信道,形成对接收机的同频干扰。

2. 阻塞干扰形成于接收机侧,它与接收机的带外抑制能力有关,涉及移动通信系统的载波发射功率、接收机滤波器特性等因素。阻塞干扰较强时,接收机将因饱和而无法工作。

3. 互调干扰也形成于接收机侧,它是两个或两个以上较强频率信号量同时作用于非线性电路或器件时,频率之间相互作用所产生的新频率信号落入接收机的频段内而产生的干扰。

2.1.5 多系统合路的干扰

在多频段、多系统室内分布系统中主要有四类干扰:杂散干扰、互调干扰、阻塞干扰。

1. 杂散干扰

(1) 杂散干扰原理

杂散干扰是指干扰源工作频带以外的射频辐射正好落在被干扰系统的接收通带内引起的干扰，例如寄生发射、谐波发射等。如果杂散落入某个系统接收频段内的幅度较高，则会导致接收系统的输入信噪比降低，通信质量恶化。杂散干扰是由发射机产生的，包括功放产生和放大的热噪声、系统的互调产物，以及接收频率范围内收到的其他干扰。杂散干扰直接影响了系统的接收灵敏度，要想减弱杂散干扰的影响，可以在发射机上过滤干扰，或者远离干扰。

GSM900 的二次谐波就在 TD-LTE(F 频段)，如图 F2.3 所示。

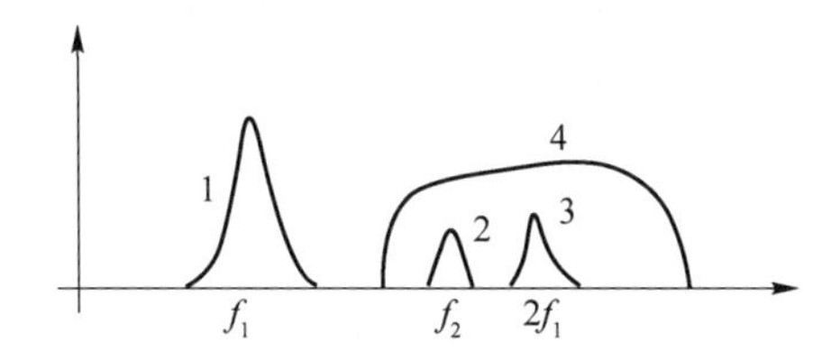

图 F2.3　带外干扰

图中 1、2、3 代表干扰，4 是接收机通带，f_1 是干扰发射机信号，f_2 是寄生发射，$2f_1$ 是二次谐波。

(2) 杂散干扰规避原则

为了防止干扰系统的杂散信号对接收机的接收灵敏度过度恶化，必须对杂散干扰进行规避，限制进入接收机内的干扰信号量。接收机灵敏度是保持接收机正常工作所需的天线口最小接收机的信号强度。系统间的干扰会导致接收机灵敏度下降，影响信号的正常接收，因此通常以接收机灵敏度准则作为被干扰系统的保护准则。接收机灵敏度准则以灵敏度恶化倍数作为衡量杂散干扰对接收机影响程度的标准，并根据灵敏度恶化倍数的限制情况，给定杂散干扰量的容许范围。

在多系统共存场景下，为了规避杂散干扰对系统的影响，必须根据接收机灵敏度保护准则与系统固有底噪值，限制进入接收机的异系统杂散干扰信号量。通常情况下，以接收机灵敏度恶化 1 dB 作为衡量标准，也就是，此时允许进入接收机的最大杂散干扰 Ir 应比接收机原始底噪 N 小 6 dB。典型灵敏度恶化倍数 N-Ir 对照如表 F2.1 所示。

表 F2.1　典型灵敏度恶化倍数 N-Ir 对照

灵敏度恶化倍数/dB	0.1	0.2	0.4	0.8	1	3
N-Ir/dB	16	13	10	7	6	0

2. 互调干扰

(1) 互调干扰原理

互调干扰分为发射机互调干扰和接收机互调干扰。

发射机互调干扰是多部发射机信号落入另一发射机，并在此末级功放的非线性作用下相互调制，产生不需要的组合频率，对接收信号频率与这些组合频率相同的接收机造成的干扰。

接收机互调干扰是当多个强信号同时进入接收机时，在接收机前端非线性电路作用下产生互调频率，互调频率落入接收机通带内造成的干扰。一般来说，接收机互调较发射机互调更为严重，并且发射机互调干扰往往可合并到杂散指标中，因此在分析互调干扰时可多考虑接收机互调干扰。

(2) 互调干扰规避原则

互调干扰的影响范围是特定的，它取决于参与互调过程的干扰信号频率分布情况。因此，若要有效规避系统间的互调干扰，首先必须明确场景内的干扰系统频率分布及其互调产物的影响范围。

对于任意制式的通信系统，同一场景内的其他系统都可能是互调干扰的信号源。因此，在确定互调干扰的影响范围时，应考虑所有可能的二阶或三阶互调产物。二阶互调干扰主要考虑 $2\omega_1$ 和 $\omega_1-\omega_2$ 的频率组合。三阶互调干扰主要考虑 $2\omega_1-\omega_2$ 和 $\omega_1\pm(\omega_2-\omega_1)$ 的频率组合，并且重点关注各频率中较接近的频率分量。

在实际工程应用中，考虑到部分互调频率组中系统信号本身的强度较弱，其互调产物强度更低，干扰的影响相对较小。因此，对原互调干扰表进行整理，得到工程中须重点规避的互调频率组合，如表 F2.2 所示。

表 F2.2　重点规避的互调频率组合

系统 1	系统 2	互调干扰频率组合	互调产物频率范围/MHz	被干扰系统（被干扰频带，MHz）
GSM 下行频段	/	$2f_1$（二阶）	1 870～1 908	TD-SCDMA F 频段（1 880～1 900）
TD-SCDMA A 频段	DCS1800 上行频段	$2f_1-f_2$（三阶）	2 285～2 340	TD-SCDMA　E 频段 2 320～2 340

3. 阻塞干扰

(1) 阻塞干扰原理

接收微弱的有用信号时，带外的强干扰同时进入接收机引起饱和失真所造成的干扰，被称为阻塞干扰。

当一个较大的干扰信号进入接收机前端的低噪放大器时，由于低噪放大器的放大倍数是根据放大微弱信号所需要的整机增益来设定的，强干扰信号电平在超出放大器的输入动态范围后，可能将放大器推入非线性区，导致放大器对有用的微弱信号的放大倍数降低，甚至完全抑制，从而严重影响接收机对微弱信号的放大能力，影响系统的正常工作。

在多系统设计时，只要保证到达接收机输入端的强干扰信号功率不超过系统指标要求的阻塞电平，系统就可以正常工作。

(2) 阻塞干扰规避原则

根据阻塞干扰的原理，为了避免接收机阻塞现象的出现，必须防止从干扰系统接收到的总载波功率电平值高于接收机的 1 dB 压缩点，即必须保证带外阻塞信号在进入接收机前已衰减至一个可接受的范围内。

3GPP 协议中根据各制式系统的 1 dB 压缩点，定义了“阻塞电平”作为衡量最大允许异频干扰信号的标准。因此，在多系统共存场景下，为了规避阻塞干扰对系统的影响，必须保证最大可能的干扰信号在到达接收机前降低至对应的“阻塞电平”要求值以下。

2.1.6　室内分布多系统干扰分析方法

室内分布多系统干扰分析主要采用确定性计算的分析方法。确定性计算基于链路预算原则，通过数值计算得出两个系统共存所需的隔离度要求。通常选取干扰最严重的链路（路径损耗最小，干扰源发射功率最大，收发天线增益最大），因此得到的结论比较严苛。该方法简单、高效，可以从理论上估计系统间的干扰大小，从理论极限的角度研究系统的干扰共存问题，对工程实施有实际的指导意义。

根据系统间互干扰模式的不同，确定性计算主要从共用室内分布场景的分布系统隔离度要求以及独立室内分布场景的空间隔离距离要求两方面展开。

1. 共用室内分布场景

多系统共用室内分布建设时，各通信系统通过合路器等器件完成多路信号的合并与分离，并共用同一套分布系统进行信号的传输与覆盖。但由此可能在各系统设备的收发过程通过分布系统形成互干扰，如图 F2.4 所示。

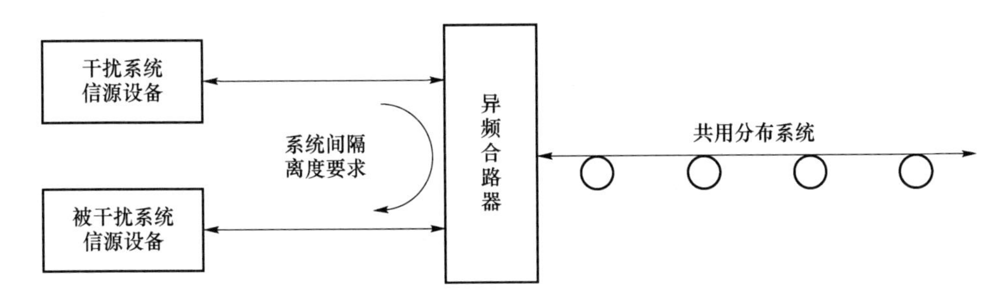

图 F2.4　共用室内分布场景互干扰

为了满足网络运营的基本需求，必须在室内系统内保持一定的隔离度，用于衰减过强的干扰信号，必须保证：

合路器端口隔离度指标≥分布系统隔离度要求

可见，通过干扰分析可以确定室内分布系统的隔离度要求，从而为实际工程方案设计的器件选取提供理论依据。

根据以上三类干扰的规避原则可知，为了消除杂散干扰与阻塞干扰，必须在各系统间保持相应的隔离度。因此，若要同时克服这两类干扰的影响，分布系统内各系统间的隔离度要求必须同时满足两类干扰的隔离度要求，即分布系统隔离度要求至少应大于两类干扰隔离度要求中的较大值。

$$I_{\text{required}} = \text{MAX}(I_{\text{spurious}}, I_{\text{Block}}) \tag{F2.1}$$

式中，I_{required}为总体隔离度要求（dB），I_{spurious}为杂散隔离度要求（dB），I_{Block}为阻塞隔离度要求（dB）。

2. 基于杂散的隔离度要求

杂散干扰的隔离度必须保证来自干扰发射机的最大杂散信号经过分布系统的隔离衰减

后，在进入接收机前已减小至根据相应干扰保护准则所确定的最大允许信号值。计算原理如下。

$$I_{\text{spurious}} = E_{\text{spurious}} - 10\lg(BW_{TX}/BW_{RX}) - N - I/N, \tag{F2.2}$$

式中，I_{spurious} 为杂散干扰的系统隔离度要求(dB)；E_{spurious} 为干扰系统发射机在被干扰系统频带内的最大杂散发射量，由发射机杂散指标确定(dBm)；BW_{TX} 为干扰系统发射机杂散指标的测量带宽(Hz)；BW_{RX} 为被干扰系统的系统工作带宽(Hz)；N 为被干扰系统的接收机底噪(dBm)；I/N 为被干扰系统接收机的干扰保护准则(dB)。

根据式(F2.1)、式(F2.2)，WLAN 系统与 TD-LTE 系统之间的隔离度要求如表 F2.3 所示。

表 F2.3　WLAN 系统与 TD-LTE 系统之间的隔离度要求

参数	取值	参数说明
E_{spurious}	−30 dBm/1 MHz	WLAN AP 设备对 TD-LTE 频段的杂散指标
BW_{TX}	1 MHz	WLAN AP 杂散指标的测量带宽
BW_{RX}	20 MHz	TD-LTE 基站的接收带宽
N	−101 dB	TD-LTE 的接收机底噪
I/N	−6 dB	TD-LTE 系统干扰保护准则
I_{spurious}	90 dB	WLAN 干扰 TD-LTE 场景的杂散隔离度要求

3. 基于阻塞的隔离度要求

阻塞干扰的隔离度至少应确保干扰系统的最强干扰信号(通常即为发射机的最大功率值)经过分布系统的隔离度衰减后，在进入接收机前已减小至根据阻塞电平指标确定的最大允许值。计算原理式如下。

$$I_{\text{Block}} = P_{TX} - E_{\text{Block}} \tag{F2.3}$$

式中，I_{Block} 为阻塞干扰的系统隔离度要求(dB)；P_{TX} 为干扰系统的最大发射功率(dBm)；E_{Block} 为被干扰系统允许干扰系统的最大干扰信号值，由接收机的阻塞电平指标确定(dBm)。

根据式(F2.3)，基于阻塞的隔离度要求如表 F2.4 所示。

表 F2.4　基于阻塞的隔离度要求

参数	取值	参数说明
P_{TX}	27 dBm	WLAN AP 的最大发射功率
E_{Block}	−15 dBm	TD-LTE 基站对 WLAN 信号的阻塞电平指标
I_{Block}	42 dB	WLAN 干扰 TD-LTE 场景的阻塞隔离度要求

4. 独立室内分布场景

在某种特殊场景中，同一覆盖区域内的多个系统无法共用一个分布系统，需要单独部署多套室内分布系统。但是各系统的收发信机还是会对邻近系统产生影响，如图 F2.5 所示。

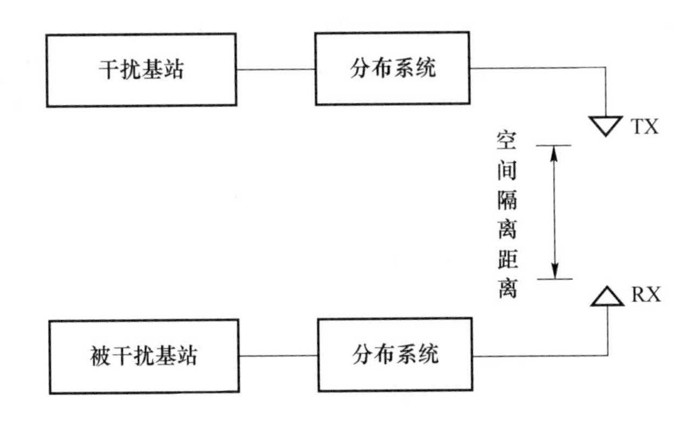

图 F2.5 独立室内分布场景互干扰

由于没有合路器等器件提供足够的隔离度，为了满足系统间特定的隔离需求，需要借助空间距离对信号的衰耗确保增大系统间的隔离度。同时，分布系统内馈线等器件对信号的损耗也可提供部分额外的隔离度。

同样根据各类干扰的规避原则，为了完全消除独立室内分布场景下的杂散干扰及阻塞干扰，确保足够的信号传播损耗，系统的空间隔离距离必须满足式(F2.4)。

$$D_{\text{required}} = \text{MAX}(D_{\text{spurious}}, D_{\text{Block}}) \tag{F2.4}$$

式中，D_{required}为总体隔离距离要求(m)；D_{spurious}为杂散隔离距离要求(m)；D_{Block}为阻塞隔离距离要求(m)。

5. 基于杂散的隔离度要求

杂散干扰的隔离距离用于提供消除杂散干扰所需的隔离度。该隔离度可由式(F2.5)确定，进一步结合空间传播模型即可得到相应的空间隔离距离。

$$G_{\text{spurious}} = E_{\text{spurious}} - 10\lg(\text{BW}_{\text{TX}}/\text{BW}_{\text{RX}}) - (L_{\text{TX}} + L_{\text{RX}}) + (G_{\text{TX}} + G_{\text{RX}}) - N - I/N \tag{F2.5}$$

式中，G_{spurious}为干扰系统设备与被干扰系统设备之间所需的链路损耗(dB)；E_{spurious}为干扰系统发射机在被干扰系统频带内的最大杂散发射量，由发射机杂散指标确定(dBm)；BW_{TX}为干扰系统的发射机(Hz)；BW_{RX}为干扰系统的发射机杂散指标测量带宽(Hz)；L_{TX}为干扰系统的分布系统内损耗(dB)；L_{RX}为被干扰系统的分布系统内损耗(dB)；G_{TX}为干扰系统的天线增益(dBi)；G_{RX}为被干扰系统的天线增益(dBi)；N为被干扰系统的接收机底噪(dBm)；I/N为被干扰系统接收机的干扰保护准则(dB)。

在实际现网中，GSM/DCS/TD-SCDMA/TD-LTE 等系统由于单独部署的成本较高，通常采取共用室内分布系统的建设方式，并不存在空间隔离距离的要求。而对于 WLAN 系统，由于其部署灵活的特点，可以与其他系统合路建设，也可以单独进行布放，单独布放场景下就需要通过空间隔离的方式来规避与异系统间的互干扰。因此，独立室内分布场景的隔离距离要求仅针对 WLAN 单独部署的覆盖场景。此外，由于 WLAN 运行于开放频段，通常不考虑其他系统对其的干扰。因此，在这里只考虑 WLAN 干扰其他系统的情况。WLAN 干扰其他系统场景下基于杂散的隔离度要求如表 F2.5 所示。

表 F2.5 WLAN 干扰其他系统场景下基于杂散的隔离度要求

参数	WLAN 干扰 GSM	WLAN 干扰 DCS	WLAN 干扰 TD-SCDMA	WLAN 干扰 TD-LTE
E_{spurious}	−67 dBm(100 kHz)	−61 dBm(100 kHz)	−61 dBm(100 kHz)	−56 dBm(100 kHz)
BW_{TX}	100 kHz	100 kHz	100 kHz	100 kHz
BW_{RX}	200 kHz	200 kHz	1.6 MHz	20 MHz
L_{TX}	0 dB	0 dB	0 dB	0 dB
L_{RX}	31 dB	26 dB	25 dB	31 dB
G_{TX}	3 dBi	3 dBi	3 dBi	3 dBi
G_{RX}	3 dBi	3 dBi	3 dBi	3 dBi
N	−121 dBm	−121 dBm	−112 dBm	−101 dBm
I/N	−6 dB	−6 dB	−6 dB	−6 dB
G_{spurious}	38 dB	49 dB	50 dB	49 dB

6. 基于阻塞的隔离度要求

阻塞干扰的隔离距离用于提供消除阻塞干扰所需的隔离度。该隔离度可由式(F2.6)进行确定,进一步结合空间传播模型即可得到相应的空间隔离距离。

$$G_{\text{Block}}=P_{\text{TX}}-(L_{\text{TX}}+L_{\text{RX}})+(G_{\text{TX}}+G_{\text{RX}})-E_{\text{Block}} \tag{F2.6}$$

式中,G_{Block}为干扰系统设备与被干扰系统设备之间所需的链路损耗(dB);P_{TX}为干扰系统设备的最大发射功率(dBm);L_{TX}为干扰系统的分布系统内损耗(dB);L_{RX}为被干扰系统的分布系统内损耗(dB);G_{TX}为干扰的天线增益(dBi);G_{RX}为被干扰系统的天线增益(dBi);E_{Block}为被干扰系统允许干扰系统的最大干扰信号值,由接收机的阻塞电平指标确定(dBm)。

根据式(F2.6)计算基于阻塞的隔离度要求如表 F2.6 所示。

表 F2.6 基于阻塞的隔离度要求

参数	WLAN 干扰 GSM	WLAN 干扰 DCS	WLAN 干扰 TD-SCDMA	WLAN 干扰 TD-LTE
P_{TX}	20 dBm	20 dBm	20 dBm	20 dBm
L_{PX}	31 dB	26 dB	25 dB	31 dB
G_{PX}	3 dBi	3 dBi	3 dBi	3 dBi
E_{Block}	8 dBm	0 dBm	−15 dBm	−15 dBm
G_{Block}	0 dB	0 dB	13 dB	7 dB

2.1.7 多系统干扰控制方法

1. 常用干扰规避措施

多系统共存场景下互干扰规避的根本点是要满足多系统共存的基本条件,即系统方案的设计必须达到相应的隔离度要求。系统隔离度通常可以根据覆盖场景特征及网络建设模式,通过多种措施与途径来增强。例如,共用室内分布场景可借助分布系统内无源器件对信号的衰减来提供系统所需的隔离度;而独立室内分布场景则须通过保持空间距离的方式获得系统间的隔离度。当上述方法无法保证足够的隔离度时,还可以考虑采取其他干扰规避措施增加系统间的隔离度或降低对隔离度的要求。

下面介绍工程方案中常用的几类干扰规避措施及其原理。

(1) 直接合路方式

直接合路方式仅适用于共用室内分布建设场景，主要通过合路器对多个系统的信号进行合并，同时利用合路器内的带通滤波器实现对异系统信号的抑制，防止经过合路器进入异系统接收机的干扰信号过强，从而实现对干扰信号的隔离。合路器内带通滤波器如图 F2.6 所示。

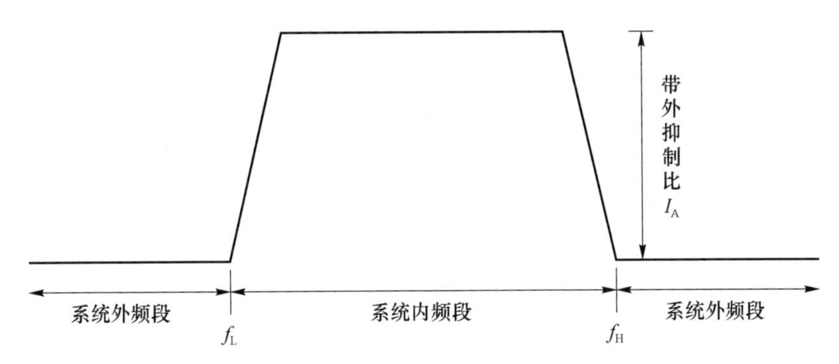

图 F2.6　合路器内带通滤波器

图 F2.6 中，$f_L \sim f_H$ 为带通滤波器的通带频段，理想情况下，通带频段应仅包含端口所连接信源的系统内频段；而 I_A 为带外抑制比，表征滤波器对系统外频段信号的抑制能力。滤波器的带外抑制比越大，相应合路器所提供的隔离度也就越大。

带通滤波器对干扰信号的抑制包括两方面：对于下行链路，主要用于降低基站发射机对其他系统信源的带外杂散干扰；对于上行链路，则主要用于滤除接收信号内对于本系统来说是干扰的带外信号。

因此，采用直接合路方式的关键在于选择隔离度指标满足系统合路要求的合路器。各系统合路所需的隔离度要求，应满足本任务中的计算结果。

(2) 后端合路方式

后端合路方式是对直接合路方式的增强，适用于直接合路方式不能提供足够隔离度的场景。主要通过将干扰系统信号或被干扰系统信号在分布系统的后端进行馈入，利用分布系统内馈线、功分器及耦合器等无源器件的损耗增加额外的隔离度，减弱进入被干扰接收机的杂散或阻塞信号强度。后端合路方式如图 F2.7 所示。

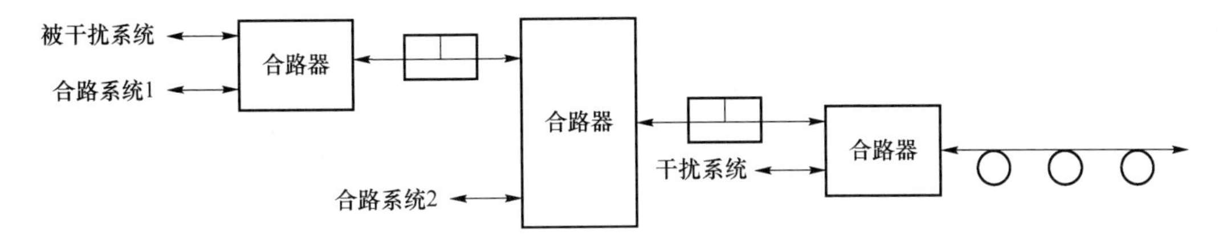

图 F2.7　后端合路方式

采用后端合路方式时，还应注意信源的选取。由于后端馈入系统所经过的分布系统衰耗较小，为了防止相应天线点的输出功率过大，避免对周边环境的电磁污染，应选择小功率的信源设备，并注意信源功率的配置。

(3) 空间隔离方式

多系统采用独立建设方式时，没有合路器等器件帮助提高系统间的隔离度，必须通过增大干扰系统发射天线与被干扰系统接收天线间的空间距离，借助自由空间对干扰信号的衰耗来增大系统间隔离度。

采用空间隔离方式的关键在于保证互干扰系统的天线之间保持足够的隔离距离。确定所需的隔离距离时，须注意选取适宜的空间传播模型，并根据具体环境对其进行校正，以保证计算结果的准确性。

(4) 加装带通滤波器

通过加装带通滤波器增大隔离度的原理与合路器隔离干扰信号的原理一致，都是利用滤波器的带外抑制能力增大隔离度，主要用于弥补合路器隔离度或空间隔离距离的不足，对于共用室内分布场景建设和独立室内分布建设场景都适用。干扰系统发射机加装带通滤波器如图 F2.8 所示。

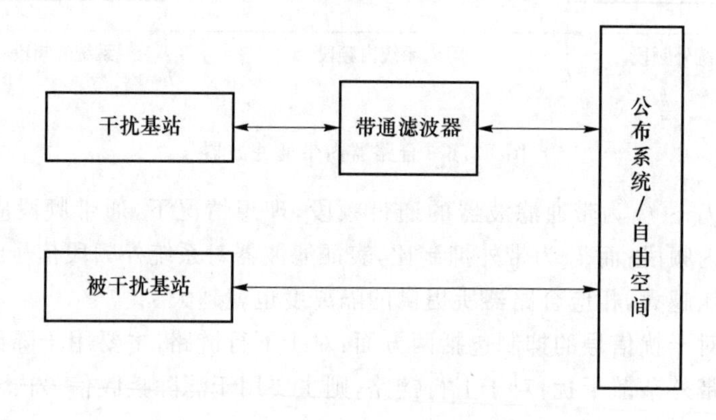

图 F2.8　干扰系统发射机加装带通滤波器

根据系统间干扰的主要类型(杂散干扰为主或者阻塞干扰为主)，加装滤波器的位置有所不同。在干扰系统发射机侧加装带通滤波器，可以抑制发射机产生的带外杂散机产生的带外杂散信号，降低对其他接收系统的影响。这种方法适用于杂散隔离度不足的场景，但会增加额外的插损和故障点，同时建设成本也相应地增大。

在被干扰系统接收机侧加装带通滤波器，可以抑制来自带外的强干扰信号，避免其进入接收机。这种方法适用于阻塞隔离度不足的场景，但会增加接收机的噪声系统，降低接收机灵敏度。干扰系统接收机侧加带通滤波器如图 F2.9 所示。

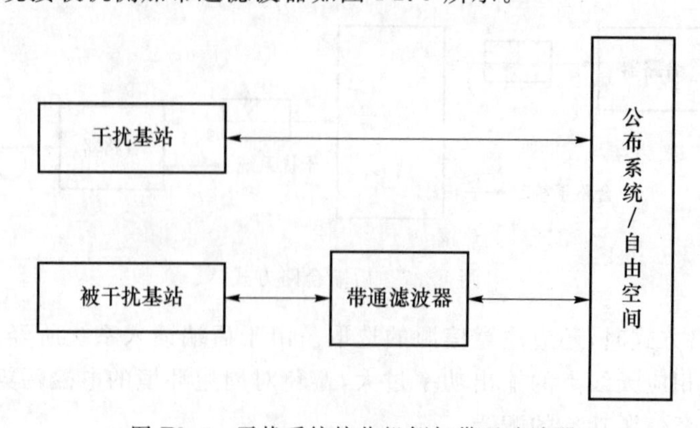

图 F2.9　干扰系统接收机侧加带通滤波器

2. 多系统干扰工程因素规避

通过系统方案的合理设计与规划通常可以从根源上有效规避多系统干扰现象的产生，但是设计方案的合理性并不能完全保证整个工程最终的质量与效果。作为通信工程建设关键阶段的工程建设期及网络运营期也存在诸多可能导致系统间互干扰的工程因素，这些因素的存在可能会使设计方案的质量大打折扣，严重时甚至可能影响整个室内分布建设项目的最终效果。因此，有必要对可能产生多系统干扰的工程因素进行分析与探讨，并根据干扰成因提出应对的规避措施，以确保工程施工的质量。

多系统干扰工程因素的分析以方案设计的正确性为前提，即在确保设计方案可有效避免多系统干扰的基础上，分析由工程因素不合理导致的系统间互干扰现象。通过对室内分布工程建设流程中各环节的逐步分解，得到造成多系统干扰的主导工程因素。

（1）设计或器件指标不合格（施工准备阶段）

由于通信工程建设中所用的设备或器件多为机械成批制造，其中可能会存在某些指标未达到标称性能的残次品。这些未达标器件的误用会直接对网络性能造成影响，当然也导致干扰现象的出现。

① 常见现象

合路器的隔离度指标不合格会造成分布系统的隔离度不足，无法有效地消除合路系统间的各类干扰。

信源设备的发射机带外杂散指标不合格会导致对异系统的杂散干扰加剧，提高了对分布系统隔离度或空间隔离距离的要求。

合路器、接头、天线等无源器件的互调特性不合格会导致分布系统的非线性增加，从而造成互调干扰的加剧。

② 规避措施

在施工准备阶段，对工程建设所采购的所有设备或器件进行必要的进场检验，并由建设单位和监理确认，严格保证所用设备和器件的质量。应重点关注合路器隔离度、信源设备发射机杂散指标及无源器件互调特性等关键设备或器件的关键指标。

（2）目标场景环境变化（施工准备阶段）

在方案设计阶段，为了解目标建设场景的无线传播和室内分布建设环境，需要对楼宇进行现场勘察。在勘察过程中，应确定信源安装位置、传输线路及馈线走线路由等信息，这些信息是后期方案施工图设计的基础。但是目标场景的环境并不是一成不变的，目标场景的变化会导致原设计方案与实际环境的偏差，造成干扰现象的出现。

① 常见现象

室内装修、改造（新建隔断或其他遮挡物等）会导致无线传播环境的变化，易造成无线信号产生多余的反射或折射，使原设计的天线点位无法保证足够的空间隔离，从而出现系统间干扰现象。

② 规避措施

进场施工前必须对目标场景的施工条件进行严格的检查，确保原设计方案与现场环境的一致性，并充分考虑预期环境变化对设计方案产生的影响（如勘察阶段是未装修毛坯房，未来将会进行精装修，导致实际工作环境信号传播特性有较大的改变），对方案进行合理设计。如遇到目标场景环境变化导致原设计施工图不合理的情况，必须及时向监理反映，由监理与工程管理人员进行沟通，并通知设计单位对原设计方案进行变更。

(3) 建设施工不规范(进场施工阶段)

工程建设必须严格按照施工图的设计及施工规范进行施工,设备或器件的选取、馈线的走线路由以及天线的安装位置等必须与施工图保持一致,设备或器件的安装方式必须正确,施工工艺必须达标。建设施工的不规范会导致实际工程与原设计方案不一致,影响方案的实现效果,也可能带来不必要的系统间互干扰。

① 常见现象

信源设备的发射功率设置过大,易导致进入异系统接收机的干扰信号过强,如果分布系统隔离度或空间隔离距离不足,则会出现系统互干扰现象。

馈线的路由走线过短或线缆造型错误,会导致发射信号在分布系统内的衰减不足,天线口输出功率过大,系统间互干扰加剧。

天线安装点位距离过近,不足以保证足够的空间隔离,会导致进入异系统接收机的干扰信号过强。

施工工艺不达标,跳线、馈线等线缆接头未拧紧,或者虽然拧紧但接头没有对平,以及接头内存在异物、杂质等都会造成接头接触不良、器件非线性增加,互调干扰加剧。

② 规避措施

施工期间,工程监理人员应严格监督工程的施工质量,保证实际工程与施工设计图的一致性。施工过程中如果出现无法按照原设计施工图进行施工的情况,不可主观随意更改施工图,必须及时向监理反映,由监理与工程管理人员进行沟通,并通知设计单位对原设计方案进行变更。

(4) 设备或器件老化、故障(日常维护阶段)

随着使用次数的增加,通信工程中所使用的设备或器件都不可避免地出现老化或故障现象。器件老化或故障现象虽然可能并不十分明显,但是易造成较严重的影响,当然也可能导致系统间干扰现象的出现。

① 常见现象

信源发射机所使用的滤波器内电容、电感故障或损坏,易导致滤波器滤波效果下降,从而减弱了发射机对于带外杂散发射的抑制能力,造成对异系统杂散干扰的加剧。

合路器所使用的滤波器内电容、电感故障或损坏,易导致滤波器效果下降,从而减弱了发射机对其带外杂散发射的抑制能力以及接收机对带外干扰的抵抗能力。

跳线、馈线等线缆接头的氧化,易造成器件非线性的增加,导致互调干扰的加剧。

② 规避措施

对于分布系统内的关键设备和器件,应定期进行必要的日常维护工作。若发现老化和故障现象应及时排查,降低对网络性能及用户感知的影响;必要时应更换老化或故障的器件。

2.1.8　多制式室内分布系统设计总体原则

多制式室内分布建设必须综合考虑各种因素,包括网络性能、建设改造难度、资源情况、投资成本、用户分布等,以选择最佳建设模式。室内分布系统应做到结构简单,工程实施容易,不影响目标建筑物原有的结构和装修,还应尽量减小改造量,降低对现网的影响。

设计过程中应尽量保证 GSM/TD-SCDMA/WLAN/TD-LTE 的性能特点,确保各自的网络质量,并且要综合考虑四网的需求,保证不同通信系统间的隔离度,特别是 TD-LTE 系统和 WLAN 系统的隔离要求,避免系统间的强干扰。

综合评估室内分布、小区分布及宏基站的覆盖效果,对于覆盖困难的目标采用室内和室外相结合的方式,对覆盖目标合理划分室内分布、小区分布及宏基站的覆盖范围。

在频率资源足够的情况下,尽量采用室内外异频组网方式,减小室内外之间的干扰。达到室内外覆盖一体化,应尽量实现目标覆盖区域内信号的均匀分布,避免信号外泄,避免对室外信号构成强干扰,避免对室外基站布局过多地调整。

室内分布系统应具备良好的兼容性和可扩展性。对于新建室内分布系统和原有的系统改造,必须满足不同制式的业务发展要求。

封闭吊顶内布放馈线要采用裸线布放的方式,无吊顶室内建筑沿白墙或白色顶棚布放馈线,如有要求可采用聚氯乙烯管穿放馈线布放的方式,但是要尽量节约使用。地下室及车库等对美观要求不高的区域尽量采用裸线布放方式,以降低建设成本。如业主要求与基本设计原则不相符,须业主特开证明申请,且方案须上会通过相关部门工程造价审核后方可施工。

综合考虑后期维护难度及建设成本,一般情况下,器件的布放采用托盘集中式。地下停车场主干采用随走随放方式,即器件布放在天线点位附近,近天线的器件可以采用集中式布放。电梯井道须采用器件随走随放方式。

室内覆盖工程应按照"多天线,小功率"的原则建设,尽量降低电磁辐射,其要求必须满足国家和通信行业的相关标准。

2.1.9 多制式室内分布系统设计总体流程

多制式室内分布系统设计可分为六部分的工作:现场数据资料收集、系统干扰分析、合路方式的确定、隔离度的计算、多系统共存合路设计及文档输出。多系统室内分布系统设计总体流程如图 F2.10 所示。

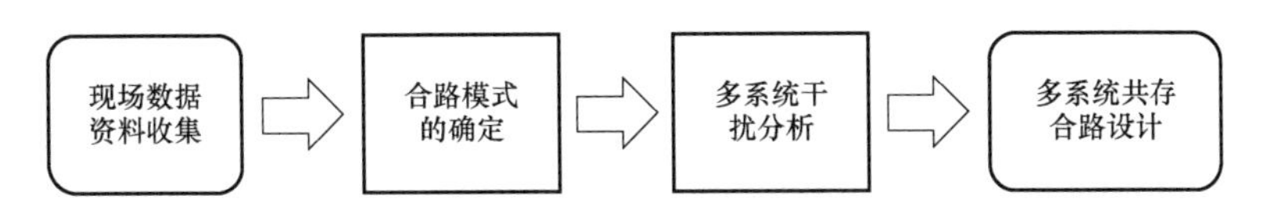

图 F2.10 多系统室内分布系统设计总体流程

1. 现场资料收集

目标网络覆盖区域的资料收集和分析是网络建设必不可少的一步,是进行多技术分布系统网络规划的基础和依据。其目的是通过对网络覆盖区域的基本信息、市场需求、业务分布等进行细致了解后,获取数据化的资料,作为后期网络规划的输入。资料收集和分析的具体内容包括场景特征、用户业务需求信息、现有网络资料及竞争对手信息等。

(1) 场景特征

场景特征包括建筑物的边界信息、地形、人为环境、位置、类型、结构及图纸等。建筑物的功能类型及分布特点等情况,是进行室内覆盖分析和室内分布系统规划的基础。通常根据建筑物的功能可以分为酒店、饭店、住宅区、写字楼等居住生活办公场所,机场、火车站、码头等交通枢纽,体育馆、展览馆、大型会场等公共活动场所,超市、购物街等大型娱乐购物场所,以及地下停车场等特殊区域。

建筑物的类型决定着覆盖规划、频率规划、小区规划和容量规划等，如在机场、火车站、码头等交通枢纽，人群密集，且不分时段，控制信息和业务信息的话务量都很大；同时，这些区域的平面覆盖大，自然隔断少，故频率和小区规划难度较大。体育馆、展览馆、大型会场等公共活动场所的覆盖特点与火车站等相似，只是话务量的时间性明显，集中在某一特定时段，而其他时间较为空闲，这种场所要求基站容量有很好的扩展性。酒店、写字楼等居住办公型建筑需要立体覆盖方式，涉及电梯间与建筑物整体覆盖的问题，一般都会对电梯间进行单独覆盖，层与层之间的小区规划和高层的频率规划都是难点。与写字楼相比，大型超市等购物场所的特点是人群密度大，流动性强，时间长，布有隔断或者房间，建筑物的外立面一般为玻璃，穿透损耗小，可以考虑利用邻近的室外信号覆盖。

(2) 用户业务需求

用户业务需求包括现有的用户类型和用户业务模型，例如收入水平、人口密度、消费习惯、已开通业务等；以及现有的容量需求，例如现有的话务量、数据业务和潜在的用户业务类型等。业务需求信息的获取方通过场景相应的业务分布建立相关业务模型来实现，其目的是为了更加合理地提出信源需求，提高资源利用率和成本回收。目前 2G/3G 业务主要包括语音业务、数据业务，增值业务、可视电话及流媒体业务等。TD-LTE 及 WLAN 业务则主要针对高速数据业务，包括高速视频、高速上网等业务。

(3) 现有网络资料

由于多制式室内分布系统的建设方式是多系统叠加建网，这就要求对每种制式的网络需求有合理的规划和配置。如果运营商已经建设有其他制式的网络，在室内分布系统规划设计前需要尽可能完整地收集现有网络资料(主要包括已建站址信息、基站数据、小区话务量及各小区数据业务流量等)，便于在后期的网络规划中合理利用现有网络资料，避免与新建系统产生干扰等问题。同时，现有网络的用户业务使用情况对多技术分布系统中需新建网络的类似业务需求预测可提供重要参考。

(4) 竞争对手信息

竞争对手在某室内场景的网络状况和建网策略对自身的室内分布系统规划目标(如覆盖率、业务提供、建设成本等)会造成相关影响。只有尽可能了解竞争对手在室内分布场景中的建设信息，才能在新的多制式分布系统建设中明确重点，进而取得市场主动权。

2. 建设模式的确定

对于合路模式的确定，首先应了解现有场景下的网络技术建设系统，然后根据现有场景下的网络部署情况选择适合的建设模式。

(1) 新建模式

若目前的室内分布场景存在已建 GSM/DCS/TD-SCDMA 网络，现需新建 TD-LTE 网络，如果场景对移动数据业务需求量大，则可考虑采用新建双路 TD-LTE 网络，而另外的技术系统可采用合路的方式来提升网络的数据业务性能和容量。新建双路系统如图 F2.11 所示。

(2) 后端合路模式

若目前的室内分布场景存在已建 GSM/DCS/TD-SCDMA 网络，现需新建 TD-LTE 网络，对于这样的场景，改造模式采用 WLAN 对原支路进行末端合路。TD-LTE 一路与原支路进行前端合路，另一路与 WLAN 进行后端合路。改造模式如图 F2.12 所示

后端合路模式：新合入系统的信源拉远单元靠近天线，主干使用光纤，节约了主干的馈

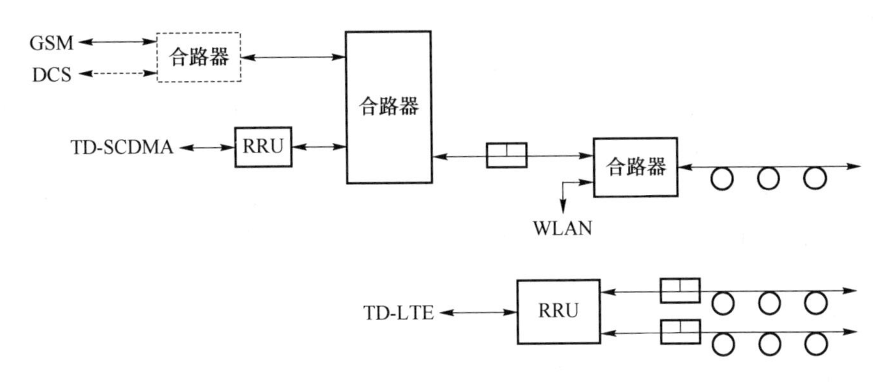

图 F2.11 新建双路系统

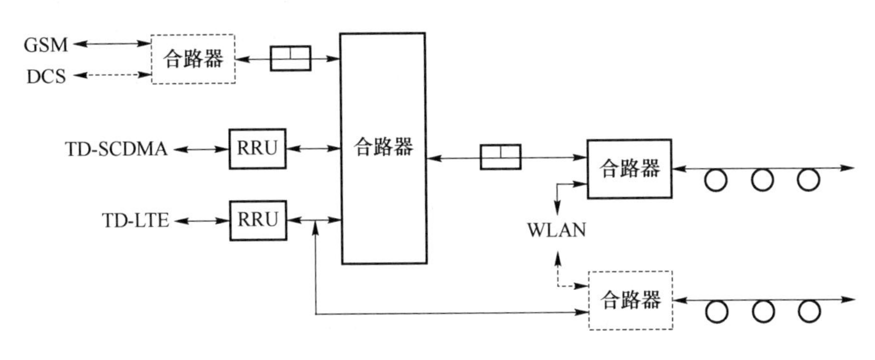

图 F2.12 改造模式

线损耗,工作频率较高的系统比较容易保证天线口的功率,从而保证室内覆盖的效果。如果原有室内分布系统的主干上使用了干放,这种合路方式可以轻松绕过,工程上可以避免对原有主干馈线的改造。后端合路方式便于天线口的多制式功率匹配。

后端合路的主要缺点:需要增加更多的合路点,比前端合路对原有系统的影响大;另外,还需要较多的信源、合路器,增加了器件成本。

后端合路方式主要用于面积较大、话务量集中的大中型建筑物,如大型写字楼、住宅高层和大型场馆等场景。由于 WLAN 使用的频点较高,其室分系统引入也采用后端合路方式。

(3) 前端合路模式

前端合路是指两个(或多个)无线制式信源先合路,再馈入室内分布系统,共用主干路由,新建单路模式如图 F2.13 所示。

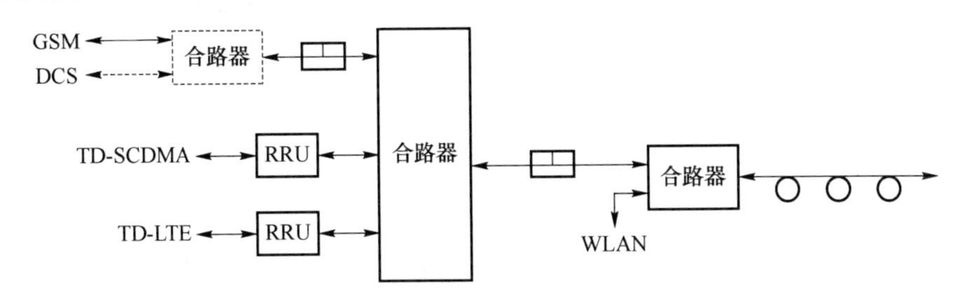

图 F2.13 新建单路模式

前端合路优点:不需要对室内分布的天馈系统进行大规模改造,便于快速部署。但缺点也很明显，由于 3G 制式和 WLAN 制式采用的频率比较高，共用主干路由的方式对于这些制式来说，损耗过大，有可能造成天线功率不足，无法满足边缘覆盖电平要求。

前端合路方式主要应用在面积较小，覆盖范围较小的中小型建筑物，如小型写字楼、中小型商场、咖啡厅、酒吧和舞厅等场所。

有的楼宇，原有 2G 室内分布系统为有源系统，即在主干或分支上使用了干放等有源器件。这样的有源器件无法多系统共用，如果一定要使用干放，应该每个制式都使用一个，使用两个合路器将两个干放接入。

3. 多系统干扰分析

多系统干扰分析是多制式室内分布方案设计的关键内容，直接关系到整体设计方案的互干扰水平，以及网络覆盖效果、系统容量等网络性能关键指标。它主要基于本任务的必备知识中三、室内分布系统干扰分析方法的研究成果，给定了共用室内分布及独立室内分布等建设模式下多系统共存的必要条件，对于系统方案的合路方式、器件选择及天馈系统等内容也提出了相应的设计要求。

多系统采用共用室内分布建设模式时，为了规避系统间干扰，须在分布系统内保持一定的隔离度，这主要借助合路器的端口隔离度来满足。

同样，多系统采用独立室内分布建设模式时，系统间的隔离度须通过自由空间对干扰信号的衰减来实现。

对于直接合路或空间隔离无法保证足够系统隔离度的情况，可采用信号后端合路、加装带通滤波器以及提高信源设备射频性能等规避措施增强隔离度。

4. 多系统共存合路设计

(1) 无源分布系统

无源分布系统采用基站做信源，采用 RRU 拉远的方式进行平层和分区的覆盖。信号源通过无源器件进行分路，经由馈线将信号分配到每一副分散安装在建筑物各个区域的天线上，解决室内信号覆盖问题。

无源分布系统由 POI/合路器、馈线、功分器、耦合器、衰减器、负载及天线等器件组成，如图 F2.14 所示。

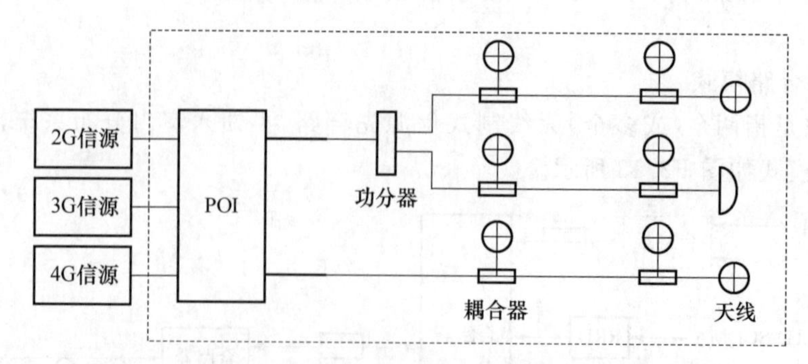

图 F2.14　无源分布系统

无源分布系统支持 800～2 700 MHz 频段，各工作频段驻波比应小于 1.5。

(2) 光纤分布系统

光纤分布系统由接入单元(AU)、扩展单元(EU)、远端单元(RU)及室内分布器件等组成，对馈入的多制式射频信号进行数字化处理，并通过光纤传输到需要覆盖的区域，将数字信号转化成射频信号，采用集成天线的远端单元或外接天馈线进行覆盖。主干线路采用光纤，在路由复杂、信源安装空间受限、施工困难的场景，具备更大的优势。光纤分布系统如图 F2.15 所示。

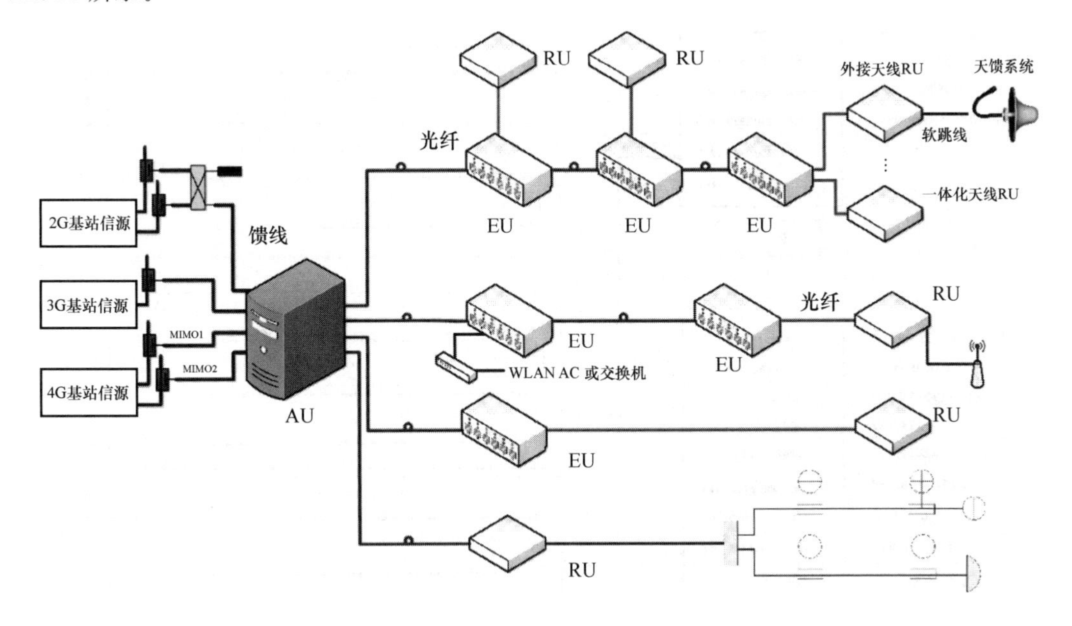

图 F2.15　光纤分布系统

目前多数采用无源分布系统的共存方式。根据多家运营商多系统共存，或者单独一家运营商多系统共存，可以采用多种方案。

(3) 多家共享技术方案

① 双路 LTE MIMO 组网方案

多家共享双路 LTE MIMO 室内分布系统采用 2 台标准化 POI+双路分布系统进行组网。LTE 系统采用双路由设计，支持 LTE MIMO 技术，以提高系统容量和用户速率；2G/3G 系统根据电信企业需求可灵活选用收发分缆或收发合缆两种方式。

a. LTE MIMO+2G/3G 收发分缆方式

2G/3G 系统采用收发分缆方式，需要电信企业对信源设备进行配置或加装双工器以实现收发分离。2G/3G 系统收发接入 2 台 POI，使用双路分布系统，收发实现空间隔离，可进一步降低互调产物对系统的影响，提升系统性能指标。以 9 频 POI 为例，16 家共享双路 LTE MIMO+2G/3G 收发分缆组网如图 F2.16 所示。

LTE 系统双通道分别接入 2 台 POI，TX/RX1 通道接入 POI1，TX/RX2 通道接入 POI2；2G/3G 系统收发分别接入 2 台 POI，TX 接入 POI1，RX 接入 POI2。

同一台 POI 输出两路相同的多系统信号，分别用于覆盖区域 A 和区域 B。在同一区域分别来自 2 台 POI 的分布系统天线构成成对天线阵，实现 LTE 系统双路由 2T2R MIMO 技术。

b. LTE MIMO+2G/3G 收发合缆方式

电信企业 2G/3G 信源采用收发合缆方式，收发接入 1 台 POI，使用单路分布系统。可根据电信企业 2G/3G 信源的功率、频段，合理规划 2 台 POI 接入的 2G/3G 信源数量，使双路分布系统所承载的功率趋于均衡。以 9 频 POI 为例，多家共享双路 LTE MIMO+2G/3G 收发合缆组网如图 F2.17 所示。

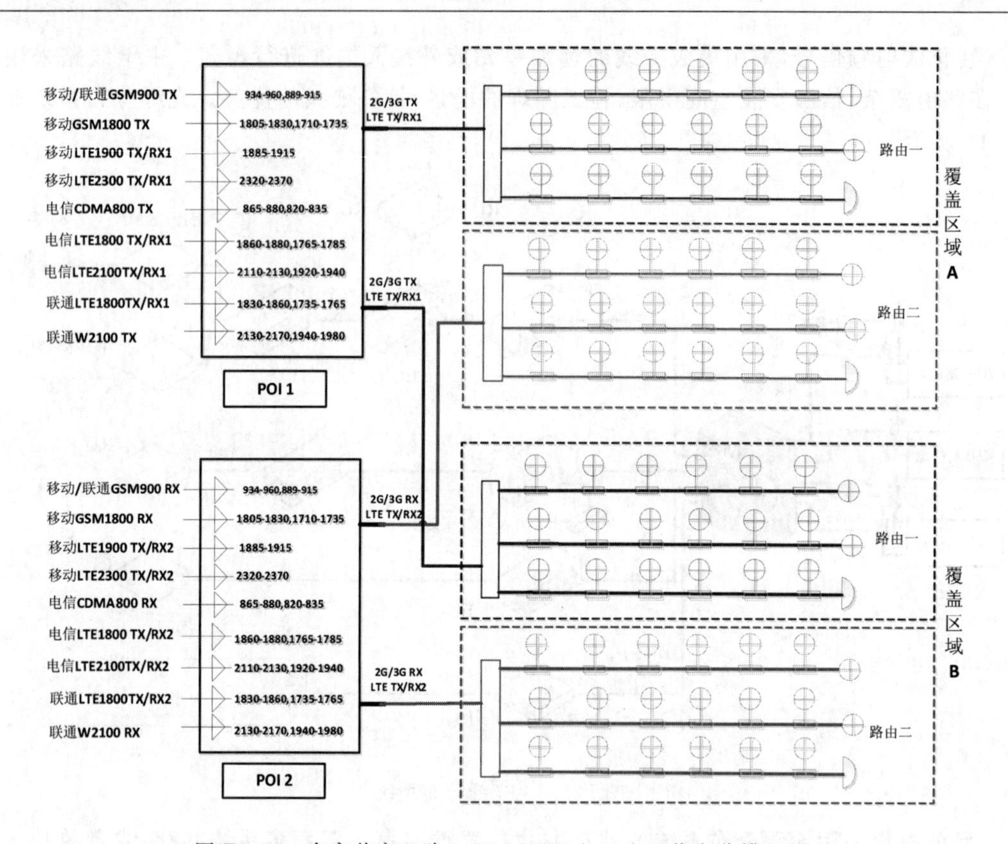

图 F2.16 多家共享双路 LTE MIMO+2G/3G 收发分缆组网

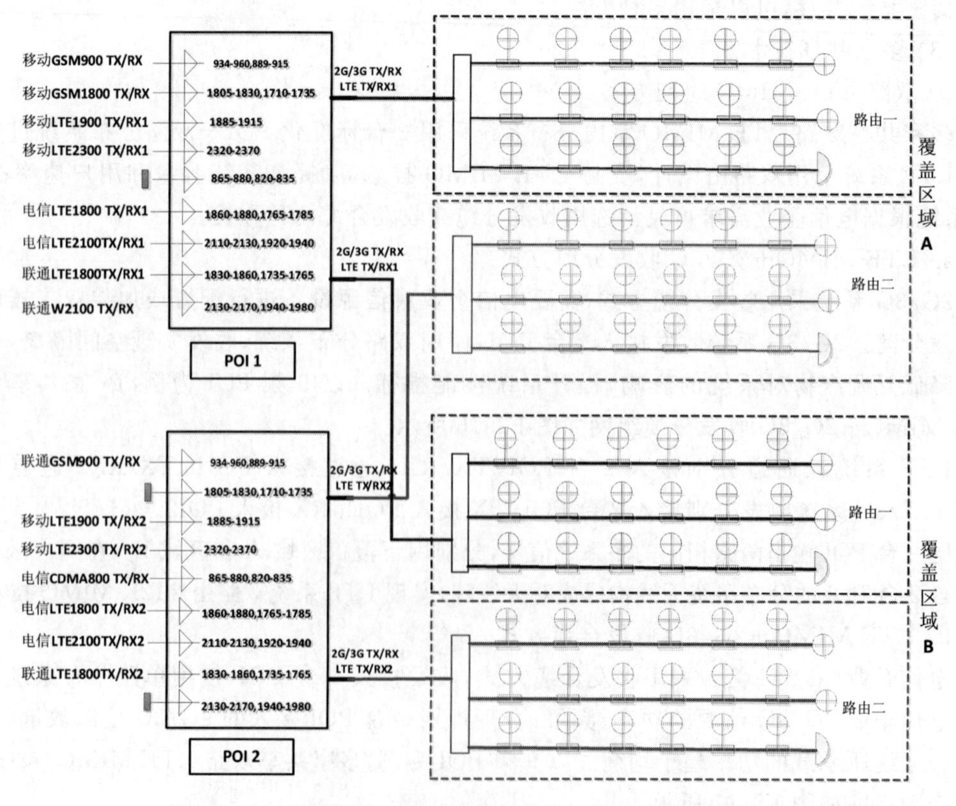

图 F2.17 多家共享双路 LTE MIMO+2G/3G 收发合缆组网

LTE 系统双通道分别接入 2 台 POI，TX/RX1 通道接入 POI1，TX/RX2 通道接入 POI2；考虑功率均衡，2G/3G 系统 TX/RX 分别接入 POI1、POI2 的相应端口；2 台 POI 的空闲端口连接负载；双路分布系统承载的功率较为均衡。

同一台 POI 输出两路相同的多系统信号，分别用于覆盖区域 A 和区域 B。在同一区域分别来自 2 台 POI 的分布系统天线构成成对天线阵，实现 LTE 系统双路由 2T2R MIMO 技术。

② 单路 LTE SISO 组网方案

多家共享单路 LTE SISO 室内分布系统采用 1 台标准化 POI＋单路分布系统进行组网，不支持 LTE MIMO 技术。以 9 频 POI 为例，多家共享单路 LTE SISO 组网如图F2.18 所示。

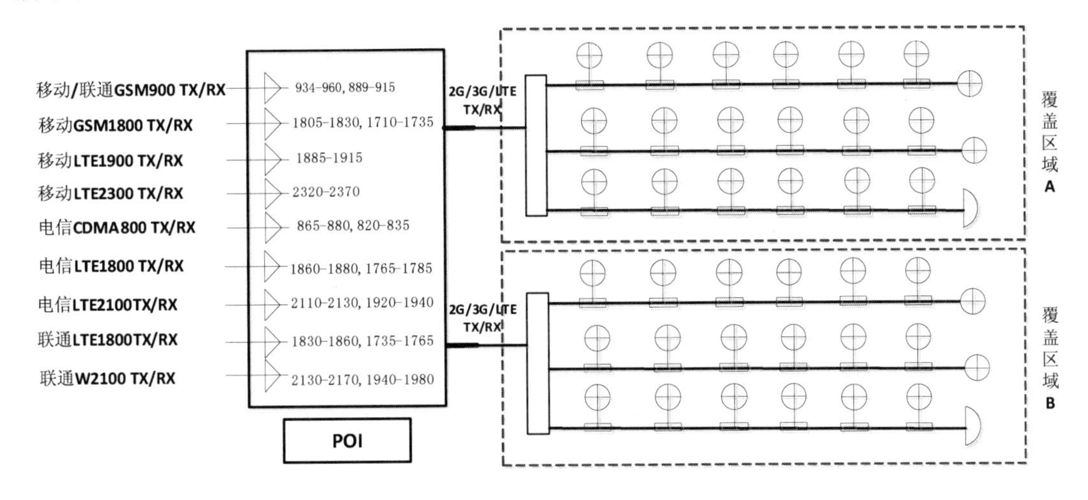

图 F2.18　多家共享单路 LTE SISO 组网

各系统 TX/RX 分别接入 POI 的相应端口，输出的两路相同的多系统信号分别用于覆盖区域 A 和区域 B。

③ LTE MIMO/SISO 混合组网方案

由于电信企业 LTE MIMO 需求的不同步，导致 LTE MIMO 和 SISO 建设需求共存的室内分布站点，采用 2 台标准化 POI＋双路分布系统满足不同电信企业的 LTE 差异化需求。

由于不同电信企业 LTE MIMO/SISO 的需求存在差异，组网方式存在 POI 均衡接入和集中接入两种方式。

a. POI 均衡接入方式

POI 均衡接入方式主要考虑双路分布系统承载功率的均衡性，根据电信企业接入系统信源的频段、功率，合理规划 2 台 POI 接入的信源数量，使双路分布系统承载的功率趋于均衡。在保证双路分布系统功率均衡的前提下，基于工程实施和工程管理考虑，宜将同一家 LTE SISO 需求电信企业的 2G/3G/LTE 信源接入同一台 POI，占用单路分布系统资源；尽量避免将 LTE SISO 需求电信企业的 2G/3G/LTE 信源接入 2 台 POI，占用双路分布系统资源。

以电信 LTE MIMO 需求、联通和移动 LTE SISO 需求、2G/3G 收发合缆、采用 9 频 POI 为例，LTE MIMO/SISO 混合组网-POI 均衡接入如图 F2.19 所示。

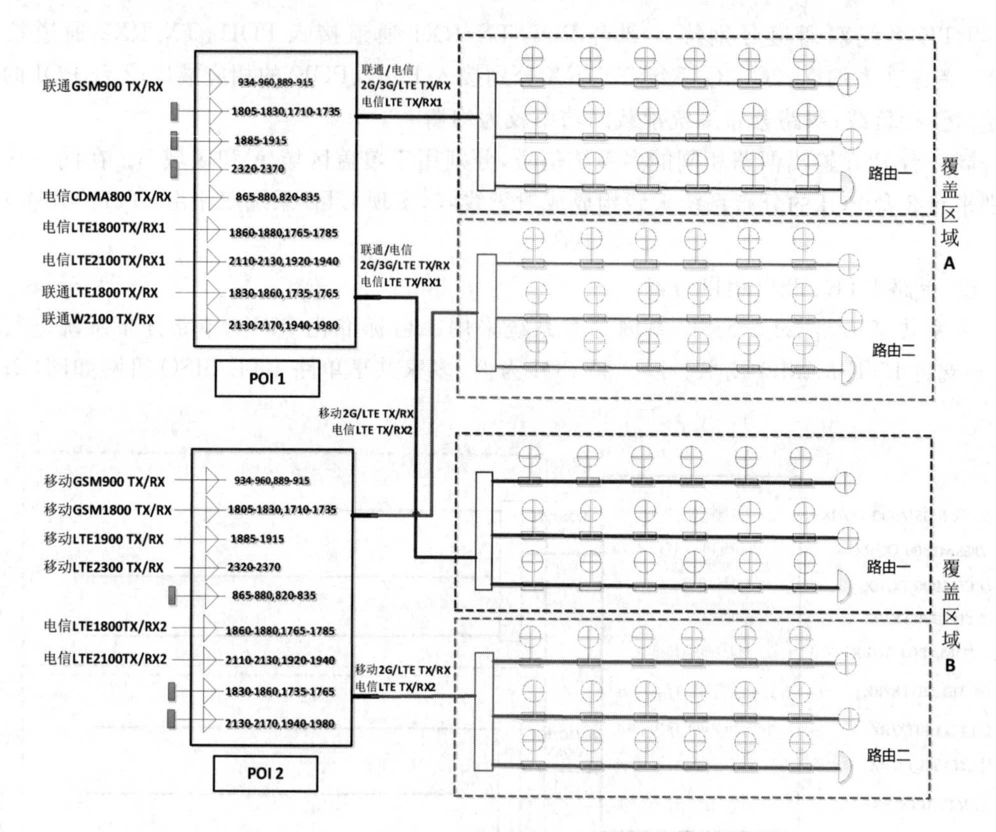

图 F2.19　LTE MIMO/SISO 混合组网-POI 均衡接入

电信 LTE 为 MIMO 需求，其 2G/3G/LTE 信源接入 2 台 POI，占用双路分布系统；联通、移动 LTE 为 SISO 需求，联通 2G/3G/LTE 信源接入 POI1，移动 2G/3G/LTE 信源接入 POI2；2 台 POI 接入信源数量相当，双路分布系统承载功率较为均衡。

b. POI 集中接入方式

POI 集中接入方式主要考虑将 LTE SISO 需求的电信企业信源集中接入 1 台 POI，占用单路分布系统。在此原则下，可合理规划 LTE MIMO 需求的电信企业 2G/3G 信源接入的 POI，使双路分布系统承载的功率尽量均衡。

采用 POI 集中接入方式，一路分布系统由全部电信企业共享，另一路分布系统仅由 LTE MIMO 需求的电信企业共享。以电信 LTE MIMO 需求、联通和移动 LTE SISO 需求、2G/3G 收发合缆、采用 9 频 POI 为例，LTE MIMO/SISO 混合组网-POI 集中接入如图 F2.20所示。

联通、移动 LTE 为 SISO 需求，两家 2G/3G/LTE 信源集中接入 POI2，占用单路分布系统；电信 LTE 为 MIMO 需求，LTE 信源接入 2 台 POI，2G 信源接入 POI1，占用双路分布系统。POI1 所在分布系统由电信独享，POI2 所在分布系统由电信、联通、移动三家共享。

(4) 一家独享技术方案

① 双路 LTE MIMO 组网方案

一家独享双路 LTE MIMO 室内分布系统采用合路器＋双路分布系统进行组网，满足单一电信企业多系统接入需求。LTE 系统采用双路由设计，支持 LTE MIMO 技术，以提高系统容量和用户速率；2G/3G 系统可选用收发分缆或收发合缆两种方式。

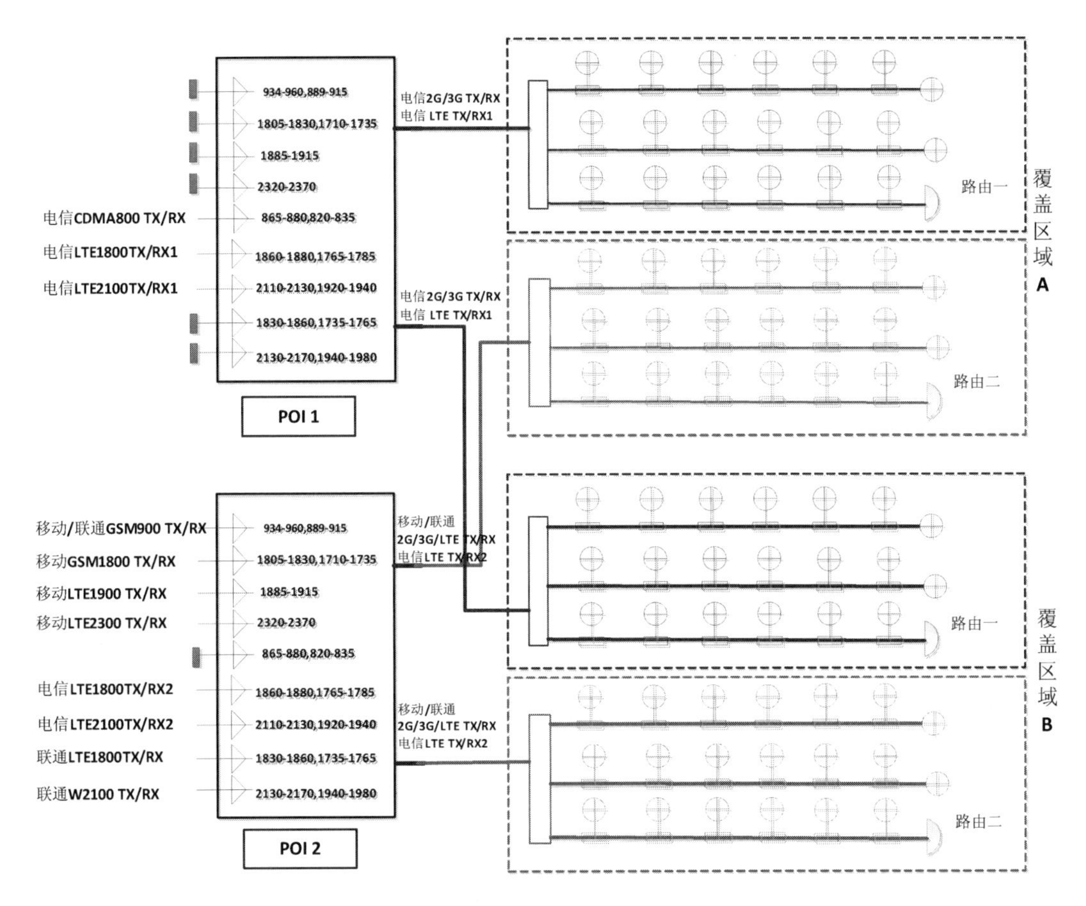

图 F2.20　LTE MIMO/SISO 混合组网-POI 集中接入

② LTE MIMO＋2G/3G 收发分缆

2G/3G 系统采用收发分缆方式，收发接入 2 台合路器，使用双路分布系统，收发实现空间隔离，可进一步降低互调产物对系统的影响，提升系统性能指标。一家独享双路 LTE MIMO＋2G/3G 收发分缆组网如图 F2.21 所示。

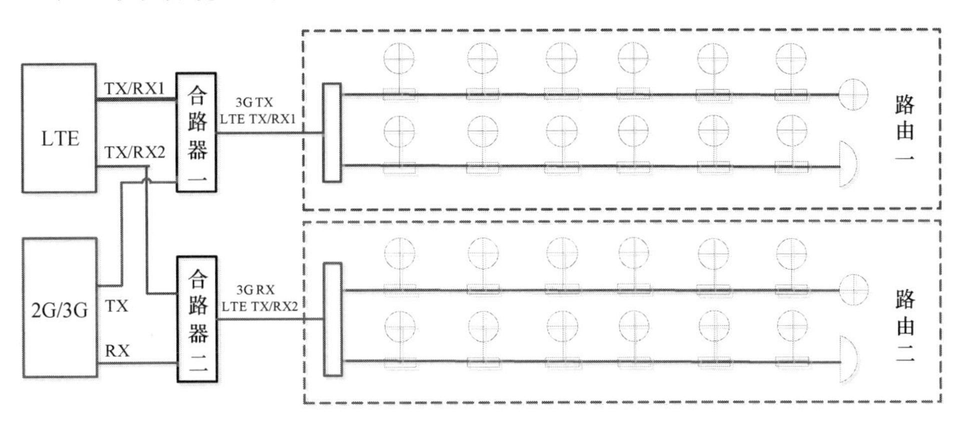

图 F2.21　一家独享双路 LTE MIMO＋2G/3G 收发分缆组网

采用 2 台合路器＋双路分布系统进行组网，LTE 系统双通道分别接入 2 台合路器，TX/RX1 通道接入合路器一，TX/RX2 通道接入合路器二；2G/3G 系统收发分别接入 2 台合路器，TX 接入合路器一，RX 接入合路器二。在同一区域分别来自 2 台合路器的分布系统天线构成成对天线阵，实现 LTE 系统双路由 2T2R MIMO 技术。

③ LTE MIMO＋2G/3G 收发合缆

电信企业 2G/3G 信源采用收发合缆方式，收发接入 1 台合路器，使用单路分布系统，一家独享双路 LTE MIMO＋2G/3G 收发合缆组网如图 F2.22 所示。

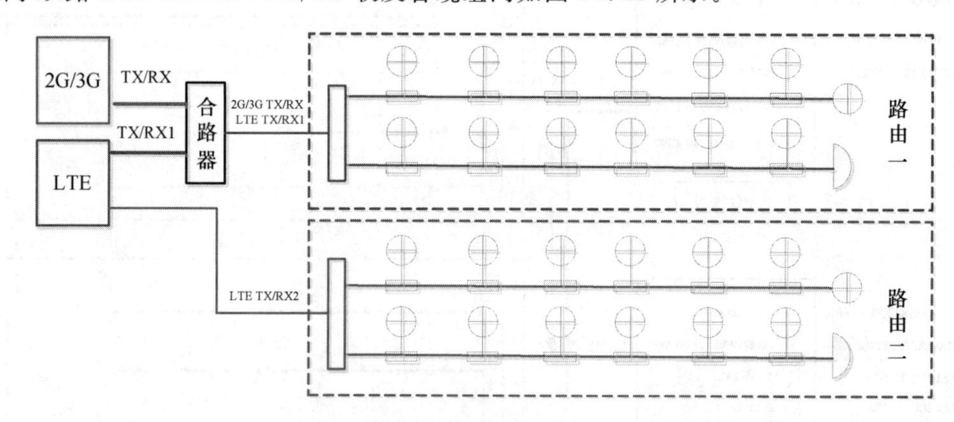

图 F2.22　一家独享双路 LTE MIMO＋2G/3G 收发合缆组网

采用 1 台合路器＋双路分布系统进行组网，LTE TX/RX1 和 2G/3G TX/RX 分别接入合路器的相应端口，LTE TX/RX2 直接连接至分布系统。在覆盖区域，两路分布系统天线构成成对天线阵，实现 LTE 双路由 2T2R MIMO 技术。在这种组网方案中，由于合路器的插损会造成 LTE 系统双通道功率不平衡，建议电信企业根据合路器的插损指标调整图 F2.22 中路由二所连接的 LTE 信源通道输入分布系统的功率。

④ 单路 LTE SISO 组网方案

一家独享单路 LTE SISO 室内分布系统采用 1 台合路器＋单路分布系统进行组网，满足单一电信企业多系统接入需求。2G/3G/LTE 采用收发合缆，不支持 LTE MIMO 技术。一家独享单路 LTE SISO 组网如图 F2.23 所示。

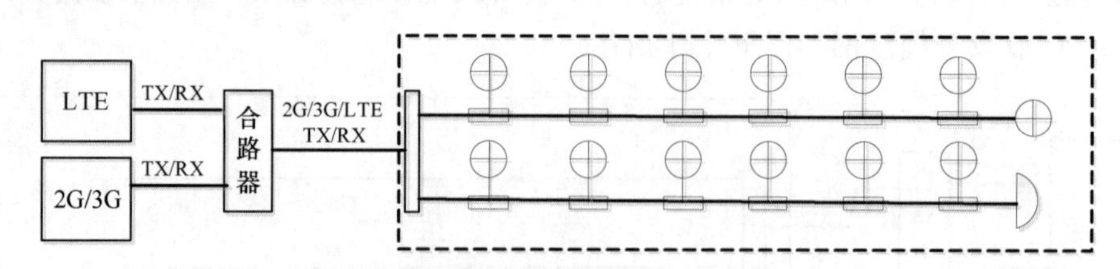

图 F2.23　一家独享单路 LTE SISO 组网

(5) 潜在共享技术方案

潜在共享技术方案从信源接入(POI/合路器)设计、无源器件设计、主干馈线设计等方面进行资源预留，采用合路器＋功分器＋分布系统进行组网，后续其他电信企业提出建设需求时，将合路器＋功分器替换为标准化 POI 即可由一家独享升级为多家共享。

2.1.10　多系统室内分布系统器件

1. POI/合路器设计

在室内分布系统规划设计阶段，应根据潜在共享需求，结合电信企业的网络制式、覆盖要求，采用多家共享技术方案，参照POI参数进行设计，相比合路器方式预留一定的功率资源；在工程实施阶段，信源接入端采用合路器方式，降低工程建设成本，减少直接采用POI但是将来可能无共享跟进所带来的投资风险。

2. 主干馈线设计

标准化POI天馈端为双端口设计，连接两条主干馈线至平层分布系统；合路器一般为单端口设计，连接一条主干馈线至平层分布系统。为便于合路器平滑升级至POI，采用功分器将合路器信号进行功分后，连接两条主干馈线。应合理规划合路器＋功分器的安装位置及主干馈线的布放，使功分器输出的两路信号覆盖区域尽量平衡。

合路器＋功分器单路、双路方案组网分别如图F2.24、图F2.25所示，信源接入端采用合路器＋功分器方式，连接两条主干馈线至平层分布系统。

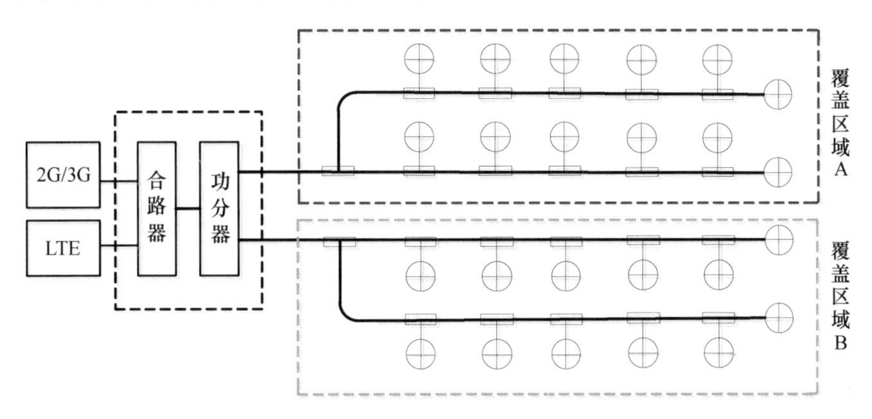

图F2.24　合路器＋功分器单路方案组网

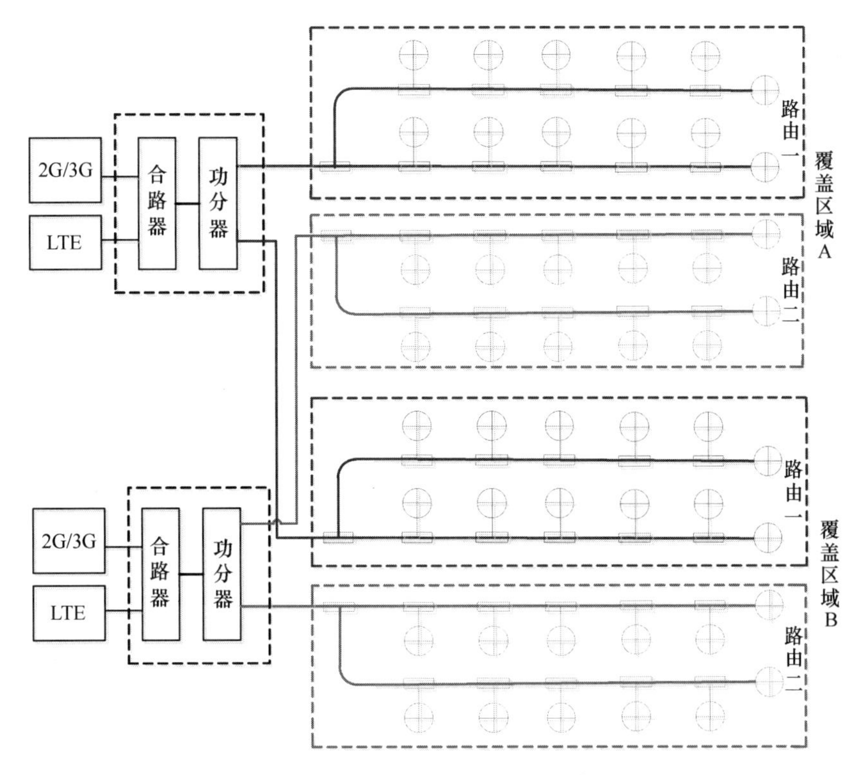

图F2.25　合路器＋功分器双路方案组网

3. POI 设备原理

POI 采用两级合路设计，整台设备由异频合路器、3 dB 电桥及射频线缆等构成，原理如图 F2.26 所示。

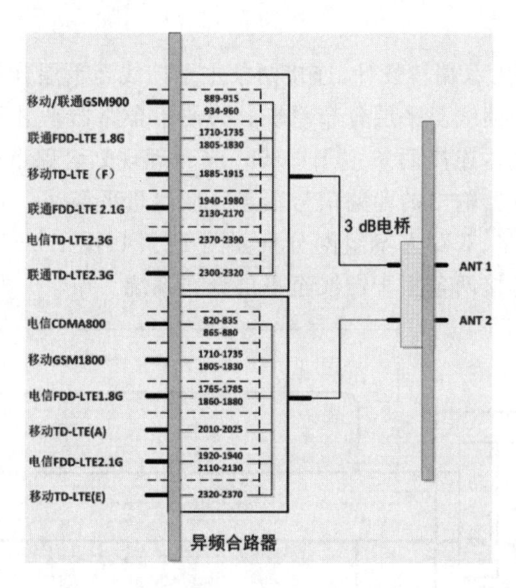

图 F2.26　12 频 POI 内部原理

（1）异频合路器

POI 前级采用两个异频合路器设计，支持多系统信源设备的接入，将频段相邻的系统分别接入不同的异频合路器，以保证系统隔离度和互调指标。

（2）3 dB 电桥

POI 末级采用 1 个 3 dB 电桥，用以连接两个异频合路器，将来自两个异频合路器的不同信号合路后功分为两路相同的信号输出。

9、12 频普通型 POI 电气性能指标要求分别如表 F2.7、表 F2.8 所示。

表 F2.7　9 频普通型 POI 电气性能指标要求

指标名称	指标要求
频率范围	移动/联通 GSM900：下行 934～960 MHz，上行 889～915 MHz
	移动 GSM1800：下行 1 805～1 830 MHz，上行 1 710～1 735 MHz
	移动 TD-LTE(F 频段)：1 885～1 915 MHz
	移动 TD-LTE(E 频段)：2 320～2 370 MHz
	电信 CDMA800：下行 865～880 MHz，上行 820～835 MHz
	电信 LTE FDD1.8G：下行 1 860～1 880 MHz，上行 1 765～1 785 MHz
	电信 LTE FDD2.1G：下行 2 110～2 130 MHz，上行 1 920～1 940 MHz
	联通 GSM1800/LTE FDD1.8G：下行 1 830～1 860 MHz，上行 1 735～1 765 MHz
	联通 WCDMA2100：下行 2 130～2 170 MHz，上行 1 940～1 980 MHz
插入损耗	≤5 dB
电压驻波比	≤1.3

续 表

指标名称	指标要求
端口(系统)隔离度	移动 GSM1800 与联通 GSM1800/LTE FDD1.8G 之间的端口隔离度≥28 dB; 移动 GSM1800 与电信 LTE FDD1.8G 之间的端口隔离度≥50 dB; 联通 GSM1800/LTE FDD1.8G 与电信 LTE FDD1.8G 之间的端口隔离度≥28 dB; 联通 WCDMA2100 与电信 LTE FDD2.1G 之间的端口隔离度≥28 dB; 电信 LTE FDD1.8G 与移动 TD-LTE(F 频段)之间的端口隔离度≥50 dB; 电信 LTE FDD2.1G 与移动 TD-LTE(F 频段)之间的端口隔离度≥50 dB; 其他端口之间的隔离度≥80 dB
互调抑制注	PIM≤−150 dBc
功率容量	信源侧端口:平均功率容量 200 W,峰值功率容量 1 000 W; 天馈侧端口:平均功率容量 500 W,峰值功率容量 2 500 W
带内波动	≤1.5 dB
特性阻抗	50 Ω

表 F2.8　12 频普通型 POI 电气性能指标要求

指标名称	指标要求
频率范围	移动/联通 GSM900:下行 934～960 MHz,上行 889～915 MHz
	移动 GSM1800:下行 1 805～1 830 MHz,上行 1 710～1 735 MHz
	移动 TD-LTE(F 频段):1 885～1 915 MHz
	移动 TD-SCDMA(A 频段): 2 010～2 025 MHz
	移动 TD-LTE(E 频段):2 320～2 370 MHz
	电信 CDMA800:下行 865～880 MHz,上行 820～835 MHz
	电信 LTE FDD1.8G:下行 1 860～1 880 MHz,上行 1 765～1 785 MHz
	电信 LTE FDD2.1G:下行 2 110～2 130 MHz,上行 1 920～1 940 MHz
	电信 TD-LTE2.3G:2 370～2 390 MHz
	联通 GSM1800/LTE FDD1.8G:下行 1 830～1 860 MHz,上行 1 735～1 765 MHz
	联通 WCDMA:下行 2 130～2 170 MHz,上行 1 940～1 980 MHz
	联通 TD-LTE2.3G:2 300～2 320 MHz
插入损耗	≤5.0 dB
电压驻波比	≤1.3
端口(系统)隔离度	移动 GSM1800 与联通 GSM1800/LTE FDD1.8G 之间的端口隔离度≥28 dB; 移动 GSM1800 与电信 LTE FDD1.8G 之间的端口隔离度≥50 dB; 联通 GSM1800/LTE FDD1.8G 与电信 LTE FDD1.8G 之间的端口隔离度≥28 dB; 联通 WCDMA 与电信 LTE FDD2.1G 之间的端口隔离度≥28 dB; 联通、电信、移动的 TD-LTE2.3G 之间的端口隔离度≥28 dB; 电信 LTE FDD1.8G 与移动 TD-LTE(F 频段)之间的端口隔离度≥50 dB; 电信 LTE FDD2.1G 与移动 TD-LTE(F 频段)之间的端口隔离度≥50 dB; 其他端口之间的隔离度≥80 dB
互调抑制注	PIM≤−150 dBc
功率容量	信源侧端口:平均功率容量 200 W,峰值功率容量 1 000 W; 天馈侧端口:平均功率容量 500 W,峰值功率容量 2 500 W
带内波动	≤1.5 dB
特性阻抗	50 Ω

附录 2.2　典型场景设计

前面已经介绍了室内分布工程项目的设计，对于一般场景已经能够做出规划设计。在室内分布工程中，有一些典型场景，如交通枢纽、大型体育场馆、商务写字楼、酒店、商场、高层住宅、居民小区、高校及地铁等场景和一般场合相比有其特殊情况。请根据给出的典型场景，结合需要特别注意的特点，指出设计思路。

不管什么样的场景，都需要考虑建筑物的规模和传播特点、业务指标要求、成本、维护方便、系统稳定性、系统可扩展性等方面的因素。

交通枢纽，包括机场、火车站、汽车站等场所，一般采用钢架、玻璃幕墙或混凝土结构，建筑内部比较空旷，空间大，人流量大，业务量高。可以根据不同功能区选用不同的覆盖方式。

大型体育场馆，面积大，空间跨度大，传播环境简单，但是话务具有突发性，有比赛、大型活动时，业务量非常高，平时业务量很低，活动前后用户流行明显，要注意用户流向，话务均衡。

商务写字楼，一般是大型、高层建筑，内有多部电梯，建筑物内部结构复杂，隔断多，损耗大，高层室内无线信号覆盖较差。业务量大，高端用户集中，要注意干扰、电梯切换等问题。酒店和商务写字楼结构类似，装修更复杂，损耗更大，用户体验要求更高，对美观要求较高。

商场，一般楼层不多，但是平层面积大，空旷、隔断都有，人流量大，业务量大，地处繁华闹市，周围环境复杂，容易有干扰。可以根据不同功能区的不同特点采用不同的覆盖方式。

高层住宅居民小区，高层小区内楼房布局多样，楼层一般在20层以上，高层部分信号杂乱，干扰严重，底层部分弱覆盖，电梯及地下室为信号盲区。业主协调难度大，难以做到天线入户，对安装天线敏感。可以考虑在建筑内公共区域如过道处安装天线，考虑射灯天线覆盖中高层。

高校，一般包含多种类型建筑，如教学楼、宿舍、办公楼、食堂、礼堂、体育馆等，业务量比较集中，而且按时间规律流动转移，数据业务需求量高，对美观环保要求高。可以按照功能区域布置覆盖，共享基带资源来应对用户规律性流动。天线要和校园环境协调，采用适当的美化天线。

地铁，包括站台、站厅、隧道，封闭性好，室外宏基站难以穿透，人流量大，业务量大，交通高峰期有突发性业务需求。站台、站厅可以用常规室内覆盖方法，隧道用泄漏电缆，因为地铁列车速度快，要注意切换设计。

2.1.1　交通枢纽

交通枢纽一般包括机场、火车站、汽车站等场所，一般采用钢架、玻璃幕墙或混凝土结构，建筑内部比较空旷，面积大，基本无阻挡，传播环境比较简单，信号视距传输。人流量大，业务量高。

1. 覆盖设计

机场按照功能分区一般可分为值机大堂、候机厅、VIP休息室、候机岛连廊、到达厅、办公区等；客运站按照功能分区一般可分为售票区、候车区、办公区等。机场候机楼如图 F2.27所示。

图 F2.27　机场候机楼

值机大堂面积大，空旷，多为钢结构顶，高度比较高，可以采用定向壁挂天线或对数周期天线安装于顶部钢架进行覆盖，覆盖范围为 20～35 米。

机场候机厅、车站候车区以一条干道为主，干道两边分布少量商铺和各候机室，楼层高度一般较小，可以在走道的天花板上安装全向吸顶天线，在立柱、墙壁上安装定向壁挂天线，或对数周期天线进行覆盖。

VIP 室一般位于候机厅内，人员密度相对较小，但对数据业务需求较大，用户体验要求高，一般采用全向吸顶天线入房间进行覆盖。由于美观性的要求，天线通常以暗装为主。

对于候机岛连廊之类的较为狭长的通道，宜采用对数周期天线或定向壁挂天线进行覆盖，覆盖范围建议为 20～35 米。

到达大厅为旅客提取行李的地方，较为空旷，由于安装条件的限制，宜采用全向吸顶天线进行覆盖，覆盖范围为 20～30 米。

办公区、汽车站按照常规设计，用全向吸顶天线进行覆盖。

2. 切换设计

机场占地面积大，人流密集，移动业务量大，单小区往往无法满足容量需求。需要根据空间结构、容量需求合理划分小区。

大型客运站，一般需规划多个小区满足覆盖及容量需求，可按照候车室验票口分布方式进行分区，小区划分应避开人流密集区。机场小区划分建议如表 F2.9 所示。

表 F2.9　机场小区划分建议

空间位置关系及人流特点	小区划分建议
机场的地下停车场在主体建筑的地下，和大堂相连接	建议大堂、地下停车场规划为一个小区
安检口在大堂和候机厅之间；在大堂完成登机手续的人，一般会通过安检口进入候机厅	大堂和候机厅划分为两个小区，安检口作为切换带
VIP 厅在候机厅内	VIP 厅和所在的候机厅划分为一个小区
大堂、办公区、候机厅可能配置电梯	电梯和相连的功能区域划分为一个小区
行李区和到达口相连，飞机抵达，人流一般先到到达口，之后进入行李厅	到达口和行李区划分为一个或多个小区
办公区相对独立	根据容量预测确定是否划为单独一个小区

注：由于机场建筑空间位置结构差异性较大，具体的小区规划建议根据现场实际情况确定。

(1) 大堂出入口切换

① 当室外宏站信号较强时，切换区域宜设置于室内区域，天线安装在室内靠近门口处，通过门口玻璃或横梁限制信号外泄，同时室外信号通过玻璃或墙体遮挡而比室内信号弱，保证用户进入室内后能让室内小区占主导，迅速切换至室内小区；反之，在门外区域，室外小区会占主导，保证用户出去时能迅速切换至室外小区。

② 当室外宏站信号较弱时，切换区域设置于室外区域，避免设置在街道上，宜在大厅出入口处布放全向吸顶天线增加重叠区域。

室内外切换如图 F2.28 所示。

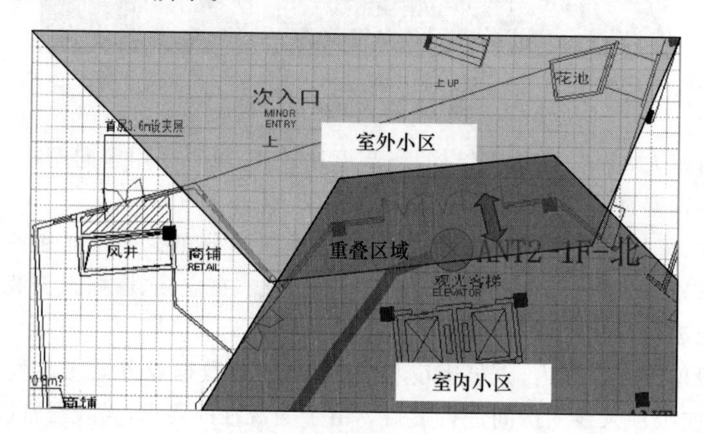

图 F2.28　室内外切换

(2) 地下停车场切换

① 地下停车场有较大弯道的出口，一般采用定向壁挂天线或对数周期天线向外进行覆盖，安装位置一般在弯道附近，确保能将室内、外信号良好衔接，保证合理的切换带。

② 地下停车场进出于较直的地下停车场进出口，可以结合现场的安装条件，采用定向壁挂天线或对数周期天线进行覆盖。

2.2.2　大型体育场馆

该类建筑单体建筑面积大，空间跨度大；主会场单层高度高，以钢架结构为主；传播环境简单，信号视距传输，能量以直达为主；活动期间大量人流涌入会场，话务具有突发性。

1. 覆盖设计

体育场馆看台区人员密集，容量大，小区密集，为了控制覆盖范围，减少干扰，控制切换区域，宜采用赋形天线。有顶棚的看台可以将天线安装在顶棚檐，方向指向看台，基本垂直于看台台阶；没有顶棚的体育馆，可以将天线安装在照明灯架上。功能区（办公区、就餐区等）的覆盖与一般室内覆盖一样，采用壁挂定向天线、全向吸顶天线进行覆盖。

2. 切换设计

大型体育场馆一般根据覆盖区容量进行分区，中小型场馆一般根据覆盖区面积进行分区。

充分考虑体育场的建筑结构，根据人流的运动方向，以减少切换为原则，对看台区域采用纵向切割。为了保持容量均衡，场馆内外小区划分需要综合考虑，话务需求存在一定流动性，宜将看台和其对应的出入口划为同一个小区。体育场内、外小区规划如图 F2.29 所示。

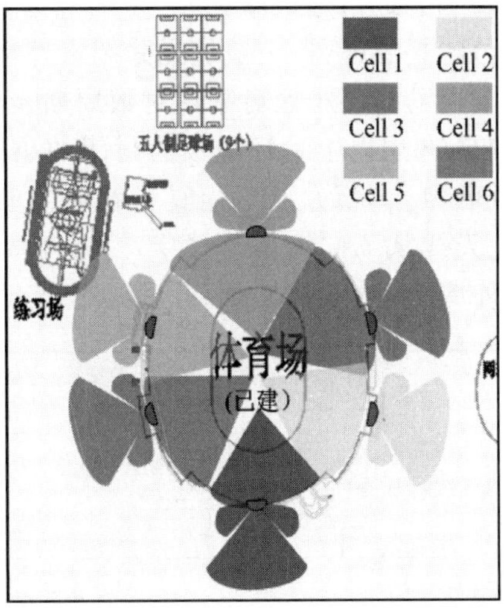

图 F2.29　体育场内、外小区规划

室内功能区域和看台小区宜保持一致，但须综合考虑室内区域建筑结构，将小区交界处划分于空旷区域，以减少室内切换。室内边缘小区与室外小区的切换带宜设置在出口外。室内小区切换带不宜设置在用户频繁移动区。考虑到人流量大，切换区域可以延伸到场馆外，避免用户集中在出入口进行切换，宜采用美化天线隐蔽的安装方式。

2.2.3　商场

商场、超市类场景通常建筑面积大，楼宇不高，但是单层面积大；站点地处繁华地带，人流量巨大，靠近主要交通干道，周边环境复杂；总体业务量大，对于容量要求高。

1. 覆盖设计

一般采用全向吸顶天线进行覆盖，天线间距根据是否有隔断、货架高度密度进行调整。

2. 切换设计

由于商场、超市内电梯厅附近的平层信号不易控制，为了保证切换，宜在每层电梯厅增加全向吸顶天线，采用与电梯井道同一个小区的信号，保证电梯厅与平层有足够的重叠区，确保由平层进出电梯时，在电梯厅完成切换。

2.2.4　高层住宅及居民小区

高层小区内楼房布局多样，楼层一般在 20 层以上，高层部分信号杂乱，干扰严重，底层部分弱覆盖，电梯及地下室为信号盲区。住宅小区业主协调困难，一般难以做到天线入户覆盖。住宅小区平层的公共区域面积较小且无吊顶，天线明装且安装位置有限，住户家中结构复杂，隔断多，从而导致很难通过室内分布系统做到有效深度覆盖。

1. 覆盖设计

住宅小区主要采取室内外协同覆盖，以外为主的覆盖策略。优先采用室外宏站覆盖住宅小区、室外区域及楼宇靠近窗边区域；采用室内分布系统覆盖地下停车场、电梯及部分平层弱覆盖区或覆盖盲区；室外宏站无法覆盖的楼宇或无法建设室外宏站时，采用在小区内建设室外分布系统的方式覆盖楼宇靠近窗边区域。

对于多层小区（含别墅区）的平层覆盖，一般优先采用室外板状天线（根据业主要求定制美化类型）覆盖，对于楼间距较近的多层小区可采用对数周期天线做覆盖。天线位置根据楼宇结构有所不同：对于楼层较高（8层以上）、环境较为封闭的小区，天线可以布放在楼顶，向下覆盖整个小区；对于楼层较低（4～6层）、小区内具备管道或地面开挖条件能够布放馈线，可以用路灯杆的方式，用美化天线从下向上覆盖楼宇；对于不具备地面走线条件的小区，可以将天线安装在低层楼宇的外墙上，向上覆盖楼宇。多层小区的平层覆盖如图F2.30所示。

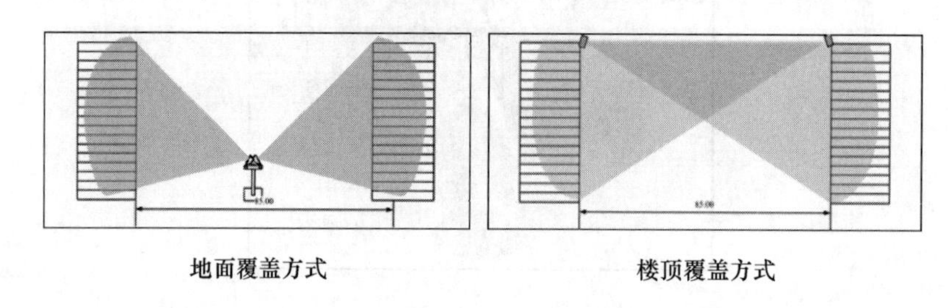

图F2.30　多层小区的平层覆盖

2. 切换设计

住宅小区内规划多个小区覆盖时，切换区域尽量充分利用绿化带和建筑物隔离。

地下停车场进出口有较大弯道的出口，一般采用定向壁挂天线或对数周期天线向外进行覆盖，安装位置一般控制在弯道附近，确保能将室内外信号良好衔接，保证合理的切换带。

对于较直的地下停车场进出口，可以结合现场的安装条件，宜采用定向壁挂天线或对数周期天线进行覆盖，保证合理的切换带。

2.2.5　高校

高校校园一般包含多种类型建筑，如教学楼、宿舍、办公楼、食堂、礼堂、体育馆等，业务量比较集中，而且有潮汐效应，业务量按时间有规律地流动转移，数据业务需求量高，对美观环保要求高。

1. 覆盖设计

校园汇集了多种场景，可以按照不同功能区域布置覆盖，采用室内外综合覆盖的策略，把室外宏基站、室内分布系统相结合，对教学楼、宿舍、办公楼、食堂、图书馆等进行覆盖。天线要和校园环境协调，采用适当的美化天线共享基带资源来应对用户规律性流动。

2. 切换设计

学校场景多，人流有规律，切换关系复杂，可以采用RRU共小区来解决切换区域的问题。切换带要选择在终端密度低、运动速度慢的区域，可以选择学校入口、宿舍之间、教学楼、体育馆、图书馆周边作为切换区域。

2.2.6　地铁

地铁环境非常复杂，人流量非常密集。地铁一般包含站厅、站台、地下区间隧道等区域。地铁站厅连接地面及站台层，一般一个站会有多个出入口连接地面，站厅层为购票区域；站台层为旅客候车区，一般有侧式站台（分为单线轨道和双线轨道式）和岛式站台两类。地铁隧道分为上、下行两条线路，一般情况下，两条线路为单洞单轨隧道，隧道宽度约 4.5 米，高度约 5 米。

地铁站与站之间的距离在 500～3 000 米不等，市区的站间距较小，郊区的站间距较大。

地铁列车车厢宽度一般在 3 米左右，车厢玻璃车窗距离轨面的高度约为 2.5 米。

1. 覆盖设计

对于地铁站站厅、站台以及地铁人员工作区域的覆盖与普通室内覆盖场景类似，一般采用分布式天线系统来覆盖；对于地铁隧道部分一般采用漏泄电缆方式覆盖。

通常地铁隧道内除公网移动通信系统外，还存在警用 350 MHz、政务 800 MHz 数字集群通信系统和 2.4 GHz 列车控制系统 CBTC 等地铁专用通信系统。因此，在室内分布系统建设时，应根据基站设备的实际射频能力，计算公网移动通信系统与地铁专用通信系统间的干扰隔离度。

警用 350 MHz、政务 800 MHz 数字集群通信系统通常采用漏泄电缆方式覆盖，一般来说，公网移动通信系统的漏泄电缆与其保持 0.5 米的间距可以避免系统间的相互干扰。地铁列车控制系统 CBTC 基于 WLAN 技术，一般采用定向壁挂天线进行覆盖，天线挂高与列车车顶位置相当。一般来说，公网移动通信系统的漏泄电缆与其天线保持 1 米的间距可以避免系统间的相互干扰。

漏泄电缆布放位置：由于地铁列车车体由金属材料及玻璃组成，车窗是损耗相对较小的位置，宜将漏泄电缆布放在车厢车窗上沿高度位置，开孔方向朝向列车，有利于电磁波穿透车窗对用户进行覆盖。

由于站台一般设有广告牌，位于站台区间的漏泄电缆宜安装在广告牌上方或下方。

MIMO 成对漏泄电缆间距：当隧道布放双缆实现 LTE MIMO 性能时，两根漏泄电缆距离宜不小于 0.5 米。

2. 切换设计

对于郊区非换乘站，高峰人流量不大，站台、站厅及隧道宜规划为同一个小区。

对于城区非换乘站，高峰人流量较大，站台与隧道宜规划为同一小区，站厅单独规划为一个小区。

对于换乘站，每条地铁的隧道及相应站台宜各规划为一个独立小区，站厅单独规划为一个小区，同时要考虑多地铁场景小区信号切换主要发生在以下几个位置：

- 乘客出入地铁站的切换；
- 站厅与站台两小区之间的切换；
- 隧道区间两小区之间的切换；
- 列车出入隧道口时与室外小区的切换。

乘客出入地铁站会产生室外宏基站信号和地铁站厅信号之间的切换，站厅与站台两小区之间的切换，都可以设计在自动扶梯处切换，在扶梯中间位置的顶部加装全向吸顶天线保证足够的重叠覆盖。

列车出隧道的过程中，隧道内信号迅速减弱，隧道外信号迅速增强，两侧信号无足够的重叠覆盖区，须在隧道口漏泄电缆末端增加对数周期天线对隧道出口方向进行覆盖，与外部宏网基站形成足够的重叠区，达到顺利切换的目的。

附录 2.3 室内分布优化调整

对于建好的室内分布系统而言,特别是酒店类室内分布系统都或多或少存在一些问题。这些问题通过前面的优化测试任务后,通过数据收集完成。本次任务将对前面发现的典型问题采取一定的措施,对问题进行优化调整。

2.3.1 覆盖类问题优化调整

1. 概述

LTE 网络一般场景要求边缘场强大于－105 dBm,VIP 场景要求边缘场强大于－95 dBm。如果部分区域存在弱覆盖,室内用户的终端接收电平过低,会导致上传、下载速率低,易切换等现象。覆盖问题不仅与系统的频率、灵敏度、功率等有关系,与室内分布系统网络的规划设计、工程质量、地理因素、电磁环境等也有直接关系。对于 LTE 室内分布系统而言,特别是酒店类高端用户群体业务较集中的区域,如果部分区域存在弱覆盖,将造成室内用户的终端电平值接收过低,从而导致上传、下载速率低,容易发生切换现象。覆盖类问题总体优化思路如图 F2.31 所示。

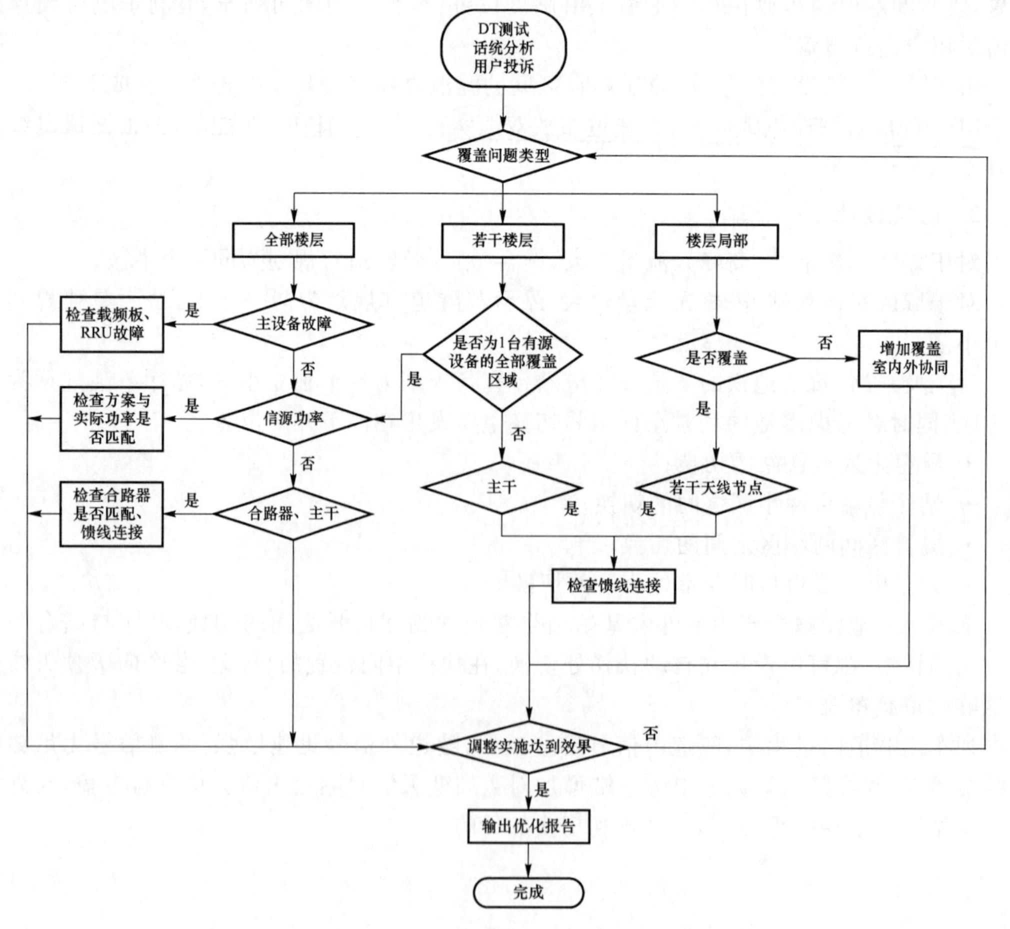

图 F2.31 覆盖类问题总体优化思路

2. 全楼弱覆盖

(1) 主设备故障

可以通过告警查询载频板和 RRU 是否存在故障,对故障设备进行处理。

(2) 信源功率

通过设计方案中的系统原理图,分析信源功率的设置是否满足覆盖需求。如果满足,查询信源发射功率是否按功率设置;如果不满足,重新设计,并调整信源发射功率。

(3) 合路器及主干部分

如果上述原因均已排除,则重点检查 RRU 到主干部分,包括合路器、电桥、前两个功率分配器及连接这些器件的馈头制作工艺等。

3. 若干楼层弱覆盖

通过设计方案中的系统原理图,确定弱覆盖楼层对应的天馈部分。如果这几个楼层是由同一个 RRU 或者直放站所覆盖,则查询并调整信源发射功率;否则找到汇聚于主干上的若干器件,检查器件连接是否正确,检查馈头制作工艺。

4. 楼层局部弱覆盖

通过设计方案中的平面安装图,查看是否覆盖。若已覆盖,确定局部弱覆盖区域所对应的天线。结合系统原理图,定位上述天线所对应的共同节点,整改节点器件安装是否正确以及馈头制作工艺;若未覆盖,则进行方案重新设计并变更,增加覆盖。若由于物业等原因无法覆盖,则考虑利用室外信号协同覆盖。

由于 LTE 的建设方式中有很多是合路原 G/T 室内分布系统的,弱覆盖的排查可结合 G/T 覆盖情况,如果 G/T 覆盖正常,而 LTE 覆盖不好,可能与 LTE 信源或合路器有关;如果 G/T/L 覆盖均不好,可能与合路器和分布系统有关。

2.3.2　容量类问题优化调整

对于酒店类室内分布系统而言,高端客户较多,容易造成容量不足的情况,用户在超过室内分布系统的容量时,便容易引起用户 RRC 连接建立失败、E-RAB 建立失败、数据业务速率下降等问题。

可以通过增加室内分布系统的基带资源,增加传输资源和增加功率来解决容量问题。

2.3.3　切换及重选类问题优化调整

对于酒店类室内分布系统而言,酒店的正门处容易产生室外到室内、室内到室外切换或重选失败,对于此类问题就要进行必要的优化调整。

对地此类问题,主要通过核查 LTE 室内分布小区的邻区是否存在漏配,调整 LTE 室内分布、宏站的 A2 门限值与 A3/A4 迟滞/门限;对于重选类优化,则要调整 LTE 室内分布系统和室外宏站之间切换的异频测量门限和迟滞,一般按以下参数设置。

切换参数建议设置值如表 F2.10 所示。

表 F2.10 切换参数设置值

站点类型	A2 门限	A3/A4 迟滞/门限
室内分布	−88 dBm	3 dB
宏站	−78 dBm	−90 dBm

重选参数建议设置值如表 F2.11 所示。

表 F2.11 重选参数设置值

站点类型	异频测量门限	迟滞
室内分布	−88 dBm	4 dB
宏站	−78 dBm	4 dB

2.3.4 干扰类问题优化调整

对于室内分布系统而言，产生干扰源的原因有很多。比较常见的有：上行干扰，GPS 时钟失步干扰，设备故障本身造成的干扰，数据配置错误造成的干扰，如 PCI、系统带宽配置重叠、时间偏移量、小区模 3 干扰等。

对于同福酒店的会议大厅这样人流量较多的区域，由于用户比较集中且数量较多，LTE 的 UE 终端设备较为集中，相互之间形成干扰源，造成上行干扰严重，导致上行失步后掉线率高。此类问题优化调整的方法一般是通过新建 LTE 室内小区加以解决，通过新增的小区来分担用户量，抑制上行干扰，从而降低掉线率。

2.3.5 室内分布速率优化

LTE 主要以数据业务为主，根据现网配置，室内分布站点上传、下载峰值速率及平均速率要求如表 F2.12 所示。室内分布速率常见问题有速率不稳、大范围波动、速率低等，可以从检查覆盖和干扰水平、检查同频干扰的影响、MIMO 天线功率不平衡、检查空口误码率(BLER)等几方面着手。室内分布优化思路如图 F2.32 所示。

表 F2.12 室内分布站点速率要求

带宽/M	单、双路由	上下行子帧配比	特殊子帧配比	峰值速率(上传)/Mbit・s^{-1}	峰值速率(下载)/Mbit・s^{-1}	平均速率(上传)/Mbit・s^{-1}	平均速率(下载)/Mbit・s^{-1}
20	单路由	SA2	SSP7	8.4	56	6	30
20	双路由	SA2	SSP7	8.4	112	6	50

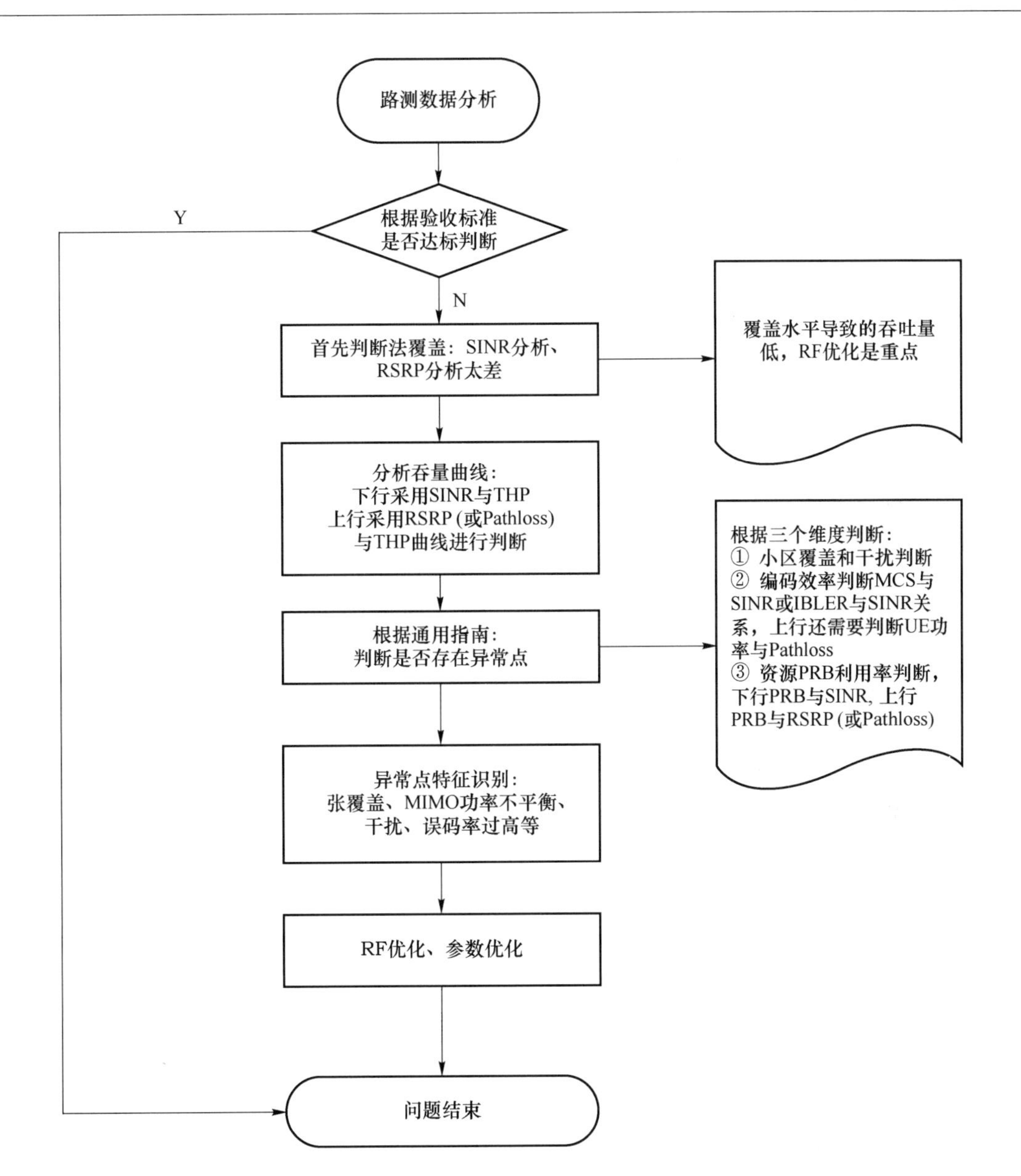

图 F2.32 室内分布速率优化思路

参考文献

[1] 中国移动通信集团设计院有限公司. TD-LTE 移动通信网无线网工程设计规范[S]. 北京:中国移动通信集团公司,2013.

[2] 李军. 移动通信室内分布系统规划、优化与实践[M]. 北京:机械工业出版社,2014.

[3] 陆健贤,叶银法,卢斌,等. 移动通信分布系统原理与工程设计[M]. 北京:机械工业出版社,2008.

[4] 吴为. 无线室内分布系统实战必读[M]. 北京:机械工业出版社,2012.

[5] 广州杰赛通信规划设计院. 室内分布系统规划设计手册[M]. 北京:人民邮电出版社,2016.

[6] 中国通信建设集团设计院有限公司. LTE 组网与工程实践[M]. 北京:人民邮电出版社,2014.

[7] 沈嘉,索士强,全海洋,等. 3GPP 长期演进(LTE)技术原理与系统设计[M]. 北京:人民邮电出版社,2008.

[8] 中国移动通信集团江苏有限公司,中国移动通信集团设计院. 中国移动 TD-LTE 无线子系统工程验收规范[S]. 北京:中国移动通信集团公司,2012.

[9] 中国移动通信集团设计院有限公司. TD-LTE 无线主设备测试规范—性能分册[S]. 北京:中国移动通信集团公司,2012.

[10] 马晓强,董莉,李媛. 移动通信实验教程[M]. 北京:北京邮电大学出版社,2016.

[11] 金国辉. 工程招投标与合同管理[M]. 北京:北京交通大学出版社,2012.

[12] 邓泽民,陈庆. 职业教育课程设计[M]. 北京:中国铁道出版社,2006.

[13] 邓泽民,赵沛. 职业教育教学设计[M]. 北京:中国铁道出版社,2009.

[14] 邓泽民,马斌. 职业教育课件设计[M]. 北京:中国铁道出版社,2011.

[15] 邓泽民. 高等职业教育专业教学整体解决方案研究[M]. 北京:中国铁道出版社,2011.

[16] 大唐移动. EMB5116+TD-LTE 产品说明书_V3. 10. 00[P]. 2014-08-22.

[17] 大唐移动. EMB5116+TD-LTE 安装手册_V3. 20. 0[P]. 2013-02-27.

[18] 大唐移动. EMB5116+TD-LTE 安装规范_V1. 00. 00[P]. 2013-02-27.

[19] 夏先锋. LTE 新建站开通联调手册 V2. 10. 01[P]. 2014-10-23.